高等学校“十一五”规划教材

材料科学与工程系列

金属力学性能

孙茂才　编著

哈爾濱工業大學出版社

内 容 简 介

本书主要介绍金属力学性能有关的基础知识，以现象—机理—指标—影响因素—应用为主干线进行编写。本书可作为高等学校材料专业本科生教材和研究生教学参考书，也可供工程技术人员参考。

图书在版编目(CIP)数据

金属力学性能/孙茂才编著.—2版.—哈尔滨:哈尔滨工业大学出版社,2005.5(2010.7重印)

ISBN 7-5603-1879-7

Ⅰ.金…　Ⅱ.孙…　Ⅲ.金属-力学性质
Ⅳ.TG113.25

中国版本图书馆CIP数据核字(2005)第012389号

责任编辑　张秀华
封面设计　卞秉利
出版发行　哈尔滨工业大学出版社
社　　址　哈尔滨市南岗区复华四道街10号　邮编150006
传　　真　0451-86414749
网　　址　http://hitpress.hit.edu.cn
印　　刷　黑龙江省地质测绘印制中心印刷厂
开　　本　787mm×1092mm　1/16　印张18　字数420千字
版　　次　2005年5月第2版　2010年7月第3次印刷
书　　号　ISBN 7-5603-1879-7/TG·60
定　　价　25.00元

前　言

本书是根据教育部调整后的高等学校最新专业目录和全国材料科学与工程类专业教学指导委员会的精神,结合作者二十几年的教学经验而编写的。本书被列入国家“九五”重点图书出版规划。本书主要供高等学校金属材料专业本科生使用,某些章节也可供研究生及工程技术人员参考。

本书的主要内容是讲叙金属在常规条件下的变形及断裂,在特殊条件下的变形及断裂,从而派生出各章节。

第1章介绍静载条件下的力学性能,以讲述拉、压、弯、扭及硬度基本指标为主。第2章介绍金属常规条件下的变形,对弹性变形、屈服、塑性变形、变形强化及弹性缺陷等进行深入探讨。第3章介绍金属常规条件下的断裂,主要讲述断裂强度及各种类型断口的产生过程及各种类型的断裂过程。第4章介绍金属的断裂韧性,主要讲述断裂力学基本知识及断裂力学指标。第5章介绍金属的冷脆,这章是由金属在低温条件下的变形及断裂派生出来的。第6章介绍金属的疲劳,主要介绍疲劳的经典概念及用断裂力学解决疲劳问题的全新概念,是特殊载荷条件下金属的变形及断裂。第7章介绍金属应力腐蚀开裂及氢脆,主要讲述特殊介质条件下金属的变形及断裂。第8章介绍金属的磨损与接触疲劳,主要讲述接触应力条件下金属的变形与断裂。第9章介绍金属的蠕变,主要讲述高温条件下金属的变形及断裂。第10章介绍金属在高速加载下的力学行为。此外,在第2、5、7章之后,分别提供了与该章内容相关的科研论文(其中一篇为英文),以便学生深入理解相关知识和学习论文写作方式。

刘春英、孙宇辉、王日昆在编写过程中做了很多工作,孙宇航在有关统计方面内容给以指导把关,姚枚教授是编者的导师,整个体系受导师思路影响很大,编者对他们深表谢意。

本书主要参阅国内流行名流编著的教材及一些科研新成果,在此表示衷心的感谢,书中如有失误,望广大读者批评指正,谢谢。

作　者

2003年1月

目　录

第1章　金属静载机械性能

机械性能指标是机械设计、制造、选材、工艺评定及内外贸易定货的主要依据。静载是相对于交变载荷和高速载荷而言。静载机械性能是上述活动主要依据的一部分。本章讨论静载机械性能的定义、测定方法及其意义特点等。

1.1　光滑试件静拉伸机械性能

金属在单向应力、双向应力和三向应力条件下会得出机械性能差别很大的试验结果。单向应力测得材料屈服强度在三向应力条件下可提高到1.68倍以至更高。所谓光滑试件,就是为了使金属材料承受单向应力的试件。一般柱状试件可以满足这个条件,圆柱、棱柱均可。单向应力条件下测得的材料指标比较稳定,具有广泛的可比性,所以广为国内外科技、生产及贸易部门采用。各国标准也都对这个问题做了严格的规定。

1.1.1　光滑拉伸试件

光滑试件实际是相对于缺口或裂纹试件而言。光滑件可保证受试材料承受单向拉应力。而缺口或裂纹试件必然导致受试部位材料处于双向或三向受力状态。一般所用试件为圆柱和板状试件(横断面为长方形)。

我国国家标准GB6397—86《金属拉伸试验试样》对拉伸试样做了严格的规定。图1-1-1是按标准给出的试件,当然还有相应的文字技术要求。

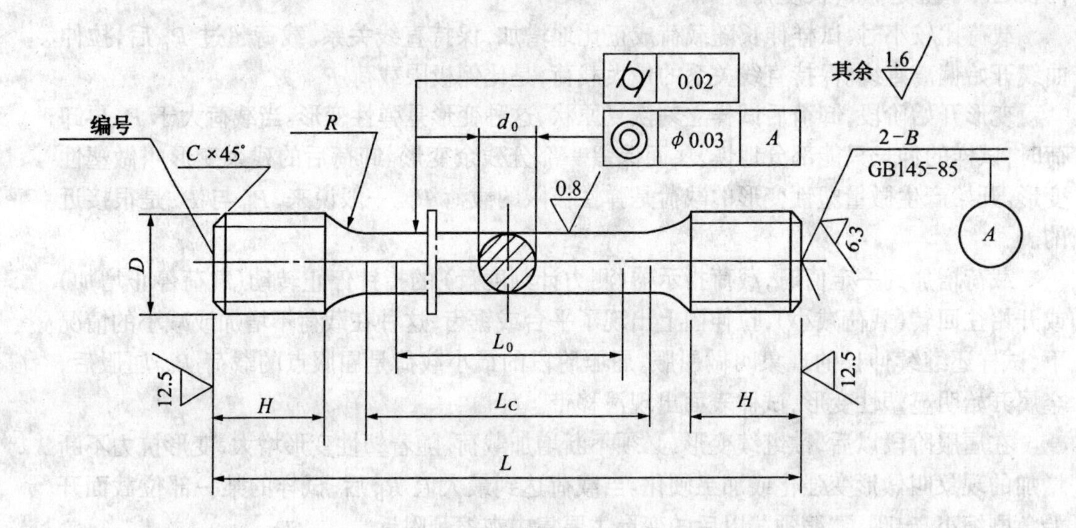

试样号	d_0	D	C	R	L_0	L_C	H	L	B
GR1	$\phi10 \pm 0.03$	M16-6h	2	10	50	60	20	114	B1.6/5
GR2	$\phi5 \pm 0.03$	M12-6h	2	5	25	30	15	70	B1.6/5
GR3	$\phi4 \pm 0.03$	M8-6h	1	4	20	24	10	51	B1.3/5

图 1-1-1　国家标准中规定的一种拉伸试件

光滑拉伸试件由三部分组成。一是工作部分，图 1-1-1 中 L_0 是拉伸试件的工作部分，它在原材料或部件中的取向、部位及自身形状、各种精度、光洁度及加工程序等在标准中都有详细的规定。二是过渡部分，图 1-1-1 中 R 部位，它是工作部分向外过渡的部分。这部分拉伸时会产生严重应力集中，处理不好会在此断裂，导致实验的失败，尤其对脆性材料。三是夹持部分，图 1-1-1 中 H 部位。这部分一是要保证自身承载能力，在整个实验过程中不能断裂；二是要保证把载荷正确地加到工作部分上去。

拉伸试件任何一部分出了误差都会导致实验失败。严格执行国家标准是保证实验成功的基础，也是实验者自身利益的法律保证。

1.1.2　拉伸曲线及应力应变曲线

拉伸试验机或其附加仪器可以记录拉伸试件上在受拉力作用时所受到拉伸载荷 P 和试件工作部分的伸长 Δl，得到一个载荷－伸长曲线，称为拉伸曲线或拉伸图。不正确的试验方法可能把试验机夹具部分重量混到载荷 P 中，把试验机的变形混到伸长变形 Δl 中去。拉伸图如图 1-1-2 所示。

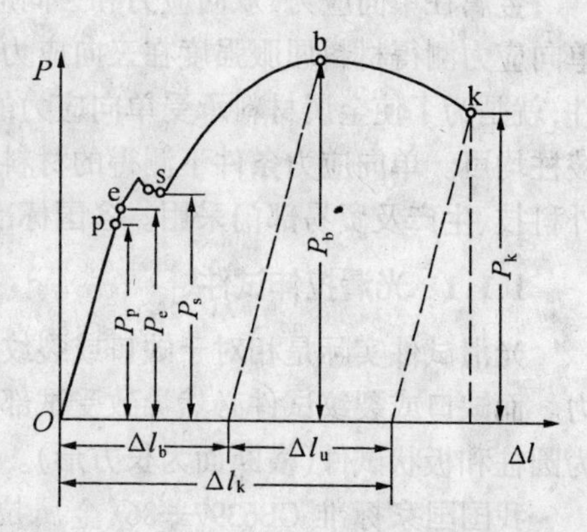

图 1-1-2　常见的拉伸图(拉伸曲线)

图 1-1-2 是退火低碳钢的拉伸图，图的纵坐标表示载荷 P，单位是 N(力)，横坐标表示绝对伸长 Δl，单位是 mm(长度)。

载荷比较小时，试样伸长随载荷成正比地增加，保持直线关系。载荷超过 P_p 后，拉伸曲线开始偏离直线。保持直线关系的最大载荷，是比例极限载荷 P_p。

变形开始阶段，卸荷后试样立刻恢复原状，这种变形是弹性变形。当载荷大于 P_e 再卸荷时，试样的伸长只能部分地恢复，而保留一部分残余变形。卸荷后的残余变形叫做塑性变形。开始产生微量塑性变形的载荷是弹性极限的载荷 P_e。一般说来，P_p 与 P_e 是很接近的。

载荷增加到一定值时，载荷指示器(测力计刻度盘)的指针停止转动(载荷停止增加)或开始往回转(载荷减小)，拉伸图上出现了平台或锯齿，这种在载荷不增加或减小的情况下，试样还继续伸长的现象叫做屈服。屈服阶段的最小载荷是屈服点的载荷 P_s。屈服后，金属开始明显塑性变形，试样表面出现滑移带。

在屈服阶段以后，欲继续变形，必须不断增加载荷。随着塑性变形增大，变形抗力不断增加的现象叫做形变强化或加工硬化。当载荷达到最大值 P_b 后，试样的某一部位截面开始急剧缩小，出现了“缩颈”，以后的变形主要集中在缩颈附近。

由于缩颈处试样截面急剧缩小，致使载荷下降。拉伸图上的最大载荷是强度极限的载荷 P_b。

载荷达 P_k 时，试样断裂，这个载荷称为断裂载荷。

塑性变形阶段有的试件可以看到最大剪应力方向（与拉伸方向成45°）出现宏观的滑移线。颈缩部位材料受力不再是单向应力而是双向或三向应力。金属材料的拉伸曲线一般弹性部分都存在，而其他部分可能有可能无。一般情况下，金属在外力作用下，变形过程可以分为三个阶段，即弹性变形阶段、塑性变形阶段和断裂。实际上，上述阶段之间没有绝对的分界点。

拉伸图给出许多数据，主要是向纵或横坐标作垂线，或作弹性部分的平行线。我们可以得到各种条件下的特定载荷和特定变形。比如说，可以确定某段塑变曲线对应的弹性变形、塑性变形及载荷的增加量。

如果用试件原始截面积 F_0 去除拉伸力，即 $\sigma = \dfrac{P}{F_0}$(MPa) 得到应力 σ。以试件工作部分长度 l_0(mm) 去除绝对伸长 Δl，即 $\varepsilon = \dfrac{\Delta l}{l_0}$（无单位），得到相对伸长 ε，称为应变。把1-1-2拉伸图纵坐标值 P 除以 F_0，横坐标 Δl 除以 l_0，可将拉伸图变为应力 - 应变曲线，如图 1-1-3 所示。拉伸图和应力 - 应变曲线之间的关系可以从 $l_0 = 5d$，$F_0 = \dfrac{\pi d^2}{4}$，导出 $F_0 = \dfrac{\pi l_0^2}{100}$ 确定。有书中说拉伸图和应力 - 应变曲线是相似的，好像不太准确。应力 - 应变曲线纵坐标一般用 MPa 表示，横坐标用 % 表示。应力 - 应变曲线方便之处是可以从曲线上直接读出材料的机械性能指标，如屈服强度 $\sigma_{0.2}$、抗拉强度 σ_b、伸长率 δ_k 等。

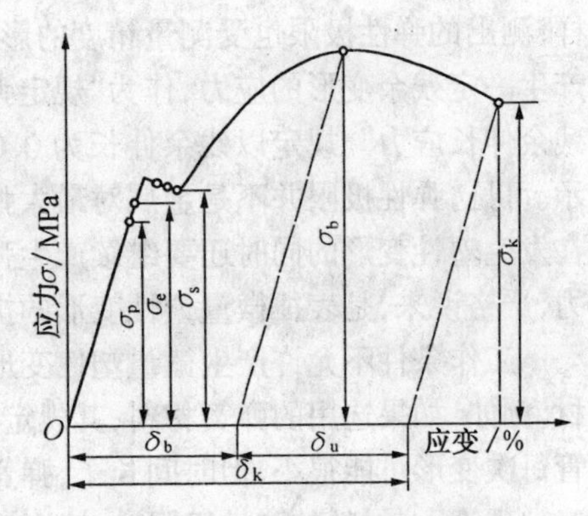

图 1-1-3　应力 - 应变曲线

1.1.3　强度指标及其测定

1. 比例极限 σ_p

弹性变形和塑性变形之间没有绝对的分界点，比例极限的定义与测量是人为限定条件下的力学性能指标。

比例极限 σ_p 是应力与应变成正比关系的最大应力，即在应力 - 应变曲线上开始偏离直线时的应力

$$\sigma_p = \frac{P_p}{F_0} \quad (\text{MPa}) \tag{1-1-1}$$

式中　P_p—— 比例极限的载荷，N；

　　　F_0—— 试样的原截面积，m^2 或 mm^2。

实际在拉伸曲线上，不是测定开始偏离直线那一点的应力，而是测定偏离一定值的应力。一般规定曲线上某点切线和纵坐标夹角的正切值 $\tan\theta'$ 比直线部分和纵坐标夹角的正切值 $\tan\theta$ 增加 50% 时，则该点对应的应力即为规定比例极限 σ_{p50}（简写为 σ_p），见图 1-1-4。

如果要求高时，也可规定偏离值为25%或10%，此时所对应的应力为 $\sigma_{p_{25}}$ 或 $\sigma_{p_{10}}$，显然，$\sigma_{p_{50}} > \sigma_{p_{25}} > \sigma_{p_{10}}$。

关于比例极限的具体测定方法可参考国家标准GB228—87。

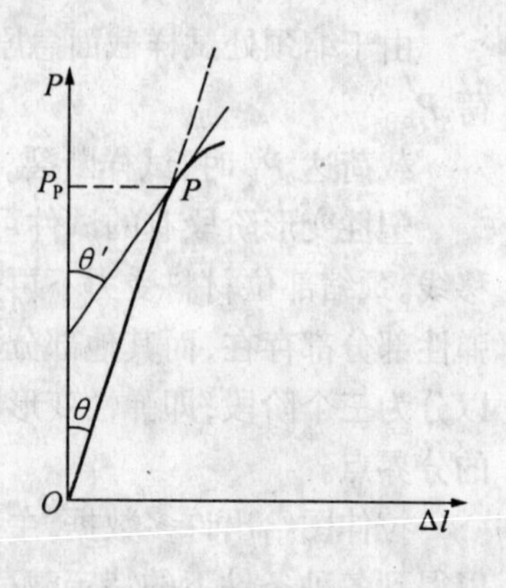

图 1-1-4　规定比例极限

2. 弹性极限 σ_e

弹性极限是定义材料由弹性变形过渡到塑性变形的应力，这也是人为界定的过渡。认为弹性变形极限以后就开始发生塑性变形，但弹性变形并没有停止。

$$\sigma_e = \frac{P_e}{F_0} \quad (\text{MPa}) \qquad (1\text{-}1\text{-}2)$$

式中，P_e 为弹性极限的载荷(N)，F_0 同前。和比例极限一样，测出的弹性极限也受测量精度的影响。为了便于比较，根据零件的工作条件要求，规定产生一定残余变形的应力，作为"规定弹性极限"，因此，国家标准中把弹性极限称为"规定残余伸长应力"。规定以残余伸长为0.01%的应力作为规定残余伸长应力，并以 $\sigma_{0.01}$ 表示。可见，弹性极限并不是金属对最大弹性变形的抗力，因为应力超过弹性极限之后，材料在发生塑性变形的同时还要继续产生弹性变形。所以，弹性极限是表征开始塑性变形的抗力，严格说来，是表征微量塑性变形的抗力。

工作条件不允许产生微量塑性变形的零件，设计时应该根据规定弹性极限数据来选材。例如，如果选用的弹簧材料，其规定弹性极限低，弹簧工作时就可能产生塑性变形，尽管每次变形可能很小，但时间长了，弹簧的尺寸将发生明显的变化，导致弹簧失效。

理论上，材料的弹性极限 σ_e 较比例极限 σ_p 稍大一点，但规定弹性极限和规定比例极限有时颇为接近。例如，炮钢的 $\sigma_{0.01}$ 与 σ_p 值是等同的。所以国家标准把规定残余伸长应力 $\sigma_{0.01}$ 并列于规定比例极限之后，为的是在材料强度指标中逐步取消规定比例极限 σ_p。因为在机件设计、制造与运转过程中，在最大许用应力条件下是否会产生或产生多少微量残余变形是有实际意义的。可见，规定残余伸长应力比较切合实际。因此，许多国家已取消了规定比例极限。

规定残余伸长应力 $\sigma_{0.01}$ 的测量方法与测定屈服强度 $\sigma_{0.2}$ 相似，均可采用图解法。在自动记录装置绘出的载荷－伸长(夹头位移)曲线(图1-1-5)上，自弹性直线段与横坐标轴的交点 O 起，截取 $0.01\% l_0$ 一段残余伸长的距离 OC，再从 C 点作平行于弹性直线线段的 Ce 线，交拉伸曲线于 e 点。对应于 e 点的载荷，便是规定残余伸长应力的载荷 $P_{0.01}$，即可算出 $\sigma_{0.01}$ 值。确定 $\sigma_{0.01}$ 的拉伸图，伸长坐标比例应不低于1 000倍。

3. 屈服极限

(1) 屈服点

有些材料在受拉伸过程中会出现载荷停止增加或有所下降，而伸长仍在继续，如图1-1-6(a)所示。出现屈服齿，齿的最高点应力称为上屈服点 σ_{SU}，齿的最低点应力称为下屈服点 σ_{SL}，如图1-1-6(b)所示，且以下屈服齿最低应力作为材料的屈服点，即

$$\sigma_{SU} = \frac{P_{SU}}{F_0} \quad (\text{MPa})$$

$$\sigma_{SL} = \frac{P_{SL}}{F_0} \quad (\text{MPa})$$

$$\sigma_S = \frac{P_{SL}}{F_0}$$

式中，σ_S 称为材料的屈服点。材料出现屈服齿现象称为物理屈服，有时屈服齿为平台。物理屈服现象是一个重要金属学现象。

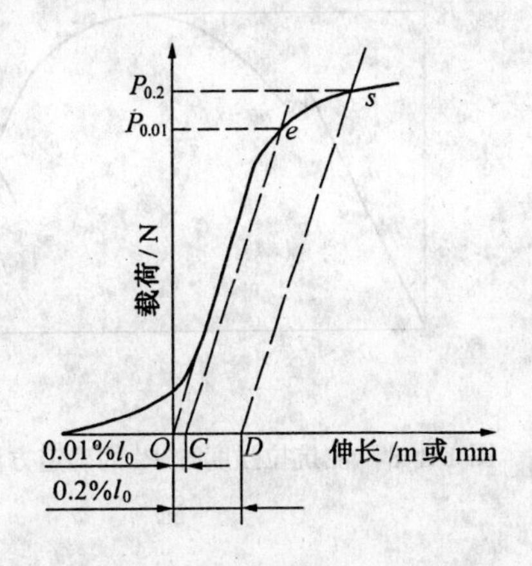

图 1-1-5　图解法确定 $\sigma_{0.01}$ 及 $\sigma_{0.2}$

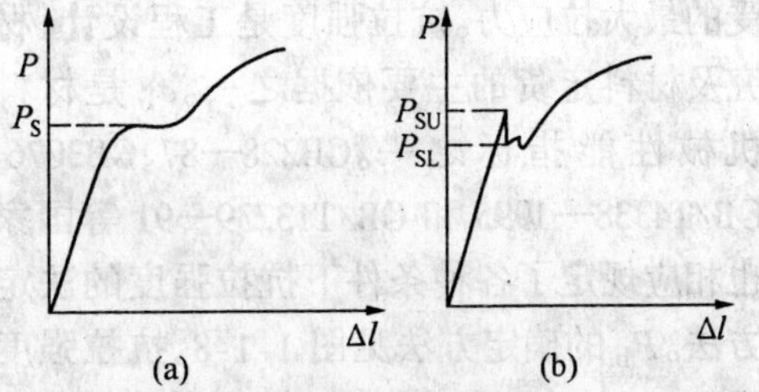

图 1-1-6　屈服点的确定

(a) 平台状屈服　(b) 锯齿状屈服

(2) 屈服强度

许多金属拉伸时会出现物理屈服现象，而又有许多金属却没有物理屈服现象。把规定产生 0.2% 残余伸长所对应的应力称为屈服强度，用 $\sigma_{0.2}$ 表示

$$\sigma_{0.2} = \frac{P_{0.2}}{F_0} \quad (\text{MPa}) \tag{1-1-3}$$

式中，$P_{0.2}$ 的确定见图 1-1-5。

GB228—87、GB3076—82、GB/T4338—1995、GB/T13239—91 等国家标准规定了各种条件下屈服点及屈服强度的合法测定方法。

关于规定残余变形强度对应的材料强度指标各国及国外公司有不同的约定，它们之间的关系可以用图 1-1-7 表示。工程上它们之间差异没有什么实际的意义，而研究材料行为时常常看重这个差异。英文用 Yield Strength (MPa) 表示屈服强度，数字尾数要按国家标准要求处理。

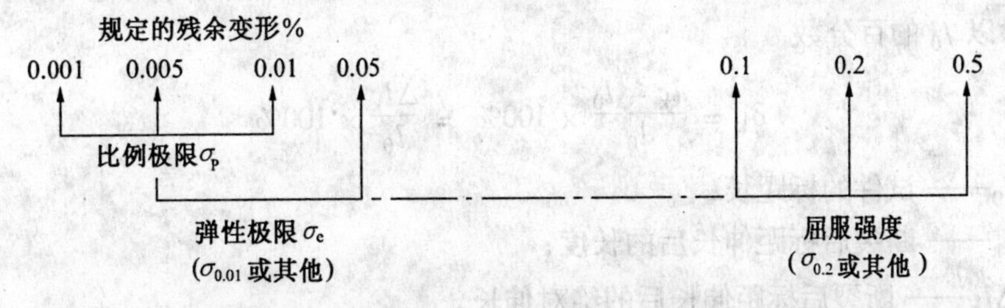

图 1-1-7　规定的残余变形强度所规定的残余变形量

4. 抗拉强度

抗拉强度 σ_b 是试件拉断以前的最高载荷除以试件原始横断面积，即

$$\sigma_b = \frac{P_b}{F_0} \quad (\text{MPa}) \tag{1-1-4}$$

式中，P_b 为断裂以前的最高载荷；F_0 为试件的原始横断面积。对塑性材料来说，σ_b 为均匀塑性变形与集中塑性变形（即颈缩）的分界点。它是试件产生最大均匀变形的抗力，也是材料能承受的最大拉应力。抗拉强度是工程设计、材料研究及材料定货的主要依据之一。σ_b 是材料五大机械性能指标之一。GB228—87、GB3076—82、GB/T4338—1995 和 GB/T13239—91 等国家标准也相应规定了各种条件下抗拉强度的法定测试方法。P_b 的确定方法见图 1-1-8。抗拉强度英文用 Tensile Strength (MPa) 表示，数字尾数按相关规定表示。

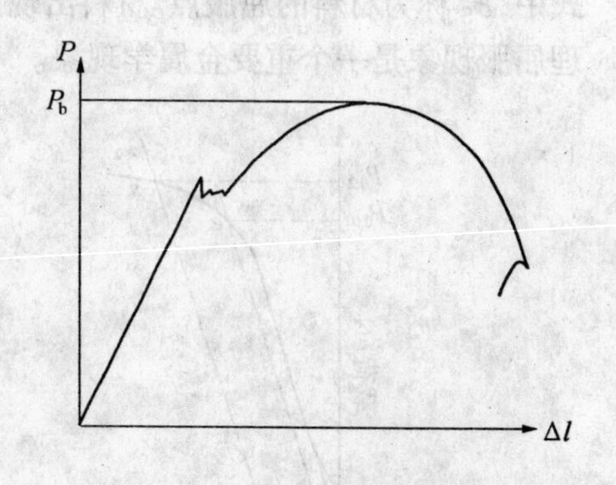

图 1-1-8　测抗拉强度时 P_b 的确定方法

5. 断裂强度 S_k

试件受拉力作用时，其实际截面积在不断地缩小，弹性变形时截面缩小得很小。均匀塑性变形时缩小得很明显，而集中塑性变形时横截面积急剧减小，断口处缩到最小。我们用这时的横断面积去除这时的载荷，即得到断裂强度 S_k，即

$$S_k = \frac{P_k}{F_k} \tag{1-1-5}$$

式中，P_k 为断裂时的载荷；F_k 为断口处的横断面积。

1.1.4　塑性指标及其测定

金属会产生塑性变形，通常金属塑性变形能力用其断裂前产生的最大塑性变形代表其塑性指标。这里介绍拉伸时的伸长率 δ_k 和断面收缩率 ψ_k。

1. 伸长率 δ_k（或 δ）

(1) 伸长率的定义

伸长率是试件断裂后试件标距长度的相对伸长值，它定义为标距的绝对伸长 $\Delta l_k = l_k - l_0$ 除以 l_0 的百分数

$$\delta_k = \frac{l_k - l_0}{l_0} \times 100\% = \frac{\Delta l_k}{l_0} \times 100\% \tag{1-1-6}$$

式中　l_0—— 试件的标距长；

l_k—— 断裂后标距伸长后的长度；

Δl_k—— 断裂后标距伸长后的绝对伸长。

比例试件的伸长率用 δ_5、δ_{10} 表示，非比例试件伸长率标以角注，如 δ_{100}、δ_{200} 的角注分别表示 l_0 = 100mm、200mm。伸长率用英文 Elongation A5% 表示，数字尾数按相关规定给出。

(2) 断裂位置的移位处理

图 1-1-9 上方的影线表示试样上塑性变形的分布情况，可以看出，缩颈处(断裂位置) 变形最大，距离断裂位置越远，变形越小。断裂位置是对 δ 有影响的，其中以断在正中的试样所得的伸长率最大。为了便于比较，规定以断在标距的中央 1/3 段试样的伸长率为测量标准；如断在标距的两端的 1/3 段时，则要求用位移法换算成相当于断在正中时的伸长率。

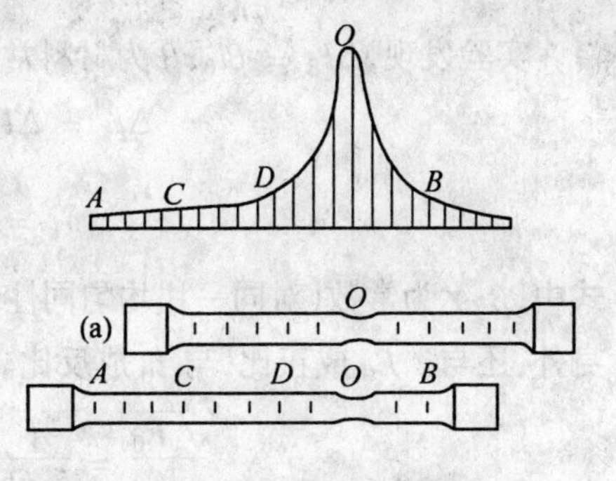

图 1-1-9　试件上塑性变形的分布

移位法：如拉断处到最邻近标距端点的距离小于或等于 $1/3L_0$ 时，则按下述方法测定 L_1：在长段上从拉断处 O 取基本等于短段格数，得 B 点，接着取等于长段所余格数(偶数，图 1-1-10(a)) 的一半，得 C 点；或者取所余格数(奇数，图 1-1-10(b)) 分别减 1 与加 1 的一半，得 C 和 C_1 点。移位后的 L_1 分别为：$AB + 2BC$ 和 $AB + BC + BC_1$。

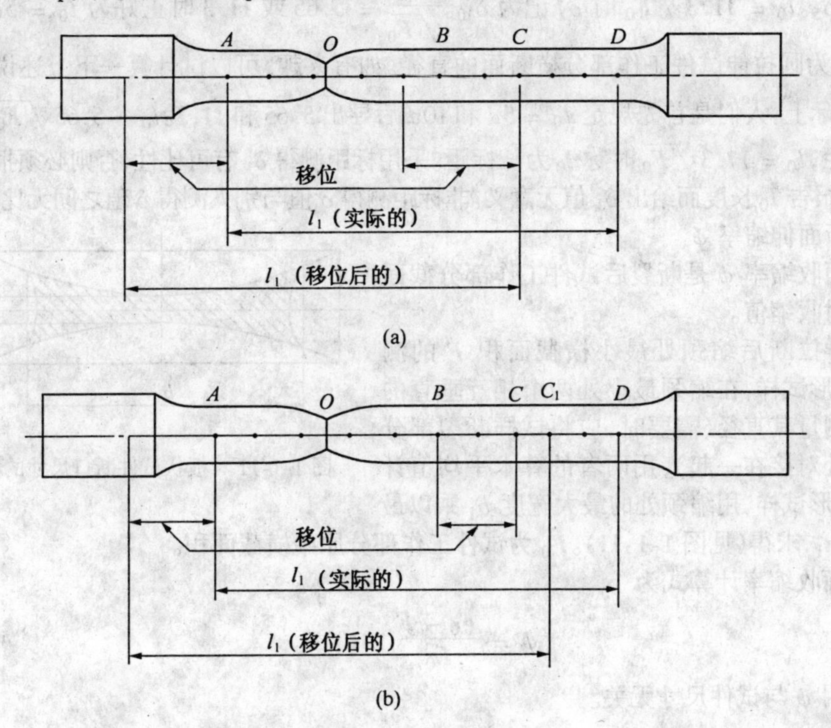

图 1-1-10　移中办法

(3) l_0 和 F_0 对 δ_k 的影响

试件工作部分的几何尺寸对 δ_k 有很大影响，也就是工作部分的横截面积 F_0 和工作部分 l_0 对 δ_k 有很大影响。

拉断后试件工作部分 l_0 的伸长为 Δl_k，从拉伸曲线上可以看到

$$\Delta l_k = \Delta l_B + \Delta l_u$$

式中，Δl_B 为均匀塑性变形；Δl_u 为集中塑性变形。

实验发现，$\Delta l_B = \beta l_0$，β 为材料常数；$\Delta l_u = \gamma\sqrt{F_0}$，$\gamma$ 为材料常数。

$$\Delta l_k = \Delta l_B + \Delta l_u = \beta l_0 + \gamma\sqrt{F_0}$$

$$\delta_k = \frac{\Delta l_k}{l_0} = \beta + \gamma\frac{\sqrt{F_0}}{l_0} \tag{1-1-7}$$

式中，β、γ 为常数（对同一块均匀同性的材料试料）。式(1-1-7)说明 δ_k 值除决定于材料自身外，还与 $\sqrt{F_0}$ 成正比，与 l_0 成反比。为了使 $\sqrt{F_0}$ 和 l_0 的影响归一化，人为规定

$$\frac{\sqrt{F_0}}{l_0} = \frac{1}{5.65},\frac{1}{11.3}，即\ l_0 = \begin{cases}5.65\sqrt{F_0}\\11.3\sqrt{F_0}\end{cases}$$

这样，大家可以在同一约定下使 δ_k 只反应材料自身的性能。满足 $l_0 = \begin{cases}5.65\sqrt{F_0}\\11.3\sqrt{F_0}\end{cases}$ 时 l_0 称为标距，上述试件称为比例试件，不满足上述条件称为非比例试件。$l_0 = 5.65\sqrt{F_0}$ 时 δ_k 记为 δ_5。$l_0 = 11.3\sqrt{F_0}$ 时 δ_k 记为 δ_{10}。$\frac{l_0}{\sqrt{F_0}} = 5.65$ 或 11.3 时正好为 $l_0 = 5d_0$，$l_0 = 10d_0$，d_0 为圆拉伸试件工作部分横断面的直径。如有兴趣，可以试计算一下上述说法是否正确。实际上，人们是首先规定 $l_0 = 5d$ 和 $10d$ 后导出 5.65 和 11.3。$l_0 = 5.65\sqrt{F_0}$ 时称 l_0 为短标距，$l_0 = 11.3\sqrt{F_0}$ 时称 l_0 为长标距。采用标距测得 δ_k 有可比性，否则必须报告 l_0 的长度，不报告 l_0 长度而给出 δ_k 值无意义。非标距测得 δ 值与别人测得 δ 值之间无比较意义。

2. 断面伸缩率 ψ

断面收缩率 ψ 是断裂后试件工作部分截面积的相对收缩值。

试样拉断后缩颈处最小横截面积 F 的测定：对圆形试样，在缩颈最小处两个相互垂直的方向上测量其直径（需要时，应将试样断裂部分在断裂处对接在一起），用两者的算术平均值计算。对矩形试样，用缩颈处的最大宽度 b_1 乘以最小厚度 a_1，求得（见图 1-1-11）。F_0 为试件工作部分原始横截面积。

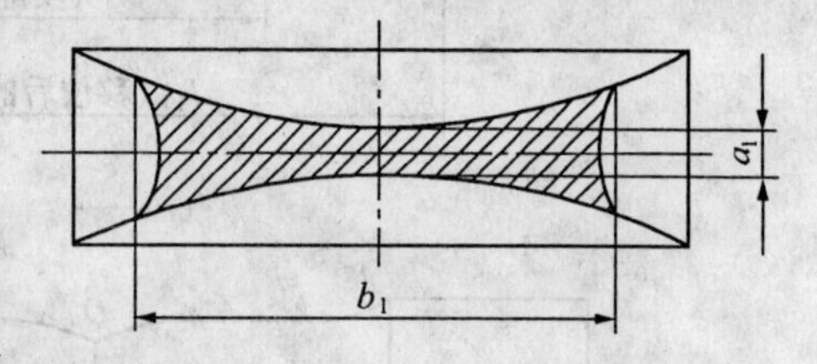

图 1-1-11　板状试件断口尺寸的测量

断面收缩率计算式为

$$\psi = \frac{F_0 - F}{F_0} \times 100\% \tag{1-1-8}$$

实验表明 ψ 与试件尺寸无关。

1.2　真实应力 - 应变曲线

1.2.1　真实应力与条件应力

拉伸试件在载荷加大过程中试件的横截面积在不断地减小，如果用原始横截面积去除载荷 P，得到的是条件应力，即

$$\sigma = \frac{P}{F_0} \tag{1-2-1}$$

如果任意时刻的载荷被当时对应的横断面去除得到的是真实应力,即

$$S = \frac{P}{F} \tag{1-2-2}$$

真实应力与条件应力之间的关系很容易得出

$$F = F_0(1 - \psi)$$

$$S = \frac{P}{F} = \frac{P}{F_0(1 - \psi)} = \frac{\sigma}{1 - \psi} \tag{1-2-3}$$

可见随载荷增加,横截面积在不断地减小,即 ψ 在不断地加大,而真实应力 S 在不断地增加。上式也给出真实应力与条件应力之间的关系。

1.2.2 真实应变与条件应变

我们定义 $\varepsilon = \frac{\Delta l}{l_0}$ 为条件应变,试件在加载过程中 l_0 在不断伸长。对任意时刻真正伸长率是这时刻相对于前时刻试件的伸长 Δl_i 与前一时刻即时长度 l_i 之比,即

$$\varepsilon_i = \frac{\Delta l_i}{l_i}$$

试件的真实应变定义为每一时刻的真正伸长率的总和,即

$$e = \frac{\Delta l_1}{l_0} + \frac{\Delta l_2}{l_0 + \Delta l_1} + \frac{\Delta l_3}{l_0 + \Delta l_1 + \Delta l_2} + \cdots + \frac{\Delta l_k}{l_0 + \Delta l_1 + \cdots + \Delta l_{k-1}} \xlongequal{\Delta l_i \to 0} \int_{l_0}^{l_k} \frac{\mathrm{d}l}{l} = \ln \frac{l_k}{l_0} \tag{1-2-4}$$

$$e = \ln \frac{l_k}{l_0} = \ln\left(\frac{l_0 + \Delta l_k}{l_0}\right) = \ln(1 + \varepsilon) \tag{1-2-5}$$

断裂时

$$e_k = \ln(1 + \delta_k)$$

式(1-2-5)给出了真实应变与条件应变之间的关系。

1.2.3 条件断面收缩与真实断面收缩

前面定义断面收缩率

$$\psi = \frac{F_0 - F}{F_0} \times 100\%$$

实际为条件断面收缩率,而实际上在试件受载荷过程中 F 在不断地缩小。某一时刻的真正断面收缩率应为这时刻断面相对于前一时刻断面收缩 ΔF_i 与前一时刻的横断面积 F_i 之比,即

$$\psi_i = \frac{\Delta F_i}{F_i}$$

真实断面收缩定义为各时刻真正断面收缩的总和,即

$$\psi_e = \frac{\Delta F_1}{F_0} + \frac{\Delta F_2}{F_0 - \Delta F_1} + \frac{\Delta F_3}{F_0 - \Delta F_1 - \Delta F_2} + \cdots + \frac{\Delta F_k}{F_0 - \Delta F_1 - \cdots - \Delta F_{k-1}} \xlongequal{\Delta F_i \to 0}$$

$$\int_{F_0}^{F}\frac{\mathrm{d}F}{F} = \ln\frac{F_k}{F_0} \tag{1-2-6}$$

真实断面收缩与条件断面收缩之间的关系为

$$\psi_e = \ln\frac{F}{F_0} = \ln\frac{F_0 - \Delta F}{F_0} = \ln(1-\psi) \tag{1-2-7}$$

1.2.4　条件应变与条件断面收缩的关系

颈缩以前,由体积不变原理有

$$F_0 l_0 = Fl = F_0(1-\psi)l_0(1+\varepsilon)$$

$$(1-\psi)(1+\varepsilon) = 1$$

$$\varepsilon = \frac{\psi}{1-\psi} \tag{1-2-8}$$

$$\psi = \frac{\varepsilon}{1+\varepsilon} \tag{1-2-9}$$

上述关系只有在颈缩以前成立。

1.2.5　真实应变与真实断面收缩的关系

颈缩以前,由体积不变原理有

$$F_0 l_0 = Fl, \frac{F}{F_0} = \left(\frac{l}{l_0}\right)^{-1}$$

$$\psi_e = \ln\frac{F}{F_0} = -\ln\frac{l}{l_0} = -e \tag{1-2-10}$$

也就是真实应变与真实断面收缩绝对值相等。式 $\varepsilon = \frac{\Delta l}{l_0}$ 与式(1-2-4) 比较可知

$$\varepsilon > e \tag{1-2-11}$$

同样 $\psi = \frac{\Delta F}{F_0}$ 与式(1-2-6) 比较可知

$$\psi < \psi_e \tag{1-2-12}$$

由式(1-2-10)、(1-2-11) 和(1-2-12) 可得

$$\psi < |\psi_e| = |e| < \varepsilon \tag{1-2-13}$$

式(1-2-13) 在颈缩以前成立。

计算条件伸长率有以下两式

$$\varepsilon = \frac{\Delta l}{l_0}, \varepsilon = \frac{\psi}{1-\psi}$$

两者在颈缩以前相同,而颈缩以后,$\varepsilon = \frac{\psi}{1-\psi}$ 计算出的 ε 值返推到 $\varepsilon = \frac{\Delta l}{l_0}$ 上就得认为颈缩一直没有发生,试件均匀地拉长到断裂,直径一直保持到颈缩部位的直径。这时试件的"伸长"称为全伸长。

1.2.6　形变强化容量 ψ_b

在出现缩颈的情况下,塑性指标 $\psi(\delta)$ 都可分为两部分,即均匀变形部分 $\psi_b(\delta_b)$ 和集

中变形部分 $\psi_u(\delta_u)$。

$\psi_b(\delta_b)$ 代表金属产生最大均匀塑性变形的能力。金属的塑性变形和形变强化是产生均匀变形的先决条件，即哪里发生塑性变形，哪里就发生形变强化，使该处再继续变形困难，变形便转移到别的地方去。变形与强化这样交替进行的结果，在试样上就构成了均匀的塑性变形。金属变形到 ψ_b 以后，由于形变强化跟不上变形的发展，形变强化作用不能再将变形转移到别的地方去，致使该处试样截面减小，应力增加，变形发展加剧，而导致缩颈形成。从这个意义上讲，$\psi_b(\delta_b)$ 除代表材料的均匀变形能力外，还包含着金属利用形变强化的可能性大小，因而叫做形变强化容量。ψ_b 值大，意味着这种金属利用形变来强化金属的可能性大；反之，ψ_b 值小，意味着这种金属利用形变强化来强化金属的可能性小。

$\psi_u(\delta_u)$ 代表金属集中塑性变形的大小。

有的实验证明，$\psi_b(\delta_b)$ 主要取决于金属中基体相的状态，反映基体相的强化程度，对第二相是不敏感的。例如，钢淬火回火后的 ψ_b 值随回火温度提高而增大，而钢中的含碳量对它影响不大。$\psi_u(\delta_u)$ 主要取决于基体相的极限塑性大小，并受第二相影响。例如钢淬火600℃ 回火后，ψ_u 值是随着含碳量增加而降低的。

ψ_b 还可衡量材料承受冷冲压的能力。有的实验还证明，ψ_b 值与疲劳试验时的缺口敏感性有一定联系。

1.2.7 真实应力 - 应变曲线

图 1-2-1 为真实应力 - 应变曲线。真实应力 - 应变曲线较之我们前面讲的条件应力 - 应变曲线应当是向左上方稍有移动。因为 $S = \dfrac{\sigma}{1-\psi}$ 总比 σ 大，而 e 比 ε 小之故。

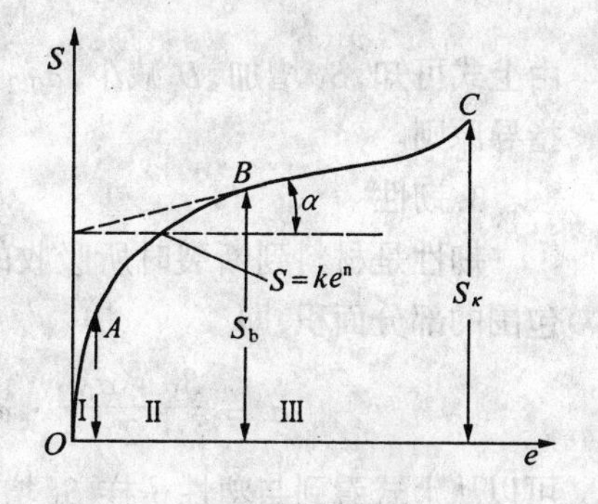

图 1-2-1 真实应力 - 应变曲线

真实应力 - 应变曲线可以划分为三个区段，各区段有不同的特点。

在 Ⅰ 区，OA 段，这段曲线为直线。真实应力与真应变之间保持着线性关系

$$S = Ee$$

这是大家都知道的单向拉伸时的虎克定律。对于一般钢材来说，这一阶段最大变形可为 0.05 ~ 0.50mm。

Ⅱ 区为均匀塑性变形阶段，这一段为向下弯曲的曲线，曲线遵循着

$$S = ke^n \tag{1-2-14}$$

规律。k，n 均为材料系数。n 称为形变强化指数；k 称为形变强化系数。定义 $D = \dfrac{ds}{de}$ 为形变强化模数。e 值增加时 D 值减小。

用对数表示 s、e 之间关系，由(1-2-14) 式可得

$$\lg s = \lg k + n\lg e \tag{1-2-15}$$

即 $\lg s$ 与 $\lg e$ 之间为线性关系，这个关系通常用来测定材料常数 n、k。

B 点为一拐点，BC 段为集中塑性变形阶段，即Ⅲ区。Ⅲ区曲线向上弯，上弯可能是由于三向应力造成的。有人作了单向应力处理，得到 s 与 e 之间为线性关系。

1.2.8 材料的强度、塑性及韧性

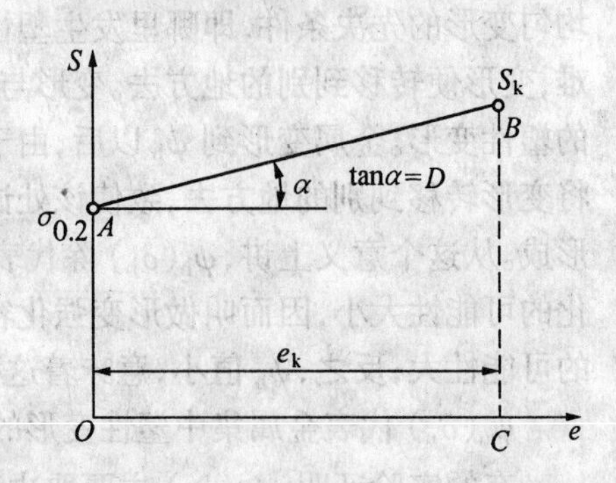

图 1-2-2 简化 S-e 曲线

对无颈缩的材料，其应力应变曲线 S 与 e 之间关系可以简化成如图 1-2-2 所示。弹性变形很小，可以认为图 1-2-1 中弹性 OA 段与纵轴重合。ABC 可以认为是一条直线，成为图 1-2-2 中的 AB 段。这样作的目的是为显露出一些有规律性的倾向。$D = \tan\alpha$ 为形变强化模数。

1. 强度

$\sigma_{0.2}$ 为屈服强度，S_k 为断裂强度。

$$S_k = \sigma_{0.2} + e \cdot \tan\alpha = \sigma_{0.2} + D \cdot e_k \tag{1-2-16}$$

2. 塑性 e_k

e_k 为材料塑性指标之一。由图 1-2-2 可以得出

$$e_k = \frac{S_k - \sigma_{0.2}}{D} \tag{1-2-17}$$

由上式可知，S_k 增加，D 减小，$\sigma_{0.2}$ 减小时，塑性 e_k 增加，此式给我们一个调整材料塑性的指导原则。

3. 韧性

韧性是材料到断裂时所吸收的变形功和断裂功，它应等于图 1-2-2 应力应变曲线所包围的部分面积，即

$$a = \frac{S_k + \sigma_{0.2}}{2} \cdot e_k = \frac{S_k + \sigma_{0.2}}{2} \times \frac{S_k - \sigma_{0.2}}{D} = \frac{S_k^2 - \sigma_{0.2}^2}{2D} \tag{1-2-18}$$

可以从上式看到与塑性一样 S_k 增加，D 减小，$\sigma_{0.2}$ 减小时韧性也增加。但韧性比塑性增加要大。这种变化规律是原则性的。材料是个相当复杂的多元科学，还有其他的因素影响材料的塑性和韧性，而且在调整 S_k 和 $\sigma_{0.2}$、D 时，这些因素也在向其他方向变化而影响强度、塑性。

1.3 其他静载机械性能

作用在主微分单元体上的相当最大正应力和切应力可由第二强度理论和第三强度理论求得

$$S_{最大} = \sigma_1 - v(\sigma_2 + \sigma_3) \tag{1-3-1}$$

$$\tau_{最大} = \frac{1}{2}(\sigma_1 + \sigma_3) \tag{1-3-2}$$

我们把 $\tau_{最大}/S_{最大}$ 称为应力状态的软性系数

$$\alpha = \frac{\tau_{最大}}{S_{最大}} = \frac{\sigma_1 - \sigma_2}{2\sigma_1 - 2v(\sigma_2 + \sigma_3)} \tag{1-3-3}$$

不同加载方式的应力软性系数见表 1-3-1。

α 值大者在正应力增加的过程中较先开始塑性变形。因为开始塑变是由 $\tau_{最大}$ 引起,故低塑性材料选用 α 大的加载试验方式,才能使塑性变形先表现出来。$S_{最大}$ 通常引起正向断裂。本节介绍扭转、弯曲、压缩、剪切等试验方法及所测力学性能指标。

表 1-3-1　不同加载方式的应力软性系数 $\alpha(v = 2.5)$

加载方式	主应力			α
	σ_1	σ_2	σ_3	
三向不等拉伸	σ	$\frac{8}{9}\sigma$	$\frac{8}{9}\sigma$	0.1
单向拉伸	σ	0	0	0.5
扭　转	σ	0	$-\sigma$	0.8
二向等压缩	0	$-\sigma$	$-\sigma$	1
单向压缩	0	0	$-\sigma$	2
三向不等压缩	$-\sigma$	$-\frac{1}{3}\sigma$	$-\frac{7}{3}\sigma$	4

1.3.1　扭转试验

1. 应力应变分析

一等直径圆杆受到扭矩作用时,其中的应力应变分布如图 1-3-1 所示。在横截面上无正应力而只有切应力作用,在弹性变形阶段,横截面上各点的切应力与半径方向垂直,其大小与该点距中心的距离成正比;中心处切应力为零,表面处切应力最大(见图 1-3-1(b))。当表层产生塑性变形后,各点的切应变仍与该点距中心的距离成正比,但切应力则因塑性变形而降低,如图 1-3-1(c) 所示。在圆杆表面上在切线和平行于轴线的方向上切应力最大,在与轴线成45° 的方向上正应力最大,正应力等于切应力(见图1-3-1(a))。

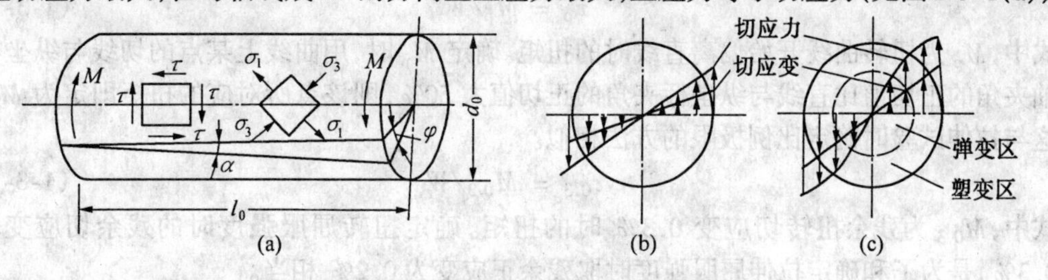

图 1-3-1　扭转试件中的应力与应变

(a) 试件表面的应力状态　(b) 弹性变形阶段横截面上的切应力与切应变分布

(c) 弹塑性变形阶段横截面上的切应力与切应变分布

在弹性变形范围内材料力学给出了圆杆表面的切应力计算公式为

$$\tau = M/W \tag{1-3-4}$$

式中,M 为扭矩,W 为截面系数。对于实心圆杆,$W = \pi d_0^3/16$;对于空心圆杆,$W = \pi d_0^3(1 -$

$d_1^4/d_0^4)/16$,其中 d_0 为外径,d_1 为内径。

因切应力作用而在圆杆表面产生的切应变为

$$\gamma = \tan\alpha = \frac{\varphi d_0}{2l_0} \times 100\% \tag{1-3-5}$$

式中,α 为圆杆表面任一平行于轴线的直线因 τ 的作用而转动的角度,见图 1-3-1(a);φ 为扭转角;l_0 为杆的长度。

2. 扭转试验及测定的力学性能

扭转试验采用圆柱形(实心或空心)试件,在扭转试验机上进行。扭转试件如图 1-3-2 所示,有时也采用标距为 50mm 的短试件。

试验过程中,随着扭矩的增大,试件标距两端截面不断地发生相对转动,使扭转角 φ 增大。利用试验机的绘图装置可得出 M-φ 关系曲线,称为扭转图,如图 1-3-3 所示。它与拉伸试验测定的真应力 - 真应变曲线极相似。这是因为在扭转时试件的形状不变,其变形始终是均匀的,即使进入塑性变形阶段,扭矩仍随变形的增大而增加,直至试件断裂。

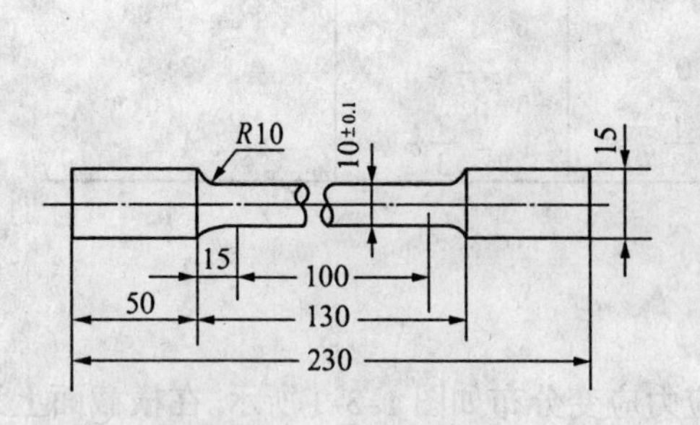

图 1-3-2　扭转试件

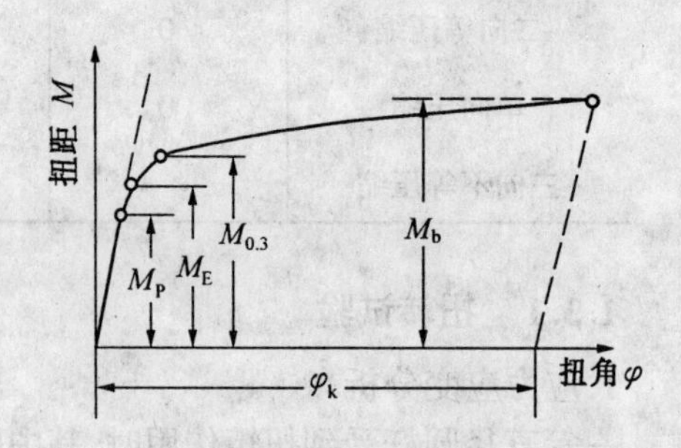

图 1-3-3　扭转图

利用扭转试验测定的扭转图和式(1-3-4)、式(1-3-5),可确定材料的切变模量 G,扭转比例极限 τ_p,扭转屈服强度 $\tau_{0.3}$ 和抗扭强度 τ_b 等性能指标如下

$$G = \tau/\gamma = 32Ml_0/(\pi\varphi d_0^4) \tag{1-3-6}$$

$$\tau_p = M_p/W \tag{1-3-7}$$

式中,M_p 为扭转曲线开始偏离直线时的扭矩。确定 M_p 时,用曲线上某点的切线与纵坐标轴夹角的正切值比直线与纵坐标夹角的正切值大 50%,则该点所对应的扭矩即定为 M_p;这与拉伸试验时确定比例极限的方法相似。

$$\tau_{0.3} = M_{0.3}/W \tag{1-3-8}$$

式中,$M_{0.3}$ 为残余扭转切应变 0.3% 时的扭矩。确定扭转屈服强度时的残余切应变取 0.3%,是为了和确定拉伸屈服强度时取残余正应变为 0.2% 相当。

$$\tau_b = M_b/W \tag{1-3-9}$$

式中,M_b 为试件断裂前的最大扭矩,应当指出,τ_b 仍然是按弹性变形状态下的公式计算的。由图 1-3-1(c) 可知,它比真实的抗扭强度大,故称为条件抗扭强度。考虑塑性变形的影响,应采用塑性状态下的公式计算真实抗扭强度 t_k。

$$t_k = \frac{4}{\pi d_0^3}\left[3M_k + \theta_k\left(\frac{dM}{d\theta}\right)_k\right] \tag{1-3-10}$$

式中，M_k 为试件断裂前的最大扭矩；θ_k 为试件断裂时单位长度上的相对扭转角，$\theta_k = d\varphi/dl$；$\left(\frac{dM}{d\theta}\right)_k$ 为 $M-\theta$ 曲线上 $M = M_k$ 点的切线的斜率 $\tan\alpha$，如图 1-3-4 所示。若 $M-\theta$ 曲线的最后部分与横坐标轴近于平行，则$\left(\frac{dM}{d\theta}\right) = 0$。

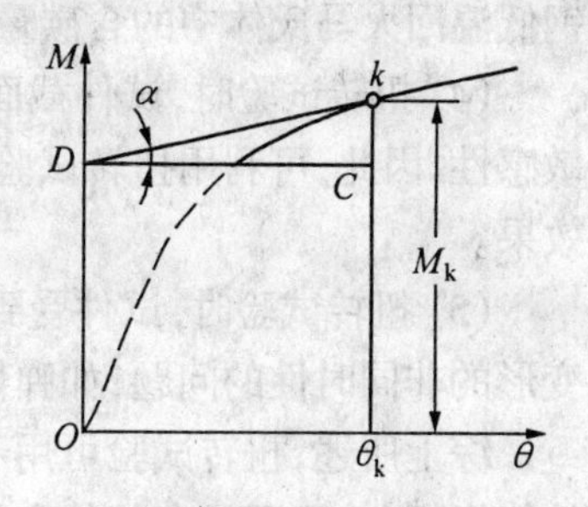

图 1-3-4　求$\left(\frac{dM}{d\theta}\right)_k$ 的图解法

于是，式(1-3-10) 可简化为

$$t_k = 12M_k/\pi d_0^3 \qquad (1\text{-}3\text{-}11)$$

真抗扭强度 t_k 也可用薄壁圆管试件进行试验直接测出。由于管壁较薄，可以认为，试件横截面上的切应力近似地相等。因此，当管状试件断裂时的切应力即为真抗扭强度 t_k，可用下式求得

$$t_k = M_k/2\pi ar^2 \qquad (1\text{-}3\text{-}12)$$

式中，M_k 为断裂时的扭矩；r 为管状试件内、外半径的平均值；a 为管壁厚度；$2\pi ar^2$ 为管状试件的截面系数。

扭转时的塑性变形可用残余扭转相对切应变 γ_k 表示，可按下式求得

$$\gamma_k = \varphi_k d_0/2l_0 \times 100\% \qquad (1\text{-}3\text{-}13)$$

式中，φ_k 为试件断裂时标距长度 l_0 上的相对扭转角；扭转总切应变是扭转塑性应变与弹性切应变之和。对于高塑性材料，弹性切应变很小，故由式(1-3-13) 求得塑性切应变即近似地等于总切应变。

3. 扭转试验的特点及应用

扭转试验是重要的力学性能试验方法之一，具有如下的特点。

(1) 扭转时应力状态的柔度系数较大，因而可用于测定那些在拉伸时率先表现出脆性的材料，如淬火低温回火工具钢的塑性。

(2) 圆柱试件在扭转试验时，整个长度上的塑性变形始终是均匀的，其截面及标距长度基本保持不变，不会出现静拉伸时试件上发生的颈缩现象。因此，可用扭转试验精确地测定高塑性材料的变形抗力和变形能力，而这在单向拉伸或压缩试验时是难以做到的。

(3) 扭转试验可以明确地区分材料的断裂方式，正断抑或切断。对于塑性材料，断口与试件的轴线垂直，断口平整并有回旋状塑性变形痕迹（见图 1-3-5(a)）。这是由切应力造成的切断。对于脆性材料，断口约与试件轴线成 45°，呈螺旋状（见图 1-3-6(b)）。若材料的轴向切断抗力比横向的低，如木材、带状偏析严重的合金板材，扭转断裂时可能出现层状或木片状断口（见图 1-3-5(c)）。于是，可以根据扭转试件的断口特征，判断产生断裂的原因以及材料的抗扭强度和抗拉(压) 强度相对大小。利用这一特点，还可很好地分析某些试验结果，如碳

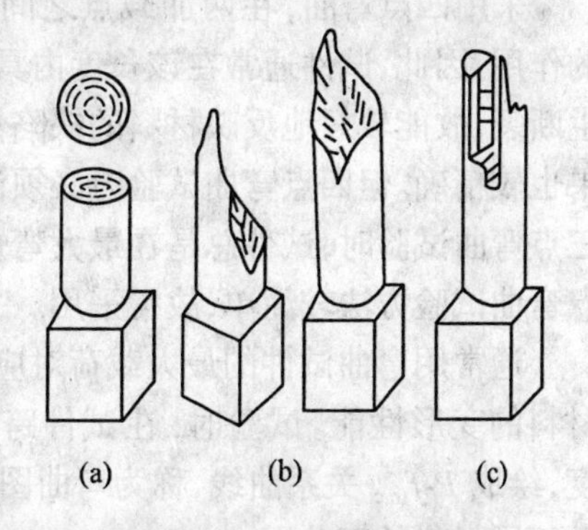

图 1-3-5　扭转断口形态

(a) 切断断口；(b) 正断断口；(c) 层状断口

钢低温回火马氏体中的含碳量对韧性的影响。

(4) 扭转试验时,试件截面上的应力应变分布表明,它将对金属表面缺陷显示很大的敏感性。因此,可利用扭转试验研究或检验工件热处理的表面质量和各种表面强化工艺的效果。

(5) 扭转试验时,试件受到较大的切应力,因而还被广泛地应用于研究有关初始塑性变形的非同时性的问题,如弹性后效、弹性滞后以及内耗等。

综上所述,扭转试验可用于测定塑性材料和脆性材料的剪切变形和断裂的全部力学性能指标,并且还具有其他力学性能试验方法所无法比拟的优点。因此,扭转试验在科研和生产检验中得到较广泛的应用。然而,扭转试验的特点和优点在某些情况下也会变为缺点,例如,由于扭转试件中表面切应力大,越往心部切应力越小,当表层发生塑性变形时,心部仍处于弹性状态(见图 1-3-1(c))。因此,很难精确地测定表层开始塑性变形的时刻,故用扭转试验难以精确地测定材料的微量塑性变形抗力。

1.3.2 弯曲试验

1. 弯曲试验方法

弯曲试验时采用矩形或圆柱形试件。试验时将试件放在有一定跨度的支座上,施加一集中载荷(三点弯曲)或二等值载荷(四点弯曲),如图 1-3-6 所示。

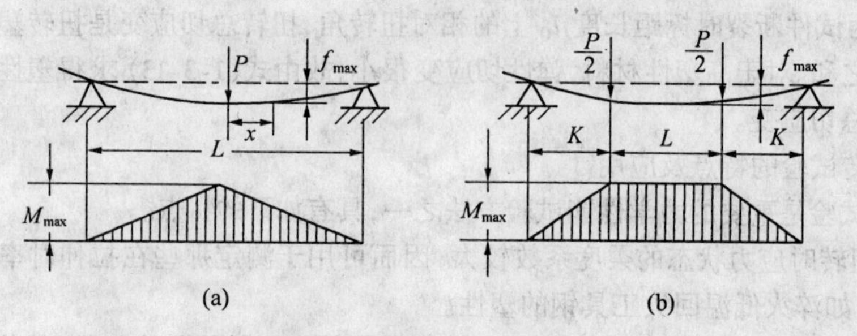

图 1-3-6 弯曲试验加载方式

(a) 集中加载;(b) 等弯矩加载

采用四点弯曲,在两加载点之间试件受到等弯矩的作用。因此,试件通常在该长度内具有组织缺陷处发生断裂,故能较好地反映材料的缺陷性质,而且实验结果也较精确。但四点弯曲试验时必须注意加载的均衡。三点弯曲试验时,试件总是在最大弯矩附近处断裂。三点弯曲试验方法较简单,故常采用。

通常用弯曲试件的最大载荷对应的挠度 f_{max} 表征材料的变形性能。试验时,在试件跨距的中心测定挠度,绘成 P-f_{max} 关系曲线,称为弯曲图。图 1-3-7 表示三种不同材料的弯曲图。

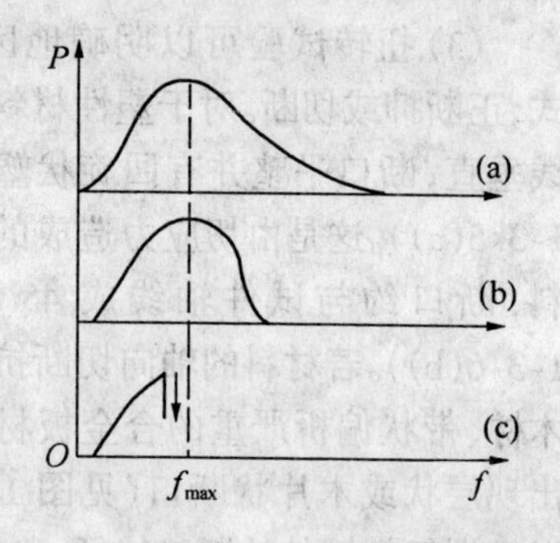

图 1-3-7 曲型的变曲图

(a) 塑性材料;(b) 中等塑性材料;

(c) 脆性材料

对于高塑性材料,弯曲试验不能使试件发生断裂,其曲线的最后部分可延伸很长,见图 1-3-7(a)。因此,弯曲试验难以测得塑性材料的强度，而且实验结果的分析也很复杂，故塑性材料的力学性能由拉伸试验测定，而不采用弯曲试验。

对于脆性材料，可根据弯曲图（见图 1-3-7(c)），用下式求得抗弯强度 σ_{bb}

$$\sigma_{bb} = M_b/W \tag{1-3-14}$$

式中，M_b 为试件断裂时的弯矩。可根据弯曲图上的最大载荷 P_b，按下式计算，即对三点弯曲试件，$M_b = P_bL/4$；对四点弯曲试件，$M_b = P_bK/2$（见图 1-3-6）；W 为截面抗弯系数，对于直径为 d_0 的圆柱试件，$W = \pi d_0^3/32$；宽为 b，高为 h 的矩形截面试件，$W = bh^2/6$。

材料的弯曲变形大小用最大载荷对应的最大挠度 f_{max} 表示，其值可用百分表或挠度计直接读出。

2. 弯曲试验的应用

(1) 用于测定灰铸铁的抗弯强度。灰铸铁的弯曲试件一般采用铸态毛坯圆柱试件。试验时加载速度不大于 0.1mm/s。若试件的断裂位置不在跨距的中点，而在距中点 x 处（见图 1-3-6），则抗弯强度计算式为

$$\sigma_{bb} = 8P_b(L - 2x)/\pi d_0^3 \tag{1-3-15}$$

(2) 用于测定硬质合金的抗弯强度。硬质合金由于硬度高，难以加工成拉伸试件，故常用做弯曲试验以评价其性能和质量。但由于硬质合金价格昂贵，故常采用方形或矩形截面的小尺寸试件，常用的规格是 5mm × 5mm × 30mm，跨距为 24mm。

(3) 用于陶瓷材料的抗弯强度测定。由于陶瓷材料脆性大，测定抗拉强度很困难，难以得到精确的结果，故目前主要是测定其抗弯强度作为评价陶瓷材料性能的指标。陶瓷材料的弯曲试件常采用方形或矩形截面的试件。考虑到实验结果的分散性，试件应从同一块或同质坯料上切出尽可能多的小试件，以便对实验结果进行统计分析。还应指出，试件的表面粗糙度对陶瓷材料的抗弯强度有很大的影响；表面越粗糙，抗弯强度越低。再则，若磨削方向与试件表面的拉应力垂直，也会较大幅度地降低陶瓷材料的抗弯强度。

铸铁、工具钢、硬质合金以及陶瓷材料之所以常用弯曲试验测定其强度性能，是因为试件加工方便，试验操作简单，且不会出现拉伸试验时试件装卡偏斜对实验结果造成的影响，而且在一定程度上还能比较材料的变形能力。再则，弯曲试验时试件表面的正应力大，对表面缺陷敏感，故弯曲试验常被用于检验和比较渗碳层和表面淬火层的质量和性能。

1.3.3 压缩试验

1. 单向压缩试验

单向压缩时应力状态的柔度系数大，故用于测定脆性材料，如铸铁、轴承合金、水泥和砖石等的力学性能。由于压缩时的应力状态较软，故在拉伸、扭转和弯曲试验时材料不能显示的力学行为，而在压缩时有可能获得。压缩可以看做是反向拉伸。因此，拉伸试验时所定义的各个力学性能指标和相应的计算公式，在压缩试验中基本上都能应用。但两者之间也存在着差别，如压缩时试件不是伸长而是缩短，横截面不是缩小而是胀大。此外，塑性材料压缩时只发生压缩变形而不断裂，压缩曲线一直上升，如图 1-3-8 中的曲线 1 所示。正因为如此，塑性材料很少做压缩试验；如需做压缩试验，也是为了考察材料对加工工艺的适应性。

图 1-3-8 中的曲线 2 是脆性材料的压缩曲线。根据压缩曲线，可以求出压缩强度和塑性指标。对于低塑性和脆性材料，一般只测抗压强度 σ_{bc}，相对压缩 e_{ck} 和相对断面扩胀率 ψ_{ck}。

$$\sigma_{bc} = P_{bc}/A_0 \tag{1-3-16}$$

$$e_{ck} = (h_0 - h_k)/h_0 \times 100\% \tag{1-3-17}$$

$$\psi_{ck} = (A_k - A_0)/A_0 \times 100\% \tag{1-3-18}$$

式中，P_{bc} 为试件压缩断裂时的载荷；h_0 和 h_k 分别为试件的原始高度和断裂时的高度；A_0 和 A_k 分别为试件的原始截面积和断裂时的截面积。

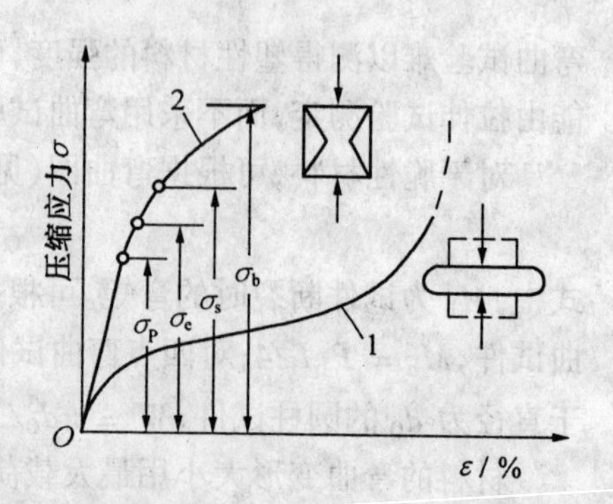

图 1-3-8　压缩载荷弯形曲线

1—塑性材料；2—脆性材料

式(1-3-16) 表明，σ_{bc} 是条件抗压强度。若考虑试件截面变化的影响，可求得真抗压强度(P_k/A_k)。由于 $A_k > A_0$，故真抗压强度要小于或等于条件抗压强度。

常用的压缩试件为圆柱体，也可用立方体和棱柱体。为防止压缩时试件失稳，试件的高度和直径之比 A_0/d_0 应取 1.5 ~ 2.0。试件的高径比 h_0/d_0 对试验结果有很大影响，h_0/d_0 越大，抗压强度越低。为使抗压强度的试验结果能互相比较，必须使试件的 h_0/d_0 值相等。对于几何形状不同的试件，则应保持 h_0/A_0 为定值。

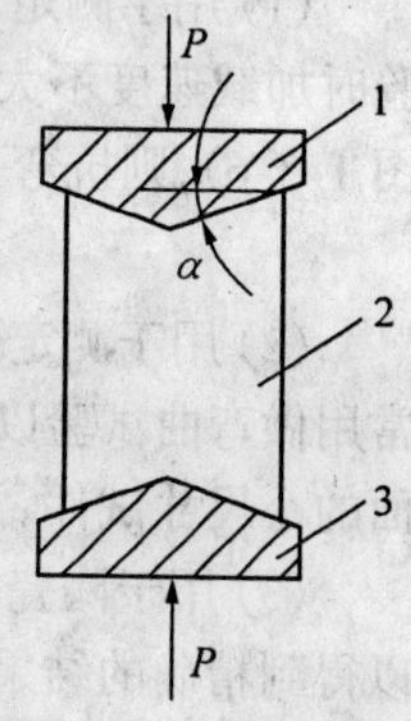

图 1-3-9　减小端面摩擦的压头和试件的形状

1—上压头；2—试件；3—下压头

压缩试验时，在上下压头与试件端面之间存在很大的摩擦力。这不仅影响试验结果，而且还会改变断裂形式。为减小摩擦阻力的影响，试件的两端面必须光滑平整，相互平行，并涂润滑油或石墨粉进行润滑。还可将试件的端面加工成凹锥面，且使锥面的倾角等于摩擦角，即 $\tan\alpha = f$，f 为摩擦因数；同时，也要将压头改制成相应的锥体(见图 1-3-9)。

2. 压环强度试验

在陶瓷材料工业中，管状制品很多，故在研究、试制和质量检验中，也常采用压环强度试验方法。此外，在粉末冶金制品的质量检验中也常用这种试验方法。这种试验采用圆环试件，其形状与加载方式如图 1-3-10 所示。

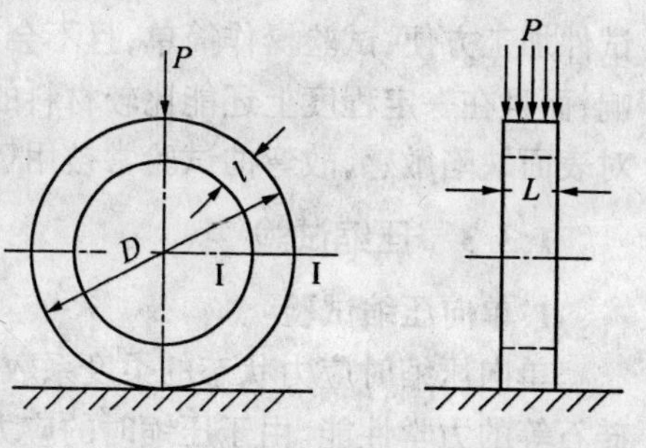

图 1-3-10　压环强度试验示意图

试验时将试件放在试验机上下压头之间，自上向下加压直至试件破断。根据破断时的压力求出压环强度。由材料力学可知，试件的 Ⅰ - Ⅰ 截面处受到最大弯矩的作用，该处拉应力最大。试件断裂时 Ⅰ - Ⅰ 截面上的最大拉应力即为压环强度，可根据下式求得

$$\sigma_\tau = 1.908 P_\tau (D - t)/2Lt^2 \tag{1-3-19}$$

式中，P_τ 为试件压断时的载荷；D 为压环外径；t 为试件壁厚；L 为试件宽度(见图 1-3-10)。

应当注意，试件必须保持圆整度，表面无伤痕且壁厚均匀。

1.3.4 剪切试验

制造承受剪切机件的材料,通常要进行剪切试验,以模拟实际服役条件,并提供材料的抗剪强度数据作为设计的依据。这对诸如铆钉、销子这样的零件尤为重要。常用的剪切试验方法有单剪试验、双剪试验和冲孔式剪切试验。

1. 单剪试验

剪切试验用于测定板材或线材的抗剪强度,故剪切试件取自板材或线材。试验时将试件固定在底座上,然后对上压模加压,直到试件沿剪切面 $m-m$ 剪断(见图 1-3-11)。这时剪切面上的最大切应力即为材料的抗剪强度;可以根据试件被剪断时的最大载荷 P_b 和试件的原始截面积 A_0,按下式求得

$$\tau_b = P_b/A_0 \tag{1-3-20}$$

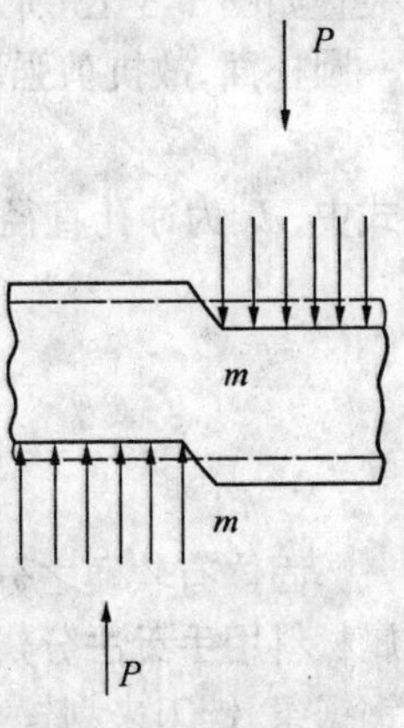

图 1-3-11 试件在单剪试验时受力和变形示意图

图 1-3-11 表明了试件在单剪试验时的受力和变形情况。作用于试件两侧面上的外力大小相等,方向相反,作用线相距很近,使试件两部分沿剪切面($m-m$)发生相对错动。于是,在剪切面上产生切应力,切应力的分布是比较复杂的,这是因为试件受剪切时,还会伴生挤压和弯曲。但在剪切试验时通常假设切应力在剪切面内均匀分布,剪切试验不能测定剪切比例极限和剪切屈服强度。

2. 双剪试验

双剪试验是最常用的剪切试验。在试验时,将试样装在压式或拉式剪切器(见图 1-3-12(a))为压式剪切器)内,然后加载。这时试件在 Ⅰ-Ⅰ 和 Ⅱ-Ⅱ 截面上同时受到剪力的作用(见图 1-3-12(b))。试件断裂时的载荷为 P_b,则抗剪强度为

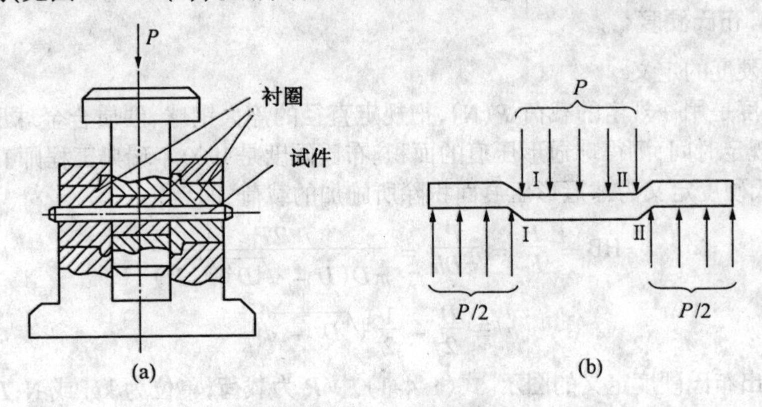

图 1-3-12 双剪试验装置

(a) 压式剪切器;(b) 试件受剪情况

$$\tau_b = P_b/2A_0 \tag{1-3-21}$$

双剪试验用的试件为圆柱体,其被剪部分长度不能太长;因为在剪切过程中,除了两个剪切面受到剪切外,试样还受到弯曲作用。为了减小弯曲的影响,被剪部分的长度与试件直径之比不要超过 1.5。

衬圈的硬度不得低于 700HV30。剪切试验加载速度一般规定为 1mm/min,最快不得超

10mm/min。剪断后，如试件发生明显的弯曲变形，则试验结果无效。

3. 冲孔式剪切试验

金属薄板的抗剪强度用冲孔式剪切试验法测定。试验装置如图 1-3-13 所示。试件断裂时的载荷为 P_b，断裂面为一圆柱面，故抗剪强度为

$$\tau_b = P_b/\pi d_0 t \tag{1-3-22}$$

式中，d_0 为冲孔直径；t 为板料厚度。

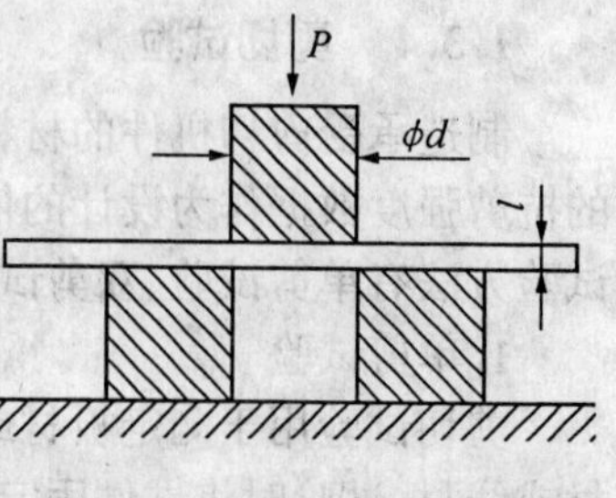

图 1-3-13　冲孔式剪切试验装置

1.4　金属的硬度

固体有软硬之分，金属有软硬之别，有的固体用手就可以感觉出其软硬，而常用的金属材料用手无法分辨其软硬。一般金属用刻划法和压入法来确定其硬度。人们常用划针、钢锯条、锉刀来划锉金属感觉金属的软硬。

压入法是最常见的检验方法，人们规定的检验方法很多，这里只介绍布氏、洛氏、维氏和显微硬度。

在硬度检验中，金属发生弹性变形、塑性变形和形变强化。硬度值表征金属弹性、塑性、强度及韧性等。因此，硬度值与材料强度之间有内在联系，这种关系很难解析，故通常用试验统计方法确定它们之间函数关系 —— 经验公式。下面我们分别介绍几种最常见的硬度试验方法及定义分类等。

1.4.1　布氏硬度

1. 布氏硬度的定义

布氏硬度是用一规定的载荷 P(N)，把规定直径的淬火钢球、硬质合金球压入金属表层，保持一规定时间，测得球冠形压痕的面积。布氏硬度是1900年瑞典工程师J·B·Brinell提出的。布氏硬度定义为球冠形压痕面积除所施加的载荷，即

$$\mathrm{HB} = \frac{P}{F} = \frac{P}{\pi D h} = \frac{2P}{\pi D(D - \sqrt{D^2 - d^2})} \tag{1-4-1}$$

$$h = \frac{D}{2} - \frac{1}{2}\sqrt{D^2 - d^2}$$

图 1-4-1 给出布氏硬度定义的图示。式(1-4-1) 中 P 为载荷，单位为 kgf 或 N；D 为钢球或硬质合金球的直径，单位为 mm；h 为压痕深度。当用 kgf 作为力单位时，上式单位为 $\mathrm{kgf/mm^2}$，一般不标示单位。当用 N 作为力的单位时

$$\mathrm{HB} = \frac{P}{F} = 0.102\,\frac{P}{\pi D h}$$

用钢球时布氏硬度标为 HBS，用硬质合金球时标为 HBW。这是因为布氏硬度超过 350 以后上述两种球打出的硬度值明显不同。布氏硬度值按下列方法表示。

例 1　120 HBS 10/1000/30

其中 120 为硬度值；HBS 为钢球；D = 10mm；P = 1000kgf；时间为 30s。

例 2　500 HBW 5/750/10 ~ 15

其中500为硬度值;HBW为硬质合金球;$D = 5\text{mm}$;$P = 750\text{kgf}$;时间为10 ~ 15s,可标可不标。

2.相似原理

布氏硬度的载荷可用:3 000kgf(29.42kN),1 500kgf(14.71kN),1 000kgf(9.807kN),750kgf(7.355kN),500kgf(4.903kN),250kgf(2.452kN),125kgf(1.226kN),100kgf(980.7N),62.5kgf(612.9N),187.5kgf(1.839kN),31.25kgf(306.5N),25kgf(245.2N),15.26kgf(153.2N),7.813kgf(76.61N),120kgf(1.177kN),40kgf(392.3N),20kgf(196.1N),10kgf(98.07N),5kgf(49.03N),2.5kgf(24.52N),1.25kgf(12.26N),1kgf(9.807N)。

球直径可用10mm,5mm,2.5mm,2mm,1mm,这些实验条件对布氏硬度值有明显影响,它们之间有什么内在联系呢?相似原理回答了这个问题。

由图1-4-2

$$d = D \cdot \sin\frac{\varphi}{2}$$

$$\text{HB} = \frac{2P}{\pi D(D - \sqrt{D^2 - d^2})} = \frac{P}{D^2}\frac{2}{\pi(1 - \sqrt{1 - \sin^2\frac{\varphi}{2}})} \tag{1-4-2}$$

式(1-4-2)中,若相同HB硬度值的一块试片用不同P、D测硬度,但要保持$\frac{P}{D^2}$ = 常数,测上式中的φ值不变。图1-4-2中大小球得到的压痕(球冠)相似,我们称之为"相似原理",$\frac{P}{D^2}$称为相似条件。也就是说我们对同一硬度的一块试片测其硬度,只要$\frac{P}{D^2}$保持不变,而P、D改变,测打出的硬度是相同的。上述原理只有在压痕$0.24D \leqslant d \leqslant 0.6D$范围内成立。

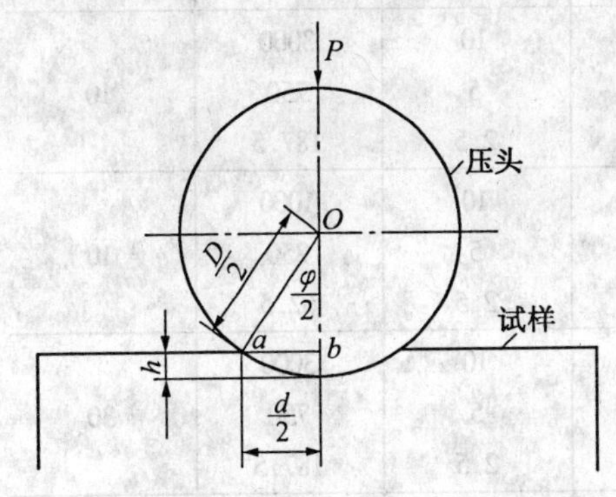

图1-4-1　钢球或硬质合金球压入金属

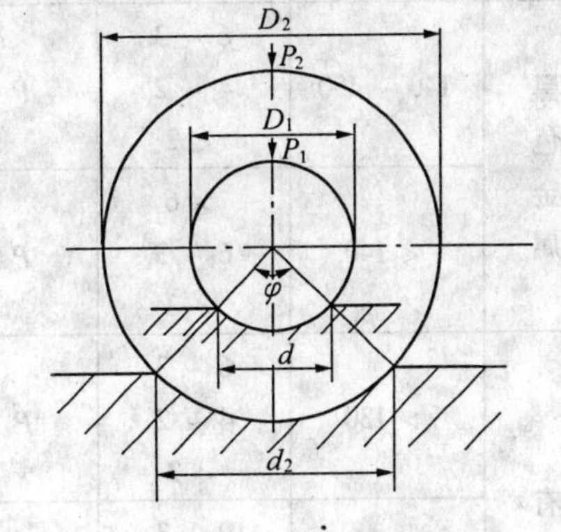

图1-4-2　压痕相似原理

GB231—84中规定:D = 10mm、5mm、2.5mm、2mm、1mm;$\frac{P}{D^2}$ = 30、15、10、5、2.5、1.25、1等。按上两项规定,可以推出前面所给出的一系列载荷。

相似原理可以指导解决以下两个问题,其一,有时试件太薄,压痕都贯穿试片。这样打出硬度值不准,必须减小压痕。要调整$\frac{P}{D^2}$ = 常数中三个量中哪些量?其二,国家标准中规定$0.24D \leqslant d \leqslant 0.6D$,若 d 超出这个范围,那么调整$\frac{P}{D^2}$ = 常数中三个量中的哪些量才能把 d 调整到上述国标规定之中?这两个问题由自己思考。为了顺利完成布氏硬度实验,不走弯路,国家标准中给出$\frac{P}{D^2}$选用表(见表 1-4-1)。

表 1-4-1 $\frac{P}{D^2}$ 选用表

材料	布氏硬度	F/D^2
钢及铸铁	< 140	10
	> 140	30
铜及其合金	< 35	5
	35 ~ 130	10
	> 130	30
轻金属及其合金	< 35	2.5(1.25)
	35 ~ 80	10(5 或 15)
	> 80	10(15)
铅、锡		1.25(1)

注:① 当试验条件允许时,应尽量选用 10mm 球。

② 当有关标准中没有明确规定时,应使用无括号的 F/D^2 值。

有的教材给出更详细的技术表格(见表 1-4-2)。

表 1-4-2 $\frac{P}{D^2}$ 及试件厚度选用表

金属类型	布氏硬度值(HB)	试样厚度/mm	载荷 P 与钢球直径 D 的相互关系	钢球直径 D/mm	载荷 P/kg·f	载荷保持时间/s
黑色金属	140 ~ 450	6 ~ 3	$P = 30D^2$	10	3000	10
		4 ~ 2		5	750	
		< 2		2.5	187.5	
	< 140	> 6	$P = 10D^2$	10	1000	10
		6 ~ 3		5	250	
		< 3		2.5	62.5	
有色金属	> 130	6 ~ 3	$P = 30D^2$	10	3000	30
		4 ~ 2		5	750	
		< 2		2.5	187.5	
	36 ~ 130	9 ~ 3	$P = 10D^2$	10	1000	30
		6 ~ 3		5	250	
		< 3		2.5	62.5	
	8 ~ 35	> 6	$P = 2.5D^2$	10	250	60
		6 ~ 3		5	62.5	
		< 3		2.5	15.6	

按上述两表完成试验可以不走弯路，因为压痕可能贯穿试件，d 可能超出 $0.24D \leqslant d \leqslant 0.6D$ 范围。

3.锤击布氏硬度

在工厂内，日常检验大锻件、大铸件和钢材时，为了免除切取试样的困难和浪费钢材，可采用轻便的锤击式简易布硬度计。图 1-4-3 为此种硬度计的构造和使用示意图，其主要部分为钢球 3；锤击杆 4 及标准布氏硬度试样 6。试验时，首先估计被测试工件大致的硬度值，选择与其硬度值相近的标准试样插入硬度计内，如图 1-4-4 所示，使圆钢球抵住试件表面，使握持器与被测面垂直，并用手锤敲击锤击杆顶端一次。这样，钢球将在试件表面上及标准试样上同时各打上一个压痕。由于作用在标准试样与工件上的力是相等的，根据式(1-4-1)，标准块硬度

$$HB' = \frac{2P}{\pi D(D - \sqrt{D^2 - d_1^2})}$$

工件的硬度

$$HB = \frac{2P}{\pi D(D - \sqrt{D^2 - d^2})}$$

上两式左右相比得式 1-4-3，即可推导出工件硬度 HB 与工件压痕直径 d、标准试样硬度 HB′ 及压痕直径 d_1 的关系

$$HB = HB' \frac{D - \sqrt{D^2 - d_1^2}}{D - \sqrt{D^2 - d^2}} \tag{1-4-3}$$

因此，只要将测得的 d、d_1 和已知 HB′ 代入式(1-4-3) 即可求出工件的硬度 HB。这种硬度计制造厂预制有对照表格，可以查表求得。这种方法虽然简单，但是需要有一组不同硬度值的标准试样，而且试验误差较大，所以，所有硬度值一般不作为成品验收依据，只作参考。

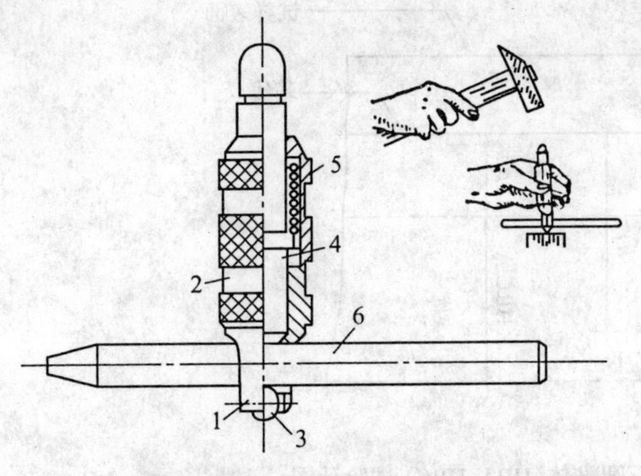

图 1-4-3　锤击式简易布氏硬度计

1— 球帽；2— 握持器；3— 钢球；4— 锤击杆；5— 弹簧；6— 标准试样

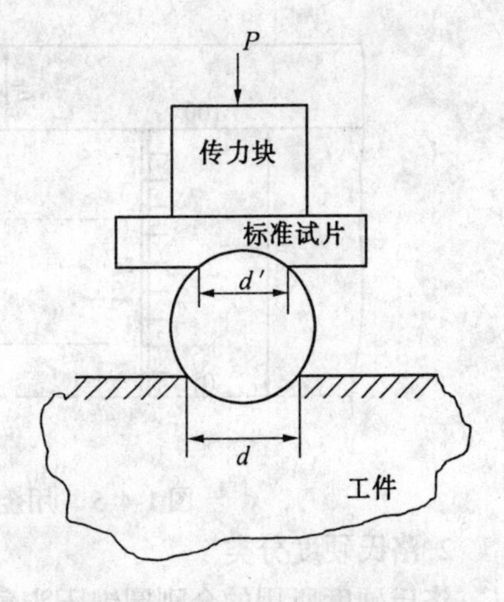

图 1-4-4　锤击布氏硬度原理

4.布氏硬度的优缺点

布氏硬度打太硬的材料不实用，HBW 在 650 以内可以，再硬不行。布氏硬度操作繁杂，

不适合流水检验。但布氏硬度压痕较大，具有代表性，测值稳定，而且与强度之间有稳定的换算关系。布氏硬度特别适用低碳钢、铜合金、铝合金及铸铁的检验。

1.4.2 金属的洛氏硬度

洛氏硬度是1919年由美国人S.P.Rockwell和H.M.Rockwell提出的，是目前常用的检验方法之一。

1.洛氏硬度的定义

洛氏硬度是初载 P_0 和主载 P_1，组合成总载 P 把金刚石压头或钢球压头压入金属表层，卸去主载 P_1，在初载条件下测得主载 P_1 的压入深度，计算硬度值，即

$$HR = \frac{K - e}{k}$$

式中，K 为转向系数；e 为计量压入深度；k 为单位硬度值长度。K 的作用是使硬度值随材料实际硬度值增加而增加，人为所设。k 是洛氏硬度单位，一般为0.002mm和0.001mm。

图1-4-5和图1-4-6分别为金刚锥和钢球洛氏硬度操作过程中压入深度的变化，h_0 为 P_0 引起的总变形，其中包括弹性和塑性变形，h_1 为 P_1 引起的总变形，也是包括弹性变形和塑性变形。e 为 P_1 引起的塑性变形，$h_1 - e$ 为 P_1 引起弹性变形。上述所谓"变形"是指压入深度。HRA、HRC为硬度值，HRB亦为硬度值。

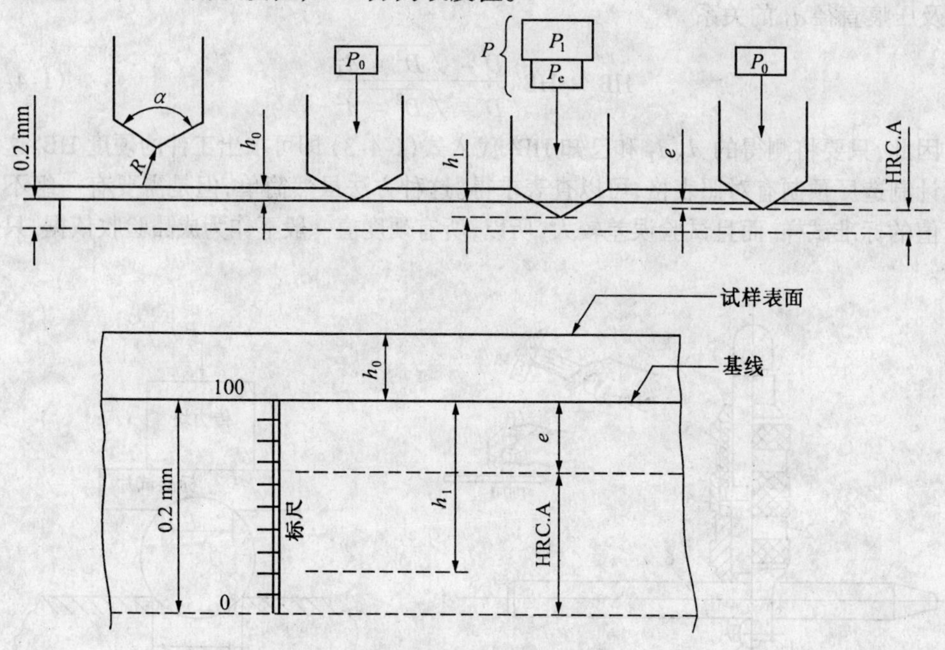

图1-4-5 用金刚石圆锥体(HRA、HRC)试验示图

2.洛氏硬度分类

洛氏硬度所用的金刚圆锥压头角度为120°，尖端 R = 0.2mm。钢球直径为1.588mm。洛氏硬度分为常规洛氏硬度和表面洛氏硬度，它们的试验条件及应用范围见表1-4-3和表1-4-4。

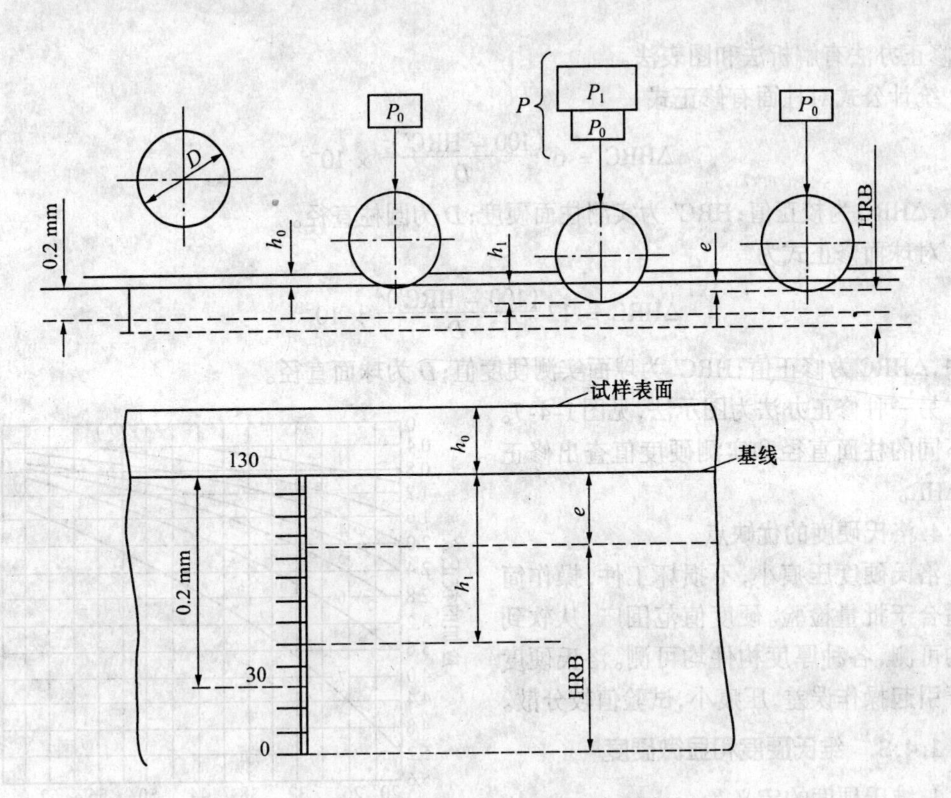

图 1-4-6　用钢球(HRB)试验示图

表 1-4-3　洛氏硬度试验条件及应用范围

标　尺	测量范围	初载荷 /N(kgf)	主载荷 /N(kgf)	压头类型	*K*/mm	*k*/mm
HRA	60 ~ 85	98.1(10)	490.3(50)	金刚石圆锥体	0.2	0.002
HRC	20 ~ 67	98.1(10)	1373(140)	金刚石圆锥体	0.2	0.002
HRB	25 ~ 100	98.1(10)	882.6(90)	钢　球	0.26	0.002

表 1-4-4　表面洛氏硬度的标尺及试验条件

标　尺	测量范围	初载荷 /N(kgf)	主载荷 /N(kgf)	压头类型	*K*/mm	*k*/mm
HR15N	68 ~ 92	29.42(3)	117.68(12)	金刚石圆锥体	0.1	0.001
HR30N	39 ~ 83		264.78(27)		0.1	0.001
HR45N	17 ~ 72		411.88(42)		0.1	0.001
HR15T	70 ~ 92	29.42(3)	117.68(12)	钢　球	0.1	0.001
HR30T	35 ~ 82		264.78(27)		0.1	0.001
HR45T	7 ~ 72		411.88(42)		0.1	0.001

洛氏硬度除上述几种外，尚有 HRD、HRE、HRF、HRG 等，但不常用。

3. 洛氏硬度的修正

洛氏硬度在柱面和球面上实验时锥体和钢球受阻力小，硬度值偏低，因此要实施修正。修正办法有解析法和图表法。

统计公式对柱面有修正式

$$\Delta HRC = 6\frac{(100 - HRC')^2}{D} \times 10^{-3}$$

式中，ΔHRC为校正值；HRC′为实测柱面硬度；D为圆柱直径。

对球面修正式为

$$\Delta HRC = 12\frac{(100 - HRC')^2}{D} \times 10^{-3}$$

式中，ΔHRC为修正值；HRC′为球面实测硬度值；D为球面直径。

另一种修正办法为图示法，见图1-4-7。按不同的柱面直径和实测硬度值查出修正值ΔHR。

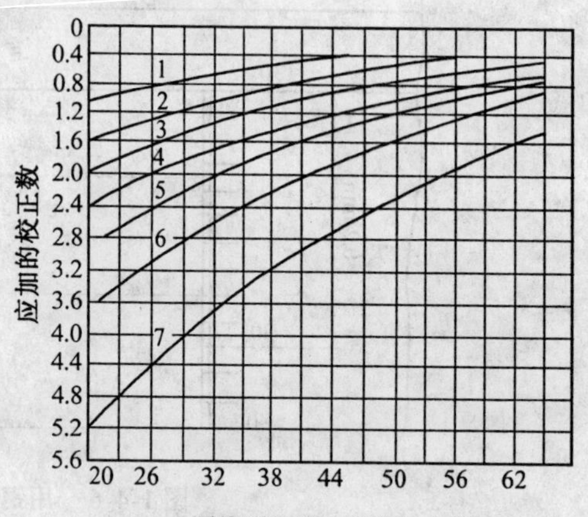

图1-4-7　圆柱形试样的洛氏硬度HRC校正曲线

1—试样直径38mm；2—试样直径25mm；3—试样直径19mm；4—试样直径16mm；5—试样直径13mm；6—试样直径10mm；7—试样直径6.4mm

4. 洛氏硬度的优缺点

洛氏硬度压痕小，不损坏工件，操作简便适合于批量检验。硬度值范围广，从软到硬均可测，各种厚度构件均可测。洛氏硬度易于引起操作误差，压痕小，试验值较分散。

1.4.3　维氏硬度和显微硬度

1. 维氏硬度的定义

为了避免钢球发生塑性变形，布氏硬度试验只可用来测定硬度小于HB450的金属材料。洛氏硬度试验虽可用来测定各种金属材料的硬度，但采用了不同的压头和总载荷，标度不同，硬度值彼此没有联系，也不能直接换算。为了从软到硬的各种金属材料用一个压头测得一个连续一致的硬度标度，因而制定了维氏硬度试验法。

维氏硬度的测定原理基本上和布氏硬度相同，也是根据压痕单位面积上的载荷来计量硬度值。维氏硬度试验原理如图1-4-8所示。所不同的是维氏硬度试验的压头不是钢球，而是金刚石的正四棱锥体。试验时，在载荷P的作用下，试样表面上压出一个四方锥形的压痕，测量压痕对角线长度d，借以计算压痕的表面积F，以P/F的数值表示试样的硬度值，用符号HV表示。

维氏硬度试验用的正四棱锥金刚石压头上两相对面间夹角为136°，这是为了在较低硬度时，其硬度值与布氏硬度值相等或接近。

用正四棱锥金刚石压头所得的压痕面积F可按下式计算

$$F = 4 \times \frac{1}{2} \times \frac{\sqrt{2}}{2}d \times \frac{\sqrt{2}}{4}d/\sin 68^\circ$$

$$F = d^2/2\sin 68^\circ = d^2/1.8544(\text{mm}^2)$$

则维氏硬度值

$$HV = \frac{P}{F} = \frac{1.8544P}{d^2}(kgf/mm^2)$$

式中，P 单位为 kgf；d 单位为 mm^2。当 P 为牛顿(N)时

$$HV = 0.102 \times \frac{1.8544P}{d^2} = 0.1891\frac{P}{d^2}(N)$$

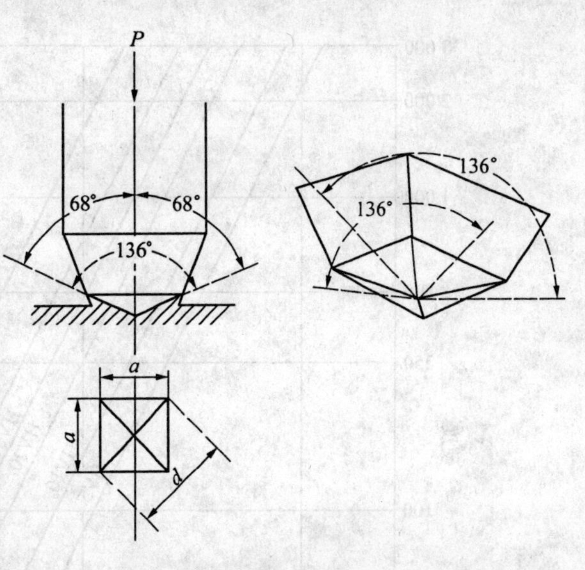

图 1-4-8　维氏硬度试验原理示意图

维式硬度的表示方法：

例 1　640HV30/15

其中 640 为维氏硬度值，HV 为维氏硬度；P 用 30kgf(294.2N)，15 s 保荷时间可略去。

例 2　640HV30/20

其中 640 为维氏硬度值，HV 为维氏硬度；P 用 30kgf(294.2N)，20 为保荷时间。

维氏硬度选用载荷 P 列于表 1-4-5 中。

表 1-4-5　维氏硬度规定选用载荷及表示方法

硬　度　符　号	试　验　力　/kgf(N)
HV5	5(49.03)
HV10	10(98.07)
HV20	20(196.1)
HV30	30(294.2)
HV50	50(490.3)
HV100	100(980.7)

各选用载荷下的硬度值有表可查，只要按规定测出 d 值，可以在相应的表中直接查到硬度值。维氏硬度试片最小厚度 —— 硬度值和载荷 P 的关系见图 1-4-9。

2. 维氏硬度的修正

在柱面和球面上直接打维氏硬度时，得出的硬度值要修正，只要在相应测得维氏硬度值上乘一个系数即可

$$HV = \alpha \cdot HV'$$

式中，HV 为维氏硬度；α 为修正系数；HV′ 为实测曲面上维氏硬度。

修正系数按 d/D 值从 GB4340—84 中可以查到，d 为压痕对角线长，D 为曲面的直径。

3. 维氏硬度的优缺点

维氏硬度与布氏硬度相比不存在 P/D^2 的限制，维氏硬度从软到硬不受限制，d 测量在显微镜下进行，比较精确。维氏硬度与布硬度一样，要测量 d，比较繁杂，故不适于批量检验。

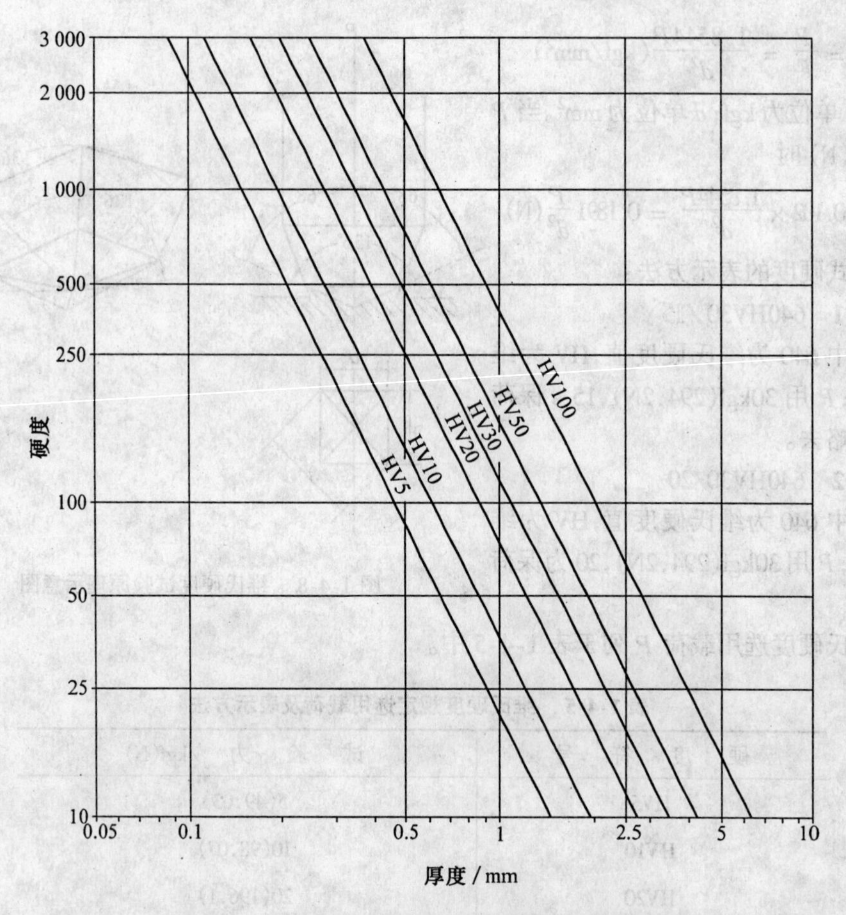

图 1-4-9 试验力 - 硬度值 - 试样最小厚度关系图

4. 显微硬度

显微硬度是从维氏硬度引入的，只不过是选用了更小的载荷。维氏硬度

$$HV = 1.8544\frac{P}{d^2} \quad (kgf/mm^2)$$

或

$$HV = 0.1891\frac{P}{d^2} \quad (N/mm^2)$$

式中，P 用 kgf 或 N 为单位；d 以 mm 为单位。

而在显微硬度中上式改为 P 以克力（gf）为单位，d 改为以微米（μm）为单位，而 HV 单位仍为 kgf/mm^2（或 N/mm^2），则

$$HV_m = 1854.4\frac{P}{d^2}$$

GB/T4342—91 中仍用 $HV = 0.1891\frac{P}{d^2}(N/mm^2)$ 作为显微硬度的表达式。P 单位为 N，d 单位为 mm。

GB/T4342—91 标准中给出 P 为：0.001kgf（9.807×10^{-3}N），0.002kgf（19.61×10^{-3}N），0.005kgf（49.03×10^{-3}N），0.01kgf（98.07×10^{-3}N），0.02kgf（0.1961N），0.025kgf（0.2452N），

0.05kgf(0.4903N),0.1kgf(0.9807N)。

显微硬度表示方法：

例 1　450HV0.1/15

其中 450 为显微硬度值，HV 为显微硬度；载荷 0.1kgf(0.9807N)，持续时间 15s 可略去。

例 2　450HV0.1/30

其中 450 为显微硬度值，HV 为显微硬度；载荷 0.1kgf(0.9807N)，载荷持续时间 30s。

显微硬度主要用来测定各组织的硬度，是在显微镜下操作，试件一般制成金相试片。表 1-4-6 给出一些常见组织的显微硬度。

表 1-4-6　合金中各组成相的显微硬度

组　成　相	显微硬度(HV)
奥氏体	340 ~ 450
铁素体	150 ~ 250
渗碳体	750 ~ 980
马氏体	670 ~ 1200
珠光体	350 ~ 500
Al_2Cu	560
Al_3Ni	610
SiC	1800 ~ 3500
TiC	2850 ~ 3200
WC	1430 ~ 2470

显微硬度的主要特点就是其载荷很微小，可以得到很微小的压痕，故可用来测定全相试片中单独相组成的硬度。

到此，我们介绍了维氏硬度，维氏硬度分类，主要按其载荷范围来分：

1.维氏硬度　　　　P:5 ~ 100kgf(49.03 ~ 980.7N)

2.小负荷维氏硬度　P:0.2 ~ 5kgf(1.961 ~ 49.03N)

3.显微硬度　　　　P:0.001 ~ 0.1kgf(9.807×10^{-3} ~ 0.9803N)

1.4.4　其他硬度

1.努氏硬度

努氏硬度和维氏硬度相似，只不过是其压痕为细长菱形，这样可以提高测量精度。

2.肖氏硬度

肖氏硬度是用一钢针下落刺向试件，返弹到一定高度，按高度定义硬度，它是一种动载实验法。

3.锉刀硬度

检验工用锉刀来判断淬火件达到规定硬度值否，居然也可以断定差 1 度或 2 度不达标。

4. 纳米硬度

纳米硬度为比显微硬度更精细的一种新规定的超微观硬度法。

1.4.5 金属硬度同其他力学性能指标的关系

硬度试验简便、迅速，人们早就探讨如何通过所测定的硬度值来评定金属的其他力学性能指标。这无论对于实际试验或是对于材料的科学研究，都具有十分重要的意义。

至今还没有从理论上确定金属的硬度与其他力学性能之间的内在联系。只是根据大量试验确定了硬度与某些力学性能指标之间的对应关系。

试验证明，金属的压入硬度与抗拉强度之间成正比关系，即

$$\sigma_b = k\text{HB} \tag{1-4-4}$$

式中，k 为比例系数，不同的金属材料其 k 值不同；同一类金属经不同热处理后，硬度和强度发生变化，其 k 值基本保持不变。但若经过冷变形提高硬度，则 k 值不再是常数。

关于不同金属材料的 k 值有很多经验数据。对于钢铁材料可以粗略地认为 $k \approx 3.3$。

我国计量科学研究院等单位通过大量试验和分析研究已经制定出黑色金属硬度及强度换算表，以及铝合金和铜合金的硬度与强度换算表，具有一定的实用价值。但若要求得到较精确的强度数据，仍需通过拉伸试验测定。

有人设想找到疲劳极限与硬度之间近似的定量关系，试图通过测定金属材料的硬度HB估算 σ_{-1}，但至今尚未取得理想的结果。

疲劳极限与抗拉强度值之间的关系式为

$$\sigma_{-1} = m\sigma_b \tag{1-4-5}$$

对于不同的金属材料、不同的试验条件，其 m 值也不相同。一般来说 $m = 0.4 \sim 0.6$，平均为0.5，即 σ_{-1} 大致相当于 σ_b 的一半。对于钢铁材料，已知 σ_b 约为HB的3.3倍。因此，σ_{-1} 就大约为HB的1.6倍左右，即 $\sigma_{-1} \approx 1.6\text{HB}$。表1-4-7中列出了某些退火金属的HB，$\sigma_b$ 与 σ_{-1} 的实验数据。由表可见，黑色金属基本上满足上述关系。

表1-4-7 退火金属的HB、σ_b 与 σ_{-1} 的关系

金属及合金名称		HB	σ_b/MPa	$k = \frac{\sigma_b}{\text{HB}}$	σ_{-1}/MPa	$a = \frac{\sigma_{-1}}{\text{HB}}$
有色金属	钢	47	220.30	4.68	68.40	1.45
	铝合金	138	455.70	3.30	162.68	1.18
	硬铝	110	454.23	3.91	144.45	1.24
黑色金属	工业纯铁(0.02w%C)	87	300.76	3.45	159.54	1.83
	20钢	144	478.53	3.39	212.66	1.50
	45钢	182	637.98	3.50	278.02	1.52
	T8钢	211	753.42	3.57	264.30	1.25
	T12钢	224	792.91	3.53	338.78	1.51
	1Cr18N19	175	902.28	5.15	364.56	2.08
	2Cr13	194	660.81	3.40	318.99	1.64

此外，也有人利用硬度试验间接测定屈服强度，评定钢的冷脆倾向，以及借助特殊硬

度试样近似地建立真实应力－应变曲线等。这些将在金属检验及力学性能研究中得到应用。

习　题

1. 拉伸试件工作部分光滑时与工作部分带台阶、缺口或裂纹时受力有何差别？

2. 为何选用工作部分为光滑的试件测 $\sigma_{0.2}$？

3. 做拉伸试验时，弹性变形与塑性变形之间有否确切分界点？

4. 如何从拉伸图上均匀塑性变形阶段分离出试件工作部分发生的弹性变形和塑性变形？如何确定应力增量所对应弹性变形增量和塑性变形增量。

5. 从试验机夹头上测得变形与从试件工作部分标距上测得变形有何差别？

6. 试验机下夹具重力如何从总载荷中去除？

7. 真实应力－应变与条件应力－应变之间有何差异？有何内在联系？

8. 试件工作部分的横截面积及工作部分长度对 δ_k 值有何影响？

9. 如何对颈缩断口移中？

10. 塑性与韧性是否相同？有何联系？

11. 布氏硬度相似原理有何用途？

12. HRA、HRB、HRC 都是为工件何硬度范围制定的？

13. 维氏硬度分几类？

第2章　金属的变形

在前一章中已经涉及了金属的弹性变形、塑性变形和形变强化,以及其抗力指标。它们对机械设计及工艺研究有重要的实际意义,这只是从宏观上了解关于变形的一些问题。本章要详细地研究金属变形的现象、机理、变化规律、衡量指标及影响因素。

金属发生形状或尺寸改变我们称之为变形。变形可以由多种因素引起。我们主要讨论机械因素——力所引起的变形。

金属变形分为弹性变形和塑性变形,能恢复的变形叫做弹性变形,不能恢复的变形叫做塑性变形。金属在外力作用下先发生弹性变形,当应力超过屈服强度后发生塑性变形。塑性变形中伴有弹性变形和形变强化。本章主要研究金属在外力作用下发生的弹性变形、屈服、塑性变形和形变强化等问题。

2.1　金属的弹性变形

2.1.1　弹性变形的特点

金属弹性变形有可逆性。在外力作用下弹性变形产生,外力去除弹性变形消失,弹性变形还有单值性特点。应力和应变之间保持线性的单值关系,即应力应变之间一一对应。弹性变形还有全程性特点,弹性变形在金属受力到断裂以前全程伴随。在塑性变形阶段仍伴有弹性变形发生。金属的弹性变化量很小,一般不超过0.5%~1%,在大刚度工件中用肉眼很难察觉到,在小刚度工件中很易看到。

弹性变形分为正弹性变形和切弹性变形,正弹性变形引起尺寸改变,切弹性变形引起形状改变(指微分单元体)。引起弹性变形的负荷有拉、压、弯、扭和剪切载荷。

2.1.2　弹性变形的物理过程

固体金属变形是格点上原子相互位置发生变化实现的。了解两个原子在外力作用下发生位置改变的过程,有利于理解固体金属弹性变形的过程。

N_1,N_2为两相邻金属原子。各自有带正电的核和核周围带负电的电子。N_1正核电吸引N_2负电子、推斥N_2正电核,N_1的负电子吸引N_2正电核,推斥N_2负电子。N_2对N_1有相同的对应吸引和推斥。在相互间的斥力和吸力相平衡时,N_1与N_2保持一固定距离r_0,如图2-1-1所示。

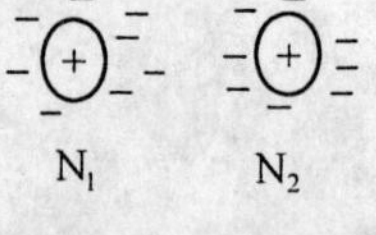

N_1　　N_2

图2-1-1　双原子变形模型

如果在两个原子上再施加一个拉力,则两原子间距被拉大,在外力参与下达到一个新的平衡位置，正弹性变形发生。去除外力 N_1、N_2 又回复到 r_0 的平衡位置，弹性变形消失。若在 N_1、N_2 之间加一压应力，则 N_1、N_2 之间距离减小。在一个新的位置上平衡，发生压缩弹性变形，去除后力，N_1、N_2 又回复到 r_0 的位置上，弹性变形消失。上述就是双原子弹性变形的物理过程。

在上述过程中，引力、斥力及作用能的变化见图 2-1-2。

两原子之间作用力

$$P = \frac{A}{r^2} - \frac{Ar_0^2}{r^4}$$

式中，$\frac{A}{r^2}$ 为引力项；$\frac{-Ar_0^2}{r^4}$ 为斥力项。

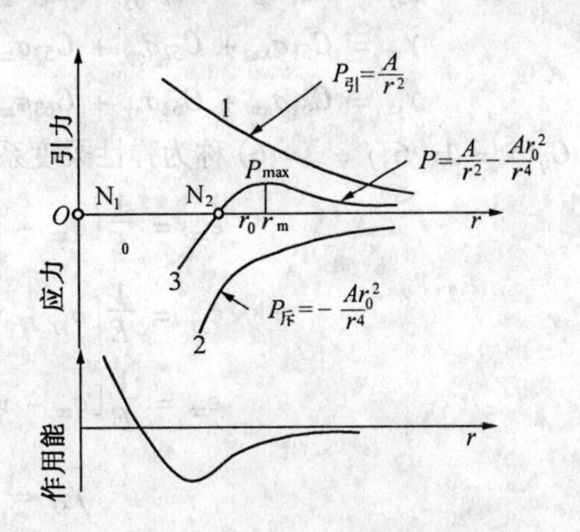

图 2-1-2　双原子模型

从图 2-1-2 可以看到，当无外力作用时，$P_{引} = P_{斥}$，符号相反，$P = 0$，N_1、N_2 处于 r_0 位置，这时作用能也最低。

当受一个外加拉力作用时，$r > r_0$，引力项大于斥力项，大出值与外加拉力相同，方向相反，两原子在大于 r_0 的某一位置处于新的平衡状态。这时 N_1、N_2 产生伸长弹性变形。若去除外力，N_1、N_2 回复到 r_0 位置，弹性变形也消失。

当受一外加压力作用时，$r < r_0$，斥力项大于引力项，大出的值与外加压力相同，方向相反，N_1、N_2 在 $r < r_0$ 某一位处于一新平衡状态，压缩弹性变形发生。当外力去除，N_1、N_2 回复到原来 r_0 位置，弹性变形也随之消失。

从式 $P = \frac{A}{r^2} - \frac{Ar_0^2}{r^4}$ 可以看出，P 与 r 之间为平方关系并非像虎克定律所揭示的线性关系。这是由于虎克定律适用于应变在低于 0.5% ~ 1% 之内。在这一个小的改变中 $P-r$ 之间平方关系与线性关系无大差别。

从多原子角度来看，弹性变形只少 50%，而实际只 0.5% ~ 1%。这是由于在大的弹性变形没来得及发生时，位错抢先导致塑性变形之故。这就是为什么金属实际的弹性变形非常小的原因。

2.1.3　弹性变形的力学规律

图 2-1-3 为表示一固体的微分单元体上受的所有力。机械因素力在微分单元体上引起变形，在弹性变形范围内微分单元体上变形与应力之间有相互关系，即

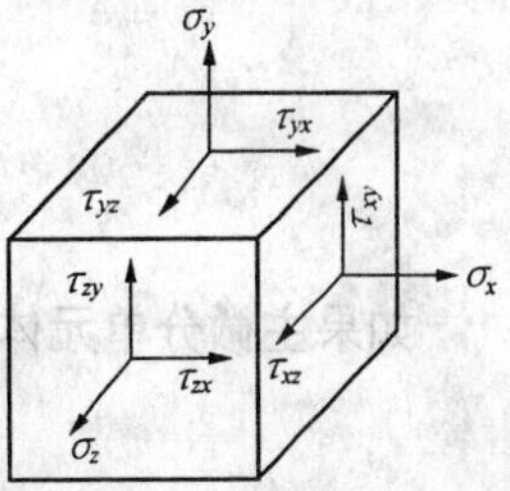

$$\sigma_{ij} = \begin{pmatrix} \sigma_{xx} & \tau_{xy} & \tau_{xz} \\ \tau_{yx} & \sigma_{yy} & \tau_{yz} \\ \tau_{zx} & \tau_{zy} & \sigma_{zz} \end{pmatrix} \quad 与 \quad \varepsilon_{ij} = \begin{pmatrix} \varepsilon_{xx} & \gamma_{xy} & \gamma_{xz} \\ \gamma_{yx} & \varepsilon_{yy} & \gamma_{yz} \\ \gamma_{zx} & \gamma_{zy} & \varepsilon_{zz} \end{pmatrix}$$

图 2-1-3　微分单元体上的应力

有下述关系

$$\varepsilon_{xx} = C_{11}\sigma_{xx} + C_{12}\sigma_{yy} + C_{13}\sigma_{zz} + C_{14}\tau_{xy} + C_{15}\tau_{yz} + C_{16}\tau_{xz}$$
$$\varepsilon_{yy} = C_{21}\sigma_{xx} + C_{22}\sigma_{yy} + C_{23}\sigma_{zz} + C_{24}\tau_{xy} + C_{25}\tau_{yz} + C_{26}\tau_{xz}$$
$$\varepsilon_{zz} = C_{31}\sigma_{xx} + C_{32}\sigma_{yy} + C_{33}\sigma_{zz} + C_{34}\tau_{xy} + C_{35}\tau_{yz} + C_{36}\tau_{xz}$$
$$\gamma_{xy} = C_{41}\sigma_{xx} + C_{42}\sigma_{yy} + C_{43}\sigma_{zz} + C_{44}\tau_{xy} + C_{45}\tau_{yz} + C_{46}\tau_{xz}$$
$$\gamma_{xz} = C_{51}\sigma_{xx} + C_{52}\sigma_{yy} + C_{53}\sigma_{zz} + C_{54}\tau_{xy} + C_{55}\tau_{yz} + C_{56}\tau_{xz}$$
$$\gamma_{yz} = C_{61}\sigma_{xx} + C_{62}\sigma_{yy} + C_{63}\sigma_{zz} + C_{64}\tau_{xy} + C_{65}\tau_{yz} + C_{66}\tau_{xz}$$

式中 $C_{ij}(i = 1\cdots6, j = 1\cdots6)$ 称为弹性柔度系数,对各向同性多晶体金属,上式简化成

$$\varepsilon_{xx} = \frac{1}{E}[\sigma_{xx} - \nu(\sigma_{yy} + \sigma_{zz})]$$

$$\varepsilon_{yy} = \frac{1}{E}[\sigma_{yy} - \nu(\sigma_{xx} + \sigma_{zz})]$$

$$\varepsilon_{zz} = \frac{1}{E}[\sigma_{zz} - \nu(\sigma_{xx} + \sigma_{yy})]$$

$$\gamma_{xy} = \frac{\tau_{xy}}{G}$$

$$\gamma_{xz} = \frac{\tau_{xz}}{G}$$

$$\gamma_{yz} = \frac{\tau_{yz}}{G}$$

式中,E 为正弹性模量;G 为切弹性模量;ν 为泊松比。

这就是表示金属变形规律的广义虎克定律,它表征了金属弹性变形与机械应力之间的关系,也就是弹性变形的规律。

微分单元体在特定条件下,上式可以再简化,对于主微分单元体

$$(\sigma) = \begin{pmatrix} \sigma_1 & & 0 \\ & \sigma_2 & \\ 0 & & \sigma_3 \end{pmatrix};\quad (\varepsilon) = \begin{pmatrix} \varepsilon_1 & & 0 \\ & \varepsilon_2 & \\ 0 & & \varepsilon_3 \end{pmatrix}$$

这时广义虎克定律

$$\varepsilon_1 = \frac{1}{E}[\sigma_1 - \nu(\sigma_2 + \sigma_3)]$$

$$\varepsilon_2 = \frac{1}{E}[\sigma_2 - \nu(\sigma_1 + \sigma_3)]$$

$$\varepsilon_3 = \frac{1}{E}[\sigma_3 - \nu(\sigma_1 + \sigma_2)]$$

如果主微分单元体有一个主应力为 0,如 $\sigma_3 = 0$,则

$$(\sigma) = \begin{pmatrix} \sigma_1 & & 0 \\ & \sigma_2 & \\ 0 & & 0 \end{pmatrix},\quad (\varepsilon) = \begin{pmatrix} \varepsilon_1 & & 0 \\ & \varepsilon_2 & \\ 0 & & \frac{\nu}{E}(\sigma_1 + \sigma_2) \end{pmatrix}$$

$$\varepsilon_1 = \frac{1}{E}[\sigma_1 - \nu\sigma_2]$$

$$\varepsilon_2 = \frac{1}{E}[\sigma_2 - \nu\sigma_1]$$

$$\varepsilon_3 = -\frac{\nu}{E}(\sigma_1 + \sigma_2)$$

上述微分单元体受力状态称为平面应力状态。如果微分单元体上有两个主应力为0,则

$$\varepsilon_1 = \frac{\sigma_1}{E}$$

$$\varepsilon_2 = -\frac{\nu}{E}\sigma_1$$

$$\varepsilon_3 = -\frac{\nu}{E}\sigma_1$$

对于主微分单元体中 $\sigma_3 = 0$,称为平面应力状态,这是一个特殊而常见的应力状态。

对主微分单元体 $\varepsilon_3 = 0$ 时,称为平面应变应力状态,这也是一个特殊的应力状态。对主微分单元体 $\sigma_2 = \sigma_3 = 0$ 时为单向应力状态。金属材料在上述三个特殊情况下有着诸多的行为,是金属力学性能要涉及的力学状态。

应力与应变之间由 E、G 关联起来,E、G 称为弹性模量。E、G 是个什么量?本质是什么?变化规律如何?影响因素又是什么?这是下节要讨论的问题。

2.2　金属的弹性模数

弹性模数是应力和应变之间的比例系数,对相同的金属材料它是一个常数。它是工程上计算弹性变形的依据,也是材料研究与设计中的一个重要参数。

2.1.1　弹性模数物理意义

由单向应力的虎克定律我们可以看到,当应变 $\varepsilon = 1$ 或 $\gamma = 1$ 时,弹性模数等于弹性应力,即 $E = \sigma_{\varepsilon=1}$,$G = \tau_{\gamma=1}$。弹性模数是弹性应变为1时的弹性应力。我们从弹性变形的物理过程可以看到弹性模数实际是原子间静电引力的表征,其数值反应了原子间结合力的大小。从力学角度来看弹性模数是弹性变形时应力和应变的比值,或比例常数。

对单晶体来说,各晶向原子间结合力不同,那么各方向上的弹性模量也不相同,例如常见体心立方合金,其 <111> 晶向的弹性模数 E_{111} 最大,而 <100> 晶向的弹性模数最小,其他晶向的弹性模数介于二者之间。多晶体,晶粒取向各异,而数量巨大,多晶体金属的弹性模数大约是二者的平均值,即

$$E_{多} \approx \frac{1}{2}[E_{111} + E_{100}]$$

工程上把 E 称为材料刚度,把 $E \cdot F_0$ 称为构件的刚度,F_0 为构件断面积。两种刚度均表征材料和构件变形的难易程度。

应变虽然很小，但变形要看构件尺寸，高楼和桥梁，若刚度不够会摇晃不止。机床刚度不够加工出零件会超差，所以工程选材应把弹性模量作为限定指标之一。

2.2.2 影响弹性模数的因素

1.金属的本质、点阵间距、晶格类型的影响

$$E = \frac{k}{r^m}$$

式中，k、m 为材料常数，它们与金属本质有关；r 为点阵常数亦取决金属本质，金属又决定于自身的晶构类型。

2.弹性模数与周期表的关系

同一周期，金属原子序数增加，弹性模数增加。同一族，金属原子序数增加，弹性模数 E 减小。这可能同金属原子序数增加，原子半径增大有关。上述规律对过渡族金属不适用，这可能同过渡族金属含有不满的 d 电子层有关。过渡族金属弹性模数最高。这也同不满的 d 电子层有关。金属的弹性模数呈周期性变化，见图 2-2-1。Os、Ru、Mo、Fe、Co、Ni 等过渡族元素的弹性模数均较大。

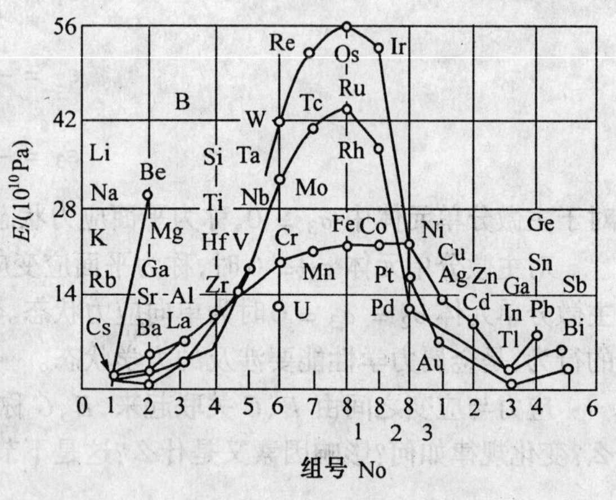

图 2-2-1 弹性模数周期性变化

3.合金元素的影响

合金元素溶入可以改变合金的晶格常数，对钢材来说晶格常数改变不大，对弹性模数的影响也很小。少量的合金元素不会对弹性模数产生大的改变。

4.组织的影响

晶粒尺寸的改变并不影响弹性模数。第二相大小与分布对 E 的影响也很小。淬火会使 E 稍有下降，但回火后又使 E 回复。

5.冷变形的影响

塑性变形使 E 稍有降低，一般在 5% 左右，大量塑性变形，产生织构，出现各向异性，沿变形方向 E 加大。

6.温度及载荷速度的影响

在 -50℃ ~ +50℃ 范围内 E 变化很小，高温时每升高 100℃，E 下降 4% 左右。

加载速度对 E 也无大的影响。

弹性模量是一个比较稳定的材料常数，一般很难调整。大幅度地改变 E 值，只有选材。常用的处理手段对 E 无大作用。

2.2.3 金属的弹性及弹性比功

1.金属的弹性

金属的弹性是金属弹性变形的能力。由于金属中的位错、脆性及韧性断裂的提前发生

使金属的弹性很低，不像橡胶弹性那么好。理论上金属的弹性变形可达 50%，而实际上只有 0.5% ~ 1%，说明金属材料实际上的弹性很差。金属的弹性实际用 σ_e 对应的应变 ε_e 表示，如图 2-2-2 所示。

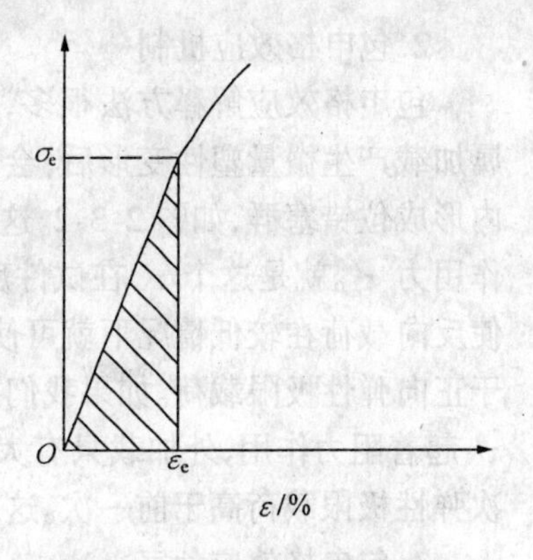

图 2-2-2　金属拉伸应力应变曲线

$$\varepsilon_e = \frac{\sigma_e}{E} \tag{2-2-1}$$

可见，提高 σ_e 降低 E，可以提高金属的弹性 ε_e。

2. 金属的弹性比功

金属的弹性比功是金属吸收弹性功的能力，一般可以用塑性变形前的最大弹性比功表示。金属的弹性比功用图 2-2-2 弹性部分下所围的阴影面积表示

$$a_e = \frac{1}{2}\sigma_e \cdot \varepsilon_e = \frac{\sigma_e^2}{E} \tag{2-2-2}$$

从式 2-2-1 及式 2-2-2 可知，弹性和弹性比功都取决于 σ_e 和 E。上式表示的是单位体积中积蓄的应变能。金属用来大规模存蓄应变能现在还不可能。

弹簧实际是用加大长度来实现减震和蓄能的。把 σ_e 提高，把 E 降低是提高上述能力的办法。提高 σ_e 的办法是强化合金，可以用热处理、合金化、冷变形等一切手段来实现。而改变 E 只有用改变材料的办法，E 很难用处理的办法大幅度改变。常用的铍青铜和磷青铜有较低的 E 和较高的 σ_e，适于做弹簧件。但铍是剧毒金属，使用时千万要注意。

2.3　金属的弹性不完整性

弹性变形阶段，弹性的单值性、可逆性有时出现问题，这就是弹性的不完整性。在弹性阶段会出现包申格效应、弹性后效、弹性滞后环等现象。

2.3.1　包申格(Bauschinger)效应

1. 包申格效应现象

包申格现象为一试件正向加载到 σ_e 后，再反向加载到 $-\sigma'_e$，我们会发现，$|\sigma_e| > |-\sigma'_e|$。图 2-3-1 是退火轧制的黄铜在拉压过程中 σ_e 在变化情况。一根试件先拉伸如图 2-3-1 中 1 曲线，测得 $\sigma_e^1 = 24\text{kgf/mm}^2$。接着把这个试件再作压缩，得到曲线 2，测得 $\sigma_e^2 = 17.8\text{kgf/mm}^2$。这个试件卸载，再作压缩测得曲线 3，得到 $\sigma_e^3 = 28.7\text{kgf/mm}^2$。若把这试件再拉伸测得曲线 4，得到 $\sigma_e^4 = 8.5\text{kgf/mm}^2$。在这个试验过程中观察 σ_e 变化。知道试件预加载产生微量塑性变形，然后再同向加载 σ_e 升高，反向加载时 σ_e 下降，我们把这种现象称作包申格效应。

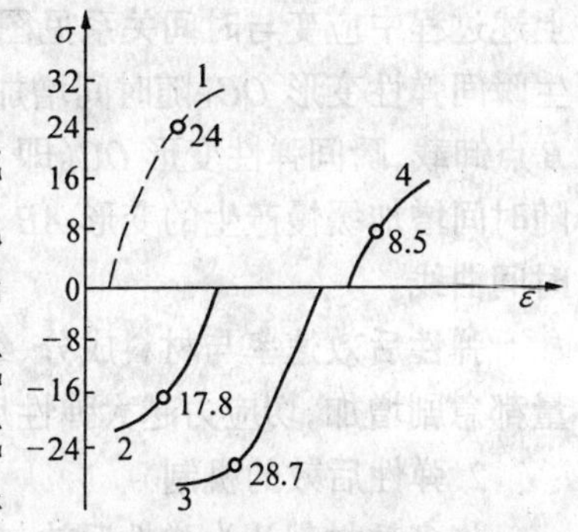

图 2-3-1　退火轧制黄铜 σ_e 的变化

2. 包申格效应机制

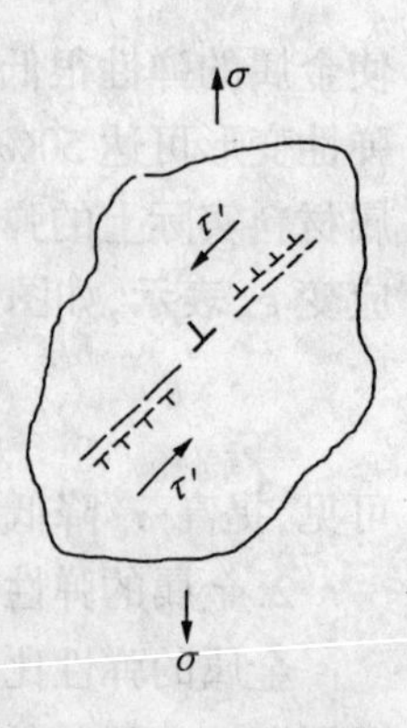

图 2-3-2　位错塞积群附加助力作用

包申格效应解释方法很多，用位错理论解释较比易于接受。当金属加载产生微量塑性变形后，会在与加力方向成 45° 方向的许多晶粒内形成位错塞群，如图 2-3-2。这个位错塞积群对位错源产生一个反向作用力 τ'。就是这个 τ' 在试件反向加载时起着一个附加的助力作用，使反向载荷在较低情况下就可使位错源开动。反向弹性极限载荷就低于正向弹性极限载荷。如果我们接着不是反向加载，而是同向加载，则 τ' 起着阻力作用，外加载只有大于原先载荷时位错源才能开动，使这次弹性极限载荷高于前一次。这就很好地解释了包申格效应。

3. 包申格效应危害

包申格效应现象在许多金属中发现，对高温回火的钢材，预变 1% ~ 4% 塑性变形，包申格效应比较明显。σ_e 改变幅度较大，对预微量塑性变形的钢材若反向使用时，会产生很大危害。

4. 包申格效应去除办法

从上述机理分析中我们知道，包申格效应产生的原因是微量塑性变形时产生的位错塞积群，只要消除这塞积群就可以消除包申格效应。办法很简单，只要 300 ~ 400℃ 回火即可。冷拉后再卷簧的弹簧必须在 300 ~ 400℃ 中回火，否则会给弹簧带来危害。

2.3.2　弹性后效

1. 弹性后效现象

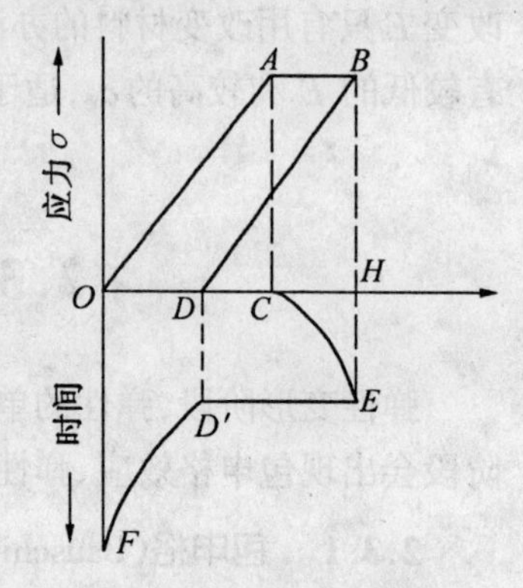

图 2-3-3　金属弹性后效示意图

如图 2-3-3，当试件沿 OA 加载时，呈线性。在 A 点保持负荷不变，随时间延长变形在慢慢增加，产生变形 AB。到 B 时卸载曲线落到 D 点。这时可以看到产生变形 OD。OD 称为正弹性后效。随着时间的延长，又从 D 慢慢回复到 O，DO 称为反弹性后效。我们把这种与时间有关的弹性变形称为弹性后效，把延时所产生应变称为滞弹性应变，它是与时间有关。上述过程中应变与时间关系见图 2-3-3。瞬间加力到 A 点，产生瞬间弹性变形 OC。随时间增加产生缓慢变形过程 CE。在 B 点卸载，瞬间弹性变形 OC（即 $D'E$）消失。曲线变到 D' 点。随时间增加缓慢产生的变形 AB 也消失，曲线变成 $D'F$。$OCED'F$ 即为上述过程中变形 - 时间曲线。

弹性后效速率与材料成分、组织及组织的均匀性有关，温度增高弹性后效速率及变形量都急剧增加，切应力越大弹性后效越强烈。

2. 弹性后效的机制

许多教材都认为弹性后效与金属中的间隙原子扩散有关。图 2-3-4 中 z 向受拉力作用，使 z 向原子间距拉大，而 x、y 向原子间距变小，这样 x、y 向分布的 C 原子就向 z 方向扩散。C 原子扩散使 x、y 紧缩，z 向胀长，故引起 z 向的变形。若外力去除，扩散到 z 向的原子受挤压又回到 x、y 向，使其扩散到 z 向引起的弹性变形消失。这和弹性后效过程也相符。

3. 弹性后效的危害

很多仪器仪表应用了弹性的一一对应的单值关系，比如说指示仪表的弹簧及拉压传感器工作部分等。若发生弹性后效一一对应关系破坏，仪器仪表也就失灵。

4. 弹性后效的消除

用回火可以有效地去除金属的弹性后效现象，对钢材一般300 ~ 400℃长时间回火、铜合金一般150 ~ 200℃长时间回火。回火的作用是使间隙原子到位错空位和晶界去自身变得比较稳定。

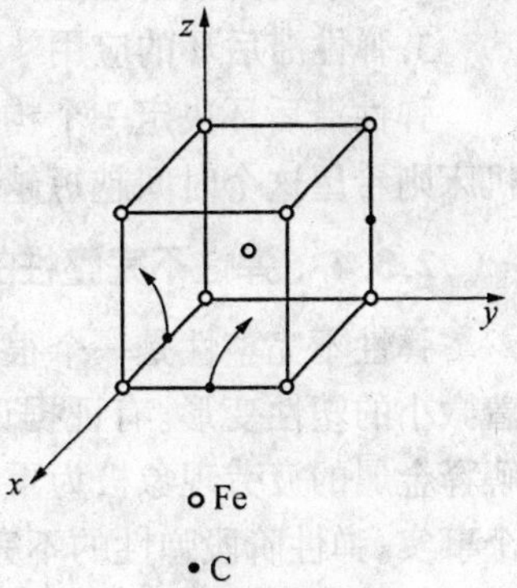

图 2-3-4　C原子定向扩散造成弹性后效

2.3.3　弹性滞后环

1. 弹性滞后环的现象

金属在加载和卸载时应力应变曲线不重合，形成一个封闭的环，如图 2-3-5 所示。这个环叫做弹性滞后环，顾名思义是指在弹性加载范围内，这个滞后环说明加载时试件吸收的应变能大于卸载时放出的应变能。二者之差被金属消耗，称之为金属的内耗，其大小就是滞后环面积所代表的能量。

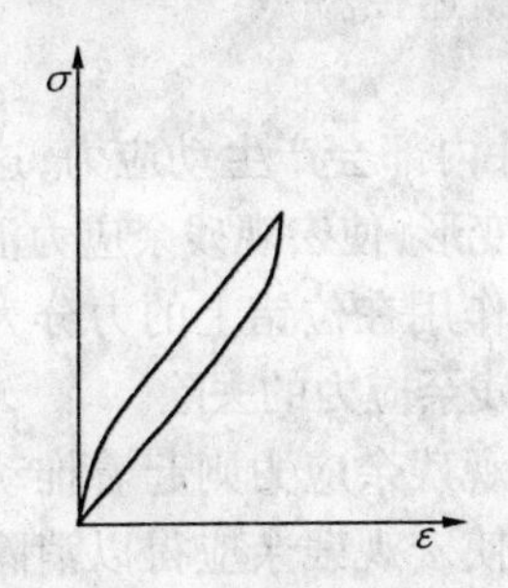

图 2-3-5　金属弹性滞后环

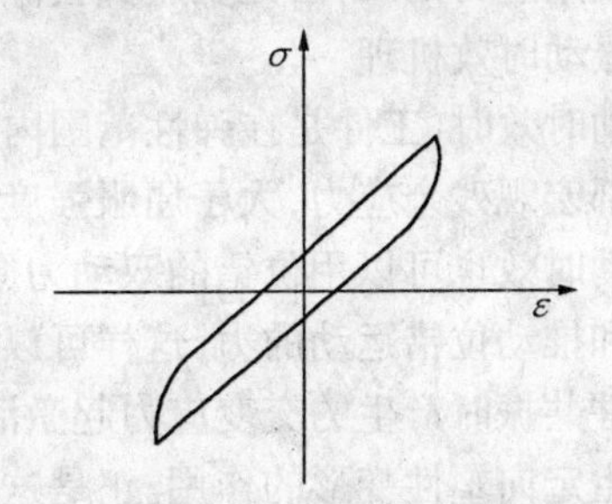

图 2-3-6　交变应力循环韧性

如果施加以快速变化的交变载荷，弹性后效来不及表现，这时形成的滞后环如图 2-3-6。这时一个应力循环形成的回线的面积被称之为循环韧性。循环韧性也是材料一个性能，一般用振动试样中自由振动振幅的衰减来表示循环韧性的大小。如图 2-3-7 所示，设 T_K 和 T_{K+1} 为自由振动相邻振幅的大小，则循环韧性可表示为

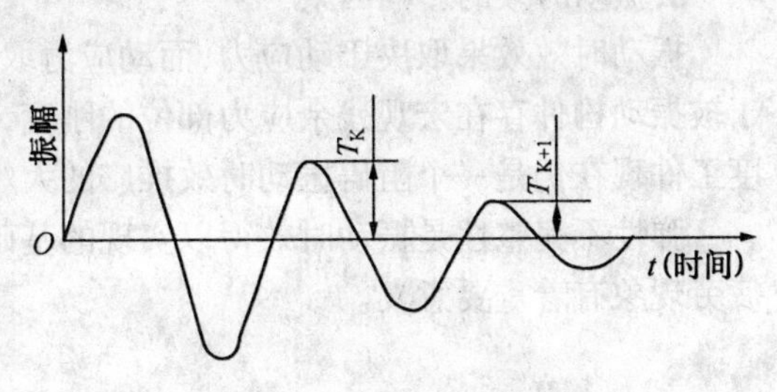

图 2-3-7　自由振动衰减曲线

$$\bar{\delta} = \ln\frac{T_K}{T_{K+1}} = \ln\frac{T + \Delta T}{T} \approx \frac{\Delta T}{T} \tag{2-9}$$

循环韧性表示材料的消震能力，循环韧性大的材料其消震能力强。

2. 弹性滞后环的机理

弹性滞后环是内耗和弹性后效之和，而循环韧性和内耗则是由于金属中的位错塞积

群附加于载荷上助力和阻力作用造成加载线和卸载线不重合的结果。

3.弹性滞后环的应用

弹性滞后环决定一个构件自由振动持续的时间,音乐器件希望这个时间越长越好,而机床则希望这个时间越短越好。1Cr13有高的消震工能,故用其制造汽轮机叶片。

2.3.4 弹性不完整性的物理意义

弹性不完整性是一个很重要的金属学现象,它的实质说明金属在弹性变形阶段存在着微小的塑性变形。有证据证明在 $0.4\sigma_e$ 应力下,即有微小的塑性行为发生。这个事实对解释金属的疲劳现象极为重要。而疲劳现象反过来又证明 $0.4\sigma_e$,即发生微小塑性变形这个事实。弹性阶段弹性的不完整性说明弹性和塑性之间很难找到一个绝对分界点。

2.3.5 振动时效

1.现象

振动时效是用一个震动器振动工件,当二者的频率相同时会使工件发生共振。在共振过程中构件中的宏观残余应力得以去除,这是近年来发展起来的一个新工艺。这个工艺可以节能95%,节工时90%,节费用80%,且不损害工件力学性能,特别是不能高温回火去除宏观残余应力的工件,是实施其去除宏观残余应力的新途径。

2.振动时效机理

振动时效时,工件是在弹性范围内振动。振动时工件内部会产生动应力,这个动应力加上局部宏观残余应力,大于屈服强度时局部产生塑性变形,使宏观残余应力消除。

振动时效也可以用位错的双动力原理加以解释。把作用在位错上的力分为起激活作用的力和推动位错运动的力,这样可以很好地解释宏观残余应力的去除。

工件共振时产生的交变应力起激活位错作用,而宏观残余应力则起着推动位错定向运动产生定向塑性变形的作用。正是这个定向塑性变形使宏观残余应得以消除或部分消除,这就是双动力原理。这个原理不难解释为什么宏观残余应力总是向减小的方向变化。

3.振动时效的影响因素

振动时效效果取决于动应力,而动应力取决于激振器的功率。另一方面动应力也取决于被振动构件存在宏观残余应力部位的刚度,因为刚度决定这个部位动应力之大小。大刚度工件现在仍是一个阻碍振动时效推广的大难题。

弹性不完整性是振动时效得以实现的基础,研究弹性不完整性对理解振动时效乃至疲劳现象有着重要意义。

2.4 金属的塑性变形

2.4.1 单晶体金属的塑性变形

1.单晶体金属塑性变形特点

(1) 单晶金属塑变是位错运动的结果。单晶体金属塑性变形不是整体滑移造成的,而是在远远低于整体滑移切应力的位错滑移阻力被克服,位错率先滑移来实现塑性变形的。

位错滑移是逐步滑移。

(2) 单晶体金属位错滑移的切应力极小，α - Fe 单晶的切变强度只有 1kgf/mm^2，而 γ - Fe 合金单晶体切变强度只有 0.1kgf/mm^2。

(3) 单晶体金属切变强度由位错源开动四个阻力组成，即位错晶格阻力

$$\tau_{P-N} = \frac{2G}{1-v} e^{-\frac{2\pi q}{b(1-v)}}$$

位错源开动的阻力，即

$$\tau = \frac{Gb}{L}$$

平行位错间的弹性互作用力

$$\begin{cases} F_r = \dfrac{Gb^2}{2\pi(1-v)} \cdot \dfrac{1}{r} \\ F_\theta = \dfrac{Gb^2}{2\pi(1-v)} \cdot \dfrac{1}{r}\sin 2\theta \end{cases} \quad \text{（刃型）}$$

$$F_r = \frac{Gb^2}{2\pi} \cdot \frac{1}{r} \quad \text{（螺型）}$$

$$F_r = \frac{Gb^2}{2\pi} \cdot \frac{1}{r} \cdot \frac{1}{K} \quad (K = 1 \sim 1 - v) \quad \text{（混合型）}$$

垂直交割作用

垂直位错交割产生割阶阻力，尤其是不可动割阶的钉扎作用。

(4) 塑变中伴有弹性变形和形变强化。

(5) 位错运动阻力对温度敏感。

2. 单晶体金属塑性变形过程

单晶体金属塑变是由位错滑移和晶体孪晶实现的。

一个位错扫过的地方滑移面上下产生一个 b 的错动，即塑变。金属中位错滑移难易程度取决于滑移方向，滑移面多少，滑移面间距，滑移方向点阵向量大小等内部因素，以及滑移面及滑移方向上产生切应力的大小等外部因素。

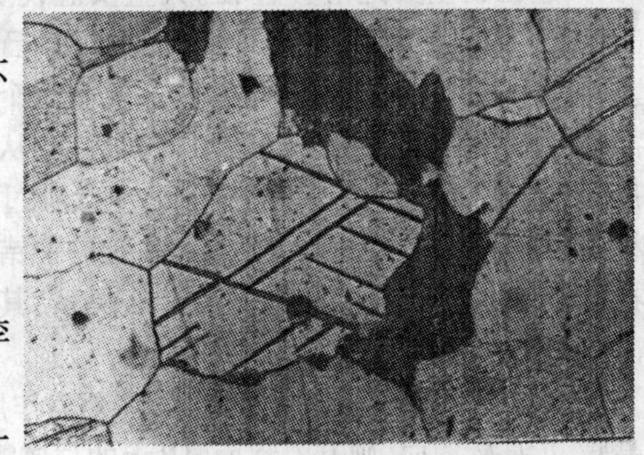

图 2-4-1　A3 钢低温下产生的孪晶带

低温或低熔点金属在室温以孪晶方式实现塑变，孪晶是同步实现还是偏位错滑移实现难以证实。孪晶塑性变形量很有限。图 2-4-1 为 A3 钢于低温下产生的孪晶带。

2.4.2　多晶体金属的塑性变形

1. 多晶体金属塑性变形的特点

多晶体金属塑性变形是由无数单晶体集体塑变产生，所以多晶体金属塑性变形除具有单个单晶体金属塑变特点外，还有单晶体集体塑变的特点。

(1) 各晶粒塑性变形的不同时性。多晶体由于各晶粒的取向不同，在外加拉应力作用下，当某晶粒滑移取向因子 $\cos\phi\cos\lambda = 0.5$ 时，该晶粒为软取向晶粒，先开始滑移变形，而

其他相邻晶粒因 $\cos\phi\cos\lambda$ 远离 0.5，所需 σ_s 大，所以只能在增加应力 σ 后才能开始滑移变形。因此，多晶体塑性变形时，各晶粒不是同时开始的，而是先后相继进行的。

(2) 多晶体各晶粒变形的相互协调性。多晶体作为一个整体，变形时要求各晶粒间能相互协调，否则将造成晶界开裂。2.1 节已经讲过，任何应变都可用 6 个应变分量来表示，即 ε_x、ε_y、ε_z、γ_{xy}、γ_{yz}、γ_{zz}。当体积不变时（即 $\Delta V = \varepsilon_x + \varepsilon_y + \varepsilon_z = 0$），只要有 5 个应变分量即可满足任何方向的应变要求。因此，多晶体各晶粒要能协调变形，每个晶粒必须具有 5 个以上的应变分量，即各晶粒必须有 5 个以上能够转动的滑动系。

由此可见，多晶体能否塑性变形关键在于金属本身的滑移系。立方系金属滑移系都在 12 以上，这些金属的多晶体具有较好的塑性。密排六方金属滑移系较少，只有 3 个，不能满足上述要求，所以其多晶体塑性极差。金属化合物滑移系更少，表现更脆。

(3) 多晶体变形的不均匀性。由上述得知，多晶体在变形时，各晶粒处于不同的应力状态下的变形性质和大小各不相同，而且是相互约束着。即是说，多晶体各晶粒是在相互约束下，发生不同程度的变形。不同晶粒其变形不同，即使同一晶粒的不同部位变形也不相同。所以多晶体变形是不均匀的，其间存在有相互作用内应力。

2. 多晶体塑性变形过程

多晶体塑性变形是由各个晶粒的变形共同实现的，其过程也主要是滑移过程。大量实验说明，各个晶粒上可以观察到滑移线，但都终止于自己的晶界上，晶界两端的滑移线并不连续。这说明每个晶粒内都有自己的位错，并沿自己的滑移面运动，从而产生自己的变形，而不是一个位错可以连续穿过几个晶粒运动，以实现塑性变形。但是各晶粒的位错是怎样在自己晶粒内运动的？相互间有什么关系？其过程可由图 2-4-2 示意说明。

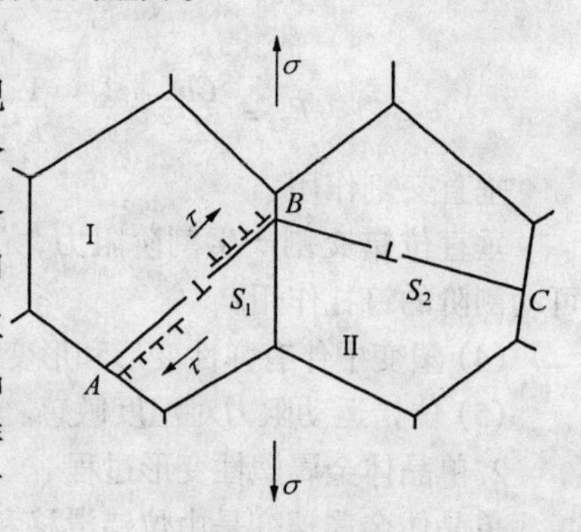

图 2-4-2　多晶体相邻晶粒滑移位错模型

设多晶体相邻二晶粒 Ⅰ 和 Ⅱ 在外力作用下，若晶粒 Ⅰ 是软取向，则其滑移面 AB 上的位错源首先开动产生 n 个位错环向外扩展，但是由于晶界的阻碍，这些位错环被塞积成一个位错群，叫做位错塞积群。塞积群位错数目 n 和 τ 及 d 成正比，而和 b 和 G 成反比，其关系为

$$n = \frac{K\pi d(\tau - \tau_i)}{Gb} \tag{2-4-1}$$

式中　K—— 位错类型系数，螺位错 $K = 1$，刃位错 $K = 1 - v$；

d—— 滑移面长度，相当于晶粒直径；

τ—— 外力的切应力分量；

τ_i—— 位错运动的阻力；

b—— 位错柏氏矢量；

G—— 金属切弹性模数。

由于位错塞积在晶界上，必定在晶界处产生一个集中切应力，经计算表明

$$\tau_p = n(\tau - \tau_i)$$

τ_p 是 τ 的 n 倍。将(2-4-1) 代入则得

$$\tau_p = \frac{K\pi d(\tau - \tau_i)^2}{Gb} \tag{2-4-2}$$

显然,这个集中应力值是很大的,比位错源 S_1 的开动力提高了 n 倍,如果条件合适,它将使晶界上的位错沿晶粒 Ⅱ 的滑移面 BC 运动。

位错塞积群不仅对晶界有应力集中,而且其前端的应力场也很大,作用到晶粒 Ⅱ 位错源 S_2 处,加上外加切应力在此处的效果,其总的切应力可达

$$\tau_{(r)} = \beta\tau + \beta(\tau - \tau_i)\left(\frac{d}{r}\right)^{1/2} \tag{2-4-3}$$

式中　β—— 晶粒 Ⅱ 滑移面取向因子 $\cos\theta$;

r—— 位错源 S_2 至塞积群顶端的距离。

这个切应力在条件合适情况下,也足以使位错源 S_2 开动。

不管是 τ_p 对晶界的作用,或是 $\tau_{(r)}$ 对 S_2 的作用,在条件合适时都会使晶粒 Ⅱ 位错滑移,再产生位错塞积群。同样这个塞积群也会更进一步作用于下一个晶粒,使之位错源开动。如此下去,就构成了多晶体的塑性变形。

按照这一模型可以建立多晶体金属屈服强度和晶粒直径的定量关系,这种关系已被不少实验所证实。

2.5　金属的屈服强度

金属在什么条件下屈服,这个问题在第 1 章中已经涉及了。我们提到过光滑件,实际上是建立在单向拉应力状态,而实际构件不会总是在单向应力状态下,是在 σ_1、σ_2、σ_3 均存在的条件下。一个微分单元体在什么情况下屈服,这是讲屈服强度之前首先要解决的问题。

2.5.1　金属的屈服条件

机件一般要求在弹性状态下工作,而不允许发生塑性变形。所以,在设计机件时,把开始塑性变形作为屈服失效来考虑,从而建立了屈服变形的力学临界条件叫做屈服条件。在复杂应力状态下的屈服条件是开始塑性变形的强度设计理论。它不仅适用于设计,而且在分析材料性能时也很有用。

在复杂应力条件下材料屈服的原因有两种解释。一种认为是当最大切应力达到材料拉伸屈服强度时将引起屈服,另一种认为是形状改变比能达到单向拉伸屈服时的形状改变比能时引起屈服。

若 σ_s 为单向拉伸测得材料的屈服强度。按照第一种解释推导出的屈服条件为

$$S_{\mathrm{II}} = \sigma_1 - \sigma_3 \geqslant \sigma_s \tag{2-5-1}$$

式中,S_{II} 叫做换算应力。式(2-5-1) 称为屈雷斯加(Tresca) 判据或第三强度理论。

按照第二种解释推导出的屈服条件为

$$S_{\text{IV}} = \sqrt{\frac{1}{2}[(\sigma_1 - \sigma_2)^2 + (\sigma_2 - \sigma_3)^2 + (\sigma_3 - \sigma_1)^2]} \geqslant \sigma_s$$

或

$$(\sigma_1 - \sigma_2)^2 + (\sigma_2 - \sigma_3)^2 + (\sigma_3 - \sigma_1)^2 \geqslant 2\sigma_s^2 \tag{2-5-2}$$

这一屈服条件常称米赛斯(Mises)判据,或称第四强度理论。S_{IV} 是第四强度理论的换算应力。

这两种屈服条件都是在一定的假设条件下推导出来的,因此都有些误差。第四强度理论较接近实际,但第三强度理论比较简单,便于工程上应用。

我们讨论中所提到的屈服强度是一个材料指标,它是指单向应力测得的材料指标。

屈服强度是材料开始塑性变形的抗力。对单晶体来说它是第一条滑移线开始出现的抗力。如用切应力表示,即为滑移临界切应力 τ_C,如用拉应力表示,即为 σ_s。由式 $\sigma_s = \dfrac{\tau_C}{\cos\phi \cdot \cos\lambda}$ 可知,二者相差一位向因子。对于多晶体来说,由于第一条滑移线无法观察,所以不能用出现滑移线的方法,而是用产生微量塑性变形的应力定义为屈服强度。对于有屈服现象的材料常用下屈服点定义屈服强度(物理屈服点);对无屈服现象的材料用产生 0.2% 塑性变形的应力定义屈服强度(条件屈服强度 $\sigma_{0.2}$)。

2.5.2 屈服强度理论

1.理论切变强度

金属整体滑移切变应力,称之为理论切变强度,这是在没有任何缺陷存在的情况下使金属整体滑移的切变应力。很多人估算这个应力大约为

$$\tau_m = \frac{G}{2\pi} \tag{2-5-3}$$

按这个估算式计算各种材料切变强度列于表 2-5-1。

表 2-5-1 几种金属切变强度的理论值和实验值

金 属	G/kgf · mm^{-2}	$\tau_m = G/2\pi$/kgf · mm^{-2}	实验值 /kgf · mm^{-2}
Al	2700	430	0.06 ~ 0.12
Cu	4600	730	0.10
Fe	6900	1100	2.90
Mg	1770	280	0.08
Zn	3780	600	0.09

从表中可以看出理论切变强度超出实际切变强度好几个数量级。实验证实,无缺陷的晶须确实可以达到理论切变强度,随着技术的推移发展,实际金属的切变强度确实在慢慢地向理论切变强度靠近。

2.切变强度的位错理论

金属实际切变强度与理论切变强度的巨大差异是由位错引起的。在向金属施加切变应力,在切变应力向理论切变强度攀升过程中,刚一起步就被逐步滑移的位错给抢先实现塑变 —— 位错滑移阻止了应力继续攀升。逐步滑移的位错运动阻止理论切变强度的出

现。而位错运动的阻力,成了实际切变强度的构成或组成。实际切变强度变成了位错运动时各种阻力的总和。

一个单晶体中位错运动的阻力的总和包含以下内容。

(1) 晶格阻力。位错在晶格中滑动时,所需克服的最大阻力(可能就是静电作用力)

$$\tau_{P-N} = \frac{2G}{1-v}e^{-\frac{2\pi a}{b(1-v)}} = \frac{2G}{1-v}e^{-\frac{2\pi w}{b}}$$

式中,G 为切变模量。我们前面已知 G 为原子间作用力,也就是静电引、斥力。a 为滑移面间距,也是由静电引、斥力所决定。b 为滑移向量,也是静电引、斥力所决定。w 称为位错宽度。从式中可以看到 G 增加,a 减小,b 加大,τ_{p-N} 增加。面心立方金属 τ_{p-N} 在0.1kgf/mm^2 以下,体心立方金属 τ_{p-N} 可达 1kgf/mm^2。τ_{p-N} 是和热振动在同一尺寸数量级,故对温度敏感。

(2) 位错源开动的阻力。按照位错增殖模型,被两头钉扎的位错要弯曲,位错运动时长度要增加,畸变能随长度增加而增加。这如同被拉长的橡皮筋。我们视位错线有张力,使之弯曲时最大切变应力

$$\tau = \frac{T}{br} = \frac{Gb}{2r} = \frac{Gb}{l}$$

式中,G 为切变模量;b 为滑移向量;L 为原来位错线长度。L 越短,τ 越大。晶粒细化时 L 要减小,这在讨论多晶体屈服强度时要涉及。

(3) 平行位错间的弹性互作用阻力。位错滑移时要接近和远离与之平行的邻近位错,这时互相产生弹性互作用。它们有刃错与刃错、螺错与螺错、刃错与螺错间相互作用。

两刃错之间的作用力

$$\begin{cases} F_r = \dfrac{Gb^2}{2\pi(1-v)} \cdot \dfrac{1}{r} \\ F_\theta = \dfrac{Gb^2}{2\pi(1-v)} \cdot \dfrac{\sin 2\theta}{r} \end{cases}$$

两螺错之间的作用力

$$F_r = \frac{Gb^2}{2\pi} \cdot \frac{1}{r}$$

两刃螺错(混合位错)间的相互作用

$$F_r = \frac{Gb^2}{2\pi K} \cdot \frac{1}{r}$$

式中,G 为切变模量;b 为点阵向量(滑移向量);r 为两位错间极径;θ 为极角。K 为 $1 \sim 1-v$ 系数,视混合位错中刃、螺含量而定。

从上式看平行位错间作用力与 G、b、r、θ 有关。

(4) 位错林阻力。互相垂直的位错、在位错滑移时要交割。交割时要产生割阶,使位错加长、增加畸变能。单位长度位错的畸变能为

$$U = \frac{Gb^2}{2\pi K} \ln \frac{R}{r_0}$$

式中,G 为切变模量;b 为滑移向量;R 为应力场外径;r_0 为内径;K 为系数 $1 \sim 1-v$,视位错类型而定。

割阶出现使畸变能增加使位错滑移产生阻力,特别是有的位错割阶不可动。不可动割阶托住位错带来巨大阻力,而且分割位错源使之变得更短,使继续运动阻力加大。

2.5.3 影响屈服强度的因素

工业合金一般为多晶体复合相的组织,其屈服强度除决定于组成它的单晶外,还受晶界,合金成分,合金浓度及第二相、形变、温度及变形速度等因素影响。和单晶体一样,这些因素都是通过影响位错的运动来影响屈服强度的。

1.金属的本性对屈服强度的影响

晶格类型是金属自身固有的一特征,它的滑移面间距、滑移向量、滑移面数量、滑移方向数都直接影响屈服强度。而弹性模数是金属原子自身相互作用产生结合力的一个外在表现,工业合金元素 W、Ni、Co、Cr、Mo、Mn 有较高的弹性模数,Cu、Al 相对较低。在单晶体切变强度位错理论中提到的四种位错运动的阻力中,其表达式中均有 G,而且 G 与各种阻力 τ 均为正比关系。

体心立方的 $\alpha-\mathrm{Fe}$ 比面心立方(合金化)$\gamma-\mathrm{Fe}$ 单晶切变强度高一个数量级。在 τ_{p-N} 中,可以知道 b 大时 τ_{p-N} 大,而 a 小时 τ_{p-N} 大。我们现在知道金属自身所有的 G、b、a 在简单的单晶体中直接表现在切变强度中。

2.晶粒大小的影响

多晶体是由无数单晶体按混乱的空间取向互相依晶界连接在一起。由于晶粒晶面互相不连续,给位错运动带来巨大阻力。这个巨大阻力也反应在多晶体金属屈服强度的猛增中,$\alpha-\mathrm{Fe}$ 单晶切变强变在 1 ~ 3kgf/mm^2,而多晶 $\alpha-\mathrm{Fe}$,即便较粗大晶粒,屈服强度也都在 13kgf/mm^2 以上。晶粒再细化(晶界必然增多)这种作用增加,屈服强度递增。

根据多晶体的塑性变形滑移机构,位错运动时需要克服晶界的阻力,可知晶粒大小会影响屈服强度。

多晶体塑性变形过程中,由外加切应力直接引起滑移的晶粒只占少数,并不导致塑性变形的宏观效果。多数晶粒的塑性变形是由前面晶粒中的位错塞积群的应力集中所引起的,只有所有晶粒都进行了塑性变形,才会引起塑性变形的宏观效果。因此,多晶体的屈服塑性变形是靠位错塞积群的作用来实现的,而它的作用效果和晶粒尺寸有关。

根据多晶体塑性变形机构,位错塞积群所产生的集中应力,将会引起晶界位错沿相邻晶粒滑移面运动。设晶界上位错开动所需的应力为 τ_g,并由位错塞积群的集中应力 τ_p 所提供,此时若已引起晶粒全面滑移,外加切应力达到了临界切应力,则由式可得

$$\tau_g = \tau_p = \frac{K\pi(\tau_c - \tau_i)^2}{Gb} \cdot d$$

令

$$k_s = \sqrt{\frac{Gb\tau_g}{\pi K}}$$

则

$$\tau_c = \tau_i + k_s d^{-1/2} \tag{2-5-4}$$

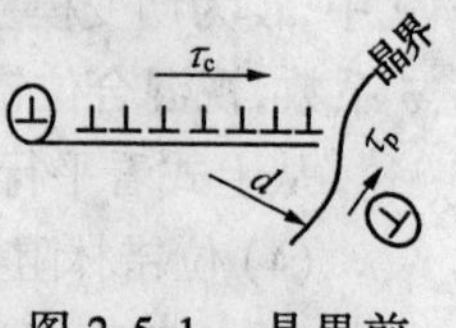

图 2-5-1 晶界前的位错塞移群

如用拉应力表示则为

$$\sigma_s = \sigma_i + K_s d^{-1/2} \tag{2-5-5}$$

式中 σ_i—— 位错在基体金属中的运动阻力,或叫摩擦阻力,主要决定于晶体结构和位错密度;

K_s—— 决定于晶体结构的常数；

d—— 晶粒直径。

这就是著名的霍尔 – 派奇(Hall – Petch)公式，它描述了金属屈服强度和晶粒尺寸的关系。这一关系已由很多实验所证实。对于铁素体为基的钢来说，晶粒尺寸在0.3 ~ 400μm之间都符合这一个关系。奥氏体钢也适用这一关系，只是其 K_s 值较铁素体小$\frac{1}{2}$。

应该指出，体心立方金属的 k_s 较面心和六方金属的 K_s 高，所以体心立方金属的细晶强化效果最好，而面心或六方晶系的则较差。

用细化晶粒来提高金属屈服强度的方法叫做细晶强化，它不仅可以提高强度，而且还可提高塑性和韧性，所以它是金属强韧化的一种好办法。表 2-5-2 是不同晶粒尺寸的纯铁之实验结果。

表 2-5-2　晶粒大小对纯铁机械性能的影响

晶粒平均直径 /mm	屈服点 /kgf · mm^{-2}	抗拉强度 /kgf · mm^{-2}	伸长率 /%
单晶体	3 ~ 4	14 ~ 15	30 ~ 50
9.7	4.1	16.8	28.8
7.0	3.9	18.4	30.6
2.5	4.5	21.5	39.5
0.20	5.8	26.8	48.8
0.16	6.6	27.0	50.7
0.11	11.8	28.4	50.0

3. 固溶强化

把异类元素原子溶入基体金属得到固溶合金，可以有效地提高屈服强度。这样的强化方法叫做固溶强化。固溶强化的效果决定于溶质原子的性质、浓度及溶剂原子的直径差等。一般来说，溶质原子和溶剂原子的直径差越大，溶质浓度越高，其强化效果也越大。

固溶体分为两种，一种是间隙固溶体，其强化效果大，另一种是置换固溶体，其强化效果较差。图 2-5-2 和图 2-5-3 是不同合金元素对铁素体钢和奥氏体钢中的强化效果，可以看出其强化效果都随浓度提高而增加，间隙固溶强化效果最高。

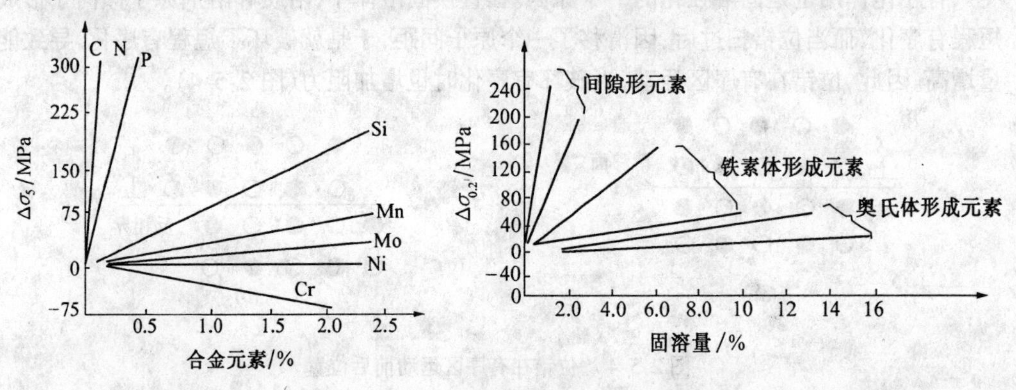

图 2-5-2　低碳铁素体中固溶强化效果　　图 2-5-3　奥氏体不锈钢中固溶强化效果

一般认为固溶强化的原因都是由于溶质原子与位错的交互作用有关，如弹性交互作用、电学交互作用、化学交互作用和有序化作用等。

过饱和的固溶原子会引起过饱和固溶体屈服强度的剧烈增加，常识例子就是钢的淬火。这种变化是由于溶质原子使晶格发生畸变以至于相变。过饱和的固体晶格改变，导致其滑移面、滑移方向减少，滑移向量 b 增加，位错运动变得很艰难，致使屈服强度剧烈增加。

在固溶合金中由于溶质原子和溶剂原子直径的不同，将会在溶质原子周围形成一个点阵畸变应力场。这个应力场将和位错的应力场相互作用，产生交互作用能。如果交互作用能是负值，则溶质原子和位错相互吸引，溶质原子偏聚于位错交互作用能负值一侧。对于 $\alpha-Fe$ 中的间隙碳、氮原子来说，和刃位错的交互作用能在位错拉应力一侧为负值，所以它们将偏聚于拉应力区，形成柯氏气团。当位错运动时，系统能量升高，对位错运动产生阻力。因此，柯氏气团可以提高屈服强度。柯氏气团对位错的钉锚阻力属于短程力，因温度升高而引起的原子热振动有助于克服这种阻力，所以这一阻力也是对温度敏感的阻力，随温度降低，其阻力增大。

溶质原子和位错的电学交互作用是通过位错应力场影响电子云分布来实现的。金属键中电子云的分布，由于位错应力场的作用，自由电子倾向于从晶格压应力区移向拉应力区，形成局部电偶极，电偶极随位错移动。另一方面，如果溶质原子的价电子与溶剂的不同，如多价的溶质溶入单价的溶剂中，则溶质的额外自由电子就要离开，而留下具有多余正电荷的溶质离子。于是在溶质正离子和位错局部电偶极之间就产生了短程静电交互作用，阻碍位错运动。

溶质原子和位错间的化学作用是通过扩展位错来实现的。面心立方金属中的位错在{111}晶面上分解成一对不全位错，二者之间隔着一个层错区而形成扩展位错。为了保持热力学平衡。溶质原子在层错区(具有密排六方结构)中的平衡浓度和在面心基体的平衡浓度应该有所不同，以能量最低为准则。因此，只要温度和时间条件允许，就会形成溶质原子不均匀分布结构。这个结构叫做铃木气团。位错运动导致能量升高，也需克服铃木气团的阻力，这个阻力比柯氏气团阻力小。

有序化作用也是固溶强化的一个原因。在置换固溶体中，溶质和溶剂原子倾向于形成短程有序化，而当位错扫过后，因滑移了一个原子间距，于是就破坏了短程有序化，导致能量增高。因此，位错在有序区运动，当破坏有序化时也增加阻力(图 2-5-4)。

图 2-5-4　位错在有序区运动前后位置

(a) 有序区　(b) 有序区破坏

总之，固溶强化的实质是位错和溶质的交互作用结果。有的是对位错起钉锚作用，影响位错起动；有的是对位错运动起阻碍作用，影响位错运动。所以在固溶合金中，溶质元素不仅提高屈服强度，同时也提高了整个应力 - 应变曲线水平(2-5-5)。

图 2-5-5　纯金属与合金的应力 - 应变曲线的比较

4. 第二相的影响

工业合金，特别是高强度合金，在基体上大都分布有第二相。它们一般是些硬而脆的物质，如金属间化合物和金属碳化物。在合金中，虽然第二相的比例不大，但因它们是以微小颗粒分布于基体上，却显著地影响屈服强度。这些第二相组织可用粉末冶金法获得，但一般多用合金化和热处理方法获得。

合金第二相一般分为两类：一类是不能变形的硬脆质点，如钢中的碳化物；另一类是可变形的质点，如铝合金时效时 GP 区的共格析出物 θ'' 相。

第二相的“软”“硬”是以第二相的滑移面与基体相滑移面是否共格，使位错可以滑入滑出来分“软”“硬”。所谓软的第二相指与基体相滑移面共格，反之称为硬相。

对于不能变形的第二相质点，位错线只能绕过而不能切过，如图 2-5-6(a) 所示。当基体上的位错线运动靠近第二相质点时，将受阻弯曲。随着外力的增加，位错线弯曲更大，形成了包围质点的位错半环，其中因左右螺位错的彼此抵消作用，形成了一个位错环包围着质点而被留下，其余部分位错线又恢复直线继续前进。按照这种方式，位错运动的阻力主要来自弯曲位错的线张力，弯曲位错的阻力和相邻质点间距有关，可表示为 $\tau = \frac{Gb}{\lambda}$，位错

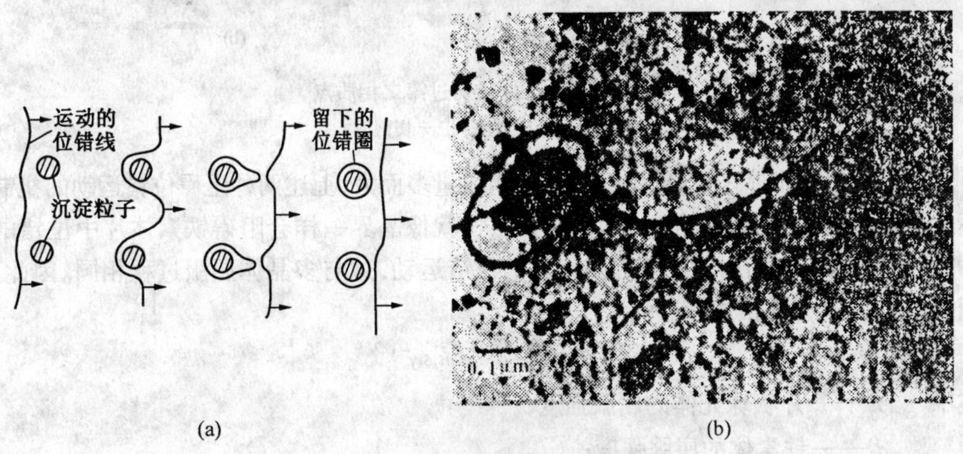

图 2-5-6　位错绕过第二相

环数增加，使 λ 减小。如果再考虑到质点大小的影响，则位错线的运动绕过阻力为

$$\tau = \frac{Gb}{\lambda}\ln\frac{r}{b}$$

式中　λ—— 相邻质点的间距；

r—— 质点半径；

G—— 切弹性模数；

b—— 柏氏矢量。

由上式可见，当第二相质点尺寸 $r > b$ 时，随着 λ 减小，τ 增加，质点的数量越多，越分散，材料的屈服强度就越高。

这种位错绕过第二相质点的模型叫做奥罗万模型，已为不少实验所证实。图 2-5-6(b) 是 α – 黄铜围绕 Al_2O_3 质点的位错环电子显微镜照片，进一步证明了这一模型的正确性。

当第二相与基体相滑移面共格，位错线可以切过第二相质点，使之同基体一起变形如图 2-5-7(a)。因第二相质点 G 值高，质点的短程有序结构，以及质点周围应力场的影响，割台使基体相与第二相相界面增加，导致界面总能量增加等，当位错切过第二相质点时，阻力增加，将使屈服强度提高，而且其效果不见得不如绕过型的。当然第二相质点数量越多，这种强化效果也越大。这种切过模型也有实验证明。图 2-5-7(b) 是 Ni – Cr – Al 合金中 Ni_3Al 质点被切割的电子显微镜照片。

图 2-5-7　位错切过第二相质点

Ⅰ— 切割前　Ⅱ— 切割后

对于片状珠光体来说，因第二相碳化物数量多而大，上述两种阻碍位错运动的机制都不适用。这需要从两相混合组织考虑，碳化物就像晶界一样会阻碍铁素体片中位错的运动，形成塞积群，之后再影响相邻铁素体的位错运动，这与多晶体屈服过程相同。因此，可用霍尔 – 派奇公式描述屈服强度

$$\sigma_y = \sigma_i + k_s s_0^{-1/2}$$

式中　σ_y—— 片状珠光体的屈服强度；

σ_i—— 铁素体的屈服强度；

k_s—— 材料常数；

s_0—— 珠光体片间距。

这一公式说明，珠光体片越薄，其强度越高，所以索氏体的屈服强度就比珠光体的高。

5.形变强化

在金属应力应变曲线上，当在均匀变形阶段某一应力值卸载，再回过头来加载时，应力不是到原来的屈服点再发生屈服，而是在其卸载应力值时屈服。这说明形变强化导致屈服强度的增加。

金属预先塑性变形可以提高屈服强度，塑性变形量越大，屈服强度提高幅度也越大。这种因塑性变形而提高屈服强度的现象叫做加工硬化或形变强化。在金属塑性变形阶段，变形曲线上升也可以说明金属的形变强化现象，它是表示金属抵抗继续塑性变形的一种能力。形变强化的本质也是位错运动受阻的结果，变形曲线的形状可用位错理论解释，具体内容待 2.6 节再进一步讨论。

上述五点，都是从材料本身的组织结构去分析合金化、热处理和形变强化对提高屈服强度的作用。如果用 $\Delta\sigma_{基}$ 表示合金基体相合金结构的强化效果，用 $\Delta\sigma_{粒}$ 表示晶粒细化的强化效果，用 $\Delta\sigma_{固}$ 表示固溶强化效果，用 $\Delta\sigma_{相}$ 表示第二相的强化效果，用 $\Delta\sigma_{形}$ 表示形变强化效果，并假定这些强化方法在金属中是相互叠加的话，则其总的强化效果应该是：

$$\Delta\sigma_{总} = \Delta\sigma_{基} + \Delta\sigma_{粒} + \Delta\sigma_{固} + \Delta\sigma_{相} + \Delta\sigma_{形}$$

利用这些基本原理可以选用适当的合金化、热处理和冷变形方法，对金属和合金进行强化处理。

6.温度及变形速度

一般说来，随着温度的升高，金属屈服强度降低；反之，则屈服强度升高。但是金属的晶体结构不同，其变化趋势并不一样。如图 2-5-8 所示；体心立方金属的低温效应很敏感，Fe 由室温降至 －196℃，屈服强度升高 4 倍；而面心立方金属对温度就不敏感，Ni 由室温降至 －196℃，屈服强度只升高 0.4 倍。这一现象的原因还不清楚。综合影响屈服强度的诸多因素，目前多数人认为，可能是派－纳力起主要作用，因为体心立方金属的派－纳力较面心立方金属高很多，而派－纳力对温度又很敏感。

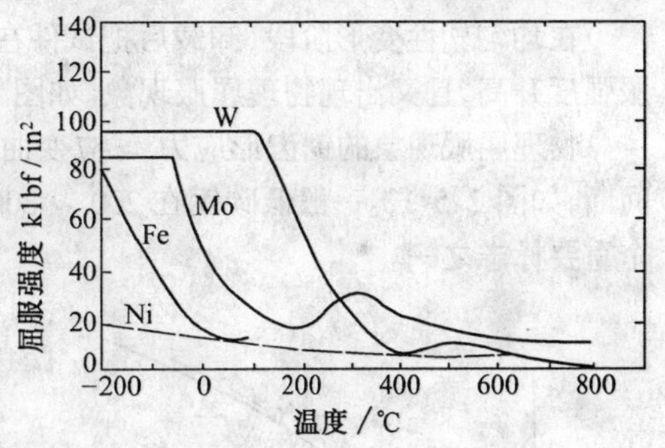

图 2-5-8　W、Mo、Fe 和 Ni 的屈服强度和温度的关系

对于常用的结构钢来说，绝大多数是体心立方结构的合金，因此，其屈服强度也有强烈低温效应问题，这便是这类钢低温脆性的原因。图 2-5-9 是几种碳钢屈服强度随温度的变化曲线。这曲线在 200 ~ 300℃ 时应有一个反常，即兰脆时 $\sigma_{0.2}$ 反而回升。

变形速度增大，钢的强度增加，如图 2-5-10 所示。对与原子扩散有关的位错运动的阻力，变形速度与温度的影响是等效的，变形速度增加相当于降低温度；反之亦然。

总之，屈服强度是一个组织结构敏感性能指标，只要材料的组织结构稍有变化，都可影响位错的运动，从而影响屈服强度。所以生产上常利用合金化、热处理和冷变形等方法，改变材料的组织结构，阻碍位错运动，达到提高屈服强度的目的。

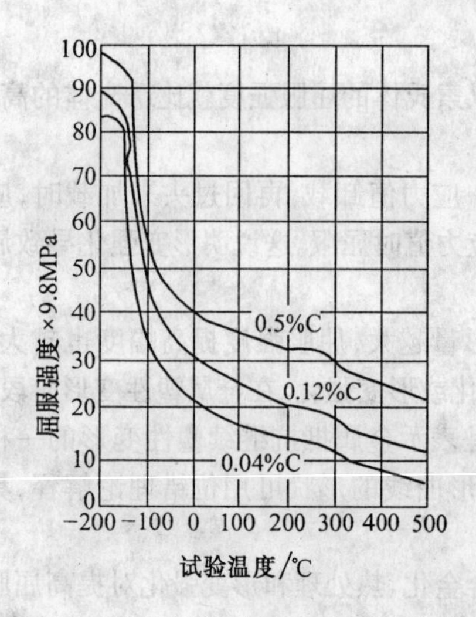

图 2-5-9　温度对碳钢屈服强度的影响

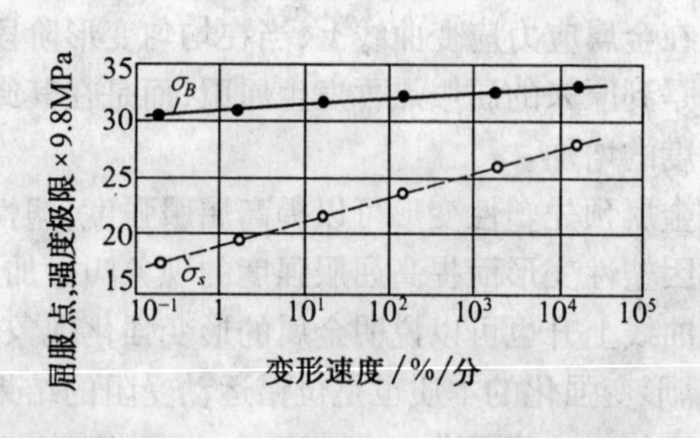

图 2-5-10　形变速度对低碳钢强度的影响

2.5.4　金属的物理屈服现象

1. 现象

金属的物理屈服现象是指图 2-5-11 中 s_1-s_2 段现象。在应力 - 应变曲线上出现应力不增加,时而有所降低,而变形仍在继续进行的现象称为物理屈服现象。

在均匀塑性变形阶段,卸载后把试件在 100 ~ 200℃ 温度下回火 2 小时,再加载,则屈服强度升高,且又出现物理屈服现象。如图 2-5-11 中 $e's''s'_1s'_2$。我们称之为应变时效。

物理屈服现象的锯齿形应力 - 应变曲线在一定条件会在塑性变形的整个过程中不间断,如图 2-5-12。一般低碳钢在 200 ~ 300℃ 拉伸,会出现这个现象。它是金属兰脆的一个重要标志之一。

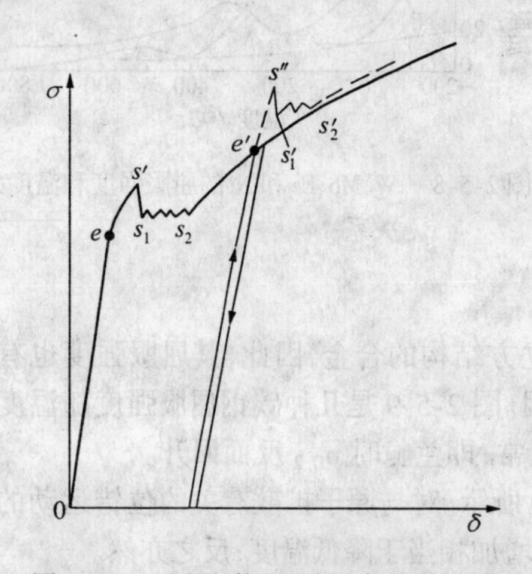

图 2-5-11　金属的物理屈服及应变时效现象

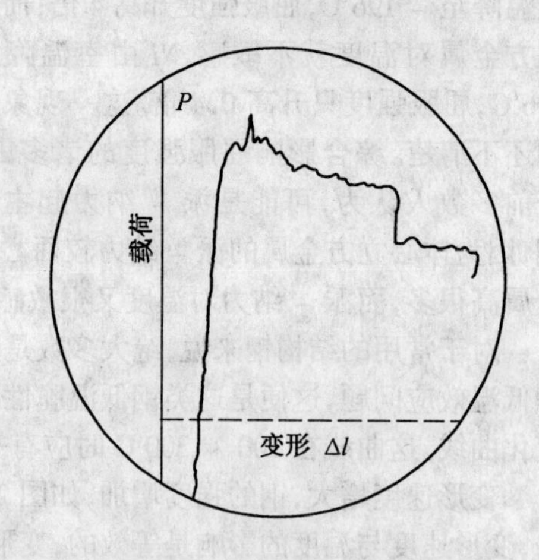

图 2-5-12　锯齿形拉伸曲线

应变时效时,屈服强度会大幅增加,而 ψ、σ_k、A_K、K_{1C} 大幅降低,脆性转变温度 T_k 上升,冷脆出现。金属兰脆时会出现同样的问题。

2.机制

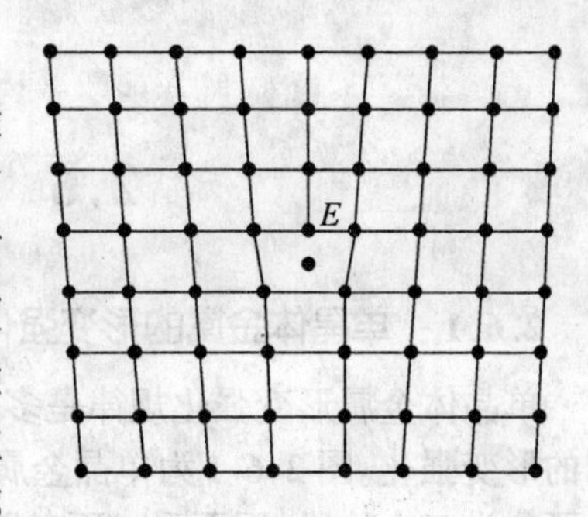

图 2-5-13　溶质原子(柯氏气团)

低碳钢的屈服现象可用位错理论说明。退火低碳钢是以铁素体为基的合金,铁素体中的碳(氮)原子与刃位错交互作用形成柯氏气团(图 2-5-13),从而钉锚了刃型位错,使整个系统处于低能量状态,位错移开使系统能量升高,位错运动遇到阻力。因此,在开始塑性变形时,必须提高外力克服柯氏气团的锚力,才能使位错运动,这就是上屈服点。由于多晶体塑性变形是相邻晶粒逐个进行的,其中位错源开动都是通过前面晶粒位错塞积群的应力集中作用来实现的。每个晶粒位错源的开动都需要克服柯氏气团的锚力,但开动后,因变形应力又很快降下来,于是就形成了锯齿形的屈服曲线。

根据这种解释,可以说明应变时效现象为什么在预先塑性变形后不再出现和加热时效后又再次出现的原因。因为预先塑性变形已经全部破坏了柯氏气团,所以屈服现象不再出现,但是如果在卸载后再加热时效,碳(氮)原子又会扩散移至刃位错周围形成柯氏气团,第二次加载开始屈服变形时,就需要重新克服柯氏气团作用,再次出现屈服现象。由于第二次加载前,材料因前次变形位错密度升高,其弹性极限升高,所以在第二次加载时,在弹性极限提高的基础上又须再进一步克服柯氏气团的作用,因而屈服平台较第一次的应力水平高。在 200 ~ 300℃ 时出现兰脆、应力 - 应变曲线变成锯齿形,这是由于塑变使柯氏气团消失,而 200 ~ 300℃ 温度又使柯氏气团形成。这样周而复始,应力 - 应变曲线就成锯齿形。这个过程由于热运动及扩散,C、N 原子运动因温度而加快,能够追上位错的运动。造成这样一个特殊的现象。它也就成了兰脆的一个标志现象。兰脆是一个危害材料力学性能的一个重要现象。在热处理中很多操作工艺都是为避开这一危害而设定的。

3.危害

物理屈服现象实际上使这一阶段塑性变形失去加工硬化作用。使金属失去均匀变形,冲压件很易产生皱褶、制耳。

应变时效会使金属力学性能大幅改变,一般为屈服强度增加而塑性 ψ、σ_k 降低,A_k 降低,K_{1C} 降低,脆性转折温度 T_k 升高,易于出现冷脆断裂。

兰脆也严重地损害材料的力学性能,其危害类似于应变时效,这种危害面广、危害大必须予以足够的重视。

4.去除办法

制耳与皱褶是物理屈服造成的,一般在冲压以前对钢板实施微量轧制,使之越过物理屈服再冲压。

应变时效的危害应采用成形后再检查材料的力学性能,而不能仅限于材料入厂检查。这样可以知道应变时效导致指标的损害,是否超出规定数值,这很重要。我国某电站 2[#] 机曾出现由于应变失效导致严重的冷脆事故。

关于兰脆的危害应采取相应的热处理路径避开这一危害。

2.6 金属的形变强化

2.6.1 单晶体金属的形变强化

单晶体金属形变强化规律是多晶体金属形变强化规律的基础。首先看一下单晶体金属的形变强化。图2-6-1为单晶金属应力－应变曲线。从图中可以看到单晶体金属形变强化可分为三个阶段。下面看一下各阶段有何特点及产生这些特点的机制。

1.第 Ⅰ 阶段——易滑移阶段

当外力超过临界切应力 τ_c 时，即进入第 Ⅰ 阶段。这一段变形曲线近于直线，$\theta_Ⅰ = \dfrac{d\tau}{d\gamma}$ 很小，是 $10^{-4}G$ 的数量级。$\dfrac{d\tau}{d\gamma}$，$\dfrac{d\sigma}{d\varepsilon}$ 称为形变强化率，或形变强化系数。

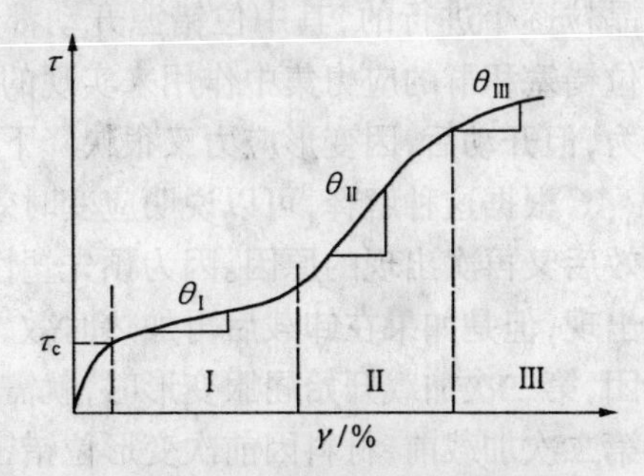

图2-6-1　单晶体的变形曲线

在变形初期，只有那些最有利开动的位错源在自己的滑移面上开动，产生单系滑移直到多系交叉滑移之前直接滑出晶体。其运动阻力是很小的，所以其 θ_1 很小。对于滑移系较少的金属（如Mg、Zn等），因其不能产生多系滑移，则变形第 Ⅰ 阶段很长。

2.第 Ⅱ 阶段——线性强化阶段

该段变形曲线为直线，其形变强化速率最大，$\theta_Ⅱ \approx \dfrac{G}{300}$。

当变形达一定程度之后，很多滑移面上的位错源都开动起来产生多系交叉滑移。由于位错的交互作用，形成割阶、固定位错和胞状结构等障碍，使位错运动阻力增大，因而表现为形变强化速率升高。至于具体的强化机构细节，看法还不统一。

有人认为，塑变第 Ⅱ 阶段 $\theta_Ⅱ$ 大的原因，主要和胞状结构的生成和变化有关。在交叉滑移面上运动的位错切割时会缠结在一起，形成直径 $1 \sim 2\mu m$ 的小胞块。这种胞块叫亚晶粒。胞块间夹角不超过 2°，胞壁厚约 $0.2 \sim 0.4\mu m$，其上集中了大部分位错。胞内仅有稀疏的位错网络，其位错密度约为胞壁的$\dfrac{1}{4}$。随着形变量不断增加，胞块尺寸越来越小。此时，继续塑变是通过胞内位错不断开动来实现的，因此，胞块越小，将使位错源开动阻力增加，因而造成形变强化，表现为 $\theta_Ⅱ$ 很大。

对面心立方金属，其位错为扩展位错。对于一些层错能较低的面心立方金属，因其扩展位错宽度较大，在塑变过程中不易形成胞状结构，而是形成空间位错网和洛莫－柯垂尔（$L - C$）固定位错锁等障碍使 $\theta_Ⅱ$ 增大。因此，在这类金属中，形成空间位错网和 $L - C$ 位错锁，可能是第 Ⅱ 阶段形变强化的主要原因，一般认为这一机构比胞状结构作用更大。

然而，不管怎样的位错运动阻碍机构，都和多系交叉滑移中位错密度增大及位错运动范围缩小有关。因此，曾提出了第 Ⅱ 阶段形变强化和位错密度方根成正比的关系，$\Delta\tau \propto \sqrt{\rho}$，而且还有实验证明。

3. 第 Ⅲ 阶段 —— 抛物线强化阶段

该段曲线呈抛物线，$\theta_{Ⅲ}$ 随变形增加而减小，这可能和螺型位错的交滑移有关。在第 Ⅱ 阶段某一滑移面上位错环运动受阻时，其螺型位错部分将改变滑移方向进行滑移运动，当躲过障碍物影响区后，再沿原来滑移方向滑移(图 2-6-2) 这个面内没有位错，使位错运动阻力大大减小。而且从其他面内以同样方式来到此面的其他异号螺位错还会通过交滑移走到一起彼此消失，使这滑移面内位错运动阻力保持很小，这就为位错运动提供了方便条件，表现为 $\theta_{Ⅲ}$ 不断降低。

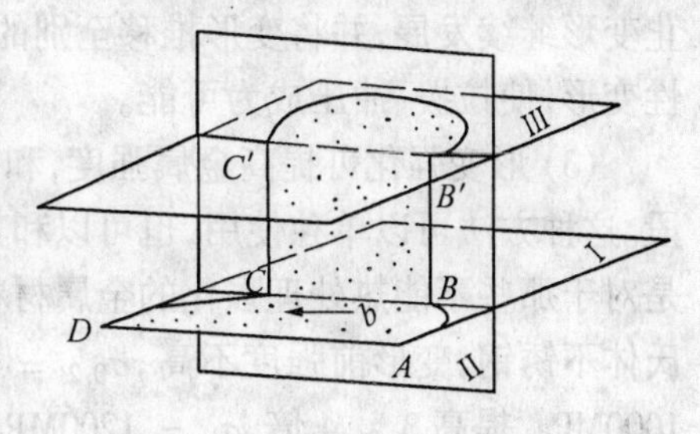

图 2-6-2　螺型位错的交滑移

由于交滑移在第 Ⅲ 阶段起主要作用，所以对于那些容易交滑移的晶体，如体心立方金属和层错能高的面心立方金属(如 Al 等)，其第 Ⅱ 阶段很短。

层错能高，扩展位错宽度窄，层错能低，则扩展位错宽度宽。扩展位错交滑移前必须使两偏位错合并成一个全位错，这个全位错的滑移面就是与其所在面成一定角度的面心立方的滑移面。而偏位错(螺型) 的滑移面不是与其所在面成一定角度的面心立方的滑移面。注意，横滑移只有螺型位错可以，而刃型位错则不可以。

横滑移早晚，取决于偏位错合并。这一合并难易，取决于位错宽度。而位错宽度取决于层错能。高层错能，扩展位错宽度窄，而低层错能，扩展位错宽度宽。高层错能扩展位错的两偏位错易于合并成一个全位错，反之不然。这就不难理解为什么低层错能合金其形变强化第 Ⅱ 阶段持续特别长。

2.6.2　多晶体金属的形变强化

1. 金属形变强化的意义

金属因为塑性变形而引起屈服强度升高的现象，叫做形变强化或形变硬化。强化是由塑变引起的。强化幅度取决于塑性变形量及材料的形变强化特性。

金属完成屈服后，再要继续变形就要增加应力。我们把$\frac{d\sigma}{d\varepsilon}$ 或$\frac{d\tau}{d\gamma}$ 称为形变强化性能或形变强化速率，形变强化系数。它表示形变强化效果，也反应金属继续形变强化的难易程度。形变强化是金属的一个极为重要的特性，在生产中其有极为重要的意义，尤其在无相变强化的情况下极为重要。

(1) 形变强化可使金属机件具有一定的抗偶然过载能力，保证机件安全。机件在使用过程中，某些薄弱部位因偶然过载会产生局部塑性变形，如果此时金属没有形变强化能力去限制塑性变形继续发展，则变形会一直流变下去，而且因变形使截面积减小，过载应力越来越高，最后会导致颈缩，而产生韧性断裂。但是，由于金属有形变强化性能，它会尽量阻止塑变继续发展，使过载部位的塑性变形只能发展到一定程度即停止下来。形变强化，使构件自身有一定的安全预度。

(2) 形变强化可使金属塑变均匀进行，保证冷变形工艺的顺利实现。金属在塑变时，由于应力和材料性能的不均匀性，截面上各点的塑变起始时间和大小各不一样，如果没有形变强化性能，则先变形的部位就会流变下去，造成严重的不均匀塑变，从而不能获得合格的冷变形金属制品。但是，由于金属有形变强化能力，哪里先变形，形变强化就在那里阻止变形继续发展，并将变形推移至别的部位去，这样变形和强化交替重复就构成了均匀塑性变形，使拉拨、冲压成为可能。

(3) 形变强化可提高金属强度，和合金化、热处理一样，也是强化金属的重要工艺手段。这种方法可以单独使用，也可以和其他强化方法联合使用，对多种金属进行强化，尤其是对于那些不能热处理强化的金属材料，这种方法就成了最重要的强化手段。如 18 – 8 奥氏体不锈钢，变形前强度不高，$\sigma_{0.2}=200\text{MPa}$，$\sigma_b=600\text{MPa}$；但是经 40% 轧制后，$\sigma_{0.2}=1000\text{MPa}$，提高 3 ~ 4 倍，$\sigma_b=1200\text{MPa}$，提高一倍。

生产上常用的喷丸和表面滚压属于金属表面形变强化，除了造成有利的表面残余压应力外，也强化了表面材料，因而可以有效地提高疲劳抗力。

(4) 形变强化还可降低塑性改善低碳钢的切削加工性能。低碳钢因塑性好，切削时易产生粘刀现象，表面加工质量差，此时可利用冷变形降低塑性，使切屑容易脆离，改善切削加工性能。

2. 多晶体金属强化的特点

多晶体金属是由无数任意排列的单晶体 —— 晶粒组成的。多晶体金属的形变强化变得相当复杂。由于无数的晶界阻止了位错放出晶体，各首先开始滑移的位错很快塞满滑移面造成多向无数的应力集中，这应力集中开动了其他滑移面上的位移，产生多系交叉滑移，滑移位错一开始就滑不出晶体，所以多晶体金属塑变一开始就是多系交叉滑移即单晶体形变强化的第二阶段。无第一阶段。应力应变曲线呈抛物线状，$\theta_{多} \gg \theta_{单}$。这是由于晶界使大量的位错被阻止塞积起来不能放出造成的。第 Ⅲ 阶段来得很早，横滑移与交叉滑移同时进行。

3. 多晶体金属形变强化的规律

多晶体金属形变强化，在均匀变形阶段应力应变之间遵从

$$s = Ke^n \qquad (2\text{-}6\text{-}1)$$

式中，S 为真实应力；e 为真实应变；K 为形变强化系数；n 为形变强化指数。

$$s=(1+\varepsilon)\sigma, e=\ln(1+\varepsilon)$$

对式(2-6-1) 两边取对数

$$\lg s = \lg K + n\lg e$$

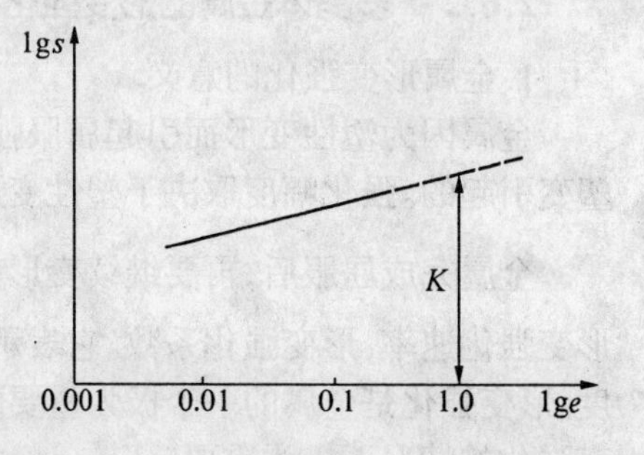

图 2-6-3　e 与 S 之间对数呈线性关系

即 e 与 s 之间对数呈线性关系，如图 2-6-3。这个图上横坐标值 1 对应的纵坐标是 K 值。直线斜率为 n 值。常用这个关系来测定 K、n 值。n 值与面心立方金属的层错能有关，表 2-6-1 是部分常用金属的 n 值与层错能之间的关系。n 随层错能的增加而减小。

表 2-6-1　几种金属的层错能和 n

金　属	晶　体　类　型	层错能 $\times 10^{-3}/\text{J}\cdot\text{m}^{-2}$	形变强化指数 n
奥氏体不锈钢	面心立方	< 10	~ 0.45
Cu	面心立方	~ 90	~ 0.30
Al	面心立方	~ 250	~ 0.15
α – Fe	体心立方	~ 250	~ 0.2

简单推导可以证明

$$n = e_b$$

即 n 等于 s_b 点时的真应变。s_b 为颈缩开始时真应力。这个关系给出一个测 n 的便利途径，即测 e_b 即可得到 n。而实验证明 n 与 e_b 并非时时都相等，见图 2-6-4，对中碳钢淬火后不同回火温度下 n 及 e_b 的值。从图可以看出 500℃ 以下回火 n、e_b 分离，500℃ 以上回火 n、e_b 重合。

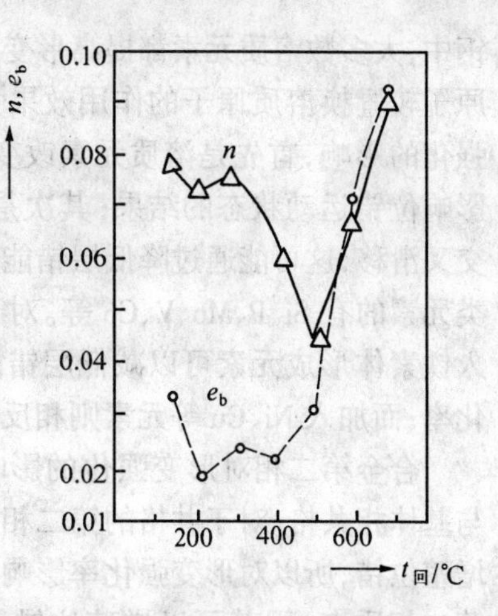

图 2-6-4　中碳钢不同热处理后的 e_b 和 n

2.6.3　影响形变强化的因素

1. 金属的本性及晶格类型的影响

从单晶体金属形变强化的三个阶段来看，形变强化决定于金属的滑移系多少，形成 $L-C$ 位错和胞状结构的难易，以及螺位错的交滑移能否顺利进行等因素；而这些都和金属的本性和点阵类型有关。

如图 2-6-5 所示，常见三种点阵金属其形变强化曲线因滑移系等因素不同而不同。密排六方金属因滑移系少，不能多系交叉滑移，所以只有易滑移阶段，而且很长。面心立方和体心立方金属，因有较多的滑移系，容易多系交叉滑移，所以其易滑移阶段短，很快就进入第二阶段，形变强化速率高。从图 2-6-5 中可以看到各处的 θ 值都不一样，θ 值即为曲线各点切线的斜率。

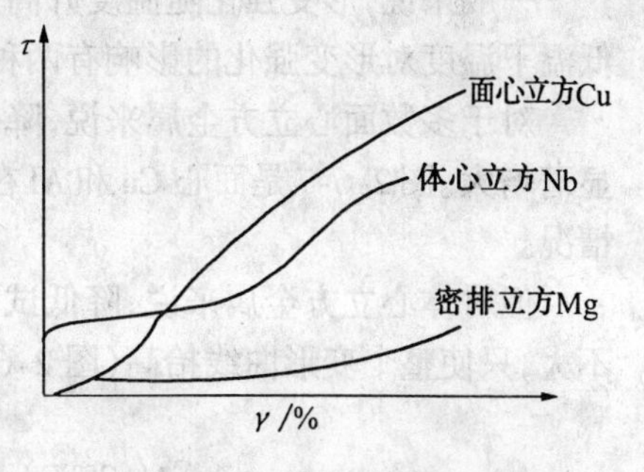

图 2-6-5　常见三种晶体的变形曲线

面心立方金属因层错能不同，其第二阶段的强化效果也不同，对于层错能较低，位错扩张宽度较大的面心立方金属，在多系交叉滑移时易形成 $L-C$ 位错，而且由于扩展位错两个偏位错合并成一个全位错比较难，其中的位错也很难交滑移，所以形变强化趋势很大，如 Cu 和奥氏体不锈钢等。对于层错能较高的面心立方金属，其形变强化趋势较低如 Al 等，体心立方金属因不生成 $L-C$ 位错并易交滑移，所以其第二阶段不如层错能低的面心立方金属的长，强化趋势也低，三者的比较可参见表 2-6-1 和图 2-6-6。

因此，在金属，滑移系多的面心和体心立方金属比六方金属强化趋势大，而面心立方金属中又以层错能低的为最好。

2. 晶粒大小

多晶体在塑性变形过程中，由于晶粒互相间滑移面空间取向各异，使晶界附近滑移的复杂性和不均匀性剧增，晶粒大小除了影响屈服强度外，也影响形变强化。细化铁素体晶粒会使形变强化趋势增加，也使铁素体 - 珠光体钢的形变强化率提高。

3. 合金化

合金固溶体与纯金属相比，不仅屈服强度高，而且形变强化率也高。在铁素体为基的钢中，大多数溶质元素都提高形变强化率，且间隙溶质原子较置换溶质原子的作用效果大。溶质原子对形变强化的影响，首先是溶质元素改变位错的分布状态和影响位错运动状态的结果；其次是有些溶质原子阻止交叉滑移，这可能通过降低层错能的途径实现，属于这类元素的有 Si、P、Mo、V、Co 等。对于奥氏体不锈钢，加入铁素体形成元素可以减低层错能，因而增加形变强化率；而加入 Ni、Cu 等元素则相反。

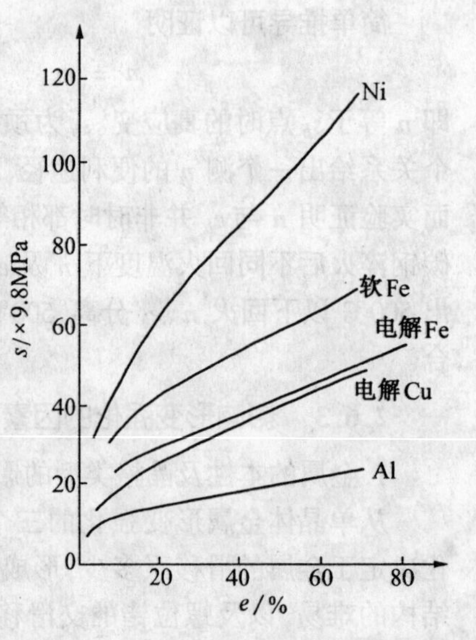

图 2-6-6　几种金属的变形曲线

合金第二相对形变强化的影响，根据第二相是否与基体相共格。对于共格的第二相质点，因其不会大量增殖位错，所以对形变强化率影响不大。对于不共格的第二相质点，因其可以增殖位错，所以提高形变强化率。

4. 温度

一般来说，形变强化随温度升高总是降低的，但在低温下温度对形变强化的影响有两种情况。

对于多数面心立方金属来说，降低温度对屈服强度影响较小，但却使其形变强化趋势显著增大。图 2-6-7 是面心 Cu 和 Al 在室温和低温（-253℃）下的试验曲线，就是属于这种情况。

但对体心立方金属来说，降低试验温度其屈服强度显著增大，但对形变强化趋势影响不大，只使整个变形曲线抬高（图 2-6-8）。

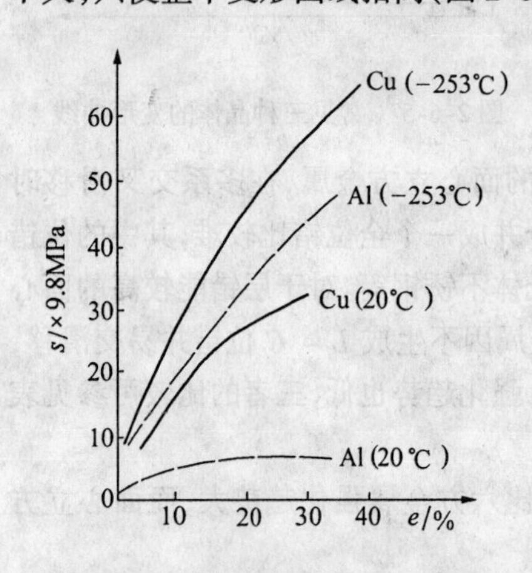

图 2-6-7　温度对面心 Al、Cu 拉伸曲线的影响

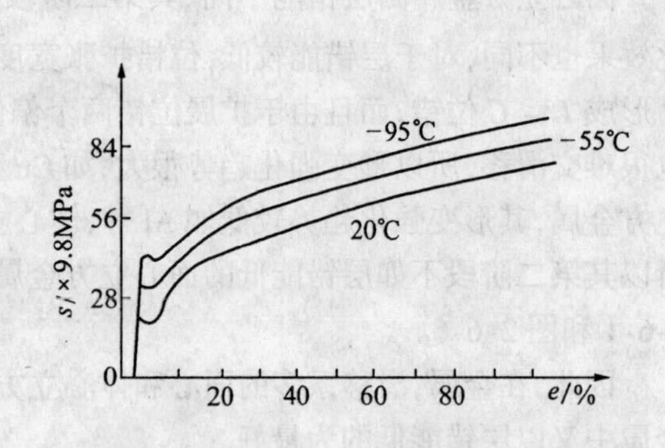

图 2-6-8　温度对体心 0.13% C 钢拉伸曲线的影响

出现这种现象可能和位错结构不同有关。在面心立方金属中，位错是扩展位错，为了实现螺位错的交滑移，必须使两个偏位错合并成一个全位错。原子热振动有助于这一过程的进行。也就是说，这是一个在应力作用下的热激活过程。降低温度使这一过程不易进行，因而使形变强化趋势增大。显然，面心立方金属在不同试验温度下产生相同的塑变量后，其中位错组态是不同的。

在体心立方金属中，位错是不扩展的，因此，螺位错的交滑移不需要热激活协助容易实现，因而不受温度的影响。而且在不同温度下，同样的塑性变形量可能造成同样的位错组态，因而对形变强化的贡献差别不大。至于为什么温度降低使整个变形曲线上抬，可能和温度降低派－纳力的增大有关。

2.6.4　金属颈缩现象

多数韧性材料，在单向拉伸时常发生颈缩现象。颈缩是均匀塑性变形和不均匀塑性变形(集中塑性变形)，二者取一的结果。塑性变形产生两个变化，一是形变强化，二是横截面积减小。金属在拉伸试验时塑性变形是由一段段变形实现的。每段变形由开始、变形、停止、转出完成的，如果某一段塑性变形停不了，转不出，这段就要发生集中塑性变形——颈缩。

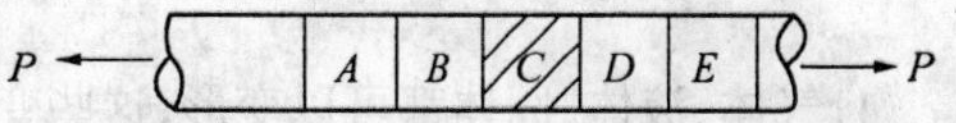

图 2-6-9 中，我们规定：

F——试件的横截面积；

$\mathrm{d}F$——塑性变形引起横截面积减小量；

S——横截面上的应力；

$\mathrm{d}S$——形变引起强化增量；

$F\cdot \mathrm{d}S$——形变强化引起总承载能力增加量；

$S\mathrm{d}F$——横断面积减小导致总承载能力减小量；

FS——变形部位形变强化前的承载能力；

P——总承载能力；

$\mathrm{d}P$——总承载能力改变量。

图 2-6-9　颈缩产生过程示意图

均匀变形实际过程：图 2-6-9 中以 C 段为例，塑性变形→形变强化→停止塑性变形→塑性变形转移到 D 段……，均匀变形发生。

颈塑的实际过程：仍以 C 段为例，塑性变形→形变强化→塑性变形不停→塑性变形转移不出去→不停塑变→颈缩发生。

下面看一下颈塑与均匀变形产生的条件。

在 C 段：

$$(S+\mathrm{d}S)(F-\mathrm{d}F)-FS=\mathrm{d}P$$

去掉高阶无穷小 $\mathrm{d}F\cdot \mathrm{d}S$

$$F\cdot \mathrm{d}S-S\mathrm{d}F=\mathrm{d}P$$

若 $F\cdot \mathrm{d}S-S\mathrm{d}F=\mathrm{d}P>0$，则表示，形变强化导致承载力增加量 $F\mathrm{d}S$ 大于由于横断面积减小导致承载力减小量 $S\mathrm{d}F$，C 段上承载能力大于其他段，塑性变形停止并转移出去，比如转到 D 段。如 D 段仍如此，变形转移到 E 段……这样均匀变形发生。

若 $F\cdot \mathrm{d}S-S\mathrm{d}F=\mathrm{d}P<0$，则表示：形变强化导致承载力增加量 $F\mathrm{d}S$ 小于由于横断面积减小导致承载力减小 $S\mathrm{d}F$，C 段承载能力小于其他段，塑性变形停不下来，转移不出去，变形在 C 段持续进行，集中变形发生——颈缩。

若 $F\cdot \mathrm{d}S-S\mathrm{d}F=\mathrm{d}P=0$ 时，介于二者之间。

从上面的分析来看，颈缩或均匀变形的发生取决于 $\mathrm{d}S$ 和 $\mathrm{d}F$ 两个变化因素。我们人为

地把二者相比

$$\frac{dS}{dF}=\frac{dS}{d(\pi r^2)}=\frac{dS}{2\pi r dr}$$

r为试件横截面圆的半径,即颈缩现象与半径方向的形变强化模数$\frac{dS}{dr}$有关。由于颈缩受加工硬化率控制,所以影响形变强化的因素均控制颈缩的发生。

面心立方金属中扩展位错结构导致加工硬化率升高,使颈缩发生较晚,有时不发生。细化晶粒可使加工硬化率增加,也使颈缩推迟发生。合金化也增加形变强化模数,故也推迟颈缩发生。增加载荷速度也使形变强化模数增加,推迟颈缩的发生。

习 题

1.气体、液体、固体都可以变形,这些变形有何区别?

2.金属变形有几种?

3.金属力学性能研究的变形是指变形与什么参数之间的关系。变形还与其他参量有关吗?

4.弹性变形有何特点?

5.弹性变形力与变形之间有何关系?P与r的关系与虎克定律矛盾何在,统一何在?

6.金属弹性变形理论上最大可达多大?

7.展开(σ_{ij})和(ε_{ij})。

8.$\varepsilon_{ij}=f_{ij}(\sigma_{ij})$展开。

9.平面应力、平面应变有何特点?

10.ε_{ij}和σ_{ij}之间用何参数建立关系?

11.E的本质是什么?E是金属的强度吗?

12.总结影响E的因素,为什么没有大幅调整E的热处理?

13.大风天为什么能看到树晃而看不到楼晃?楼会晃吗?瓦匠说烟囱不晃就要倒,为什么?

14.为什么用弹簧作弹性件,而不直接用杆作弹性件。

15.σ_e、ε_e为何量?其影响因素是什么?

16.弹性不完整性指什么现象?其机理、危害及消除办法是什么?

17.振动时效为什么会实现去除宏观残余应力?

18.弹性变形与塑性变形分界点是什么?

19.单晶体金属塑性变形及形变强化特点、机理是什么?

20.单晶体、多晶体金属切变强度如何定义?

21.影响屈服强度的因素是什么?

22.$\alpha-Fe$、$\gamma-Fe$是如何强化的?

23.单晶体切变强度的位错理论是什么?

24.物理屈服、应变时效及兰脆的锯齿状应力-应变曲线是什么引起的?有何危害?

25. 单晶体形变强化有何特点？机理是什么？

26. 多晶体形变强化特点是由什么引起的？

27. 交叉滑移、交滑移有何差异？

28. 面角位错、扩展位错、偏位错、全位错、$L-C$ 位错锁、位错的横滑移、扩展位错的横滑移都是一个什么概念？

29. 金属的颈缩过程及其影响因素。

30. 实际金属的弹性及屈服强度偏低是什么造成的？

科研论文

船用尾轴 $35^{\#}$ 圆钢的振动时效处理

船用尾轴 $35^{\#}$ 圆钢中存在有较高的宏观残余应力，在车削过程中，由于残余应力的释放会导致工件变形。本文介绍用振动时效方法降低船用尾轴 $35^{\#}$ 圆钢中存在的宏观残余应力。

一、前言

船用尾轴经常用圆钢直接车削加工而成。由于圆钢中存在有较高的宏观残余应力，加工时会产生变形而超差。通常用回火来消除宏观残余应力（TSR），这就要求有较大的设备，花费大量工时，耗费许多电能，投资也很高。在加热时效消除宏观残余应力的同时还会损害圆钢的力学性能指标，使屈服强度降低。

用振动时效方法（VSR）可以节省 90% 以上的工时、设备、资金，而且不会损害圆钢的力学性能指标。同时构件在服役过程中不会出现宏观残余应力回升。

为了探讨用振动时效（VSR）取代热时效（HSR）去除圆钢宏观残余应力，我们对船用尾轴圆钢进行了系统的振动时效研究工作，得到令人满意的结果。

二、圆钢振动时效

1.设备仪器及材料

振动时效设备采用黑龙江省海伦振动设备厂生产的 IJK－02 激振器及控制箱。动应力测量采用华东电子仪器厂生产的 Y6D－3A 动态应变仪及 SC10 紫外线示波器。残余应力测定采用 X－ⅣX 射线应力测定仪。

船用尾轴圆钢尺寸为 $\phi 120 \times 6000$(mm) 正火 $35^{\#}$ 钢。其化学成分见表 1。

表 1　船用尾轴 $35^{\#}$ 圆钢化学成分

钢　号	C	Si	Mn	S	P	Cr
$35^{\#}$	0.34	0.35	0.04	0.004	0.050	0.02

2.振动时效工艺

振动时效总工艺框图见图 1。

由控制箱控制激振器转速，使工件产生共振。由加速度传感器得到信号反馈给控制箱，从控制箱仪表可以直接读出共振频率及振幅，供控制人员参考。

由应变片组成的电桥取得动应力信号。经动态应变仪放大，随同标定信号一同输入紫外线示波器，可以读出振动时工件的动应力。

控制箱输出频率及振幅信号，由 X－Y 函数记录仪记录下振动时频率——幅值曲线。依此曲线研究振动频率范围。

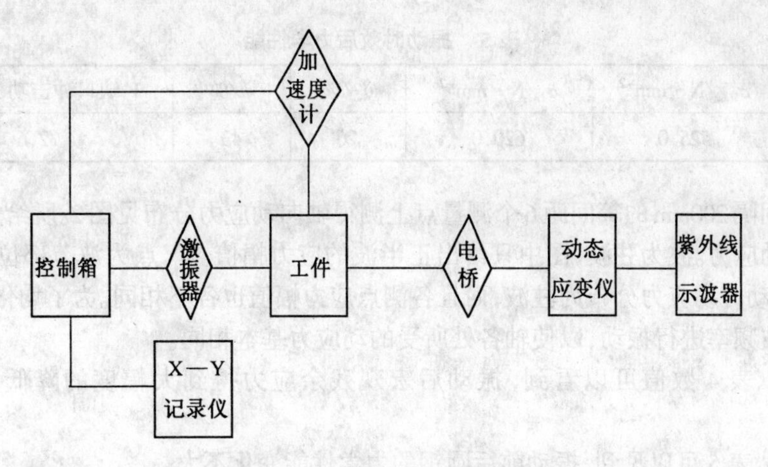

图1　振动时效总工艺框图

在第一谐振频率及第二谐振频率各振动5分钟。然后每隔30°转动激振器与圆钢轴周向位置,完成上述过程,计6次。

3.应力及力学性能测定

振动以前测定圆钢常规力学性能 $\sigma_{0.2}$、σ_b、δ_5、ψ、A_k。并用X射线应力测定仪选测任意三点轴向的宏观残余应力。

完成振动以后,再次测定圆钢的力学性能 $\sigma_{0.2}$、σ_b、ψ、δ_5 及 A_k。并用X射线应力测定仪测量振后的宏观残余应力。

三、结果

振动前测得三点宏观残余应力的结果见表2。

表2　振动前的宏观残余应力

测　点	1	2	3	平　均
宏观残余应力 /$N \cdot mm^{-2}$	－148.0	－197.0	－148.0	－164.3

振动前圆钢力学性能测量结果见表3。

表3　振动前力学性能

项目	$\sigma_{0.2}$/$N \cdot mm^{-2}$	σ_b/$N \cdot mm^{-2}$	δ_5/%	ψ/%	V缺口冲击功 /kgf·m
数值	545.0	670.0	24	40	1.8

振动后圆钢在原三点处宏观残余应力测定结果见表4。

表4　振动时效后的宏观残余应力测定结果

测　点	1	2	3	平　均
宏观残余应力 /$N \cdot mm^{-2}$	－73.5	－93.5	－87.5	－86.5

振动时效后圆钢力学性能测定结果见表5。

表 5　振动时效后力学性能

项目	$\sigma_{0.2}$/N·mm^{-2}	σ_b/N·mm^{-2}	δ_5/%	ψ/%	V 缺口冲击功 /kgf·m
数值	525.0	620.0	26	43	2.6

相互间隔200mm的等间距6个测量点上测得轴向动应力分布见图2。所给点上应力为一谐波之动应力。波为驻波，图中只给出正半波的应力幅值。3# 点为波节部位。从图上可以看到，振动时动应力分布为驻波，而且各测点应力幅值也各不相同。为了均化动应力，采用两个谐波频率进行振动，以使轴各处所受的动应力基本相同。

从表2、表4数值可以看到，振动后宏观残余应力得到大幅度的降低。平均降低47.35%。

从表3、表5可以见到，振动前后圆钢的力学性能变化不大。

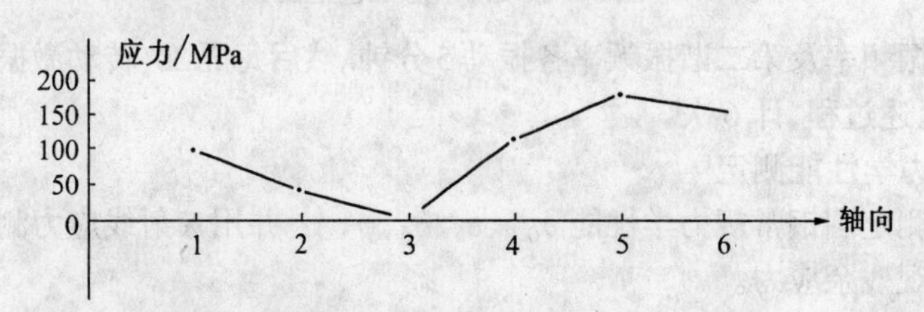

图2　间隔200mm的6个点动应力(1谐波)

四、分　析

大轴的振动为沿轴向的驻波。驻波是由激振波与轴反射波合成的波。动应力幅的峰值出现在驻波峰处，而波节处动应力值为零。

振动时效(VSR)使大轴的宏观残余应力降低到80N/mm^{2}左右，这已达到工件允许的宏观残余应力水平。

为什么在弹性范围内的振动动应力可以消除宏观残余应力。这个问题可以从金属的弹性不完整性及应力叠加松弛应力原理加以说明。

大量的实验及资料报导，金属在其弹性极限的1/4应力作用下，构件局部即开始有个别晶粒发生塑性变形。即可以观察到位错运动留下的痕迹。由于这种弹性不完整性，导致金属在弹性范围内出现特殊效应，如弹性后效、弹性滞后环、包申格效应等金属学现象。振动的动应力使构件局部的个别晶粒中出现位错运动而导致局部发生塑性变形。正是这种塑性变形松弛掉了构件中的宏观残余应力。所以振动时效现象也应归于金属弹性不完整性范畴，属于一种特殊条件下金属学现象。

由于金属局部发生这种塑性变形尺度有限，所以松弛宏观残余应力幅度也有限。

应力叠加原理能较完善地解释振动时效消除宏观残余应力的机制。谐振时产生振动动应力，叠加上构件中存在的宏观残余应力达到弹性极限，开始出现塑性变形。这种塑性变形会松弛掉参与叠加的宏观残余应力。

松弛宏观残余应力的塑性应变量要求很小，这个值不会超过弹性极限应力对应的应变值。而弹性极限对应应变值一般为 5×10^{-5} 左右。这个数值一般在塑变开始后很容易达到，而且不需要较大的应力增加。

振动是否会导致宏观残余应力的增加？大量实验回答了这个问题，振动时效时宏观残余应力总是大幅度的降低。我们的实验结果也是如此。

这个问题可以从振动激活位错原理及动应力与应力偶叠加原理得到解答。

振动激活位错原理，是从分清动应力与宏观残余应力在局部位错运动中扮演角色不同加以说明。谐振时的动应力作用是减小位错在金属中运动的阻力。即是激活力。若我们把位错比做沙盘上的玻璃球，沙子对玻璃球运动会有很大阻力。而谐振应力相当把沙盘中玻璃球置于玻璃板上。置于玻璃板上的玻璃球变成易动的。但具体向何处运动，要由宏观残余应力来决定。也就是宏观残余应力起着推动被激活的位错定向运动，造成定向塑性变形的作用。正是这定向的塑性变形导致产生这个塑变的宏观残余应力的松弛。从这种分析中，可以知道，宏观残余应力总是处于被松弛的地位，所以振动时效只会使宏观残余应力降低，而不会使其升高。

另外，从应力偶叠加原理也可以加以说明。应当指出的是，宏观残余应力偶在构件中不是单一存在。而是同时存在着多个宏观残余应力偶，它们之间有时也互相叠加。这时，一个应力偶宏观残余应力变化必然会影响其他处宏观残余应力值变化。有时个别点处X射线应力测定结果振后显示升高，是由于这种应力偶互相影响结果。

五、结　论

从实验结果及分析可知，振动时效可以大幅度降低宏观残余应力。在振动中宏观残余应力总是趋于降低。振动时效不会损害圆钢的力学性能。

用振动时效去除圆钢宏观残余应力，较之用热时效方法，省工时，省设备，省资金，节能。

第3章 金属的断裂

从微观讲，金属的断裂可分为解理断、微孔断、沿晶断、准解理断、应力腐蚀开裂、氢脆断裂、高温蠕变断裂、疲劳断裂等。这些断裂可以从光滑件开始，也可从缺口或裂纹件开始。本章主要讲解几种主要断裂的物理过程。

3.1 金属的断裂强度

本节主要介绍金属的理论强度和金属的实际强度，以及它们之间的联系。

3.1.1 金属的理论断裂强度

弹性模数表示原子间结合力的大小，它只表示产生一定量的变形各种金属各需多大的应力。而金属理论断裂强度是这个应力的最大值，也就是把金属原子分离开所需的最大应力。

在原子的平衡位置 α_0 上，引力与斥力相等，如图 3-1-1(a)，若物体受到拉伸应力 σ 的作用，则原子间距将增加，如图 3-1-1(b)，此时斥力随原子间距增加而减小比引力的减小更快，两者之差与外力相等时，原子就达到了新的平衡位置。随外力加大，斥力将进一步减小，当原子间距增加到使斥力变得可以忽略时，也就是曲线上的极大值时，此时的外加应力 σ 就等于金属的理论强度。

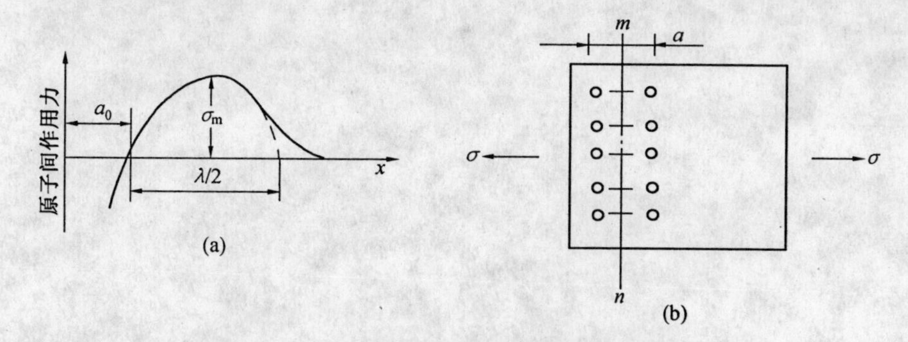

图 3-1-1 原子间结合力随原子间距的变化示意图

假设原子间结合力随原子间距按正弦曲线变化，周期为 λ，则

$$\sigma = \sigma_m \sin\left(\frac{2\pi x}{\lambda}\right) \tag{3-1-1}$$

式中，σ_m 为理论断裂强度；x 为原子偏离平衡位置的位移 $x = a - a_0$；当 x 很小时，$\sin x \approx x$ 故上式写作

$$\sigma = \sigma_m \frac{2\pi x}{\lambda} \tag{3-1-2}$$

在刚偏离平衡位置时,虎克定律仍然适应,所以

$$\sigma = Ee = E\frac{x}{a_0} \tag{3-1-3}$$

由式(3-1-2)和式(3-1-3)消去 x,则

$$\sigma_m = \frac{\lambda}{2\pi}\frac{E}{a_0} \tag{3-1-4}$$

当断裂是在脆性物体中发生时,则裂纹形成时所消耗的全部功都变成了新产生的两个裂纹表面的表面能。若单位裂纹面上的表面能为 γ,它应等于形成单位裂纹表面所作的功,该功等于图 3-1-1 中应力 – 位移曲线下所包围的面积

$$U_0 = \int_0^{\lambda/2} \sigma_m \sin\frac{2\pi x}{\lambda}\mathrm{d}x = \sigma_m \frac{-\lambda}{2\pi}\cos\left(\frac{2\pi x}{\lambda}\right)\Big|_0^{\lambda/2} = \frac{\lambda}{\pi}\sigma_m \tag{3-1-5}$$

能量 U_0 等于产生两个新断面所需要的能量,故

$$\frac{\lambda\sigma_m}{\pi} = 2\gamma$$

或

$$\lambda = \frac{2\pi\gamma}{\sigma_m}$$

将 λ 代入式(3-1-4)得

$$\sigma_m = \left(\frac{E\gamma}{a_0}\right)^{1/2} \tag{3-1-6}$$

将金属的 E、γ 及 a_0 值代入式(3-1-6),便可求得理论断裂强度 σ_m,作为近似值取 $\gamma \approx 0.01Ea_0$,则 $\sigma_m \approx 0.1E$。铁、铝及铜的 E 值分别为 21400,7200 及 12100 $\mathrm{kgf/mm^2}$,因而它们的理论断裂强度分别约为 2140、720 及 1210 $\mathrm{kgf/mm^2}$,比这些金属单晶体的实际断裂强度高几个数量级。造成这样巨大差别的原因何在呢?格里菲斯从假定金属中存在原始裂纹出发,提出了缺口强度理论,为解释这一问题指出了方向。

3.1.2 单原子键强度

理论断裂强度若分配到每两个原子上相拉的拉力在 $10^{-11}\mathrm{kgf}/_{键}$ 数量级,这是一个小得人脑无法想象和体会到的数量。

3.2 金属的实际断裂强度

格里菲斯理论的基本出发点就是认为材料中原来就存在裂纹,由于裂纹存在将引起应力集中,如图 3-2-1 所示,裂纹尖端处的应力将比平均应力高得多,当此处正应力达到理论强度值时,裂纹将迅速扩张而断裂,因此断裂时的平均应力远小于理论强度值。应该指出,裂纹存在造成应力集中,加大了局部地区的应力值,导致低应力断裂,而不是因为裂纹存在降低了原子间的结合力。

裂纹的扩展是受能量条件所支配的。从热力学观点来看,凡是使能量降低的过程都将

自发进行，凡使能量升高的过程必将停止，除非外界提供能量。格里菲斯从能量平衡的观点计算了裂纹自动扩张时的应力值，即计算了带裂纹体的强度。他认为裂纹扩展时的动力是裂纹形成时物体所放出的弹性应变能，因为它使物体能量降低，而裂纹扩展的阻力是裂纹扩展时新增加的表面能。裂纹扩展时的能量变化曲线如图 3-2-2 所示，曲线 1 表示释放的弹性应变能，是负值；曲线2表示增加的裂纹表面能，是正值；曲线3表示总的能量变化，是弹性能与表面能的代数和。由图可见，当裂纹尺寸小于 $2a_c$ 时，裂纹扩展时表面能 w 随裂纹长度 a 的增加而快速增加，弹性能 v 的释放却变化较小。由于阻力大于动力，裂纹不能自动扩展，当裂纹尺寸大于 $2a_c$ 时，释放的弹性应变能开始快速增加，致使裂纹长大时，总的能量变化开始降低，因而裂纹将会自动扩展。以下介绍格里菲斯的计算方法。

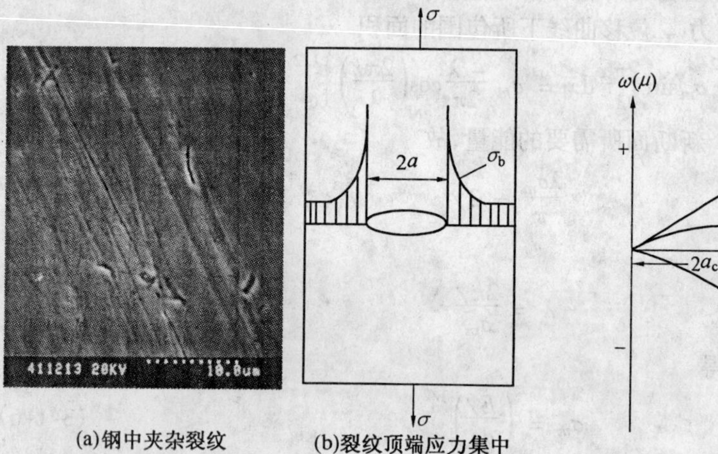

(a)钢中夹杂裂纹　　(b)裂纹顶端应力集中

图 3-2-1　材料中的裂纹及裂纹处的应力集中　　图 3-2-2　裂纹扩展尺寸与能量变化关系

设单位厚度的无限宽薄板上存在长度为 $2a$ 的裂纹，该板受均匀单向应力 σ 作用使裂纹伸长，如图 3-2-1 所示。按弹性理论计算，裂纹释放出的弹性应变能为

$$v = -\frac{\sigma^2 \pi a^2}{E} \tag{3-2-1}$$

式中，E 为材料的弹性模数，负号表示物体能量减少。

另一方面，裂纹扩展时，表面增大，表面能增加，令 γ 为单位表面上的表面能，则当形成 $2a$ 长裂纹时，由于裂纹有两个表面，故增大的表面能为

$$w = 4a\gamma \tag{3-2-2}$$

此时物体中总能量的变化为

$$v + w = -\frac{\sigma^2 \pi a^2}{E} + 4a\gamma \tag{3-2-3}$$

由图3-2-2可见，当裂纹达到临界长度 $2a_0$ 时，总能量的变化达到极大值，根据求极值的方法，即可求出裂纹达到临界长度 $2a_c$ 时，带裂纹体的断裂强度 σ_c，即令

$$\frac{\partial}{\partial a}(u + w) = \frac{\partial}{\partial a}\left(-\frac{\sigma^2 \pi a^2}{E} + 4a\gamma\right) = 0$$

从而求得

$$\sigma_c = \left(\frac{2E\gamma}{\pi a}\right)^{1/2} \tag{3-2-4}$$

比较格里菲斯缺口断裂强度和理论断裂强度可知，两者形式很相近，只是前者用$\pi a/2$代替了后者的a_0，作为数量估计，设$a_0 \approx 10^{-9}$cm，若$a = 10^{-1}$mm，则$\sigma_c \approx 10^{-4}\sigma_m$。由此可见，存在$10^{-1}$mm长的裂纹，强度大为降低。

格里菲斯公式只适用于脆性固体，如玻璃、金刚石，超高强度钢等。也就是只适用于那些裂纹尖端塑性变形可以忽略的情况。格里菲斯缺口强度理论，有力地解决了实际强度和理论强度之间的巨大差异。

对于一些断裂前产生明显塑性变形的金属，为了采用格里菲斯判据，有人提出裂纹扩展除了要克服表面能外，还要克服塑性变形功U_p的阻力，因此对于这些材料，格里菲斯公式写作下列形式

$$\sigma_0 = \left[\frac{2E(\gamma + U_p)}{\pi a}\right]^{1/2} \tag{3-2-5}$$

对于不存在原始裂纹的金属，格里菲斯公式无法解释它们实际强度低的原因。后来人们根据断裂前总是存在某种塑性变形的事实，从位错的观点提出了裂纹形成和扩展机制，当裂纹长大到格里菲斯公式所规定的临界长度时，就发生失稳断裂。

3.3　生成初生微裂纹的位错理论

格里菲斯成功地用缺口或裂纹的存在解释理论强度与实际强度的差异，但现在许多工业金属材料实际上其中并不存在裂纹。那么又如何解释格里菲斯的理论？

3.3.1　α - Fe中微裂纹的出现

大量的实验证实，在当初没有微裂纹的拉伸试件，在某一特定温区内拉伸过程中，会产生相当数目的微裂纹。这个微裂纹在屈服以后产生，其数量大约为总晶粒数的2%以下。微裂纹数的分布规律如图3-3-1所示。这些微裂纹取向的分布如图3-3-2所示，由图可以看到，与拉应力垂直的微裂纹占多数。

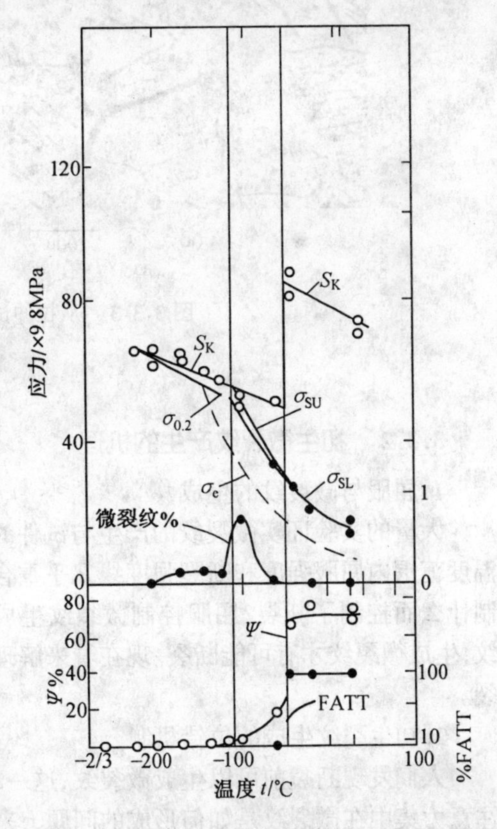

图3-3-1　微裂纹的分布

从拉伸试件中检查到的微裂纹示于图3-3-3，这些微裂纹一般都终止于晶界，大致与拉应力成90°方向。没有微裂纹的构件在其发生解理断以前会产生相当数量的微裂纹，这已成为铁的事实，这个事实有力地支持格里菲斯缺口强度理论。这些裂纹从无到有，是怎样出现的？产生的机理是什么？

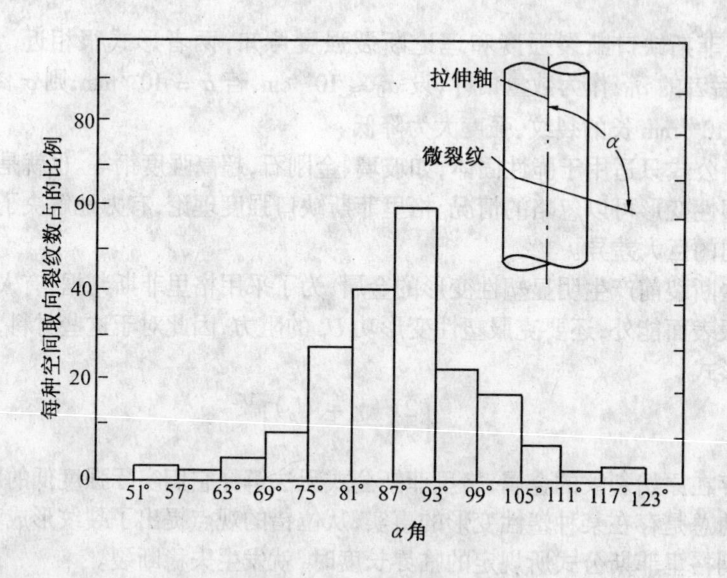

图 3-3-2　微裂纹的取向

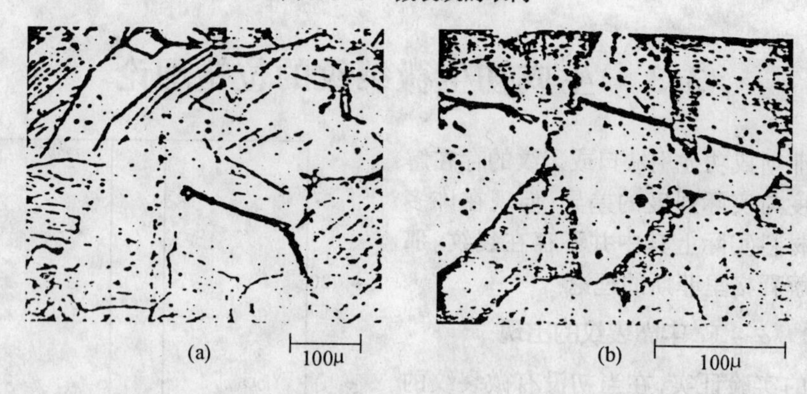

图 3-3-3　从拉伸试件中检测到的微裂纹

3.3.2　初生微裂纹产生的机理

1.屈服与微裂纹的生成

大量的实验证实微裂纹的产生与试件的屈服有关。从图 3-3-4 可以看到,在 0 ~ 50°K 温度范围内屈服强度和断裂强度线几乎重合,说明这时的断裂是屈服控制的。屈服通过控制什么而控制了断裂?屈服控制微裂纹生成,只有足够的屈服塑性变形才可能生成微裂纹,生成微裂纹才有可能断裂。现在看来解理断裂的过程为:屈服 → 生成初生裂纹 → 断裂。

2.初生裂纹生成的位错机制

人们发现断裂前可以生成微裂纹,这一现象有力地维护了格里菲斯理论,也使人们把注意力集中在微裂纹是如何形成的问题上来。于是很多人提出微裂纹产生的机理,有名的有 Stroh 机制、Cottrell 机制、Smith 机制。

(1)Stroh 生成微裂纹的机制

Stroh 以图 3-3-5 为模型说明生成微裂纹的机制。位错群塞积在障碍物 O 前,在 τ 的作用下不断生成位错向 O 堆积。每堆积进去一个位错,就有一个键脱离作用,如图 3-3-6,大量脱离作用的键便形成一个微裂纹,如图 3-3-5 阴影部分所示,这就是 Stroh 生成微裂纹的机制。按照图 3-3-5,Stroh 给出产生终止于晶界的微裂纹的条件

$$\sigma_c = \frac{3}{2}\left(\frac{l}{r}\right)^{1/2} \tau \sin\theta \cos\theta$$

形成这样一个微裂纹所需塞积的位错数为

$$n = \frac{3\pi^2 \gamma}{8\tau_f b}$$

式中,τ_f 为裂纹生成时剪切力 τ;γ 为金属的比表面能;b 为位错的布氏向量。

Stroh 机制中障碍物 O 可为第二相,夹杂晶界等。

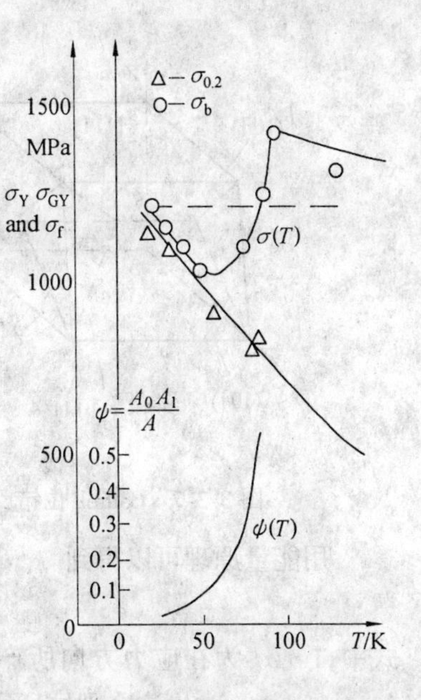

图 3-3-4　解理断裂强度与屈服强度在 0 ~ 50K 时同步

(2)Cottrell 理论

为了解释体心立方金属的 α - Fe 常从(001) 面发生解理断裂的原因,柯垂尔提出了位错反应理论。

在 α - Fe 中,滑移面为(110),解理面为(001),滑移方向为[111]。如图 3-3-7 所示,图中两个正交的滑移面为$(10\bar{1})$ 与(101),它们相交于解理面(001) 中的[010] 轴线。如果沿 (101) 和$(10\bar{1})$ 各有柏氏矢量为$\frac{a}{2}[\overline{11}1]$ 和$\frac{a}{2}[111]$ 的平行位错列在交叉线上相遇,即可形成新位错 $a[001]$,其反应式如下

$$\frac{a}{2}[\bar{1}\bar{1}1] + \frac{a}{2}[1\ 1\ 1] \longrightarrow a[0\ 0\ 1]$$

合成的新位错是稳定的,因为反应后能量有所降低

$$\frac{3}{4}a^2 + \frac{3}{4}a^2 > a^2$$

合成的新位错 $a[001]$ 是不可动位错。而且当塞积位错较多时,其多余的半原子排,像楔子一样插入(001) 中,使之解理开裂,形成裂纹。微裂纹生成过程与图 3-3-6 类同。

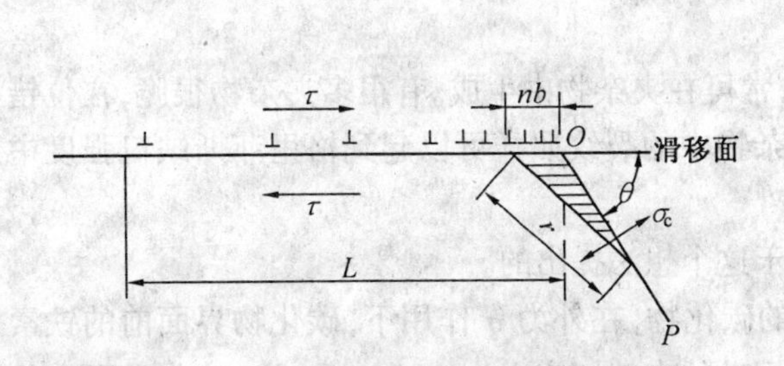

图 3-3-5　位错塞积群顶端形成裂纹示意图

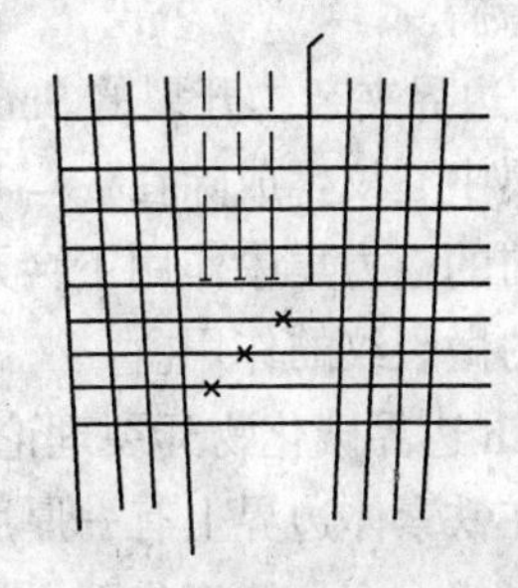

图 3-3-6　位错塞积与键脱离

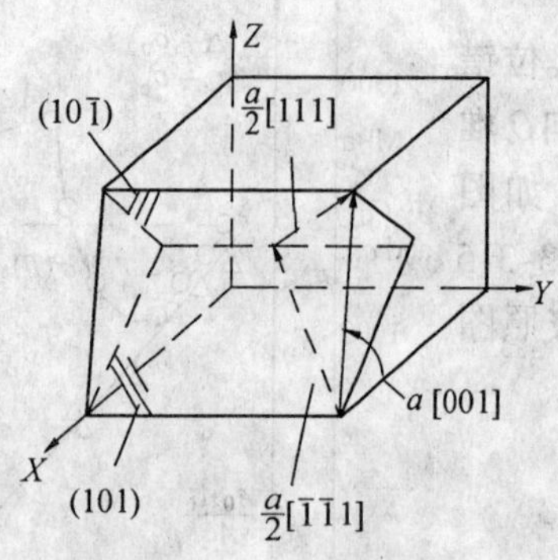

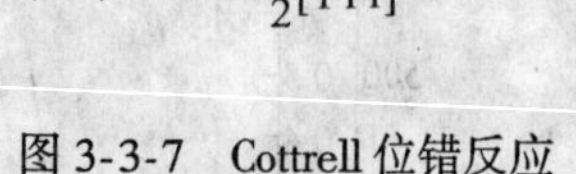

图 3-3-7　Cottrell 位错反应

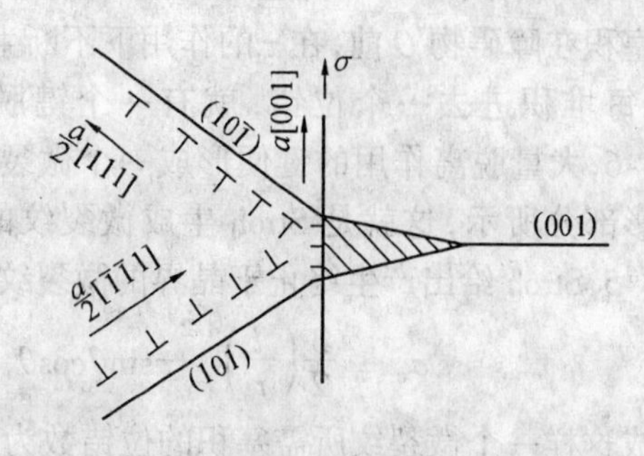

图 3-3-8　位错反应形成裂纹示意图

用能量原理可以得到

$$1 \cdot \sigma_c \cdot b \cdot n = 2\gamma \tag{3-3-7}$$

式中，$1 \cdot \sigma_c$ 为在应力方向所产生的力；$1 \cdot \sigma_c \cdot b$ 为使其脱离作用的一个键所做的功；$1 \cdot \sigma_c \cdot b \cdot n$ 为生这个裂纹所需的 n 个键脱离作用所做的功。脱离作用的键形成两表面，表面能为 γ。

剪切力在滑移面上造成的总切应变变形为 $d \cdot \tau / G$，滑移面总变形也等于 nb，$nb = d \cdot \tau / G$，$\tau = \dfrac{\sigma_c}{2}$，$nb = d \cdot \sigma_c / 2G$ 代入式(3-3-7)解出 σ

$$\sigma_c = \sqrt{\frac{4G\gamma}{d}} \tag{3-3-8}$$

这就是形成一个终于晶界的微裂纹的力学条件。晶粒粗大 σ_c 降低，G、γ 为材料常数，其值加大时 σ_c 增加。

由屈服控制的断裂中上式成为材料解理断裂强度。因为一生成裂纹马上就断裂，屈服强度与解理断裂强度重合。

$nb = \left(\dfrac{\tau - \tau_i}{G}\right) d$ 为产生这样一个初生裂纹所需塞积的位错数。τ_i 为晶格阻力，前面推导中我们省略 τ_i。

Cottrell 理论成功之处在于，反应生成的位错 $a[001]$ 为不可动位错，成为阻碍位错运动的一障碍。

(3) 边界夹杂物开裂的 Smith 理论

金属中裂纹生成除在 α - Fe 中外，常可在夹杂物中生成。有很多夹杂物很脆，在位错塞积群前的应力集中作用下会开裂，夹杂物中的裂纹照样可以起到格里菲斯缺口强度中所提到的微裂纹的作用。

Smith 边界碳化物开裂理论就是基于这个想法提出的。

设在铁素体边界上有一厚度为 c_0 的碳化物，在外力 σ 作用下，碳化物界面前的铁素体中将形成一个位错塞集群，推动位错运动的有效切应力为$(\tau - \tau_i)$，τ 为σ 在滑移面上的切应力分量，见图 3-3-9。

根据 Smith 理论，由于在塞积群前端将造成拉应力集中，在该应力作用下将使碳化物开裂，其开裂条件(此时 $\tau = \tau_c$)

$$(\tau_c - \tau_i) \geqslant \left[\frac{4E\gamma_c}{\pi(1-v^2)d}\right]^{1/2} \tag{3-3-9}$$

式中，γ_c 是碳化物的比表面能；d 为晶粒直径。

碳化物中形成裂纹后，要使裂纹扩展到相邻铁素体中，还需克服铁素体的表面能，令 γ_p 为铁素体的比表面能与 γ_c 之和(或珠光体比表面能)，则上式为

$$(\tau'_c - \tau_i) \geqslant \left[\frac{4E\gamma_p}{\pi(1-v^2)d}\right]^{1/2} \tag{3-3-10}$$

若满足式(3-3-10)，则材料达到屈服时，已经发生断裂。这是一种裂纹形核所控制的断裂，也就是说，只要满足式(3-3-10)，裂纹一旦形成，就会立即扩展至断裂。

若外加切应力分量处于式(3-3-9) 与式(3-3-10) 所确定的应力 τ_c 与 τ'_c 之间，则碳化物中形成裂纹之后，尚需经过裂纹扩展阶段裂纹才能通过相邻铁素体，这是一种裂纹扩展所控制的断裂。类似柯垂尔模型的推导，可以得到裂纹扩展所控制的断裂判据

$$\sigma_f \geqslant \left[\frac{4E\gamma_p}{\pi(1-v^2)c_0}\right]^{1/2} \tag{3-3-11}$$

式中，c_0 为碳化物片层厚度。该式与平面应变条件下的格里菲斯方程一致(其裂纹长度 $= c_0 = 2a$)，式(3-3-11) 中 c_0 越大，σ_f 越低，即该模型认为碳化物厚度是控制断裂的主要组织参数。一般来说，晶粒越细，碳化物层片越薄。

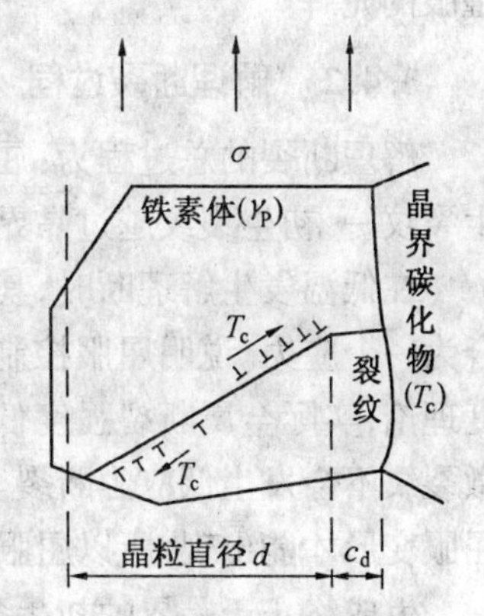

图 3-3-9　碳化物边界形成图纹的 Smith 模型

上述几种裂纹形成模型可以看出，裂纹一般均在有界面存在的地方，如晶界、相界、孪晶界等，因为在这些地方容易造成位错塞积。实验结果也支持了这种观点，观察表明，裂纹经常都在晶界、亚晶界、孪晶界，孪晶交叉处，以及夹杂物或第二相与基体界面等地方首先形成。而且这些模型的基本出发点，都是在切应力作用下，先使位错运动，然后由于不同原因而造成位错运动受阻，由塞积位错的弹性应力场的拉应力而造成开裂。

裂纹生成机制尚有以孪晶变形生成裂纹的猛斯特理论，这里不多笔。

3.4　金属的解理断裂

金属微观也会发生像大理石解理那样的断裂，我们称之为解理断。

3.4.1　解理断裂

解理断是低碳钢在一定条件下发生的断裂，属于脆性断裂。解理断是把金属原子正向分离开。只要原子之间脱离作用区，断裂就发生了。原子间作用区的距离为点阵间距的一

半。原子间的作用力很高可作用距离却很低很低。故断开所做功 $a_k = F \cdot S \doteq 2J$ 非常低。这种断裂发生突然,造成严重后果属于金属弊端之一。

金属解理断常发生在体心立方金属,密排六方金属。一般面心立方金属不发生解理断。有人最近也在面心立方金属上观察到解理断。

体心立方金属发生解理断是沿着{100}晶面。这个晶面原子呈正方形排列。依据晶体腐蚀的各向异性,在这晶面上腐蚀出的是正四边形的腐蚀坑,如图 3-4-1。这是在解理晶面上腐蚀出的四边形腐蚀坑。这反过来也证实解理面是{100}面。

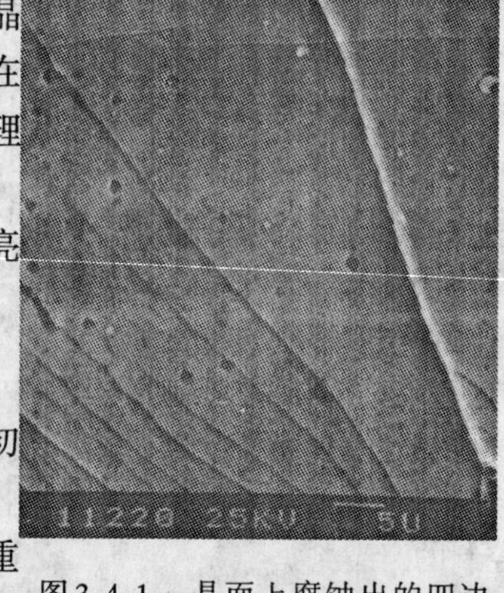

图 3-4-1 晶面上腐蚀出的四边形腐蚀坑

把一个断口宏观在太阳光下观察,可以看到晶光闪亮耀眼的光辉。

3.4.2 解理断裂过程

解理断裂的总过程为:屈服 → 生成终止于晶界的初生裂纹 → 初生裂纹越过晶界 → 失稳断裂。

在低温发生解理断时,其断裂强度和屈服强度总是重合为一个应力。说明屈服控制着断裂。按格里菲斯缺口强度理论,实际金属断裂强度低是因为有初生微裂纹。没有微裂纹不会发生低应力断裂。而初生裂纹又必须有位错塞积群方可生成,位错塞积群必须屈服变形才能出现。所以屈服成了解理断裂的先决条件。

生成终止于晶界的初生裂纹是在屈服以后按我们前面讲的 Stroh、Smith、Cattrell 理论或机制生成的。在断口上若找到这个初生裂纹应该是光滑的,其晶体学取向为{100}。如图 3-4-2 中那个没有花样的光晶面。这个初生裂纹终止于晶界。这是由于初生裂纹的解理面与其相邻晶粒的解理面空间取向不同,互不延续。初生裂纹被阻止于晶界。

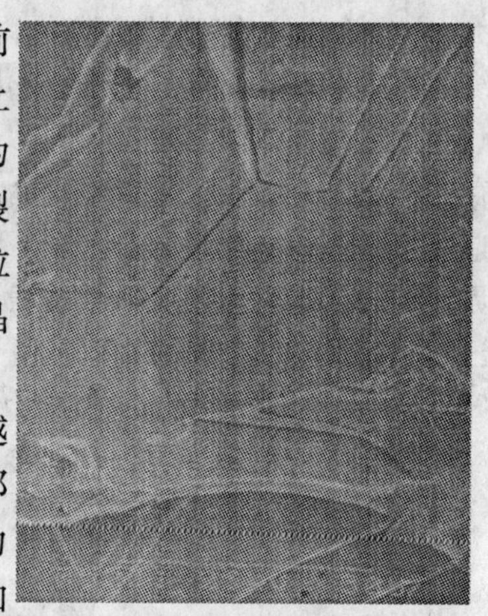

图 3-4-2 光滑的初生裂纹晶面

被阻止于晶界的初生裂纹在外力加大的过程中要越过晶界,这个过程如图 3-4-3 所示。初生裂纹面与其相邻的一个晶粒空间相交于晶界。外力于此处产生巨大的应力集中,使相邻晶粒开裂。这个开裂也是沿{100}晶面外加晶界。图 3-4-3 中 u、v、w 便是相邻晶粒的解理面。u 面为解理平台,v 面为台阶,w 面为过界 Δ 区。平台与台阶及过界 Δ 区如同楼梯。应力集中使相邻晶粒不同高度的解理面开裂形成平台。平台与平台之间以二次解理形成台阶。过界 Δ 区也在应力集中作用下开裂。这样就完成了初生裂纹的越界。这个过程在断口上搜寻到的越界示于图 3-4-4,其上有平台、阶台及过界 Δ 区,如同盘山的阶梯。

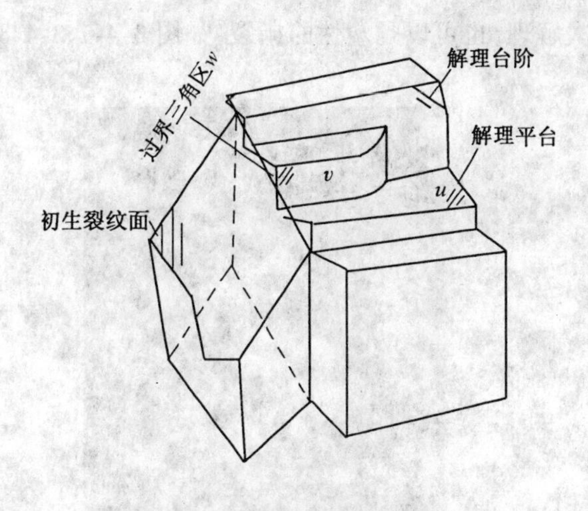

图 3-4-3　初生裂纹越过晶界示意图

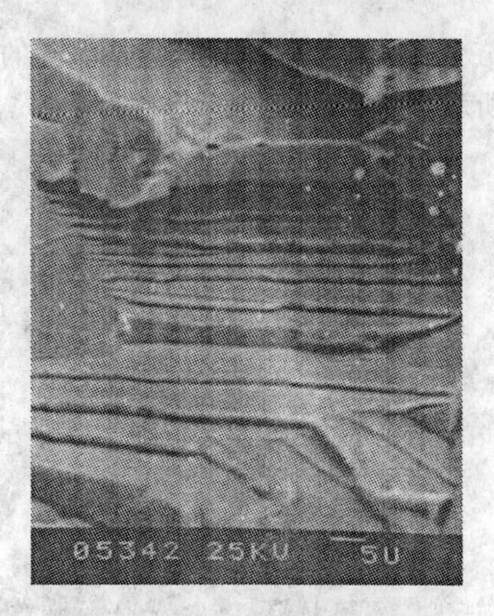

图 3-4-4　断口上观察到的越界

3.4.3　解理刻面的组成

图 3-4-5 为扫描电子显微镜观察到的解理断面的微观照片。从图上可以看到被围成一块块的区域，这区域我们称之为刻面。英文称之为 facet。刻面与晶粒一一对应。这个对应关系可以从金相、断口一体的图片上看到。浅色的面为金相磨面，晶界非常清楚。图 3-4-6 即为同时观察到金相磨面为正面，断口为侧面的扫描电镜图片，正面可以看到腐蚀出的组织，侧面可以看到组织对应的断口，暗面为解理面，上面刻面(facet)也很清楚。从交棱处可以看到刻面与晶粒是一一对应的。

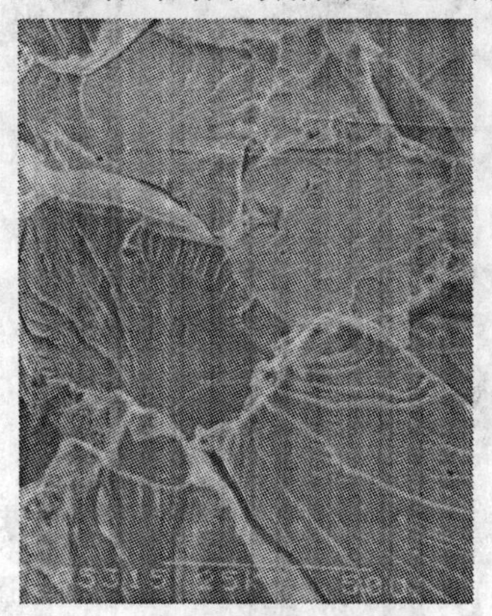

图 3-4-5　解理断面扫描电镜照片

图 3-4-6　解理刻面(facet)与晶粒的对应关系

每一个刻面内我们可以看到浅色的曲线条，这线条酷似地图上标的江河，故称之为河流花样。河流花样实际是台阶的俯视图。河流花样大多是从晶界开始在刻面内流动到同一刻面的晶界而终止，而且有支流汇合成干流的现象。这种汇流从图 3-4-3 标有 v 的台阶处可以看到，河流的流向与裂纹的扩展方向相同，故可以据此判断裂纹的扩展方向。

河流为台阶,台阶可以是脆性的二次解理,也可以是塑性的撕裂,如图 3-4-7、3-4-8 所示。

图 3-4-7　二断解理形成的台阶

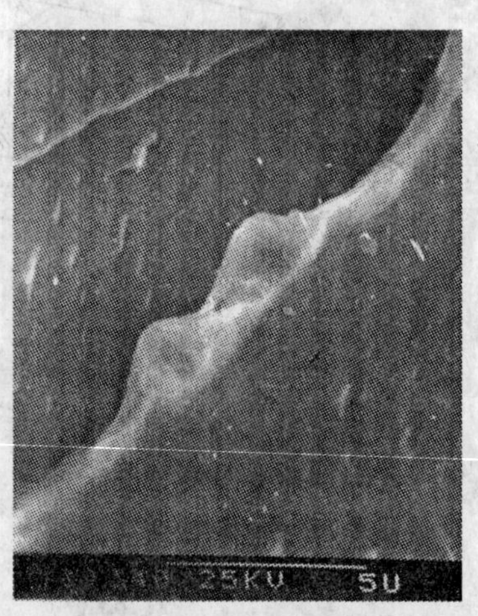

图 3-4-8　塑性撕裂形成的台阶

河流花样有时是可以从一个刻面延续到另一个刻面,如图 3-4-9 所示。这是两个刻面在该处晶面的空间取向接近的缘故。晶界、过界 Δ 区、台阶,特别是塑性撕裂的台阶是阻止裂纹扩展的障碍,也是材料解理断的韧性所在。

图 3-4-9　小角晶界河流流过晶界

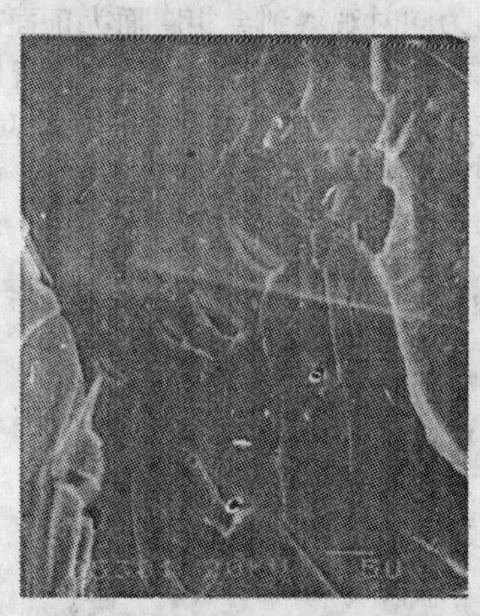

图 3-4-10(a)　解理平台上的舌形花样

解理平台上有时可以观察到理解舌,如图 3-4-10(a) 所示。它是裂纹在解理面遇到孪晶、产生撕裂造成的,其形成机理如图 3-4-10(b) 所示。电镜下有时观察到凸出部分,有时观察到凹陷部分。在低温下屈服有时以孪晶为主,可以听到清楚的孪晶声音。孪晶发生,不可免地会在解理平台上看到解理舌。撕裂的台阶如图 3-4-8,二次解理形成的解理台阶如图 3-4-7 所示。

3.4.4　解理断裂的机理及力学条件

发生解理断机理有两个,一是最大面间距理论,另一为片状弱相隔离理论。体心立方金属{100}晶面面间距最大、原子间结合力最小，比表面能也最低，故这个晶面最易开裂。我们在解理面上腐蚀出的正四边形腐蚀坑就说明这一理论是正确的。另一理论称隔离机制，它认为一晶面被片状弱相隔离，断裂沿片状弱相膜发生。金属解理面上发现有其他形状腐蚀坑，证明这一机制有一定的道理。非常纯净的 $\alpha-$Fe 不发生解理断，支持了这一理论。{100}晶面面间距大，杂质原子沿这一面沉积，使{100}晶面变弱而发生解理断，也都很顺理成章。上述两机理结合起来，说服力更大。

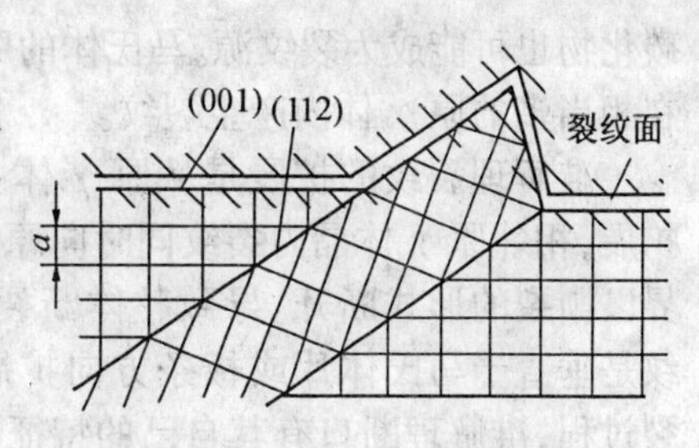

图 3-4-10(b)　解理舌形成示意图

解理断发生力学条件可以用图 3-4-11 说明，α-Fe 塑性断裂与脆性解理断均可发生。在外力作用下剪切力在 *abfe* 面内增加，正断应力在 *abcd* 面内增加。材料剪切强度和正断强度都有一常数。在外力增加中，上述两面上力先达到材料常数，这面上事件先发生，在事件发生过程中若另一面上也达到材料常数，这事件可能就转到另一面上。沿 *abcd* 面发生解理断，沿 *abfe* 发生塑性断。抑制住 *abfe* 面内塑变则 *abcd* 面内解理断就发生。

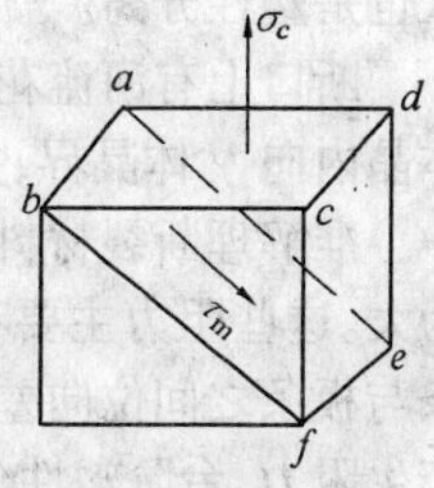

图 3-4-11　解理断与塑断转换机制

在解理断口上有时可以看到塑性变形就是这两个断裂在发生过程中互相转换。图 3-4-12 中，可以看到解理断过程中出现塑性变形。图中解理台阶基本都为塑断，而且可以看到，已按解理产生的断层被拉塑变，形成木耳状花样。这种现象可能是解理断使微观材料由三向应力转向二向或单向应力，使这部分微观材料有了塑变力学条件，应力状态变软造成的。

解理断的断裂韧性大约在 $K_{1C} = 600\text{N/mm}^{3/2}$。随着台阶剪切断的增加而有所增加。

初生裂纹生成条件 $\sigma_c = \sqrt{\dfrac{4G\gamma}{d}}$

初生裂纹越过晶界条件 $\sigma_f = \sqrt{\dfrac{2E\gamma}{\pi a}}$，$a = \dfrac{d}{2}$

上式为 Cettrell 理论式，下式为格里菲斯理论式。

图 3-4-12　解理断过程中出现塑变

3.4.5　准解理断裂

准解理断是解理断裂的变种，解理断裂通常在钢材发生在 $\alpha-$Fe 上。而准解理断则是发生在钢的马氏体和贝氏体组织上。解理和准解理之间有联系，但也有很大差别。

准解理的晶面取向现在难以确定，它也应是结合力最弱的原子面或被第二相或杂质弱化了的原子面。

准解理的裂纹源有淬火高应力区产生的微裂纹，如冲断的马氏体片。定向析出的 $\varepsilon-$

碳化物也可能成为裂纹源。马氏体的中脊可能成为裂纹源。马氏体的裂纹源是多源,可能在相当多的原 γ 体内产生裂纹。

准解理裂纹的扩展是从原 γ 体晶内,多源向晶界扩展,相邻原 γ 体晶内裂纹同时向原 γ 体晶界汇合。晶界以撕裂的形式断开。导致整体断裂,从空间来说,裂纹是垂直于马氏体片或板条方向扩展的。依照上述断裂过程,准解理断口有其自己的特征,常见的准解理断口如图 3-4-13 所示。

图 3-4-13　常见的准解理断口

准解理断口也有平台、台阶及过界 Δ 区。只不过它们均有别于解理断。准解理断的平台被断裂过程随后的塑变拉的翘曲。台阶基本都以塑性变形切离,过界 Δ 区也是塑性分离。

断口上有河流花样,不过河流花样走向都是由原 γ 体晶内向 γ 体晶界,并终止于原 γ 体晶界。

准解理断裂材料阻止裂纹扩展的阻力较解理断裂为大。这些阻力主要有裂纹遇到马氏体片与片之间,板条与板条之间位向差产生的阻力。晶格扭曲、残余 γ 体产生阻力。台阶塑性分离或切离产生阻力,γ 体晶界撕开产生阻力,解理平台翘曲消耗的功,准解理断裂遇到上述诸多阻力,所以其断裂韧性较之解理断裂高出很多,一般在 3 000N/mm$^{3/2}$ 左右。

准解理断裂之所以与解理断有如此大的差异,完全是由于 C 原子过饱和溶入 α-Fe 造成的,使过饱和 α-Fe 的滑移面、解理面发生数量变化造成的,及晶格形状扭曲变形造成的。

3.5　金属的韧性断裂

金属的塑性断裂实际上是在外力作用下金属的横断面积缩小到零的过程,由于第二相杂质的存在使这一使过程复杂化。

3.5.1　纯净金属的塑性断裂

高纯度金属在塑性断裂过程中,由于在试件的内部不产生孔洞,无新界面产生,位错无法从金属内部放出,只能从试件表面放出。断裂靠试件横截面积减到零为止,如图 3-5-1(a)。由此产生的断口都呈锥子尖样。当第二相与基体相之间共格,结合强时,基体相由于高温等原因塑变强度降得很低时,其断裂过程也有内部不形成孔洞,而使其断口呈锥尖样。一般材料做高温拉伸时其断口也都呈尖锥状。图 3-5-1(b) 是高纯铝的拉伸断口,呈锥尖样。

这是一种纯的滑移过程或延伸过程。这过程产生极大的塑性变形。断面收缩率几乎达 100%。有时工业用钢高温拉伸时,由于基体屈服强度极低,不易产生孔洞,产生接近高纯金属的高延伸效果,断面收缩率高达 90% 以上。图 3-5-1(c) 中 900℃ 拉伸断口近于锥尖。

这是由于高温时基体相流变应力低于基体相与第二相界面结合应力，故相界面不产生剥离出现微孔，整个断裂断口近于纯净金属的拉伸断口。

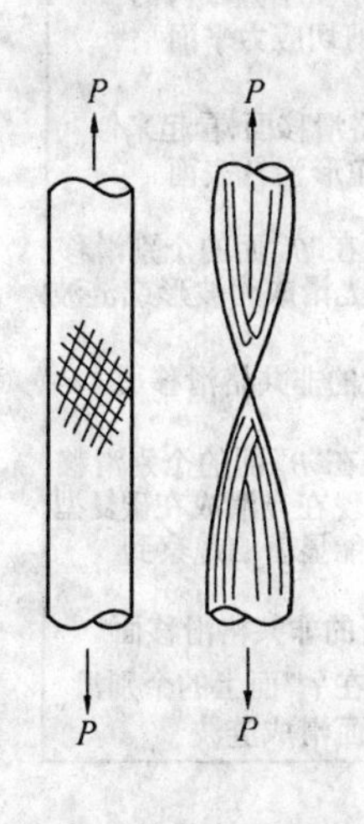

(a) 切离示意图

(b) 纯度为99.999%的纯铝单晶体的拉伸断口，23×

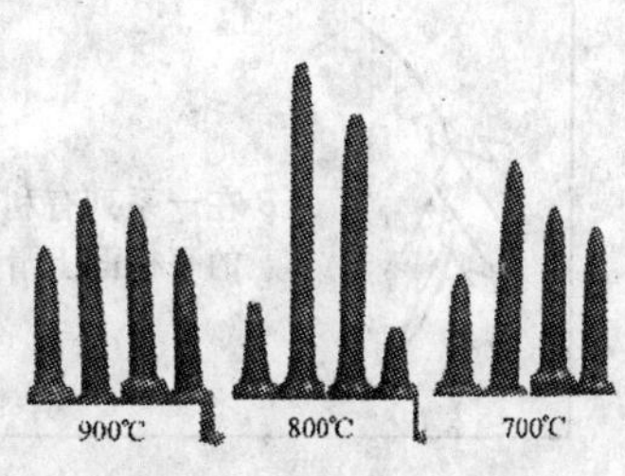

(c)900℃拉伸断口近于锥尖

图 3-5-1　高纯金属的断裂

3.5.2　滑移和延伸断裂

上面已经提到高纯金属的滑移和延伸而分离的情况(图 3-5-1)，这种塑性流变分离造成刃边或刃尖状断裂表面，用肉眼即可观察到，这是一种代表高度塑性变形的断裂机理。在工业用金属材料中，虽然不存在有这种纯粹的塑性流变分离的宏观断裂机理，但是从微观的尺度上，在许多金属和合金中，甚至于在一些极脆性的合金中，都存在有这种滑移和延伸的微观断裂机理。在缺口、裂纹或者微空洞的自由表面上的金属微区处于平面应力状态下，如图 5-3-2(a)，易于产生滑移，由于局部的滑移面分离(glide plane decohesion)而形成新面和滑移台阶，如图 3-5-2(b)，这种滑移台阶若大于 2nm，就可以用电子显微镜观察到。在多晶体中一个晶粒的变形会受到周围晶粒的影响，使得滑动在多次交叉滑移面作用下而曲折，在断裂表面上观察到的是蛇形滑动痕迹。图 3-5-3 上示意地表示出滑移延伸的一系列演变过程，*A* 为裂纹或缺口端头的应力状态，滑移沿与 45° 方向最大剪应力平面及相平行的一组平面进行，*B* 为滑移产生的滑移面分离和蛇形滑动。*C* 和 *D* 为进一步延伸变形的情况，先使滑移台阶变得平滑，得到连波花样，再进一步延伸展平，台阶大小低于电子显微镜的鉴别能力断口就成为无特征的平坦的形态，这就是所谓延伸区(拉伸带 Stretched Zone)。图 3-5-4 为退火的爱姆科铁在锉削缺口根部处的微观塑性流变的特征。图的左下角和右上角为锉削痕迹。图中箭头 *A* 所指暗面为原始表面部分，箭头 *B* 所指亮面为滑移所造成的新表面，箭头 *C* 之间为连波花样，箭头 *D* 之间为延伸展平了的表面。

在普通的断裂韧性试验时，无论急速断裂还是塑性断裂或脆性断裂，在预制疲劳裂纹和急速扩展区之间，都形成一个平坦的延伸区，有时也伴随有若干迭波。实验表明，这个延伸的宽度(*SZW*)是度量材料的比断裂韧性$\left(\frac{K_{1C}}{\sigma_s}\right)$的一个微观指标。

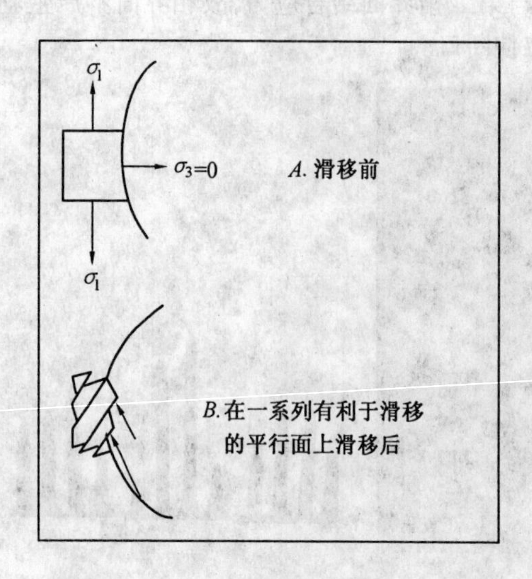

图 3-5-2　滑移面分离，箭头所指表面为滑移所造成的新表面

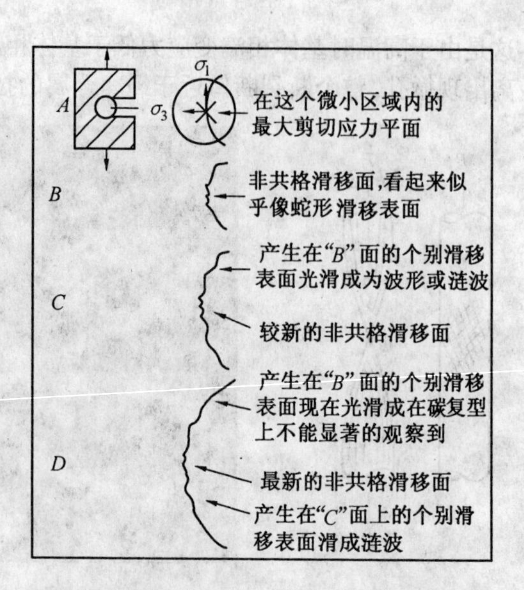

图 3-5-3　蛇行滑动→连波→延伸区的演变过程示意图

3.5.3　微孔集聚型断裂

1. 微孔的形成

对韧性断裂的断口进行细心观察会发现每个凹坑中都有夹杂物或其痕迹。这说明这个被称为韧窝的凹坑的形成与第二相粒子有关。图 3-5-5 给出微孔形成的模型，大量塑性变形使第二相粒子周围形成各种方位大量的位错环。图 3-5-5(a) 是某一滑移面上的位错环。与位错环垂直的剖面可以剖出图 3-5-5(b) 所示的位错塞积群。在应力的作用下塞积群顶端会产生严重的应力集中。随外力加大和塞积群中的位错数目的增加，塞积群顶端应力集中加大，当加大到一定程度时，这处的基体相与第二相被剥离，如图 3-5-5(c) 所示。剥离造成新表面，使塞积群顶端位错大量放出新界面，如图 3-5-5(d)、(e) 所示。每放出一个位错，界面就增加 1 个 b 的尺度。上述过程也在其他滑移面内发生，如图 3-5-5(f) 所示。全方位大量位错放出使整个第二相与基体相完全剥离。在最大剪切力方向微孔放大，如图 3-5-5(g) 所示。这就完成了微孔形成的过程。

图 3-5-6 是电镜下跟踪上述全过程图片，加力方向为图片左右方向，夹杂物周围为大量塑变造成滑移线。上述过程一般出现在颈缩的后期，可以想象微孔出现是大量塑性变形之后。

2. 微孔的扩大

与基体剥离的第二相在进一步的变形中会不断扩大。我们拿两相邻的微孔为例，两相邻微孔之间基体材料如同一个小拉棒，如图 3-5-7 所示。在外力作用下，拉棒先发生均匀变形，直径减小，两微孔靠近，微孔扩大。当拉棒发生颈缩时，微孔急剧扩大，我们称之为内颈缩。当拉棒被拉断，两微孔连接，断裂发生。

图 3-5-4　滑移和延伸

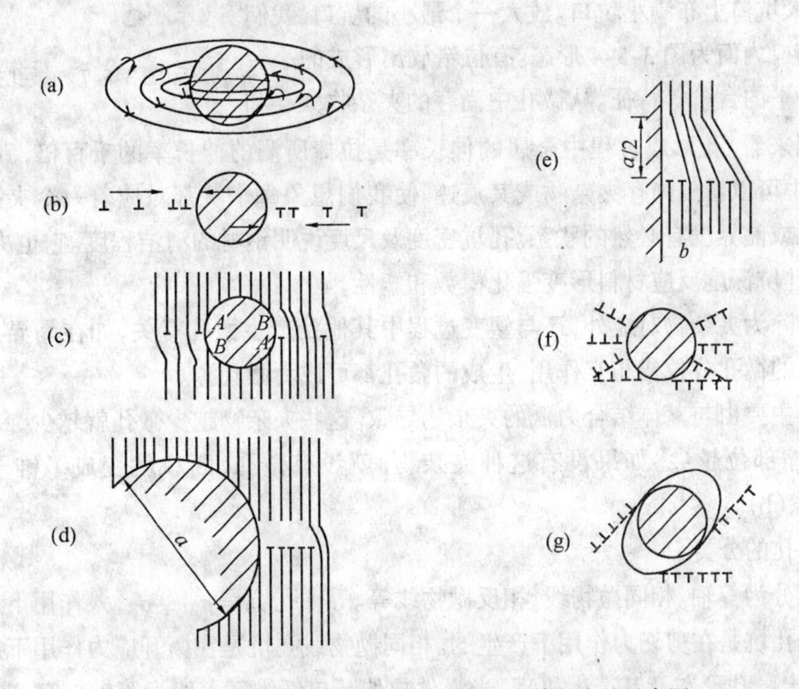

图 3-5-5　裂纹在夹杂物边界上首先形成并长大的示意图

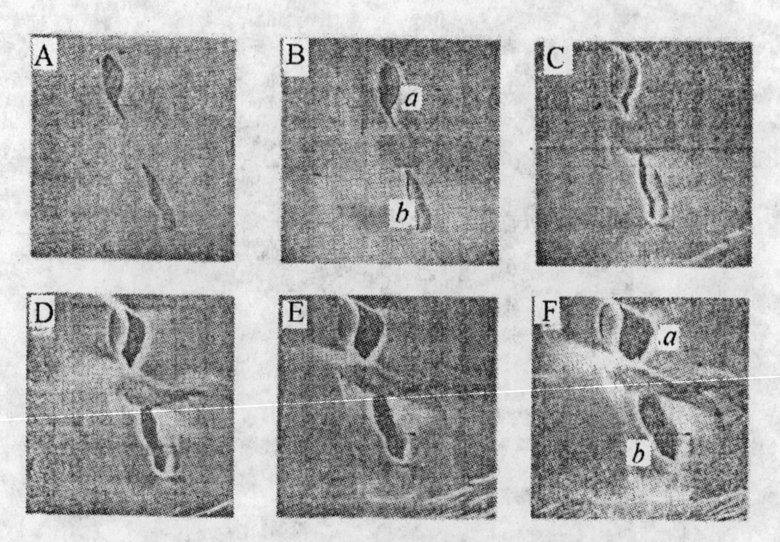

图 3-5-6　电镜下跟踪微孔的形成过程

3. 微孔特征

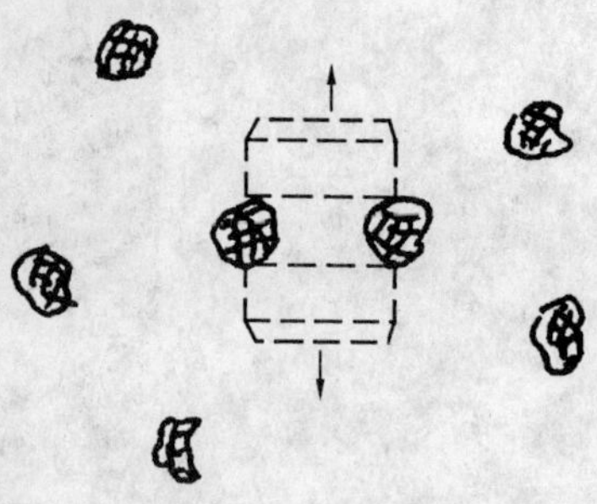

图 3-5-7　微孔扩大

微孔、孔坑、韧窝、迭波等指同一断口形态，其特征如图 3-5-8。孔坑很像月球上的火山口，口边光滑。实际的口边为尖刃。光滑口边是电子轰击产生二次电子造成的假象。每一个孔内都有夹杂物与之对应，坑的形态与夹杂物原来形态有一定关系。长条坑是流线夹杂造成的。坑有大有小，在大坑口上布满小坑口。放大一个最小的坑口，我们会发现其口内面为图 3-5-4 形态。有位错放出形成的小台阶和被易平的台阶等特征。从微孔中尚存的夹杂物大小和坑的尺度来看，孔形成过程中金属的伸长率是拉棒所测的伸长率的千百倍，真正的超塑性！从坑中可以看到尚存夹杂物或其痕迹。使我们想象每个坑都对应着一个夹杂物，每个坑与晶粒或晶界没有必然的联系。孔坑密度及尺度说明钢材的清洁程度。它也决定拉棒的伸长率。孔坑深度反应材料形变强化模数和塑性。

微孔除为夹杂物对应外，还与塑变过程中其他处产生微孔有关，如在晶界、孪晶界处塑变产生的微孔或位错相互作用，生成的微孔都可成为微孔源。

微孔主要由与基体结合力低的夹杂物导致。这些夹杂物越少微孔就越少，断面收缩率越高，颈缩部位越尖。如果没有这种夹杂物，就没有微孔，断口就变成了锥子尖，如图 3-5-1(a)、(b)。

4. 微孔的分类

韧窝分为等轴、相同抛物线，相反抛物线等。等轴孔坑是 $\sigma_2 \doteq \sigma_3, \sigma_1$ 作用下产生的。相反抛物线孔坑是在剪切力作用下产生的。相同抛物线孔坑是在撕开应力作用下形成的。图 3-5-9 给出微孔形态及其产生机理。光滑件拉伸断口纤维区一般为等轴韧窝。剪切唇为相反抛物线韧窝。而缺口件平断口区为相同抛物线韧窝。韧窝的形态有时可以帮助我们判断造成断裂的应力的类型。

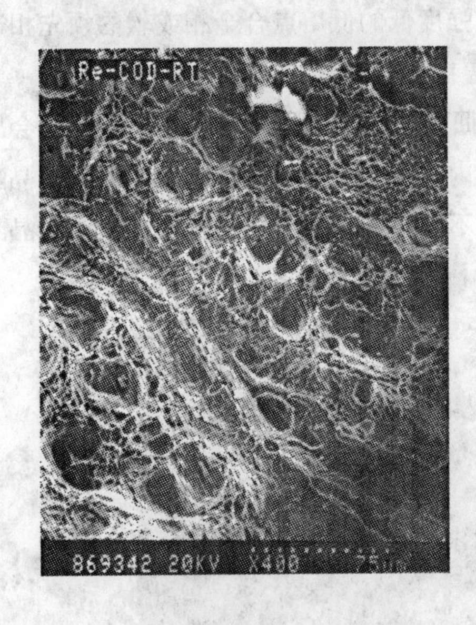

图 3-5-8　微孔断口

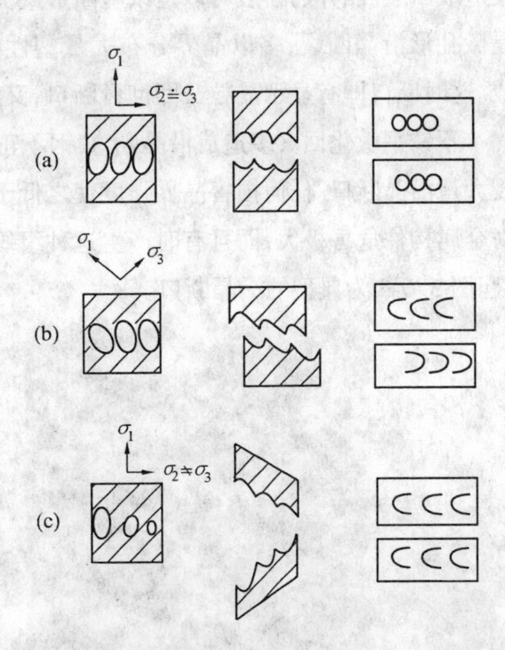

图 3-5-9　三种应力状态下形成显微空洞及断口上韧窝形态示意图

3.6　金属的沿晶断裂

沿晶断裂是金属常发生的脆性断裂之一，金属发生沿晶断裂会造成危害，是金属的一个弊病之一。金属的沿晶断裂可分为瞬间沿晶断和延滞沿晶断。本节只介绍瞬间加载产生的沿晶断。

图3-6-1为一次瞬间拉断的沿晶断口，沿晶断裂过程也应为裂纹生成 → 裂纹扩展 → 断裂。

沿晶断裂多为晶界被弱化造成的断裂。这些弱化晶界的原因有，相变时产生领先相沿晶界分布。领先相可以是脆性的碳化物，也可以是很软的铁素体。再有结晶时或回火时低熔点合金向晶界富集。P、S杂质及C化物在回火时向晶界析出或富集。

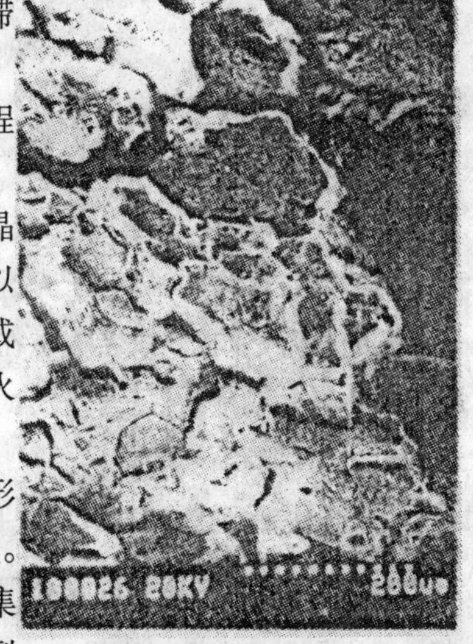

图 3-6-1　沿界断口

沿晶断裂的裂纹多是在集中应力作用在弱相处形成，可以是以脆断形式形成，也可以是以韧断形式形成。由于晶内与晶界强度差异，很容易在晶界处造成应力集中，所以裂纹通常沿这个应力集中和薄弱的界晶扩展。裂纹可以是单独的，也可以是多发的。当裂纹汇集到一起时便造成断裂。晶界的断裂可以是以脆断形式完成 —— 多以沿晶脆性相分布造成。也可以是微孔形沿晶断裂，多以晶界分布大量塑性好、强度低的低熔点合金相或软的领先相造成。这时断口即有显示晶粒凸凹彻石断口，又有盖在其上的一层有韧窝的薄层。

不锈钢敏化回火多造成沿晶断。C 钢不正确回火也可造成沿晶断。钢材过烧时更会出现大量沿晶断口。任何损害晶界强度使之低于晶内强度的因素都可导致沿晶断裂。沿晶断对金属构件危害极大，而且有时产生这种组织是不可逆转的，过烧的钢件也会发生沿晶断裂。图 3-6-2 为典型的沿晶断口。

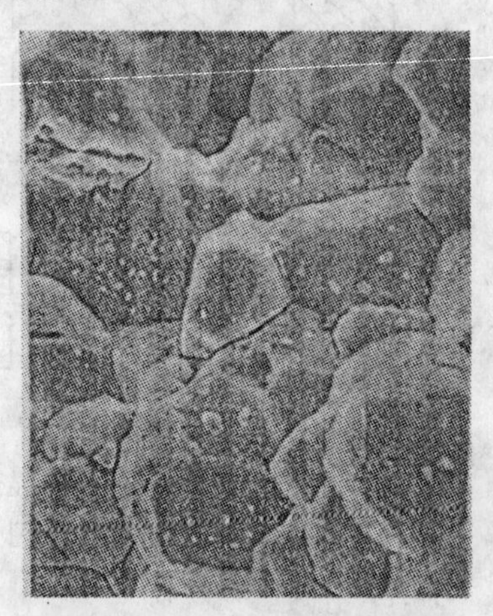
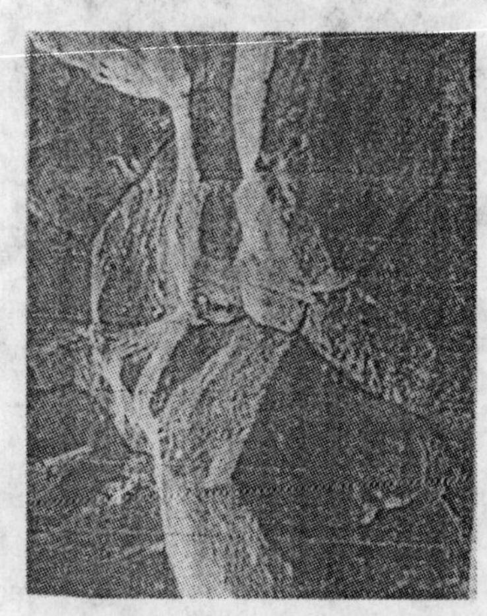

图 3-6-2　典型的沿晶断口

3.7　光滑件的解理断裂

3.7.1　光滑件的解理断

光滑试件的解理断裂经历以下过程：

屈服 → 生成终止于晶界的初生裂纹 → 初生裂纹越过晶界 → 失稳断裂，这就是我们前节讲的解理断裂过程。对于光滑试件断裂分为两种，一是屈服控制的断裂，另一为扩展控制的断裂。屈服控制的断裂是在试件一屈服马上就断裂，其断口垂直于试件轴线。另一断裂为扩展控制的断裂，它是在试件屈服后再形变强化之后断裂。有时在颈缩微孔断裂中途又发生解理断裂。

光滑试件解理断口最大特点是解理部分集中在一起。

3.7.2　光滑件解理断与温度的关系

图 3-7-1 是光滑拉棒 S_K、σ_S，ψ_K 随温度变化曲线，我们只注意其上 S_K。D 区断口全亮试件在断口处只发生屈服变形，即发生是解理断。C 区试件在均匀变形阶段发生解理断。

D、C 区断口全部为亮断口。最有意思的 B 区是试件发生颈缩的过程中出现解理断。试件心部先以孔坑形成断裂，随后周围发生解理断。心部黑色纤维断，周圈为闪亮的解理断。这是由于颈缩产生微孔断后，微孔断口成为一个大裂纹，这个大裂纹前沿材料产生严重的三向应力状态，τ_S 急剧升高，使局部 $\sigma_f < \sigma_s$。

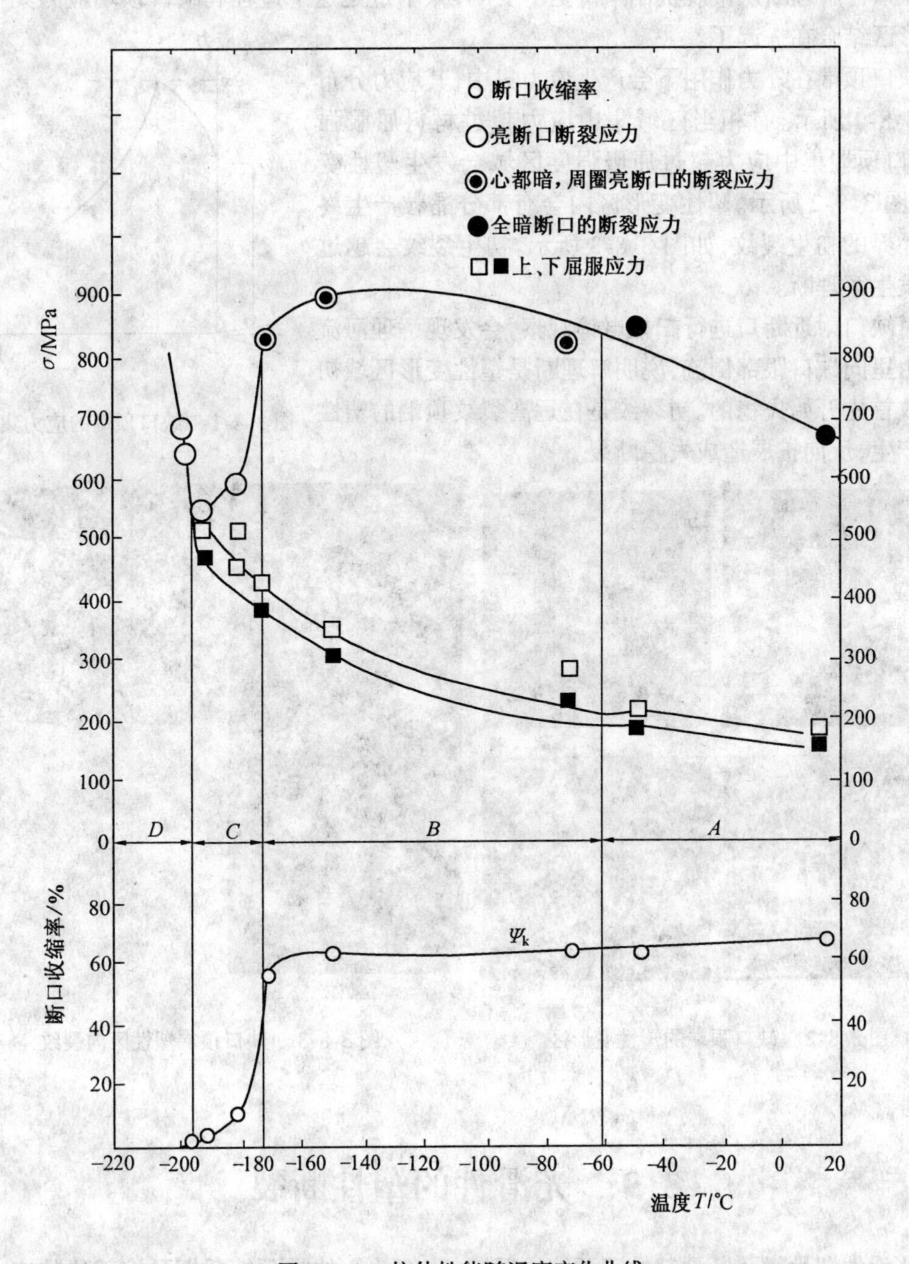

图 3-7-1　拉伸性能随温度变化曲线

3.8 缺口件的解理断裂

缺口件解理断从微观机制来讲是不变的，只不过是这个过程和缺口顶端应力集中塑性变形区结合在一起了。

缺口顶端在外力作用下会产生应力集中，其应力分布如图 3-8-1 所示。有相当区域集中应力超过材料屈服强度。缺口顶端集中应力超过屈服强度区域会发生塑性变形，如图 3-8-2 所示。塑性变形区内会有部分晶粒产生终止于晶界的初生裂纹，如图 3-8-3 所示。初生裂纹会越过晶界发生解理断。

对缺口附近断口进行扫描电镜观察，会发现解理河流花样由里向缺口跟部倒流，说明解理断是塑性变形区域初生裂纹首先开始失稳的。初裂纹是在远离裂纹顶端的塑性区内产生，反向扩展造成失稳断裂。

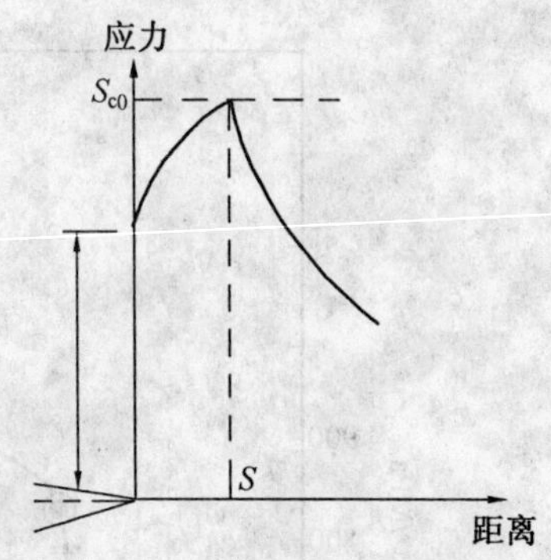

图 3-8-1　缺口顶端的应力集中

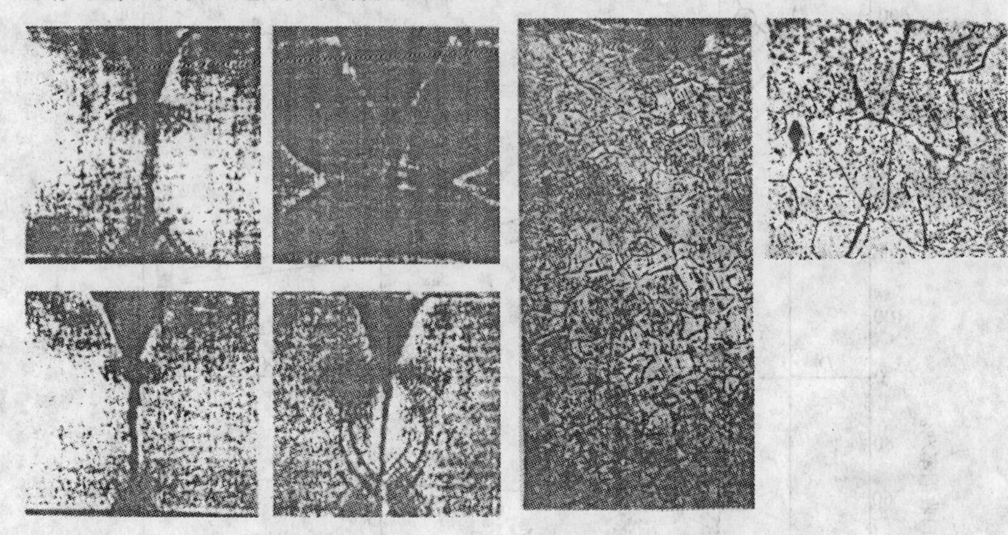
图 3-8-2　缺口顶端的塑性变形区

图 3-8-3　缺口顶端塑性区内裂纹

3.9 光滑件的塑性断裂

光滑件塑性微孔断裂起始于颈缩的后期，我们关心的是颈缩后期颈缩部位的应力分布及与之有关的微孔断裂过程。

3.9.1 颈缩部位的应力分布

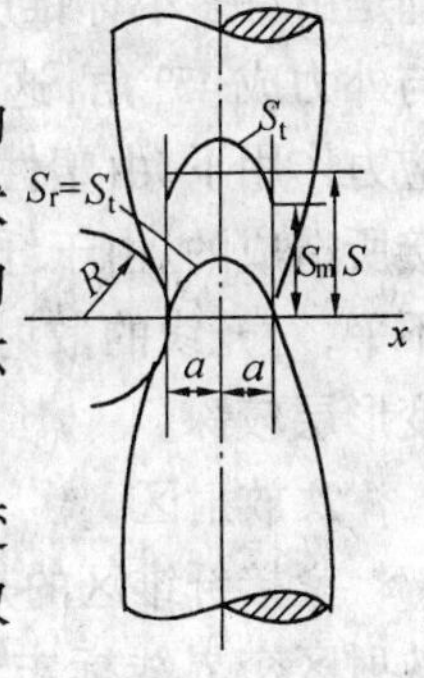

图3-9-1 拉伸颈缩示意图

实际上,当形成颈缩后,颈缩截面上各点除受到轴向拉伸应力的作用外,还受到附加的径向及法向应力的作用,而处于三向拉应力状态,且其第一主应力,即轴向应力 S_l 在颈缩截在上的分布也不是均匀的。因此,断裂真应力只是断裂时轴向应力的平均值,其物理意义并不十分明确。

目前认为,形成颈缩后颈缩截面上各点以最大切应力表示的流变应力 τ_m 是相等的。根据这一假设,并假设颈缩处纵截面的轮廓线是双曲线,就可求得

$$\tau_m = \frac{P}{\pi a^2} \cdot \frac{1}{\left[1 + \left(1 + \dfrac{R}{a}\right)\ln\left(1 + \dfrac{a}{R}\right)\right]} \tag{3-9-1}$$

如用正应力表示流变应力,$S_m = 2\tau_m$,并考虑到 $\frac{P}{\pi a^2}$ 等于平均真应力 S,则

$$S_m = 2S \cdot \frac{1}{\left[1 + \left(1 + \dfrac{R}{a}\right)\ln\left(1 + \dfrac{a}{R}\right)\right]} \tag{3-9-2}$$

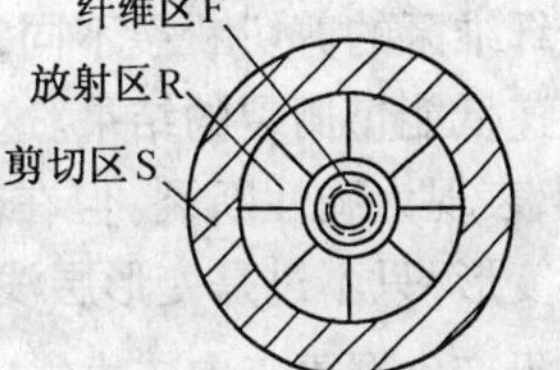

3.9.2 光滑试件微孔断裂

光滑圆柱拉伸试件的韧性断口,一般呈纤维状,仔细观察它由纤维区、放射区、剪切唇三个区域组成,如图 3-9-2 所示。

裂纹起源于纤维区,并在此区中缓慢地扩展,当达到一定尺寸后,裂纹开始快速扩展(或称失稳扩展)而形成放射区,最后由于有效截面减小,至试样表面附近时,裂纹前端应力状态由三向应力逐渐变为平面应力状态,所以在试样表面形成了属于韧性断裂的剪切唇。整个断口呈杯锥状,故常称杯锥状断口。图 3-9-3 为杯锥状断口形成过程示意图。

图 3-9-2 拉伸断口三个区域的示意图

1. 纤维区

对于光滑圆柱试样的杯锥状断口来说,纤维区往往位于断口的中央,呈粗糙的纤维状,整体为圆币形花样。

拉伸时,当拉伸载荷超过强度极限载荷后试样出现缩颈,由于缺口效应在缩颈处将产生应力集中,并出现三向应力,沿缩颈的最小截面处轴向应力分布不均匀,其中心部位轴向应力随着缩颈的进展不断增大。因此,在这种三向应力作用下,微孔首先在最小截面处中心部位的某些非金属夹杂物、渗碳体或某些第二相质点、缺陷处形成,并不断扩大、连接。纤维区所在平面(即裂纹扩展的宏观平面)垂直于拉伸应力方向,仔细观察断口上的纤维区,常可看到显微空洞和锯齿状形貌,其底部的金属被拉长像纤维一样。

微孔形成的原因,一般认为是在三向应力作用下,使脆性夹杂物断裂或使夹杂物与基体界面剥离所致。这一论点在用电子显微镜观察时得到证明,如图 3-5-6。正由于纤维区是显微孔洞形成和连接的结果,所以纤维区所在的宏观平面虽与外力垂直,但其微细结构

却是由许多小杯锥所组成的，每个小杯锥的小斜面大致与外力成 45° 角，这就说明纤维区的形成，实质上是在切应力作用下，由塑性变形过程中微孔不断扩大和相互连接所造成的。由于纤维区中塑性变形较大，加之断面粗糙不平，对光线的散射能力很强，所以总是呈暗灰色。这里变形层较深。

剪切

纤维

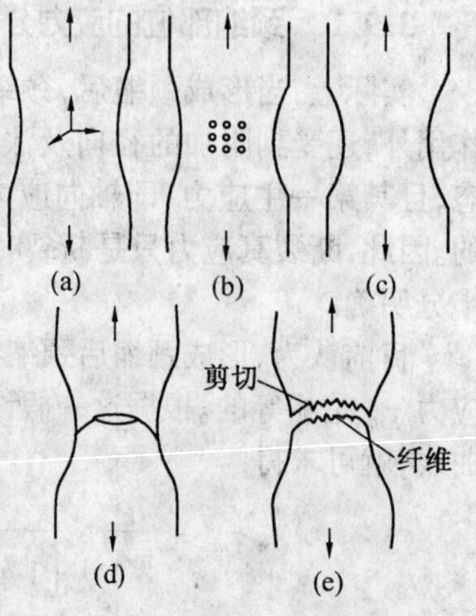

图 3-9-3　杯锥状断口形成示意图
(a) 缩颈导致三向应力　(b) 显微孔洞形成 (c)　孔洞长大　(d) 孔洞连接形成锯齿状　(e) 边缘剪切断裂

2. 放射区

紧接纤维区的是放射区，有放射花样特征，纤维区与放射区交界线标志着裂纹由缓慢扩展向快速扩展的转化。放射线平行于裂纹扩展的方向，而且垂直于裂纹前端 (每一瞬间) 轮廓线，并逆指向裂纹起始点。

放射花样也是由材料的剪切变形所造成的，不过它与纤维区的剪切断裂不同，是在裂纹达到临界尺寸后作快速低能量撕裂的结果。这时，材料的宏观塑性变形量很小，表现为脆性断裂。但在微观局部区域，仍有很大的塑性变形，只不过是变形层浅而已。变形层浅是由于纤维区前沿产生严重三向应力集中所至。

3. 剪切唇

它在断裂过程的最后阶段形成，其表面平滑，与拉应力方向呈 45°，通常称为“拉边”。在剪切唇区域内，裂纹也是作快速扩展，按断裂力学观点，此时裂纹是在平面应力状态下发生失稳扩展，材料在二向应力作用下材料的塑性变形量很大，属于韧性断裂区。

上面分析了光滑圆柱试样的拉伸断口形态，但是当试样形状、尺寸和材料性能不同，以及试验温度、加载速度和受力状态不同时，断口三个区域的形态、大小和相对位置都会发生变化。一般来说，材料强度提高，塑性降低，则放射区所占比例增大；试样尺寸加大，放射区增大明显，而纤维区变化不大；缺口存在不但改变了断口中各区所占比例，而且裂纹成核位置也将发生改变。例如缺口圆柱试样裂纹成核通常从缺口处首先形成，最后断裂区在试样心部。三个区电镜断口都是大量微孔，如图 3-5-8，只不过微孔种类不同而已。

3.9.3　光滑平板试样的宏观断口

光滑平板矩形拉伸试样，其断口和圆柱试样一样，也有三个区域。但是由于试样的几何形状不同，所以断口形态也不同，其中心部的纤维区变成“椭圆形”，而放射区则变为“人字形” 花样。人字形花样的尖端指向裂纹源，最后破坏区仍为剪切唇。这种断口的示意图如图 3-9-4 所示。

实际机件的断口，其人字纹并不完全是直线状的，而是弯曲的，如图 3-9-5 所示。它是由一系列从板的中心向外发射的撕裂棱线所组成，人字纹的顶点是裂纹源，人字的两撇表示裂纹扩张的方向。人字纹花样是脆性断裂的最主要宏观特征。由于大多数实际构件，其断面多属矩形板材，如焊接船体、贮油罐等，断口常出现人字纹，因此首先找出人字纹，从而寻找裂纹源、分析破断原因，是事故分析的重要线索。

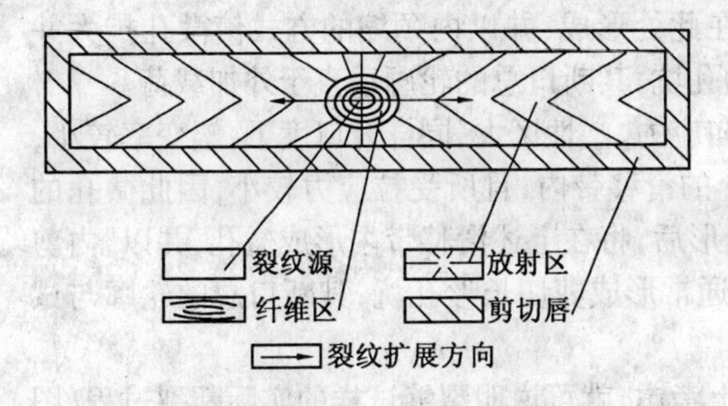

图 3-9-4　平板矩形试样宏观断口形态示意图

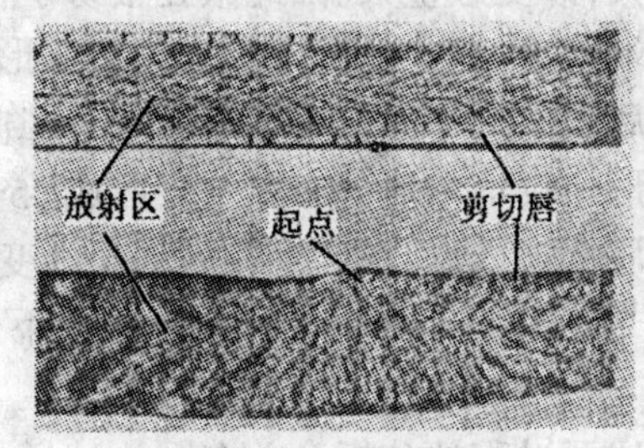

图 3-9-5　实际机件断口上的人字纹花样

影响平板试样断口三个区相对比例的因素主要是材质、板厚及温度。材料越脆，板厚越大，温度越低，其纤维区及剪切唇越小，放射区越大。反之，则纤维区及剪切唇大，放射区减小，甚至出现全剪切断口。电镜下看到三个区也都是微孔，如图 3-5-8，只不过微孔的种类有差异。

3.10　缺口件的塑性断裂

3.10.1　裂缝试件微孔型断裂过程的一般性描述

裂缝试件的微孔型断裂过程如图 3-10-1 所示。图 3-10-1(a) 是裂缝不受力的情况。受力后裂缝张开，裂缝顶端处首先产生塑性变形。造成裂纹顶端先发生钝化，并且由于横向收缩，裂缝好像向前扩展了一个距离（图 3-10-1(b)）。但在实际上，这并不是断裂过程的开始。这种塑性变形的横向收缩所引起的裂缝扩展在断口上造成一个称为“延伸区”的区域，延伸区的尺寸一般是金属组织中异相颗粒平均间距的数量级，肉眼往往难以分辨。在电镜下，延伸区呈无特征的弧面，有时可以看到一些由大量位错放出及塑性变形造成的“蛇行滑动”的线条，是滑移带与裂缝顶端附近表面的交线的残留痕迹。当载荷逐渐加大，塑性区也逐渐扩大，裂缝顶端附近的异相颗粒就进入塑性区。在塑性变形及局部较大的拉应力的作用下，在异相颗粒附近可能形成最初的微孔（图 3-10-1(b)）。当继续加大载荷时，由于裂缝顶端与微孔之间的金属产生内颈缩，延伸区及微孔迅速横向扩大而连接起来，这时裂缝才真正开始扩展（图 3-10-1(c)），亦即试件“开裂”。裂缝的进一步扩展是上述过程的重复（图 3-10-1(d)），这种重复不间断最后导致整体断裂。

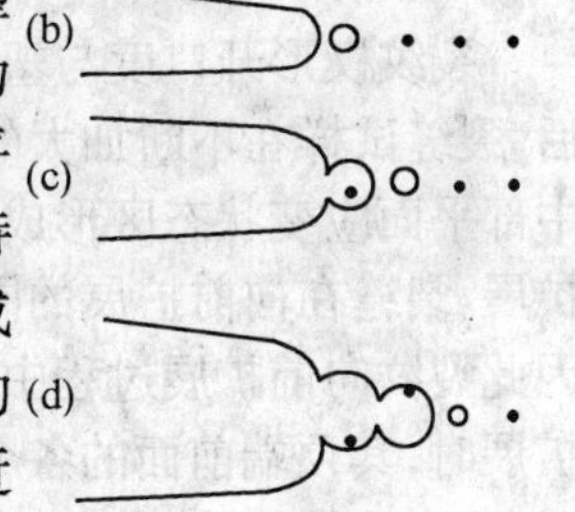

图 3-10-1　裂缝试件微孔型断裂过程示意图

3.10.2　裂缝试件微孔型断裂的实际过程

由于裂缝试件受力后，各处应力状态不同，所以实际的断裂过程还要复杂些。

微孔型断裂是与塑性变形及拉伸应力都有关的过程。在板厚中部的平面应变状态区域，裂缝顶端附近是塑性变形集中的区域，且受到三向拉应力的作用，塑性变形区小，而试件开口度大，故变形量大。因此微孔很易于在此处形成，并以内颈缩的方式使微孔扩大并与裂缝顶端连接。在此情况下形成撕裂长形孔坑，其断口总的轮廓垂直于外加载荷。

在前后表面的平面应力状态区域为二向应力、塑性区大，同样开口度下，塑变率较小，其塑性变形比较均匀地分布在与表面成 45° 的滑移带内，且所受拉应力较小，因此微孔的形成和扩展都被推迟。在产生较大的塑性变形后，将在上述滑移带内形成微孔，并以“内剪切” 的方式使微孔扩大和连接。在此条件下通常形成剪切长形孔坑，其断口总的轮廓与试样表面成 45°

将上述两过程的分析合并在同一试样上考虑，就可说明裂缝试样的实际断裂过程(图 3-10-2)。

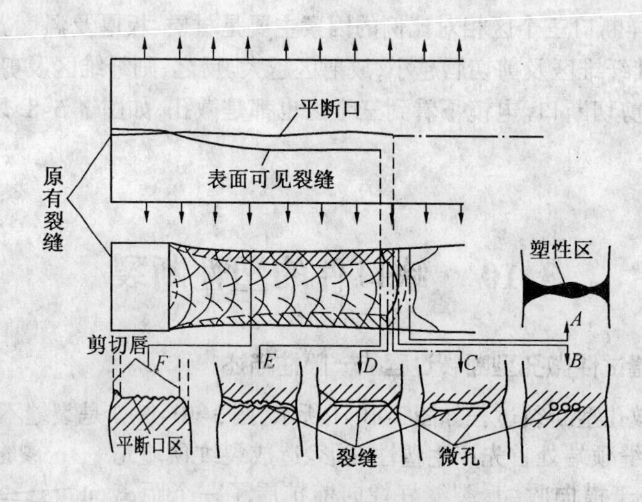

图 3-10-2　裂缝试件上裂缝扩展过程示意图

裂纹楔形开口度与塑性区塑性变形的适应能力差异，导致裂纹向前扩展的凸进与滞后。裂缝试样在不断加大的载荷的作用下，首先在裂缝顶端处产生塑性变形，然后在板厚中部平面应变状态区形成微孔并开裂，平面应变平断口区适应性差。裂纹先在平面应变区扩展。裂缝在向前扩展的同时向两侧扩展而接近表面，以后在过渡区及平面应力区扩展。因此裂纹向前扩展过程中的裂缝前沿都呈凸曲线形，在板厚中部扩展较深。在裂缝进一步扩展时，其顶端前面的各个截面都将经历如图 3-10-2 中所示 A，B，C，D，E，F 六种典型情况。当裂缝扩展接近某一截面时，该截面的金属将产生塑性变形(图 3-10-2A)；然后在板厚中部靠近裂缝顶端处产生微孔(图 3-10-2B)，并通过“内颈缩” 方式，微孔扩大并与裂缝前沿连接起来(图 3-10-2C)。此时形成的断口轮廓垂直于外加载荷，属平面应变断口区，形成的孔坑是撕裂长型的(接近等轴型)。接着，裂缝在向前扩展的同时向两侧扩展而接近表面。在接近表面的区域里，塑性变形沿着与表面成 45° 的滑移带进行，并在这些滑移带内形成微孔，接着以“内剪切” 的方式实现微孔的连接，(图 3-10-2D，E)，最后形成与表面成 45° 的斜断口(称为剪切唇)，属平面应力断裂区，其孔坑是剪切长形的。总的断口则由板厚中部的平断口及两侧的剪切唇组成(图 3-10-2F)。

如图 3-10-2 所示，随着裂缝的扩展，断口中的平断口部分逐渐收缩，而剪切唇逐渐扩大。产生这一现象的原因将在以后章节讨论。如果板材较薄，平断口区域可能逐渐消失，断口完全成为斜的；如板材较厚，则平断口逐渐收缩达到某一平衡值。

生产实际中还常常遇到板材上带有表面裂缝的情况。此时断裂过程及形成的断口如图 3-10-3 所示。设表面裂缝是半椭圆的，当试样受载时，其裂缝短轴顶端处于周围金属的包围中，受的弹性约束最大，因此断裂过程首先由此开始，然后向前及向两侧扩展。当裂缝向前扩展而接近后表面时，形成剪切唇穿透板厚。对于高压容器将出现泄漏现象。裂缝穿透板厚后，其进一步扩展过程就与图 3-10-2 所示的过程一致，最后形成如图 3-10-3(a) 或(b) 所示的断口。

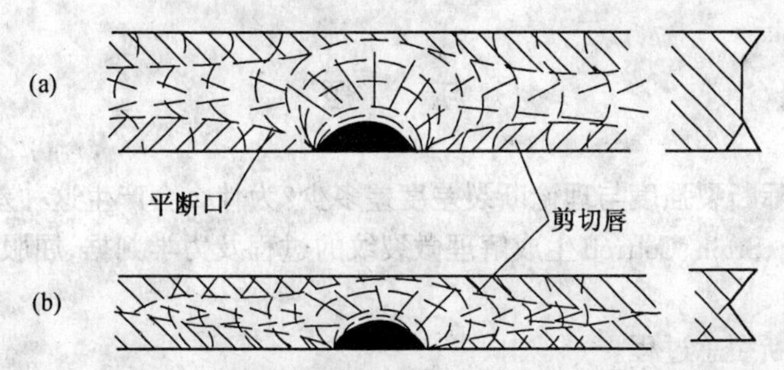

图 3-10-3 带有表面裂缝的板状试件拉断后的断口状态

(a) 厚板;(b) 薄板

在同一楔形开口度下，平面应力区后断，而平面应变区先断。这是由于平面应变区塑性区尺寸小，材料塑变率高，即小塑性区尺寸要产生大的塑变量以适应楔形开口度。大塑变率导致微孔断先发生。在同一楔形开口度下，平面应力区塑变区尺寸大、材料塑变率小，即较平面应变时要小的塑性变形率即可适应开口度。小的塑性变形率延迟微孔断裂发生。所以，平面应变区开裂突进，而平面应力区开裂滞后，形成一半弧形凸进裂纹。

3.11 金属材料裂纹敏感性的本质

3.11.1 裂纹敏感性

图 3-11-1 所示为材料的抗拉强度 $\sigma_b = \dfrac{P_b}{A}$，图中 $\sigma_{bN} = \dfrac{P_{bN}}{A_N}$ 为带裂纹拉伸件净断面抗拉强度，A_N 为净断面积，P_b、P_{bN} 为光棒和裂纹件拉断载荷，A 为光棒横截面积。曲线为三种材料，每种材料于不同 σ_b 时 σ_{bN} 值与坐标轴角分线交三条曲线。角分线以上的曲线 $\sigma_{bN} > \sigma_b$，出现缺口强化现象。角分线以 $\sigma_{bN} < \sigma_b$ 出现裂纹敏感性，即低应力断裂。

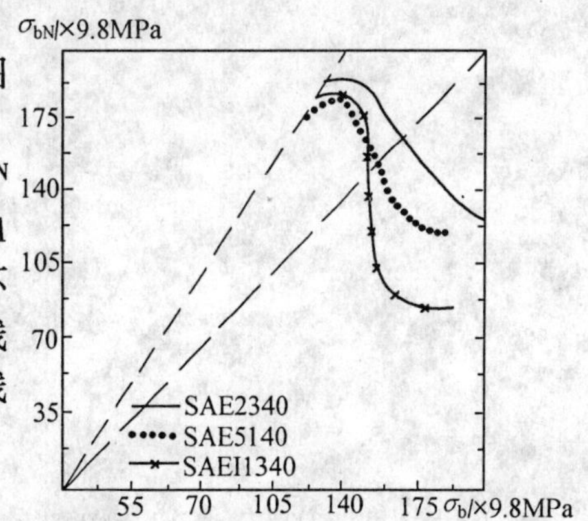

图 3-11-1 几种钢切口试件抗拉强度 σ_{bN} 与光滑试件抗拉强度 σ_b 的关系

3.11.2 裂纹敏感性机理

材料抗拉强度大于 1 400 ~ 1 600MPa 时出现裂纹敏感性。发生微孔断裂时，产生低应力破坏是由于微孔断裂的三个过程提前完成造成的。材料屈服强度升高造成两大变化。一为屈服强度升高(σ_b 也升高),使塑性变形区域减小。缺口顶端能变形材料区域减小;二是第二相质点间距变小,质点数增加。当裂纹张开时,裂纹顶端塑性变形区内材料变形区域减小而变形率增加,不能适应楔形开口度,同时塑性区域内材料变形率加大及第二相质点间距减小,使微孔断裂提前生,这两原因造成在低开口度就完成微孔断,导致裂纹扩展。而低开口度对应的是低外加应力,这就是高强度导致裂纹敏感性的原因。

习　　题

1. 金属的实际断裂强度与理论断裂差度差多少?为什么会产生这种差别?

2. 说明 Simth、Stroh、Cottrell 生成解理微裂纹的过程及力学判据,屈服在其中扮演什么角色。

3. 说明解理断裂总过程。

4. 解理断口微观组成是什么?

5. 准解理断裂过程及断口特征。

6. 微孔集聚形断裂过程及断口微观特征。

7. 沿晶瞬间断裂过程。

8. 钢、M 体、B 体、P 体、α - Fe 都会发生什么断裂?

9. γ - Fe、Al、Cu 会发生什么断裂?

10. 光滑件解理断及微孔断过程。

11. 缺口件(裂纹件) 解理断及微孔断过程。

第4章　金属的断裂韧性

机件的脆性断裂和材料的脆性检测，是工程技术中较难解决的一个问题。众所周知，工程设计中是用屈服强度 $\sigma_{0.2}$ 确定结构材料的许用应力[σ]的，$[\sigma] = \sigma_{0.2}/n, n > 1$，$n$ 称为安全系数。设计的强度条件为 $\sigma \leqslant [\sigma]$，一般认为，机件在许用应力以下工作就不会发生塑性变形，更不会发生断裂。然而事实并非如此。由于材料强度提高及不正确处理，高强度材料的机件有时会在应力远低于屈服强度的状态下发生脆性断裂。中、低强度材料的重型件及大型结构也有类似断裂事例。

长期生产实践使人们认识到，上述强度条件仅能保证机件不发生塑性变形及随后的韧性断裂，却不能防止脆性断裂。为了防止脆性断裂，还必须对所用材料的塑性 δ、ψ 和冲击值 a_K、冷脆转变温度 T_K 提出一定的要求。应当肯定，强度条件并辅之以塑性、冲击值和冷脆转变温度这一办法，对于保证机件正常和可靠运行，确实能起重要的作用。

但是，这种办法有着严重的缺点。对于各种具体工作条件下的机件，对 δ、ψ、a_K、T_K 值究竟要求多大?由于塑性、韧性是定性地应用，这显然无法进行计算，只能凭经验确定。往往会出现为保证机件的安全而对上述性能指标要求过高的现象，使材料的使用强度水平下降，造成浪费。中、低强度材料的中、小截面机件的设计往往属于这种情况。而对高强度材料的机件及中、低强度材料的重型件和大型结构，这种办法并不能确保安全可靠。例如，用高强度材料($\sigma_{0.2} > 140\mathrm{kgf/mm^2}$) 制成的固体燃料发动机壳体，经冲击试验认为完全合格，但却在水压试验时发生脆性断裂。再如，有个 120 吨氧气顶吹转炉耳轴也发生了类似断裂事故，所用材料为调质状态的40Cr，其强度、塑性和冲击值都 是符合设计要求的。说明经验不可靠。

上述情况迫切要求从理论上与实践上加以说明和解决，以提高材料的强度使用水平，扩大高强度材料的应用范围，能定量地把韧性应用于设计，确保机件运转的安全可靠性。断裂力学就是为适应这一要求而发展起来的一门强度科学。

大量事例和实验分析说明，低应力脆性断裂总是由材料中宏观裂纹的扩展引起的。这种裂纹可能是冶金缺陷，可能在加工过程中产生，也可能在使用中形成，因而是难以避免的。断裂力学就是以机件中存在宏观缺陷为讨论问题的出发点。这与连续介质力学认为材料是完整的、连续的，有着原则的差别。断裂力学运用连续介质力学的弹塑性理论，考虑了材料的不连续性，来研究材料和机件中裂纹扩展的规律，确定能反映材料抗裂性能的指标及其测试方法，以控制和防止机件的断裂，定量地与传统设计理论并入计算。

断裂韧性，就是断裂力学认为能反映材料抵抗裂纹失稳扩张能力的性能指标。本章介绍断裂韧性的基本概念、测试方法及影响因素。解决断裂韧性与外加应力裂纹尺寸之间的定量关系。把裂纹尺寸引入到材料韧性指标中,使常规经典的韧性概念向前跨跃一步。

4.1 裂纹尖端应力场强度因子 K_{I} 及断裂韧性 K_{Ic}

在前面讨论缺口效应时,我们知道了由于缺口的存在,缺口根部将产生应力集中,并且会出现三向拉应力,将不利于材料塑性变形,促使材料脆性断裂。而且缺口越尖锐,缺口效应越大。那么当材料内部存在裂纹时(也就是缺口的曲率半径 $\rho \to 0$ 时),裂纹前端的应力分布如何?用什么力学参数来表示?材料的力学性能如何?用什么新指标来评定等等,这就是本节要讨论的问题。把裂纹长度 a 直接引入常规力学计算和材料韧性指标中。本章为裂纹长度 a 的引入建立新的力学理论和新的材料指标,它是力学和材料学的一大进步。

4.1.1 裂纹尖端的应力场及应力场强度因子

应用弹性力学理论,研究含有裂纹材料的应力应变状态和裂纹扩展规律,就构成所谓"线弹性断裂力学"。线弹性断裂力学认为,材料在脆性断裂前基本上是弹性变形,其中应力应变关系是线性关系。在这样的条件下,就可以用材料力学和弹性力学的知识来分析裂纹扩展的规律。

1.裂纹尖端的应力场

如图 4-1-1,在一无限宽板内有一条长 $2a$ 的中心贯穿裂纹,在无限远处受双向应力 σ 的作用。现在我们来讨论这种特定情况下裂纹前端的应力场。

4-1-1 双向应力作用下的张开型裂纹

对于图 4-1-1 所提的问题,在弹性力学中可看做是一个平面问题,可以根据平面问题的求解方法来求出裂纹尖端各点的应力分量和应变分量。

根据弹性力学分析,对于裂纹前端的任意一点 $P(r,\theta)$,其各应力分量如下

$$\left.\begin{aligned}
\sigma_x &= \sigma\sqrt{\frac{\pi a}{2\pi r}}\cos\frac{\theta}{2}\left(1-\sin\frac{\theta}{2}\sin\frac{3\theta}{2}\right)=\frac{K_{\mathrm{I}}}{\sqrt{2\pi r}}\cos\frac{\theta}{2}\left(1-\sin\frac{\theta}{2}\sin\frac{3\theta}{2}\right)\\
\sigma_y &= \sigma\sqrt{\frac{\pi a}{2\pi r}}\cos\frac{\theta}{2}\left(1+\sin\frac{\theta}{2}\sin\frac{3\theta}{2}\right)=\frac{K_{\mathrm{II}}}{\sqrt{2\pi r}}\cos\frac{\theta}{2}\left(1+\sin\frac{\theta}{2}\sin\frac{3\theta}{2}\right)\\
\sigma_z &= v(\sigma_x+\sigma_y)\\
\tau_{xy} &= \sigma\sqrt{\frac{\pi a}{2\pi r}}\sin\frac{\theta}{2}\cos\frac{\theta}{2}\cos\frac{3\theta}{2}=\frac{K_{\mathrm{I}}}{\sqrt{2\pi r}}\sin\frac{\theta}{2}\cos\frac{\theta}{2}\cos\frac{3\theta}{2}
\end{aligned}\right\}\quad(4\text{-}1\text{-}1)$$

式中 θ 与 r——P 点的极坐标,由它们确定 P 点相对于裂纹尖端的位置;

σ—— 远离裂纹并与裂纹面平行的截面上的正应力(名义应力)。

上式是裂纹尖端附近的应力场的近似表达式,越接近裂纹尖端,精确度越高,即上式

适用于 $r << a$ 的情况。

由式(4-1-1) 可知,在裂纹延长线上(即 x 轴上) 这个面称为韧带,$\theta = 0, \sin\theta = 0$

$$\left.\begin{aligned} \sigma_y &= \sigma_x = \frac{K_{\mathrm{I}}}{\sqrt{2\pi r}} \qquad r << a \\ \tau_{xy} &= 0 \end{aligned}\right\} \tag{4-1-2}$$

即在该面上切应力为零,拉伸正应力最大,σ_x、σ_y 为主应力,故裂纹容易沿该平面扩展。

2. 应力场强度因子 K_{I}

各应力分量中均有一个共同因子 K_{I}($K_{\mathrm{I}} = \sigma\sqrt{\pi a}$),把这样一组力学量的组合称为应力场强度因子。对于裂纹前端的任意给定点,其坐标 r、θ 都有确定值,这时该点的应力分量完全决定于 K_{I}。因此,K_{I} 表示在名义应力作用下,含裂纹体处于弹性平衡状态时,裂纹前端附近应力场的强弱。也就是说,它的大小确定了裂纹前端各点的应力大小,故 K_{I} 是表示裂纹前端应力场强弱的因子,简称应力场强度因子。

式(4-1-1) 中的 $K_{\mathrm{I}} = \sigma\sqrt{\pi a}$,是对无限大宽板试样并带有中心穿透裂纹的特殊条件下推导出来的。当试样的几何形状、尺寸以及裂纹扩展方式变化时,虽然式(4-1-1) 仍然成立,但式中 K_{I} 就改变了,在一般情况下 K_{I} 为

$$K_{\mathrm{I}} = Y\sigma\sqrt{a} \tag{4-1-3}$$

式中,a 为裂纹长度的 $\frac{1}{2}$;Y 是一个和裂纹形状、加载方式以及试样几何因素有关的量,称为几何形状因子,它是一个无量纲的系数。有中心穿透裂纹的无限宽板 $Y = \sqrt{\pi}$。

K_{I} 的单位是 $\mathrm{kgf/mm^{3/2}}$、$\mathrm{MN/m^{3/2}}$、$\mathrm{k1bf/in^2}$,故 K_{I} 是个能量指标。这样我们把裂纹长度 a 引入力学计算。

当 $r \to 0$ 时,全部应力分量均趋于无限大。这就是,在裂纹尖端($r = 0$ 的点),其应力场具有奇异性,因此 K_{I} 就是用来描述这种奇异性的力学参量。$r = 0$ 应排除。

3. 裂纹的三种扩展方式

对于含有裂纹的机件,当外加作用力不同时,裂纹扩展的方式有三种类型:张开型,滑开型和撕开型,如图 4-1-2 所示。

(1) 张开型(Ⅰ型)　如图 4-1-2(a) 所示,其外加应力垂直裂纹面,即为正应力时,在该应力作用下,裂纹尖端张开,并在与外力垂直的方向上扩展(外力沿 y 轴方向,裂纹扩展沿 x 轴方向)。

(2) 滑开型(Ⅱ型)　如图 4-1-2(b) 所示,在剪切应力作用下,裂纹上下两面平行滑开,此时裂纹体上下两半滑动的方向,及裂纹扩展的方向均沿 x 轴方向。

(3) 撕开型(Ⅲ型)　如图 4-1-2(c) 所示,在 z 轴方向剪应力作用下,裂纹面上下错开,此时裂纹沿 x 轴方向扩展。

由于裂纹存在三种扩展方式,其相应的应力场强度因子也会不同,为了加以区别,分别以 K_{I}、K_{II}、K_{III} 表示之。上面讨论的 K_{I} 就是在正应力作用下,裂纹在张开型扩展时的应力场强度因子。在工程构件中,张开型扩展是最危险的,容易引起低应力脆断,材料对这

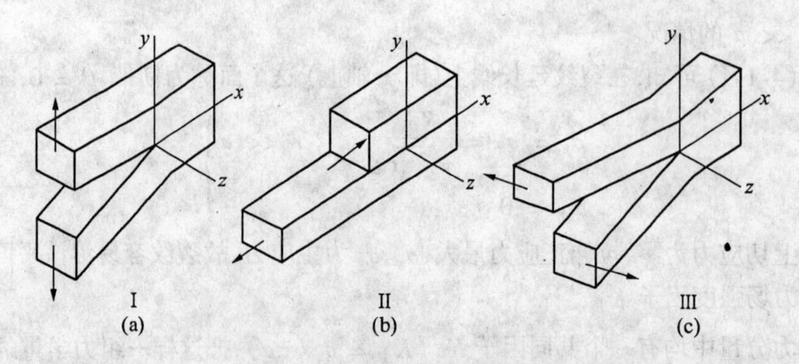

图 4-1-2　裂纹扩展的三种类型

(a) 张开型　(b) 滑开型　(c) 撕开型

种裂纹扩展的抗力最低。因此即使是其他型式的裂纹扩展，也常按 Ⅰ 型处理，这样会偏于更安全，以后我们讨论时均指这种类型。

4.1.2　裂纹顶端平面应力与平面应变应力状态

上面我们所讨论的无限宽板如果板的厚度不同，受拉伸时裂纹体内的应力状态也不相同。当板很薄时，将出现所谓的平面应力状态；而当板很厚时，则出现平面应变状态。

1. 平面应力

由第二章我们知道，受力物体内部的任一点，一般情况下存在三个主应力 σ_1、σ_2、σ_3。如果在某种情况下，三个主应力中的一个为零，例如 $\sigma_3 = 0$，那么这一点的应力状态，我们就称为平面应力状态。

一张钢板，在侧边受到均匀力作用时，如图 4-1-3 所示，就可视为一种平面应力状态。因为前后板面与空气接触，没有外力作用，板面上的内应力分量 σ_z、τ_{zx}、τ_{zy} 全部为零。

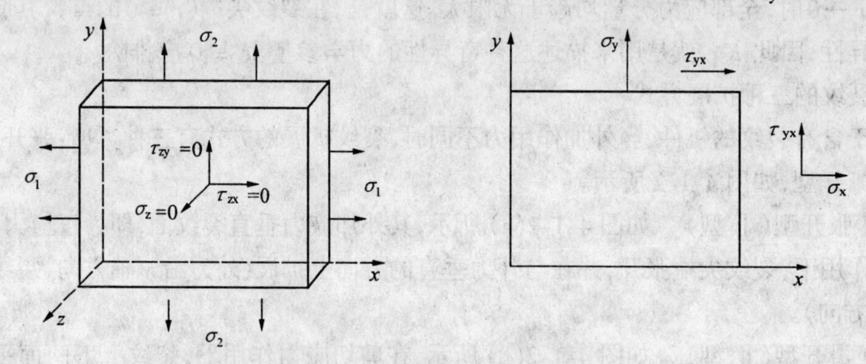

图 4-1-3　平面应力状态

在平面应力状态下，z 方向将发生收缩变形，其应变 $\varepsilon_z = \dfrac{v}{E}(\sigma_x + \sigma_y)$。所以在平面应力状态下，三个方向的应变分量均不为零。对图 4-1-4 裂纹体两侧表面裂纹顶端是平面应力状态。对低屈服强度的薄板裂纹体，可把其裂纹顶视为平面应力状态。这时材料受剪切力大，易于塑变，阻碍裂纹扩展。

2. 平面应变

如果物体受力时,某一方向上被固定,使之在这一方向上物体不能变形,如沿 z 轴固定,则 $\varepsilon_z = 0$。此时体内的应变分量只有三个,即 ε_x、ε_y、γ_{xy},它们都限于 xOy 平面内,故这种应力状态称为平面应变应力状态。

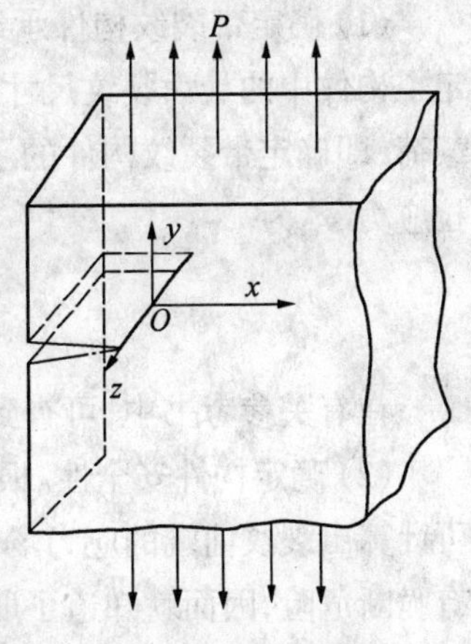

4-1-4 受均匀拉力的有裂纹宽板

图4-1-4为一受均匀拉力 P 作用,并带有裂纹的宽板,当板的厚度足够大时,其裂纹尖端附近 z 向中部,即处于平面应变状态。因为裂纹顶端应场 $\sigma_{ij} = f_{ij}(r,\theta)$,$r\downarrow$ 时 $\sigma_{ij}\uparrow\uparrow$;$\sigma_{ij}$ 沿 r 方向梯度改变,故沿 r 方向对材料产生梯度约束,所以离裂纹尖端较远处的金属变形很小,它将约束裂纹尖端区沿 z 方向的收缩,这就相当于沿 z 方向被固定,裂纹尖端区沿 z 方向没有变形,可见厚板裂纹前端 z 向中部附近处于平面应变状态。

因为 $\varepsilon_z = 0$,根据广义虎克定律

$$\varepsilon_z = \frac{1}{E}[\sigma_z - v(\sigma_x + \sigma_y)]$$

$$\sigma_z = v(\sigma_x + \sigma_y)$$

这就是说,在平面应变状态下,裂纹前端处于三向拉应力状态,$\tau_{\max} = \dfrac{\sigma_1 - \sigma_3}{2}$,$\tau_{\max}$ 变小,这时材料受实际剪切力 τ_{m} 变小,使材料塑性变形比较困难,裂纹容易扩展,材料好像显得特别脆,因而是一种危险的应力状态。

4.1.3 断裂韧性和裂纹件断裂判据

1. 金属的断裂韧性 $K_{\mathrm{I}c}$

如右图,σ_{ij} 表示裂纹顶端应力场,$\sigma_{ij} = K_{\mathrm{I}} f_{ij}(r,\theta)$,$K_{\mathrm{I}} = Y\sigma\sqrt{\pi a}$。由于 σ 或 a 增加,则 K_{I} 增加,P 点 σ_{ij} 增加,$\sigma_{ij}\rightarrow\sigma_{\mathrm{b}}$ 断裂,此时 $K_{\mathrm{I}} = Y\sigma\sqrt{\pi a}$ 到一个临界值 K_{C},K_{C} 是 K_{I} 的一个临界值,当在 P 点为平面应变应力状态时,K_{C} 为 K_{Ic} 称为平面应变断裂韧性,K_{C} 称为断裂韧性。它们的单位为力/长度$^{3/2}$,如 $\mathrm{kgf/mm^{3/2}}$、$\mathrm{MN/m^{3/2}}$ 等。K_{Ic} 是材料常数家庭中新成员,是一个韧性指标,K_{I} 是力学量,K_{Ic} 是材料常数。这样我们把裂纹长度 a 引入材料指标。

2. 裂纹件断裂判据

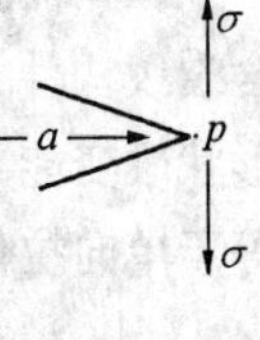

通过上面的讨论,我们知道对于一个带裂纹的物体来说,其裂纹前端的应力场强弱,可用 K_{I} 来定量描述(Ⅰ型裂纹扩展)而材料抵抗裂纹失稳扩展的能力(平面应变状态下)可用 $K_{\mathrm{I}c}$ 来评定。由这两个量的相对大小就可以评定带裂纹体是否会发生失稳断裂,裂纹件断裂判据如下

$$K_{\mathrm{I}} = Y\sigma\sqrt{a} \geqslant K_{\mathrm{I}c} \tag{4-1-4}$$

若上式成立,则构件将发生失稳断裂。这是一个重要的公式,可以用来分析和计算一些实际问题。如判断带裂纹的构件是否发生脆断、计算带裂纹的构件的承载能力、确定构件中临界裂纹尺寸,为选材和设计提供依据,现分述如下:

(1) 确定带裂纹构件承载能力。若试验测定了材料的断裂韧性 $K_{\mathrm{I}c}$，根据探伤检验测定了构件中的最大裂纹尺寸，就能按式(4-1-4) 估算使裂纹失稳扩展而导致脆断的临界载荷，即确定带裂纹构件的承载能力。如在无限大宽厚板中存在长为 $2a$ 的裂纹时，其临界拉应力 σ_c 为

$$\sigma_c = \frac{K_{\mathrm{I}c}}{\sqrt{\pi a}} \tag{4-1-5}$$

在有关参考书中，可查到具有不同裂纹类型时计算 σ_c 的公式。

(2) 确定构件安全性。根据探伤测定构件中的缺陷尺寸，并计算出构件工作应力，即可计算出裂纹前端的应力场强度因子 K_{I}。若 $K_{\mathrm{I}} < K_{\mathrm{I}c}$ 则带裂纹构件是安全的，否则将有脆断危险，因而就知道了所选材料是否合理。

根据传统设计方法，为了提高构件的安全性，总是加大安全系数，这样势必提高材料的强度等级，对于高强度钢来说，往往造成低应力脆断。目前断裂力学提出了新的设计思想，为了保证构件安全，采用较小的安全系数，适当降低材料强度等级，增大材料的断裂韧性。K_{I} 的安全系数与 σ 的安全系数不是一个数量概念，数量上不可混。

(3) 确定临界裂纹(a_c) 尺寸。若已知材料的断裂韧性 $K_{\mathrm{I}c}$ 和构件工作应力，则可根据裂纹件断裂判据确定允许的裂纹临界尺寸

$$a_c = (K_{\mathrm{I}c}/Y\sigma)^2 \tag{4-1-6}$$

如探伤检测出的实际裂纹 $a_0 < a_c$，则构件是安全的，由此可建立相应的质量验收标准。

(4) $K_{\mathrm{I}c}$ 可作为材料工艺质量的新指标，追求高 σ_s 不一定是好事，而追求高的 $K_{\mathrm{I}c}$ 却一定是好事。

4.1.4 裂纹尖端塑性区及 K_{I} 的塑性区修正

当 σ_{ij} 超过 σ_s 时，裂纹顶端出现一个塑性区。塑性区存在给力学计算带来困难。为了能用简单的弹性理论继续进行计算，当塑性区很小时，我们做一简单处理认为塑性区不存在，而又不影响弹性力学计算。处理这个小塑性区过程称为塑性区修正，我们首先从塑性尺寸着手。

1. 裂纹前端屈服区大小

在单向拉伸的情况下，当外加应力等于材料的屈服极限 σ_s 时，材料就会屈服。但对于含裂纹构件，由于裂纹前端出现三向应力，此时的屈服条件就必须采用最大剪应力判据或形状改变能判据。通常采用较多的是形状改变能判据，当复杂应力状态的形状改变能密度等于单向拉伸屈服时的形状改变能密度时，材料就屈服。此判据的表达式为

$$(\sigma_1 - \sigma_2)^2 + (\sigma_2 - \sigma_3)^2 + (\sigma_3 - \sigma_1)^2 = 2\sigma_s^2 \tag{4-1-7}$$

式中，σ_s 为材料屈服极限；σ_1、σ_2、σ_3 为三个主应力，由材料力学换算出主应力公式

$$\sigma_{1,2} = \frac{\sigma_x + \sigma_y}{2} \pm \sqrt{\left(\frac{\sigma_x - \sigma_y}{2}\right)^2 + \tau_{xy}^2} \tag{4-1-8}$$

$$\sigma_3 = \nu(\sigma_1 + \sigma_2) \tag{4-1-9}$$

把(4-1-1)式代入(4-1-8)、(4-1-9)可得到

$$\begin{cases} \sigma_1 = \dfrac{K_{\mathrm{I}}}{\sqrt{2\pi\gamma}}\cos\dfrac{\theta}{2}\left[1+\sin\dfrac{\theta}{2}\right] \\ \sigma_2 = \dfrac{K_{\mathrm{I}}}{\sqrt{2\pi\gamma}}\cos\dfrac{\theta}{2}\left[1-\sin\dfrac{\theta}{2}\right] \\ \sigma_3 = \begin{cases} 0(\text{平面应力}) \\ \dfrac{2\nu K_{\mathrm{I}}}{\sqrt{2\pi\gamma}}\cos\dfrac{\theta}{2}(\text{平面应变}) \end{cases} \end{cases} \tag{4-1-10}$$

把式(4-1-10)分别代入式(4-1-7),求出其中的 γ

$$\gamma = \frac{K_{\mathrm{I}}^2}{2\pi\sigma_s^2}\left[\cos^2\frac{\theta}{2}\left(1+3\sin^2\frac{\theta}{2}\right)\right] \quad (\text{平面应力})$$

$$\gamma = \frac{K_{\mathrm{I}}^2}{2\pi\sigma_s^2}\cos^2\frac{\theta}{2}\left[(1-2v)^2+3\sin^2\frac{\theta}{2}\right] \quad (\text{平面应变}) \tag{4-1-11}$$

式 4-1-11 的图像如图 4-1-5 所示,两个腰子图形分别为 4-1-11 式两个方程的图像。

式(4-1-11)是弹性区与塑性区的分界线,当 $\theta = 0°$ 时

$$\gamma_0 = \frac{K_{\mathrm{I}}^2}{2\pi\sigma_s^2} \quad (\text{平面应力}) \tag{4-1-12}$$

$$\gamma_0 = \frac{K_{\mathrm{I}}^2}{2\pi\sigma_s^2}(1-2v)^2 \quad (\text{平面应变}) \tag{4-1-13}$$

式 4-1-13 与实测不符。

按图 4-1-6 测环形裂纹顶端材料屈服强度 $\sigma_{ys} = \sqrt{2\sqrt{2}}\sigma_s$,以此求得 $\gamma_0 = \dfrac{K_{\mathrm{I}}^2}{4\sqrt{2}\pi\sigma_s^2}$,代替式 4-1-13 与实际较接近。

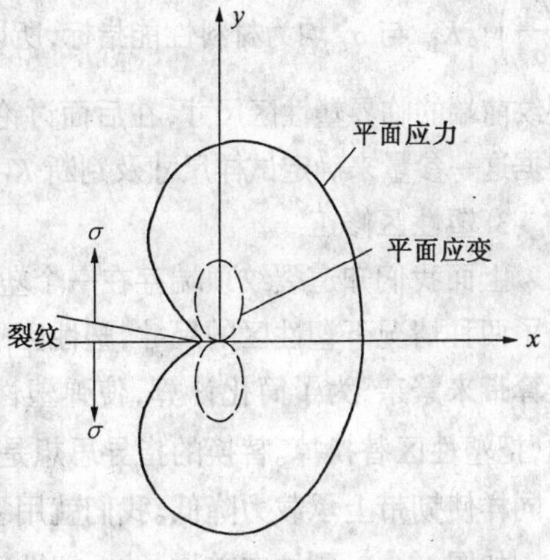

图 4-1-5 裂纹顶端塑性区边界线

2.应力松弛对塑性区尺寸的影响

上面讨论指出,由于裂纹尖端应力集中,使应力场强度加大,当它超过材料的有效屈服应力 σ_{ys} 时,裂纹前端就会屈服,产生塑性变形,并计算了塑性区尺寸。但是上面忽略了一个重要现象,即裂纹尖端一旦屈服,屈服区内的最大主应力恒等于有效屈服应力 σ_{ys},也就是将原来的应力峰削平,屈服区内多出来的那部分应力(它等于图 4-1-7 中画斜线的面积 ABD)就要松弛掉,这部分松弛掉的应力转移到屈服区周围的区域,从而使这些区域内应力值升高,若这些区域升高了的应力 σ_y 高于有效屈服应力 σ_{ys} 时,则它也会发生屈服。这就是说,屈服区内应力松弛的结果使屈服区进一步扩大,屈服区宽度由 r_0 增加至 R,如图 4-1-7 所示,图中 DBC 为裂纹尖端 σ_y 的分布曲线,AEF 为考虑到屈服区应力松弛后的 σ_y^* 分布曲线。

曲线 DBC 下面积代表松弛前韧带上 y 向总承载力。曲线 $ABEF$ 下面积代表松弛后韧带上 y 向总承载力，松弛前后承载力相等。即上述两曲线下面积相等。BC 线和 EF 线随 B、E 两点分开、重合，我们会发现 $S_{BGHE} = S_{yABD}$，又有 $S_{AOGHEBA} = S_{yAOGBD}$，即

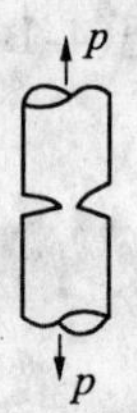

$$\sigma_{ys} \cdot R = \int_0^{r_0} \frac{K_{\mathrm{I}}}{\sqrt{2\pi r}} \mathrm{d}r$$

图 4-1-6 测环形裂纹顶端屈服强度

求得

$$R = \begin{cases} \dfrac{K_{\mathrm{I}}^2}{\pi\sigma_s^2} = 2\gamma_0 & (\text{平面应力}) \\ \dfrac{K_{\mathrm{I}}^2}{2\sqrt{2}\pi\sigma_s^2} = 2\gamma_0 & (\text{平面应变}) \end{cases}$$

$$\left.\begin{aligned} R &= \frac{1}{\pi}\left(\frac{K_{\mathrm{I}}}{\sigma_s}\right)^2 & (\text{平面应力}) \\ R &= \frac{1}{2\sqrt{2}\pi}\left(\frac{K_{\mathrm{I}}}{\sigma_s}\right)^2 & (\text{平面应变}) \end{aligned}\right\} \tag{4-1-14}$$

由于应力松弛的结果，均使塑性区扩大了一倍。同时，也可以看出，不论是平面应力状态，还是平面应变应力状态，屈服区尺寸均正比于 $\left(\dfrac{K_{\mathrm{I}}}{\sigma_s}\right)^2$，在临界状态下则正比于 $\left(\dfrac{K_{\mathrm{Ic}}}{\sigma_s}\right)^2$。$K_{\mathrm{Ic}}$ 与 σ_s 均为材料性能指标，所以可根据它来确定裂纹前端的临界塑性区尺寸，在后面讨论 K_{Ic} 测试时，就是根据这一参量来确定试样尺寸及判断 $K_Q \to K_{\mathrm{Ic}}$ 的有效性。

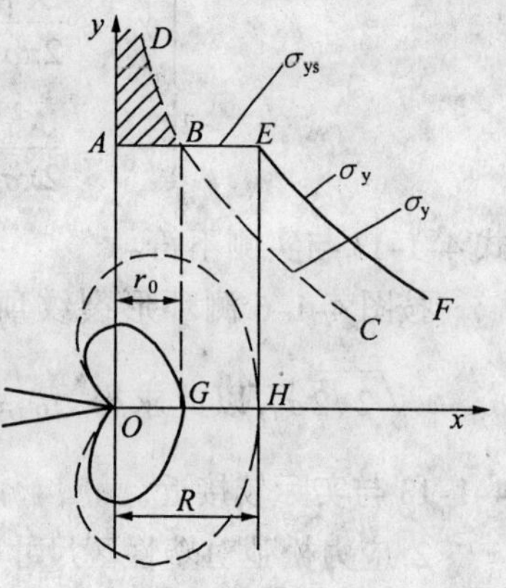

图 4-1-7 应力松弛后的屈服区

3. 塑性区修正

上面我们知道裂纹顶端存在一个塑性区，而且已计算出了两种情况下塑性区的尺寸，塑性区的存在无疑给力学计算带来繁杂，为了简化计算，使弹塑性问题化为弹性问题，把塑性区替换掉。替换的指导思想是，塑性区松弛应力，使韧带上承载力降低。裂纹增长同样使韧带上承载力降低。我们就用裂纹增长量 r_y 代替塑性区 R。

如图4-1-8，裂纹向前增长 r_y，塑性区就被代替掉了，就变成一个全部为弹性的裂纹问题了。当 $\theta = 0°$ 时，y 向应力分布：$\sigma'_y = \dfrac{K_{\mathrm{I}}}{\sqrt{2\pi r'}} = \dfrac{K_{\mathrm{I}}}{\sqrt{2\pi(r - r_y)}}$

对 C 点：$\begin{cases} \sigma'_y = \sigma_{ys} \\ r' = R - r_y \end{cases}$ 代入前式 $\sigma_{ys} = \dfrac{K_{\mathrm{I}}}{\sqrt{2\pi(R - r_y)}}$，解出 r_y

$$r_y = R - \frac{1}{2\pi}\left(\frac{K_{\mathrm{I}}}{\sigma_{ys}}\right)^2。\sigma_{ys} = \begin{cases} \sigma_s & (\text{平面应力}) \\ \sqrt{2\sqrt{2}}\sigma_s & (\text{平面应变}) \end{cases}$$

求得

$$r_y = \begin{cases} \dfrac{1}{2\pi}\left(\dfrac{K_{\mathrm{I}}}{\sigma_s}\right)^2 = r_0 & (\text{平面应力}) \\ \dfrac{1}{4\sqrt{2}\pi}\left(\dfrac{K_{\mathrm{I}}}{\sigma_s}\right)^2 = r_0 & (\text{平面应变}) \end{cases} \tag{4-1-15}$$

则有效裂纹长度 $a + r_y$

我们把 $a + r_y$ 代入 K_{I} 表达式便完成 K_{I} 的塑性区修正

$$K_{\mathrm{I}} = Y\sigma\sqrt{\pi a'} = Y\sigma\sqrt{\pi(a + r_y)} \tag{4-1-16}$$

4. K_{I} 修正的迭代

我们知道

$K_{\mathrm{I}} = Y\sigma\sqrt{\pi(a + r_y)}$，而 $(a + r_y) = a + \dfrac{K_{\mathrm{I}}^2}{2\pi\sigma_{ys}^2}$，即

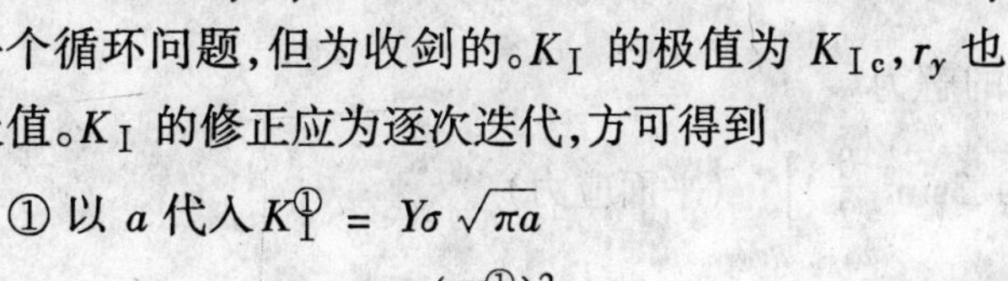

出现，K_{I} 中有 r_y，r_y 中有 K_{I} 这样一个问题。即 $K_{\mathrm{I}} \rightleftarrows r_y$ 为一个循环问题，但为收剑的。K_{I} 的极值为 K_{Ic}，r_y 也有极值。K_{I} 的修正应为逐次迭代，方可得到

① 以 a 代入 $K_{\mathrm{I}}^{①} = Y\sigma\sqrt{\pi a}$

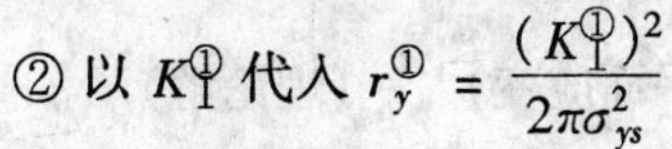

② 以 $K_{\mathrm{I}}^{①}$ 代入 $r_y^{①} = \dfrac{(K_{\mathrm{I}}^{①})^2}{2\pi\sigma_{ys}^2}$

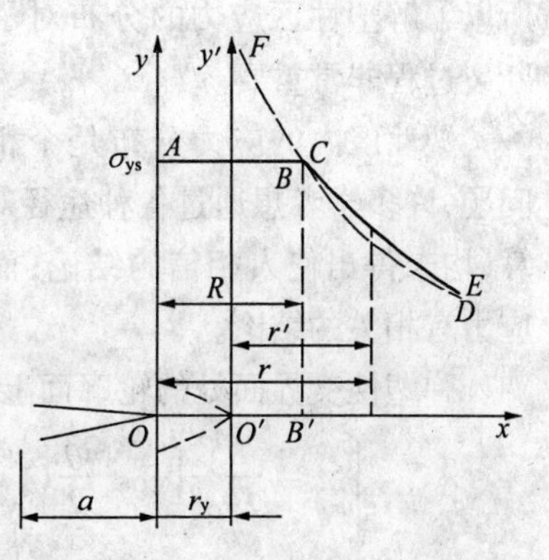

图 4-1-8 有效裂纹长度计算图

③ 以 $r_y^{①}$ 代入 $K_{\mathrm{I}}^{①} = Y\sigma\sqrt{\pi(a + r_y)}$ （完成一次迭代）无限作下去便可以得到精确的修正后的 K_{I}。一般情况下，作一次迭代即可达到精度要求。故通常的 K_{I} 修正式为

$$K_{\mathrm{I}} = Y\sigma\sqrt{\pi(a + r_y)} = Y\sigma\sqrt{\pi\left(a + \frac{K_{\mathrm{I}}^2}{2\pi\sigma_{ys}^2}\right)}$$

求出其中的 K_{I}

$$K_{\mathrm{I}} = \frac{Y\sigma\sqrt{\pi a}}{\sqrt{1 - \dfrac{Y^2\sigma^2\pi}{2\pi\sigma_{ys}^2}}} = \begin{cases} \dfrac{Y\sigma\sqrt{\pi a}}{\sqrt{1 - \dfrac{Y^2\sigma^2\pi}{2\pi\sigma_s^2}}} & (\text{平面应力}) \\ \dfrac{Y\sigma\sqrt{\pi a}}{\sqrt{1 - \dfrac{Y^2\sigma^2\pi}{4\sqrt{2}\pi\sigma_s^2}}} & (\text{平面应变}) \end{cases} \tag{4-1-17}$$

这就是 K_{I} 的塑性区修正式，用它们做线弹性计算就认为没有塑性区了。

5. 塑性区内的应力分布

在本节中我们解出了裂纹顶端塑性区的界线的方程，并讲解了应力松弛对塑性区的影响，裂纹顶端塑性区的空间图像如图 4-1-9 所示。应力状态不同、塑性性区的边界大小也不同。平面应力状态塑性区大，而平面应变塑性区小。二者之间由大到小有过渡区。整个塑性区形状为少数民族用的腰鼓状，断面为猪腰子状。

这个塑性区对金属材料来说是很重要的。缺口件在断裂时，这个形状的塑性区会扫过韧带，而且尺寸在加大。这个塑性区吸收的变形功是金属断裂功的主体，也就是断裂韧性的主体。塑性区给力学工作者带来了无限的烦恼，而给金属学工作者带来了无限的希望。

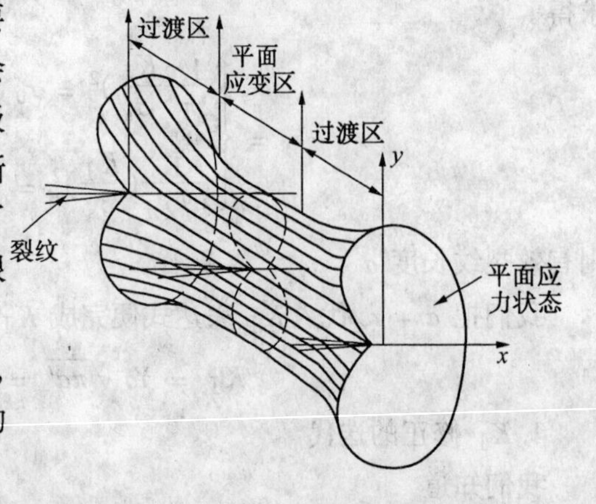

金属缺口件的断裂都发生在塑性区内，所以了解塑性区应力的分布对了解金属的断裂过程非常重要。

图 4-1-9　裂缝试件表面（平面应力状态）及板厚中部（平面应变状态）塑性区形状及大小示意图

塑性区内的应力分布是个相当复杂的问题，许多学者想通过各种途径对其进行计算，均未得出使人相信的结论，而特殊点的应力有相关的结论。

弹塑性交界面处的轮廓面上的解为

$$
\begin{cases}
\gamma = \dfrac{K_{\mathrm{I}}^2}{2\pi\sigma_s^2}\left[\cos^2\dfrac{\theta}{2}\left(1 + 3\sin^2\dfrac{\theta}{2}\right)\right] & \text{（平面应力）} \\
\gamma = \dfrac{K_{\mathrm{I}}^2}{2\pi\sigma_s^2}\cos^2\dfrac{\theta}{2}\left[(1-2v)^2 + 3\sin^2\dfrac{\theta}{2}\right] & \text{（平面应变）}
\end{cases}
\quad \text{（理论解）}
$$

上式没有考虑应力松弛和裂纹顶端曲率半径的影响。

裂纹顶端的应力为平面应力状态，为单向应力。这点的应力应是界于 $\sigma_s \sim \sigma_b$ 之间。即为光滑件单向拉伸形变强化阶段的某一应力。而弹塑性交界面处的应力，在知道 (r,θ) 的情况下可以用(4-1-1)式，裂纹顶端应力场解析式求得。

塑性区内部的应力场的解析是个较困难的问题。

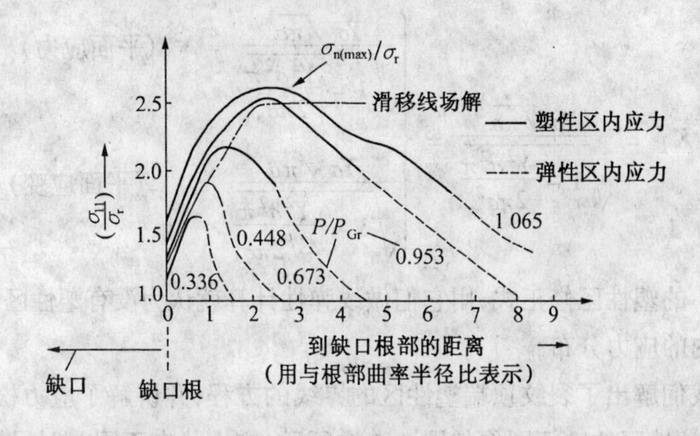

图 4-1-10　滑移线场用有限元法解得裂纹顶端塑性区内应力场分布

图 4-1-10 为用滑移线场和有限元法求解的塑性区内的应力分布。可以看到塑性区内应力由裂纹顶端到弹塑性交界面处是增加的，而且在弹塑交界面以里出现最高应力。这个最高应力在缺口件的断裂过程起重要作用。我们前面讲缺口件解理断时曾提到，微裂纹产生在塑性区内，而不是在缺口顶端。而且发现，在缺口顶端有河流花样倒流现象。这说明断裂在塑性区内发生，向缺口顶端及相反方向传播的事实。

微孔断裂和塑性应变量有关，其断裂并非由最高应力处产生，而是在最大应变处，即裂纹顶端处开始。

裂纹顶端塑性区内应力分布是解决缺口件断裂的一个关键问题，所以很多人在这个问题上下了很多功夫。

6. 小范围屈服后裂缝顶端附近应变分布的特点

裂缝试件受力后，裂缝将张开，其顶端附近在出现应力集中的同时，出现应变集中的现象。在弹性变形阶段，各点的应变值可按广义虎克定律，根据主应力值进行计算，其第一主应变 ε_y 值在裂缝顶端有最大值。如果同样受力的试样，其裂缝顶端附近产生了塑性变形，则塑性区的应力松弛，第一主应力 S_y 的最大值移到塑性区与弹性区的交界处附近；但此时裂缝由于塑性区金属的塑性变形而张得更大，说明应变集中的现象更为强烈，裂缝顶端附近的金属产生较大的塑性变形。

这种应变集中在平面应变区更为显著。在平面应变区裂缝附近处，由式 4-1-10 判断，最大切应力作用的平面与 xz 平面成 45°，位错只能从裂缝顶端附近表面才能滑移出来，因此裂缝顶端塑性变形时的滑移情况如图 4-1-11(b) 所示，塑性变形集中在裂缝顶端附近的微小区域内。在金属内部，由于受到周围弹性区的限制，位错运动受阻，塑性变形很快衰减。

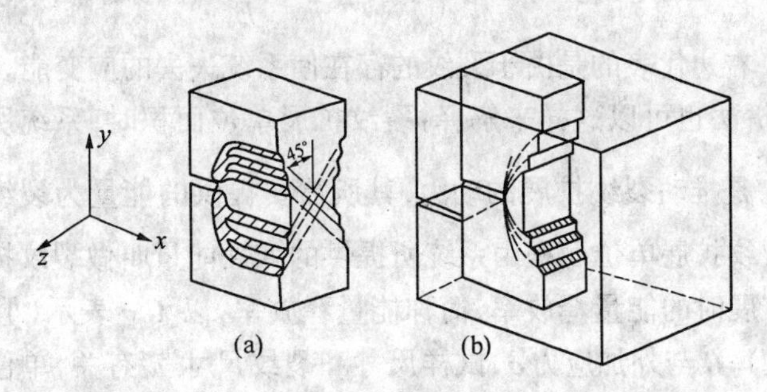

图 4-1-11　平面应力(a) 及平面应变(b) 条件下裂缝顶端附近金属的滑移情况

在接近表面的平面应力区，由式 4-1-10 判断，其最大切应力作用的平面与 xy 平面（亦即前后表面）成 45°。此时金属塑性变形时的滑移情况如图 4-1-11(a) 所示。由于位错能在表面各处滑移出来，因此当裂缝顶端金属产生塑性变形而强化后，进一步的塑性变形将沿着与表面成 45° 的滑移带扩展开去，而裂缝顶端的塑性变形却可能增加得不多，因此在平面应力状态下，塑性变形比较均匀地分布在与表面成 45° 的滑移带内。在裂纹顶端附近可以看到鱼尾纹。

4.2 裂纹扩展的能量率 G_{I}

线弹性断裂力学处理带裂纹体的问题,有两种方法:其一是上面我们已讨论的应力场分析法,即断裂韧性与外加应力 σ,裂纹长度 a 之间定量关系;另一种是能量分析法,这就是本节所要讨论的问题。

根据热力学定律,我们知道,自然界一切过程的进行必须遵守能量守恒原理,而且一切自发进行的过程,一定使系统本身的能量降低。裂纹失稳扩展是一个自发进行的过程,我们只要分析裂纹扩展过程中的能量变化,建立平衡方程,就可以获得裂纹失稳扩展时的能量判据,建立断裂韧性与外力 σ 及裂纹长度 a 之间定量关系,这种分析方法,较为直观,能更清楚地揭示断裂韧性的物理意义。

4.2.1 G_{I} 的物理意义

在断裂一章,我们讨论了格里菲斯理论,该理论从材料中存在宏观裂纹这一事实出发,根据能量平衡条件,成功地说明了材料实际强度与裂纹尺寸之间的关系。

格里菲斯公式的数学表达式为

$$\sigma_{\mathrm{c}} = \left(\frac{2E\gamma}{\pi a}\right)^{1/2} \qquad \frac{\sigma_{\mathrm{c}}^{2}\pi a}{E} = 2\gamma = \text{常数} \tag{4-2-1}$$

图 4-2-1 为一裂纹体周围的能量变化情况。有一 $2a$ 长穿透裂纹体,外力为 σ,厚度为 1。在 $2a$ 短轴,$4a$ 长轴的椭圆饼内的应变能为

$$U = \frac{1}{2}\varepsilon \cdot \sigma \cdot \pi \cdot a \cdot 2a \cdot 1 = \frac{\sigma^{2}\pi a^{2}}{E} \tag{4-2-2}$$

即式(4-2-1) 右边代表的是由于裂纹的存在使系统失去的应变能。

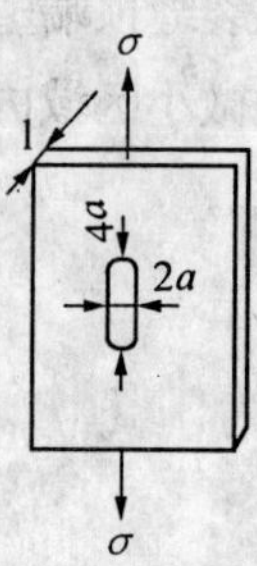

上述能量分析法也可以这样来解释:裂纹扩展单位面积时,系统所提供的弹性能量$\frac{\partial U}{\partial A}$是推动裂纹扩展的动力,其所需要提供的能量为裂纹扩展阻力。通常把裂纹扩展单位面积由系统所提供的弹性能量叫做裂纹扩展力,或称为裂纹扩展时的能量释放率,简称能量释放率,以 G_{I} 表示(Ⅰ表示Ⅰ型裂纹扩展)。G 与外加应力 σ、试样尺寸和裂纹尺寸 a 有关,单位为 $\mathrm{kgfmm/mm^2}$。在格里菲斯裂纹体中,其值为

图 4-2-1 裂纹附近的应变能

$$G_{\mathrm{I}} = -\frac{\partial U}{\partial A} = -\frac{\partial}{\partial(2a)}\left(-\frac{\sigma^{2}\pi a^{2}}{E}\right) = \frac{\sigma^{2}\pi a}{E} \tag{4-2-3}$$

在临界状态下的裂纹扩展能量释放率记作 G_{c}(表示平面应力状态下的断裂韧性)

$$G_{\mathrm{c}} = \frac{\sigma^{2}(\pi a_{\mathrm{c}})}{E} = 2\gamma \tag{4-2-4}$$

由上式可知,临界状态下的裂纹扩展能量释放率数值 G_{c} 等于临界裂纹扩展阻力 2γ。G_{c} 越

大，材料抵抗裂纹扩展的能力也越大，故 G_c 是材料抵抗裂纹失稳扩展的度量，也叫做材料的断裂韧性。

实际上，对金属材料来说，裂纹扩展时，裂纹前端不可避免要产生塑性变形，因而裂纹扩展时释放的弹性能不仅要支付表面能增加，而且要支付屈服区的塑性变形功 U_p，而且 U_p 往往大于 γ，故式(4-2-4) 中的 γ，应改为$(\gamma + U_p)$ 即

$$G_c = 2(\gamma + U_p) \tag{4-2-5}$$

4.2.2 应力场强度因子 K_{I} 与裂纹扩展能量释放率 G_{I} 的关系

设一无限宽板上有长为 $2a$ 的穿透裂纹，在裂纹远处受均匀正应力 σ 作用。根据线弹性断裂力学理论计算，这个穿透裂纹尖端的应力场强度因子为

$$K_{\text{I}} = \sigma(\pi a)^{1/2} \tag{4-2-6}$$

对于这种裂纹，根据式 4-2-3 能量分析，其能量释放率 G_{I} 为

$$G_{\text{I}} = \frac{\sigma^2 \pi a}{E} \tag{4-2-7}$$

对比式(4-2-6) 与(4-2-7) 可知，在平面应力情况下

$$G_{\text{I}} = \frac{K_{\text{I}}^2}{E} \tag{4-2-8}$$

在平面应变下

$$G_{\text{I}} = \frac{(1 - v^2) K_{\text{I}}^2}{E} \tag{4-2-9}$$

上述公式是根据带裂纹的无限宽板这种特定情况下推导出来的，对于一般的含裂纹体，根据弹性理论也可以推导出上述结果。

在裂纹失稳的临界状态下有

$$G_c = \frac{K_c^2}{E} \qquad \text{(平面应力)}$$

$$G_{\text{I}c} = \frac{(1 - v^2)}{E} K_{\text{I}}^2 \qquad \text{(平面应变)}$$

对于某一给定材料，裂纹的表面能 γ 和失稳扩展时所消耗的单位体积塑变功 U_p 都是材料常数，与裂纹大小、形状及外载情况无关，所以 $G_{\text{I}c}$ 是材料本身的固有性能，是材料平面应变断裂韧性，是一个新的材料指标。

由上分析可知，要使裂纹失稳扩展，必须使裂纹扩展力 G_{I} 大于或等于临界点的阻力 $G_{\text{I}c}$，即

$$G_{\text{I}} \geqslant G_{\text{I}c} \tag{4-2-10}$$

这就是断裂判据，满足上述方程，构件即发生失稳断裂，这是一个新的裂纹件断裂判据。

4.3 弹塑性条件下的断裂韧性

前面我们在线弹性条件下解决材料的断裂韧性 $K_{\text{I}c}$、$G_{\text{I}c}$ 与构件外加应力 σ 与裂纹

长度a之间的关系，并且解决了当裂纹顶端塑性区很小时，塑性区的替代问题，即K_{I}的塑性区修正。

裂纹顶端的塑性区的极限尺寸

$$R = \frac{1}{2\pi}\left(\frac{K_{\mathrm{I}c}}{\sigma_{ys}}\right)^2$$

当$K_{\mathrm{I}c}$很高，而σ_{ys}很小时，这个塑性区就很大，以至于使整个韧带区全面屈服。这时就不能再用前面线弹性力学建立裂纹件的$K_{\mathrm{I}}(G_{\mathrm{I}})$理论去解决裂纹体的断裂问题。这类问题在实际工程中又相当普遍。需要建立一个新的裂纹体问题领域。

解决裂纹体的弹塑性问题和线弹性问题的目的相同，即建立材料的断裂韧性与外加应力σ，裂纹长度a之间在弹塑性条件下的定量关系。

目前这方面较成功的工作有以下几方面，一是裂纹顶端张开位移COD。二是裂纹顶端的能量积分，J积分。三是裂纹扩展时R阻力曲线。它们较成功地解决了裂纹体的弹塑性问题，但又有一定的困难，有待于完善。

4.3.1 裂纹顶端张开位移COD

COD裂纹顶端张开位移，是用裂纹顶端在外力作用下纵向位移的大小作为力学量和材料韧性来处理裂纹问题。用位移量在解决弹塑性问题较之用应力量的优势在于位移在塑性变形时比应力敏感。在塑变时，材料变形大而应力变化小，而变形随材料变化增大而增大。

1.线弹性条件下的COD

裂纹顶端在裂纹体受力时会张开。在线弹条件下，这个张开位移实际上是有解的。我们在第一节介绍了裂纹顶端的应力场分布，由应力场我们能够解出应变场，即由裂纹顶端(σ_{ij})解出(ϵ_{ij})，由(ϵ_{ij})可以解出裂纹顶端的位移场(u_{ij})。实际裂纹顶端一特定点的y向位移v就是我们定义的裂纹顶端张开位移COD或δ。

图4-3-1为裂纹顶端张开位移的模型图。我们把裂纹顶端O的坐标代入位移场(u_{ij})的y向表达式中，可直接算出$\delta = 2v = \frac{4}{\pi}\cdot\frac{G_{\mathrm{I}}}{\sigma_s}$。临界状态$\delta_{\mathrm{I}c} = \frac{4}{\pi}\cdot\frac{G_{\mathrm{I}c}}{\sigma_s}$。$\delta$与$G_{\mathrm{I}}$之间建立了关系。

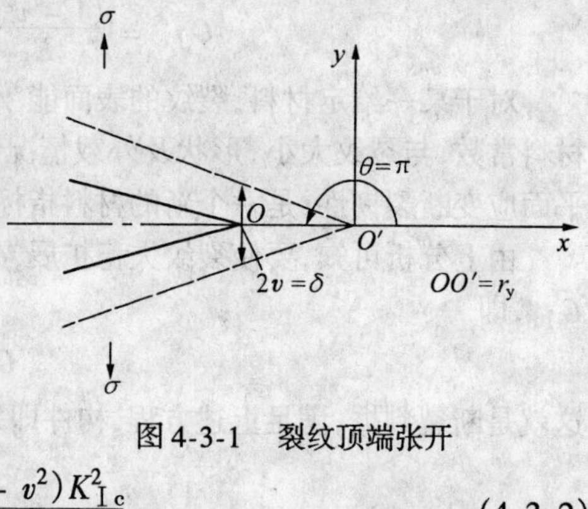

图4-3-1 裂纹顶端张开

在线弹性条件下

$$\delta = \frac{4}{\pi}\cdot\frac{(1-v^2)K_{\mathrm{I}}^2}{\sigma_s E} \qquad (4\text{-}3\text{-}1)$$

在临界条件下

$$\delta_{\mathrm{I}c} = \frac{4}{\pi}\cdot\frac{(1-v^2)K_{\mathrm{I}c}^2}{\sigma_s E} \qquad (4\text{-}3\text{-}2)$$

$K_{\mathrm{I}c}$是材料的平面应变断裂韧性，$K_{\mathrm{I}c}$与$G_{\mathrm{I}c}$之间存在固定的关系，$G_{\mathrm{I}c}$也是材料平面应变断裂韧性。$K_{\mathrm{I}c}$与$\delta_{\mathrm{I}c}$之间存在着固定的关系。$\delta_{\mathrm{I}c}$也是材料平面应变断裂韧性。

$$K_{\mathrm{I}} \geqslant K_{\mathrm{Ic}} \quad 为线弹性条件下断裂判据$$
$$G_{\mathrm{I}} \geqslant G_{\mathrm{Ic}} \quad 也是线弹性条件下断裂判据 \tag{4-3-3}$$
$$\delta_{\mathrm{I}} \geqslant \delta_{\mathrm{Ic}} \quad 也是线弹性条件下断裂判据$$

2.弹塑条件下 COD

弹塑性条件下 COD 主要目的是解决裂纹体在弹塑性条件下的力学参量和材料的断裂常数,以及断裂判据。主要任务是解决 δ 与 σ、a 之间的关系,解决的方法是建立一个合理的模型,依此模型进行力学计算,建立 δ 与 σ、a 之间关系 $\delta = f(\sigma, a)$。

(1) 带状屈服模型(D - M 模型)

引入裂纹张开位移的目的,主要是为了解决大范围屈服或整体屈服的裂纹体问题。实验证明在大范围屈服的条件下 δ 仍然有意义,而且可以测量出来。但此时 G_{I} 与 K_{I} 都已不再适用,因此,在弹塑性状态下要用 COD 来作为断裂判据,就需要找到在弹塑性变形条件下,COD 和构件工作应力 σ 及裂纹尺寸 a 之间的联系,这里讨论的 D - M 模型就是为了解决这个问题。同时还必须用实验证明,小试样测出的 δ_c 与试件尺寸无关,也就是说构件的 δ_c 就是小试样上测到的 δ_c,目前这一问题已初步解决,COD 作为弹塑性状态下的判据已经得到应用。

对于一个受单向均匀拉伸的薄板,中间有一长 $2a$ 的穿透裂纹,如图 4-3-2 所示。D - M 模型认为,裂纹两边的塑性区呈尖劈形向两边伸展,裂纹加塑性区的总长为 $2c$,在塑性区上下两个表面上作用有均匀的拉应力,其数值为 σ_s。具体说,在长为 $2a$ 的裂纹面上不受力作用,在 $(-c, -a)$ 和 (a, c) 之间的塑性区 ρ 上分布有均匀拉应力 σ_s,以防止两个表面分离,因为塑性区周围仍为广大的弹性区所包围(由此可见,D - M 模型只适用于大屈服,而不适用于全屈服),因此,仍可用弹性力学方法来解这个问题,这里只给出结果。用 D - M 模型解出平面应力条件下裂纹顶端张开位移 δ 为

$$\delta = \frac{8\sigma_s a}{\pi E} \cdot \ln\sec\left(\frac{\pi\sigma}{2\sigma_s}\right) \tag{4-3-4}$$

在裂纹开始扩展的临界条件下

$$\delta_c = \frac{8\sigma_s a_c}{\pi E} \cdot \ln\sec\left(\frac{\pi\sigma_c}{2\sigma_s}\right) \tag{4-3-5}$$

这便是 $D - M$ 模型所给出的 COD 表达式。若将式(4-3-4) 进行级数展开,并只取第一项,则可得

$$\delta = \frac{G_{\mathrm{I}}}{\sigma_s} = \frac{K_{\mathrm{I}}^2}{E\sigma_s} \tag{4-3-6}$$

式(4-3-6) 为 $D - M$ 模型导出的 σ、K_{I}、G_{I} 的关系式。K_{I}、G_{I} 在临界条件下的 K_{Ic}、G_{Ic} 是材料性能,所以 δ_c 也是材料性能。δ_c 为那些测 K_{Ic} 有困难的中、

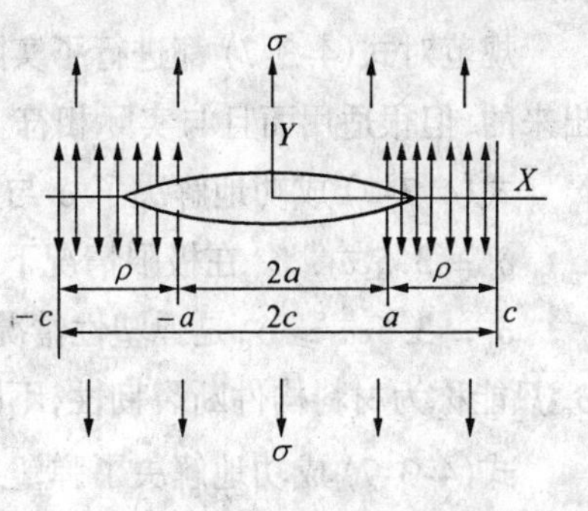

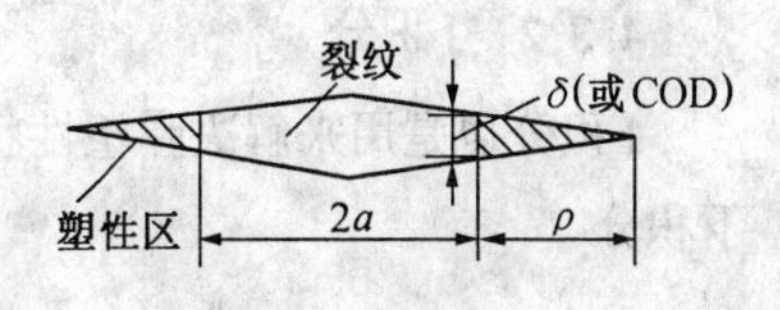

图 4-3-2 带状屈服模型

低强度钢提供了依据。

(4-3-4) 与实际情况不符,但其展开式的第一项与我们得到的线弹性条件下 δ 表达式 (4-3-1) 相近,说明这个模型和计算过程还有一定道理。

(2)COD 的统计关系

用实验方法测出一组 δ、a、σ(可以用应变 e) 数据。依据这些数据回归分析出 $\delta = f(a,\sigma)$ 关系。

《日本焊接学会规范 WES 2805—1980》给出用统计方法回归出的公式

$$\delta = 3.5e\bar{a} \tag{4-3-7}$$

式中,$\bar{a}$ 为缺陷的特征尺寸,即裂纹长度 a。e 为应变

$$e = e_1 + e_2 + e_3$$

$$e_1 = \frac{\sigma_t + \alpha_b \cdot \sigma_b}{E}$$

式中　σ_t—— 垂直于裂纹面工作应力;

σ_b—— 材料抗弯强度;

α_b—— 为系数;

$$e_2 = \alpha_r \cdot e_y$$

α_r—— 系数。$e_y = \dfrac{\sigma_s}{E}$

$$e_3 = (K_t - 1)e_1$$

上式中出现的 α_b、α_r,K_t 在《WES 2805—1980》中都可以查到。

由于实际材料或构件中的裂纹大小、形状、尺寸分布千差万别《WE 2805—1980》规范中都分门别类地加以规范,从中可以方便地查出 $\bar{a}$。规范中也对 e 含意及构成做了详细的规定。

规范对式(4-3-7) 都进行了实际验证,与实际符合地相当好,虽然不是从理论上推导出来的,但很适用而且与实际相符。

式(4-3-7) 成功地解决了 δ 与 σ、a 之间的关系。

$\delta = 3.5e\bar{a}$　　在极限情况下:

$\delta = 3.5e\bar{a} \geqslant \delta_c$ 是弹塑性情况下的断裂判据,δ_c 与 δ_{Ic} 有差别,δ_c 受构件厚度影响,δ_c 只能称为材料构件断裂韧性,不同于材料平面应变断裂韧性 δ_{Ic}。

式(4-3-7) 成功地解决了弹塑条件下裂纹体的断裂问题。

4.3.2　J 积分

J 积分也是用来解决弹塑性状态下的裂纹体问题。J 积分是 1968 年,J·R·Rice 提出以下积分

$$J = \int_{\Gamma}\left(\omega \mathrm{d}y - \frac{\partial \bar{u}}{\partial x} \cdot \boldsymbol{T}\mathrm{d}s\right) \tag{4-3-8}$$

式中　ω—— 应变能密度；

u—— 位移场；

$\boldsymbol{T}$—— 作用在积分域 Γ^* 上外力。

式(4-3-8) 称为 J 积分也叫 Rice 积分。这样一个积分如果沿 Γ^* 和裂纹上下面积一周，即 $\oint_{\Gamma^*} = 0$(推导繁杂故略)。这是在线弹性条件下得出结果。说明在线弹性条件下裂纹顶端应力场是一个保守场。J 积分只与裂纹上下表面两点位置有关，而与路径无关。

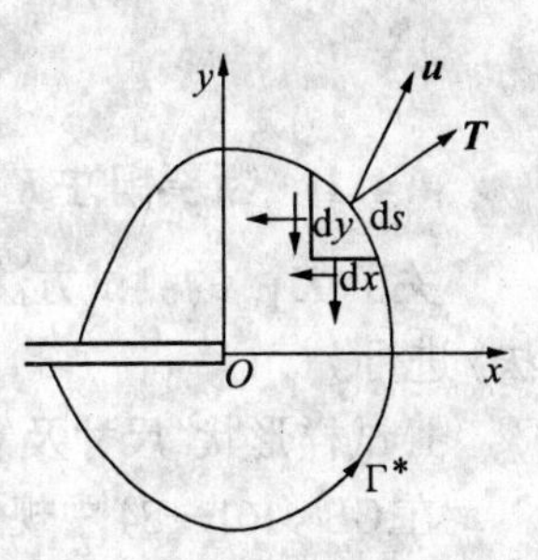

图 4-3-3　J 积分的定义

在线弹性条件下可以推导出(推导繁杂故略)

$$
\left.\begin{aligned}
J = G_{\mathrm{I}} = \frac{K_{\mathrm{I}}^2}{E} \qquad &(\text{平面应力}) \\
J = G_{\mathrm{I}} = \frac{(1 - v^2)K_{\mathrm{I}}^2}{E} \qquad &(\text{平面应变})
\end{aligned}\right\} \tag{4-3-9}
$$

在临界条件下

$$J_{\mathrm{Ic}} = G_{\mathrm{Ic}} = \frac{K_{\mathrm{Ic}}^2}{E}(1 - v^2) \qquad (\text{平面应变})$$

$$J_{\mathrm{c}} = G_{\mathrm{c}} = \frac{K_{\mathrm{c}}^2}{E} \qquad (\text{平面应力})$$

J_{I} 与 K_{I}、G_{I}、δ_{I} 之间有固定的关系。

J_{Ic}与 K_{Ic}、G_{Ic}、δ_{Ic}之间也有固定的关系。所以 J_{Ic}和 K_{Ic}、G_{Ic}、δ_{Ic}均为平面应变断裂韧性，都是材料的韧性指标。而

$$
\left.\begin{aligned}
K_{\mathrm{I}} &\geqslant K_{\mathrm{Ic}} \\
G_{\mathrm{I}} &\geqslant G_{\mathrm{Ic}} \\
\delta_{\mathrm{I}} &\geqslant \delta_{\mathrm{Ic}} \\
J_{\mathrm{I}} &\geqslant J_{\mathrm{Ic}}
\end{aligned}\right\} \tag{4-3-10}
$$

均为平面应变(线弹性条件下) 裂纹体断裂判据

$$
\left.\begin{aligned}
K_{\mathrm{I}} &\geqslant K_{\mathrm{c}} \\
G_{\mathrm{I}} &\geqslant G_{\mathrm{c}} \\
\delta_{\mathrm{I}} &\geqslant \delta_{\mathrm{c}} \\
J_{\mathrm{I}} &\geqslant J_{\mathrm{c}}
\end{aligned}\right\} \tag{4-3-11}
$$

为平面应力条件下裂纹体断裂判据。

在线弹性条件下，J_{I} 像 K_{I} 一样可以用来描述裂纹顶端的应力场。

J 积分应用目前主要是用来解决用小试件测 J_{c}，用以换算 K_{Ic}，后面我们会知道，σ_{s}很低的材料，要作 K_{Ic}试件，至少要几吨重，无设备条件很难做。通常用 J_{c}去换算 K_{Ic}，省钱

省力。

4.4 断裂韧性的测试

4.4.1 断裂韧性 $K_{\mathrm{I}c}$ 的测试

关于 $K_{\mathrm{I}c}$ 的测试方法，可参照 GB 4161—84《金属材料平面应变断裂韧度 $K_{\mathrm{I}c}$ 试验方法》进行。

1. 试样形状、尺寸及制备

在 GB 4161—84 中规定了四种试样：标准三点弯曲试样、紧凑拉伸试样、C 形拉伸试样和圆形紧凑拉伸试样。常用的三点弯曲和紧凑拉伸两种试样的形状及各尺寸之间的关系如图 4-4-1 所示，其中三点弯曲试样较为简单，故使用较多。

由于 $K_{\mathrm{I}c}$ 是金属材料在平面应变和小范围屈服条件下裂纹失稳扩展时 K_{I} 的临界值。因此，测定 $K_{\mathrm{I}c}$ 用的试样尺寸必须保证裂纹尖端处于平面应变和小范围屈服状态。

根据计算，平面应变条件下塑性区宽度 $R_0 \approx 0.11(K_{\mathrm{I}c}/\sigma_y)^2$，式中 σ_y 为材料在 $K_{\mathrm{I}c}$ 试验温度和加载速率下的屈服强度 $\sigma_{0.2}$ 或屈服点 σ_s。因此，若将试样在 z 向的厚度 B、在 y 向的宽度 W 与裂纹长度 a 之差（即 $W-a$，称为韧带宽度）和裂纹长度 a 设计成如下尺寸

$$\left.\begin{array}{c} B \\ a \\ (W-a) \end{array}\right\} \geqslant 2.5\left(\frac{K_{\mathrm{I}c}}{\sigma_y}\right)^2 \tag{4-4-1}$$

则因这些尺寸比塑性区宽度 R_0 大一个数量级，因而可保证裂纹尖端处于平面应变和小范围屈服状态。K_{I} 可以有效修正。

由上式可知，在确定试样尺寸时，应预先测试所试材料的 σ_y 值和估计（或参考相近材料的）$K_{\mathrm{I}c}$ 值，定出试样的最小厚度 B。然后，再按图 4-4-1 中试样各尺寸的比例关系，确定试样宽度 W 和长度 L。若材料的 $K_{\mathrm{I}c}$ 值无法估算，还可根据该材料的 σ_y/E 的值确定 B 的大小，查表 4.4.1。允许情况下尽量 B 大点有利。

表 4.4.1 根据 σ_y/E 确定试样最小厚度 B

σ_y	B/mm	σ_y/E	B/mm
0.0050 ~ 0.0057	75	0.0071 ~ 0.0075	32
0.0057 ~ 0.0062	63	0.0075 ~ 0.0080	25
0.0062 ~ 0.0065	50	0.0080 ~ 0.0085	20
0.0065 ~ 0.0068	44	0.0085 ~ 0.0100	12.5
0.0068 ~ 0.0071	38	≥ 0.0100	6.5

试样材料应该和工件一致，加工方法和热处理也要与工件相同。材料各向异性一定要注意裂纹面的取向，缺口应垂直用钼丝切割开口，并用刀片刻划缺口根部。缺口应垂直于试样表面和平行于预期的扩展方向，偏差在 ±2° 以内。预制疲劳裂纹可以在高频疲劳试验机上进行。疲劳裂纹的长度应不小于 2.5%W，且不小于 1.5mm。a/W 应控制在 0.45 ~ 0.55 范围内。疲劳裂纹面应同时与试样的宽度和厚度方向平行，偏差不得大于 10°。在预制

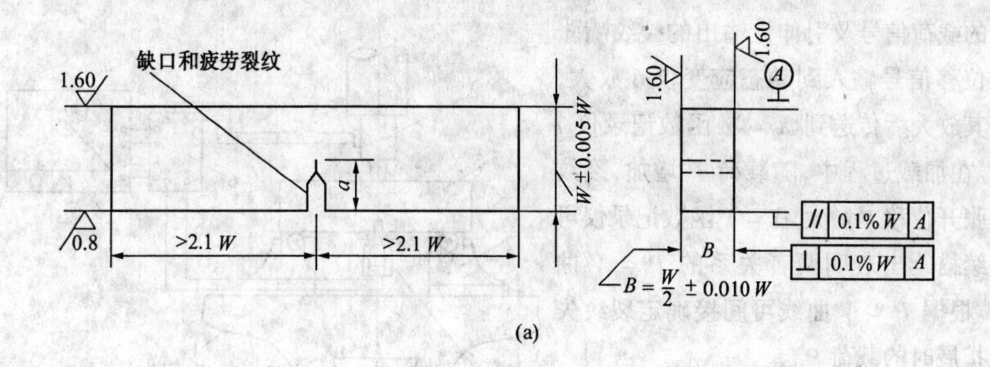

(a)

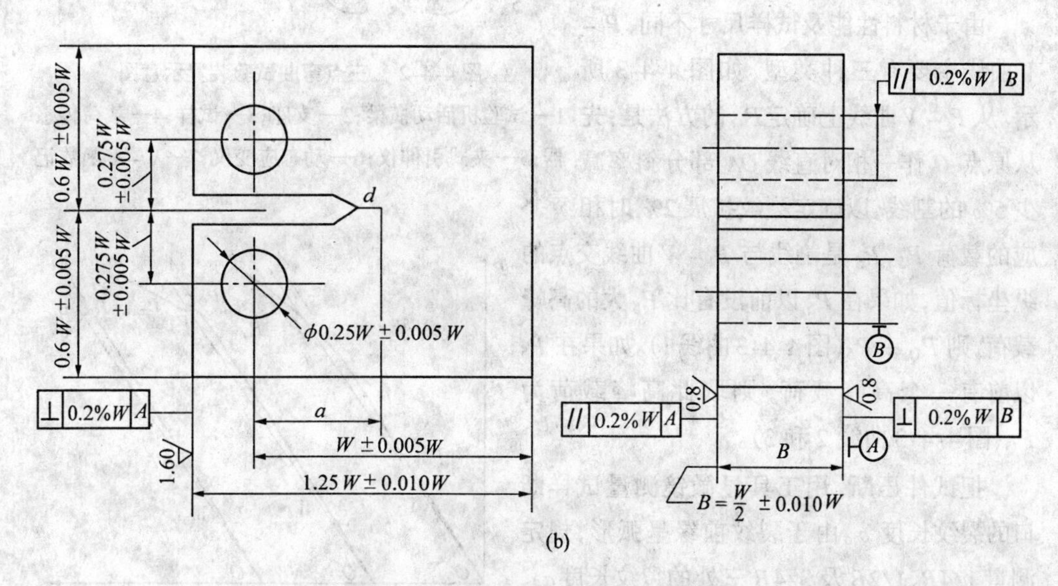

(b)

图 4-4-1　测定 $K_{\mathrm{I}c}$ 用的标准试样

(a) 标准三点弯曲试样　(b) 紧凑拉伸试样

疲劳裂纹时，开始的循环应力可稍大，待疲劳裂纹扩展到约占疲劳裂纹总长之半时应减小，使其产生的最大应力场强度因子和弹性模数之比（K_{fmax}/E）不大于0.01mm$^{1/2}$。此外，K_{fmax} 应不大于 K_{I} 的 70%。循环应力产生的应力场强度因子幅度 ΔK_{f}，一般不小于 $0.9K_{\mathrm{fmax}}$，即 $\Delta K_{\mathrm{f}} = 0.9(K_{\mathrm{fmax}} - K_{\mathrm{fmin}}) \geqslant 0.9K_{\mathrm{fmax}}$，$K_{\mathrm{fmax}}$ 和 K_{fmin} 分别为循环载荷的最高载荷 $P_{\max}$ 和最低载荷 $P_{\min}$ 对应的应力场强度因子。

2.测试方法

将试样用专用夹具安装在一般万能材料试验机上进行断裂试验。对于三点弯曲试样，其试验装置简图如图4-4-2所示。在试验机活动横梁1上换上专用支座2，用辊子支承试样3，两者保持滚动接触。两支承辊的端头用软弹簧或橡皮筋拉紧，使之紧靠在支座凹槽的边缘上，以保证两辊中心距离为 $S = 4W \pm 2$。在试验机的压头上装有拉压传感器4，以测量载荷 P 的大小。在试样缺口两侧跨接夹式引伸计5，以测量裂纹嘴张开位移 V。将传感器输出的载荷信号及引伸计输出的裂纹嘴张开位移信号输入到动态应变仪 6 放大，将其放大后传送到 $X-Y$ 函数记录仪 7 中。在加载过程中，随载荷 P 增加，裂纹嘴张开位移 V 增大。$X-Y$ 函数记录仪可连续描绘出表明两者关系的 $P-V$ 曲线。根据 $P-V$ 曲线可间接确定裂纹失稳扩展时的载荷 P_Q。

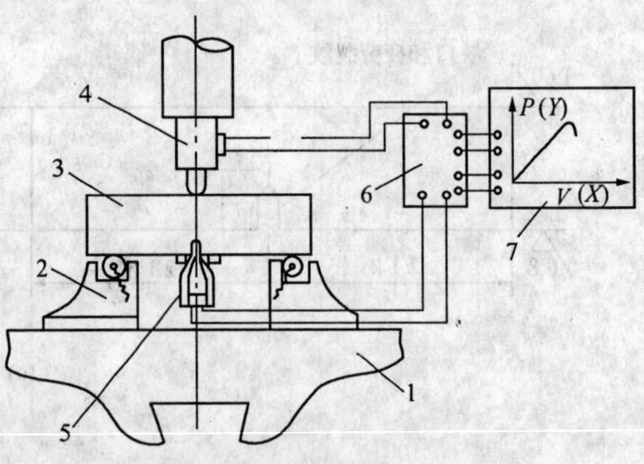

图 4-4-2　三点弯曲试验装置示意图

1—试验机活动横梁；2—支座；3—试样；4—载荷传感器；5—夹式引伸仪；6—动态应变仪；7—X－Y 函数记录仪

由于材料性能及试样尺寸不同，$P-V$ 曲线主要有三种类型，如图 4-4-3 所示。从 $P-V$ 曲线上确定 P_Q 的方法是：先从原点 O 作一相对直线 OA 部分斜率减少 5% 的割线，以确定裂纹扩展 2% 时相应的载荷 P_5，P_5 是割线与 $P-V$ 曲线交点的纵坐标值，如果在 P_5 以前没有比 P_5 大的高峰载荷，则 $P_Q=P_5$(图 4-4-3 曲线 1)。如果在 P_5 以前有一个高峰载荷，则取此高峰载荷为 P_Q(图 4-4-3 曲线 2 和 3)。

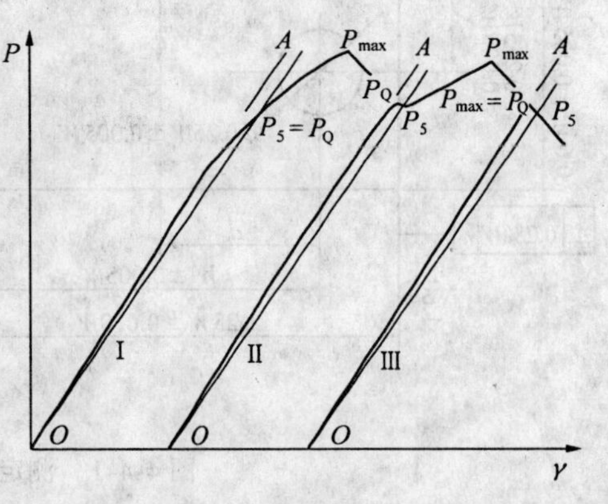

图 4-4-3　$P-V$ 曲线的三种类型

把试件压断，用工具显微镜测量试样断口的裂纹长度 a。由于裂纹前缘呈弧形，规定测量 $1/4B$、$1/2B$ 及 $3/4B$ 三处的裂纹长度 a_2、a_3 及 a_4，取其平均值作为裂纹的长度 a(见图 4-4-4)。

3. 试验结果的处理

三点弯曲试样加载时，裂纹尖端的应力场强度因子 K_I 表达式为

$$K_I=\frac{P\cdot S}{BW^{3/2}}\cdot Y_I\left(\frac{a}{W}\right)\qquad(4\text{-}4\text{-}2)$$

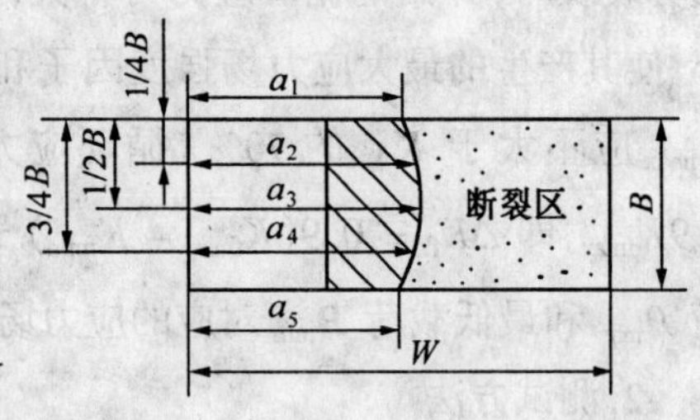

图 4-4-4　断口裂纹长度 a 的测量

式中，$Y_I(a/W)$ 为与 a/W 有关的函数。求出 a/W 之值后即可查表(见附录 4)，或由下式求得 $Y_I(a/W)$ 值。

$$Y_I\left(\frac{a}{W}\right)=\frac{3(a/W)^{1/2}[1.99-(a/W)(1-a/W)\times(2.15-3.93(a/W))+2.7(a^2/W^2)]}{2(-1+2a/W)(1-a/W)^{3/2}}$$

在裂纹顶端测厚度 B 三次、及 W 值三次，取国家标准中规定的精度。将 B、W 及条件

的裂纹失稳扩展的临界载荷 P_Q 及试样断裂后测出的裂纹长度 a 代入式(4-4-2),即可求出 K_{I} 的条件值,记为 K_Q。然后再依据下列规定判断 K_Q 是否为平面应变状态下的 $K_{\mathrm{I}c}$。K_Q 的有效性检验如下进行。

当 K_Q 满足下列两个条件时

$$\left.\begin{aligned} P_{max}/P_Q \leqslant 1.10 \\ B \geqslant 2.5(K_Q/\sigma_y)^2 \end{aligned}\right\} \tag{4-4-3}$$

则 $K_Q = K_{\mathrm{I}c}$。如果试验结果不满足上述条件之一,或两者均不满足,试验结果无效。建议用大试样重新测定 $K_{\mathrm{I}c}$,试样尺寸至少应为原试样的 1.5 倍。

但若将另一试样在弹性阶段预加载,并在记录纸上作好与初始直线的斜率降低 5% 的割线。然后重新对该试样加载,当 $P-V$ 曲线和 5% 割线相交时,停机卸载。试样经氧化着色或两次疲劳后压断,在断口 $\frac{1}{4}B$、$\frac{1}{2}B$ 和 $\frac{3}{4}B$ 的位置上测量裂纹稳定扩展量 Δa。如果此时裂纹确已有了约 $2\%W$ 的扩展,则上述 K_Q 仍可作为 $K_{\mathrm{I}c}$ 的有效值。否则试验结果无效,另取厚度为原试样厚度 1.5 倍的标准试样重做试验。

测试 $K_{\mathrm{I}c}$ 的误差来源有三,载荷误差,取决于试验设备的测量精度;试样几何尺寸的测量误差,取决于量具的精度;修正系数的误差,取决于预制裂纹前缘的平直度。在一般情况下,修正系数误差对测试 $K_{\mathrm{I}c}$ 的误差影响最大。如能保证裂纹长度测量相对误差小于 5%,则 $K_{\mathrm{I}c}$ 值最大相对误差不大于 10%。按国标规定的格式出具实验报告。

4. 表面裂纹法测 $K_{\mathrm{I}c}$

用超高强板材做成的压力容器破坏试验表明:断裂源大都是表面裂纹,且多近似为半椭圆状。因此,用表面裂纹法测出的 $K_{\mathrm{I}c}$ 可直接用来估算具有表面半椭圆裂纹构件的安全强度和可容许的裂纹尺寸。对超高强板材,当板厚小于 6.4mm 时,就不能用标准的三点弯曲或紧凑拉伸试样测量 $K_{\mathrm{I}c}$。用表面裂纹法就不受这个限制,试样可直接取自板材,试样厚度、组织结构,表面状态等均可和实际板材一致。表面裂纹法的另一个特点就是方法简单,只要有疲劳机就行,用不着记录 $P-V$ 曲线。

表面裂纹法标准为:GB 7732—87。因为表面裂纹法用最大负载计算 $K_{\mathrm{I}c}$,故数值一般比标准法要偏高。此法只适用于强度级别很高韧性又较差,以致在断裂前,无明显的裂纹亚临界扩展的板材(对每一种材料,事前必须用实验表明断裂前裂纹无明显亚临界扩展。才能用表面法测 $K_{\mathrm{I}c}$),另外,表面裂纹是个三维弹性问题,$K_{\mathrm{I}c}$ 公式没有严格的弹性解。不同的近似公式,在深裂纹时误差较大。

权衡利弊,对超高强板材,表面裂纹法仍是一种很有用的测试方法。

(1) 试验步骤

① 试样加工成板状拉伸试样,见图 4-4-5。试样尺寸如何选择,目前尚不成熟。

板厚 B,为了保证平面应变条件,样品厚度必须远大于裂纹前缘屈服区的尺寸。一般

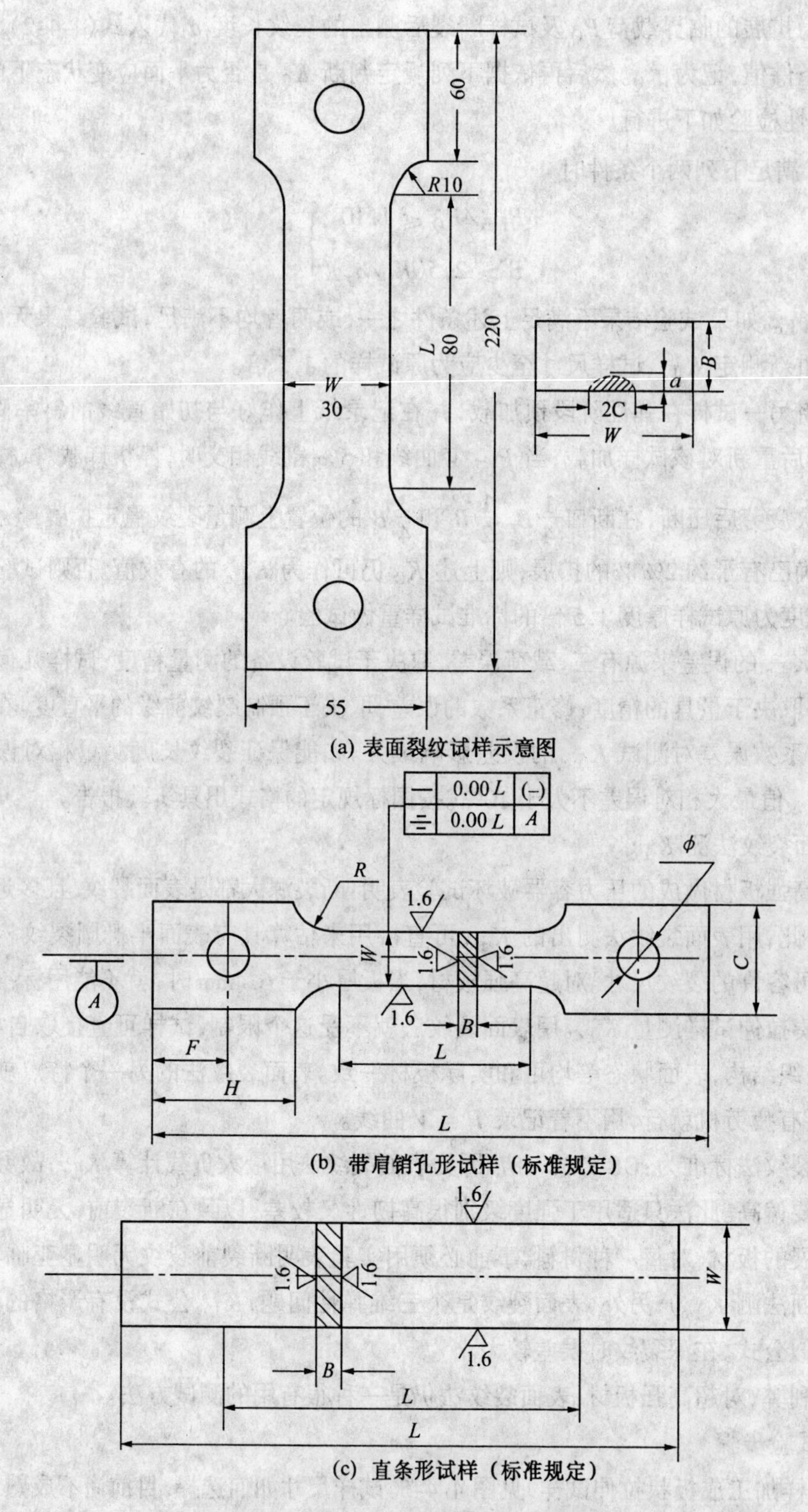

(a) 表面裂纹试样示意图

(b) 带肩销孔形试样（标准规定）

(c) 直条形试样（标准规定）

图 4-4-5　试件示意图及标准中规定的试件

$B \geq \alpha(K_{\mathrm{I}c}/\sigma_s)^2$。其中 α 的值有待实验确定及协商规定。

宽度 W,为了避免对计算公式作宽度校正,建议 $W \geq 8C$(C 是椭圆裂纹半长轴图 4-4-5)。

长度 L,当 $L \geq 2W$ 时,可以忽略长度的影响。

为了避免试样在拉伸时打滑,可用锁钉加载(图 4-4-5)。如试样过宽,则可考虑多孔式加载,以保证负载均匀。

② 用尖劈形刃具(图 4-4-6 所示工件,用工具钢或硬质合金磨成。要注意刀刃两侧的对称性,以保证获得对称的人工缺口),在所需的部位(一般在板面中心)在试验机上压出一个人工缺口。控制加压负荷,可获得不同深度的近似半椭圆缺口。如对 $\sigma_s \approx 170\mathrm{kg/mm^2}$ 的超高强板用 150 ~ 300kg 的负载,可获得长约 2.0、宽 0.3、深 0.8mm 的半椭圆缺口。

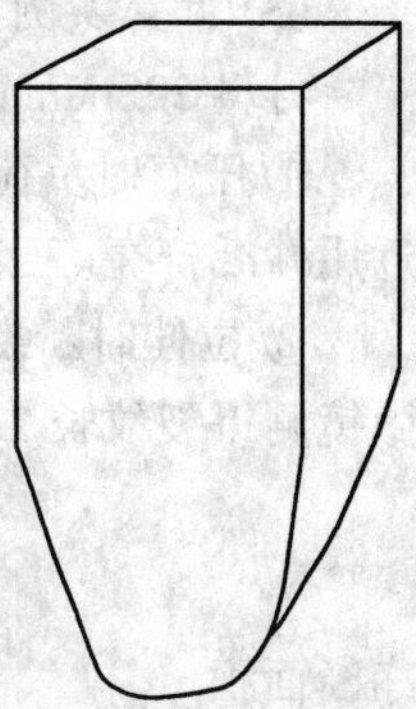

最好是先压痕,再热处理,否则由于试样硬而脆,压痕不规则,难以获得满意的半椭圆疲劳裂纹。

图 4-4-6　劈形刃具

③ 压痕后(必要时经热处理)用三点弯曲法,在高频疲劳试验机上制备疲劳裂纹(图 4-4-7),压痕要正对下压头。在疲劳的最后阶长,要求疲劳应力 $\sigma_f \leq 0.6\sigma_c$(拉断时净断面应力)当预先用合适的压力,使压痕形状大致相同时,裂纹长度和深度的比值 $a/2c$ 也有一定的范围。故可以通过肉眼控制 $2c$ 的长度来控制裂纹深度 a。为了保证试样在低于屈服应力下断裂(一般要求断裂应力 $\sigma_c < 0.7 \sim 0.8\sigma_s$),故 a 值不能太小。如果 a 值太大则韧带 $B - a$ 就过小,不容易满足平面应变要求。

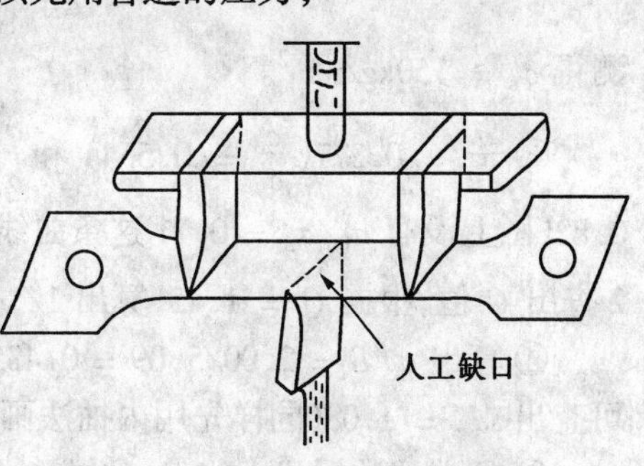

图 4-4-7　表面裂纹疲劳示意图

④ 疲劳后在拉伸机上一直拉断,记下最大负载 $P_{\max}$,记下试验温度。

测量 B 和 W,对拉断的试样,用读数显微镜测出 a 和 $2c$。

(2) $K_{\mathrm{I}c}$ 计算

由于表面半椭圆裂纹是三维弹性问题,在各种近似公式中,通过论证,我们认为 Shah-kobavnah 公式在很大的 a/B 范围内都是合适的。

$$K_{\mathrm{I}c} = Me \cdot \frac{\sqrt{\pi a}}{\sqrt{Q}} \cdot \sigma_c \tag{4-4-4}$$

式中,σ_c 为净断面应力,等于最大负载除净断面面积(板横截面积减去半椭圆裂纹占的面积)即

$$\sigma_c = \frac{P_{\max}}{BW - \dfrac{\pi ac}{2}} \tag{4-4-5}$$

$$Q = \left[\Phi^2 - 0.212\left(\frac{\sigma_c}{\sigma_s}\right)^2\right] \tag{4-4-6}$$

称为形状校正因子,Φ 是和 a/c 有关的第一类椭圆积分。根据 σ_c 和已知的 σ_s,以及测出来

的 $a/2c$,就可由图 4-4-8 查出特定 σ_c/σ_s 和 $a/2c$ 所对应的 $1/\sqrt{Q}$ 值。

$$M_e = M_1 \cdot M_2 \tag{4-4-7}$$

称弹性增大因子,M_1 是前自由表面增大因子,M_2 是背自由表面增大因子。对于特定的 $a/2c$ 和 a/B 可由图 4-4-9 查出 M_e。

把查出的 M_e、$1/\sqrt{Q}$ 以及 σ_c 和 a 代入(4-4-4) 式就可算出 K_{Ic} 值。

(3) 计算实例

材料 32SiMnMoV,板厚 5mm,宽 30mm,加工成图 4-4-5 的拉伸试样。

① 压痕时负荷为 160kg,压痕长 3.2mm,宽 0.3mm,深约 0.9mm。压痕后热处理,压痕附近用砂纸打亮。三点弯曲法疲劳,疲劳负载 410kg 经 18 分后 2c 约 7mm 停机。

② 拉伸时断裂负荷 $P_{max} = 15t$,精确测量尺寸 $B = 5.09mm$, $W = 30.07mm$。用读数显微镜测得裂纹长 $2c = 7.32mm$, $a = 2.00mm$。

$$\frac{a}{2c} = \frac{2}{7.32} = 0.277$$

净断面积
$$A_c = BW - \frac{\pi ac}{2} = 141mm^2$$

$$\sigma_c = \frac{P_{max}}{A_c} = \frac{15000}{141} = 106kg/mm^2$$

测得 $\sigma_s = 150kg/mm^2$。

③ $\frac{a}{2c} = 0.277(\frac{a}{c} = 0.554)$ 和 $\frac{\sigma_c}{\sigma_s} = \frac{106}{150} = 0.71$,根据图 4-4-8 可查出 $1/\sqrt{Q} = 0.82$(图上没有 $\sigma_c/\sigma_s = 0.71$ 这条曲线,可在 0.6 和 0.8 之间内插一条线)。也可由表 4.4.2 查出 Q 值,根据 $Q = 1.45$,算出 $1/\sqrt{Q} = 0.825$。

④ 算出 $a/B = 2.00/5.09 = 0.435$,根据 $a/B = 0.435$ 和 $a/c = 0.554$,在图 4-4-9 上可查出 $M_e = 1.08$(同样先用内抽法画出 $a/c = 0.554$ 的近似曲线,再查)。

⑤ 把上述数据代入(4-4-4) 式

$$K_{Ic} = M_e \cdot \sqrt{\pi a} \cdot 1/\sqrt{Q} \cdot \sigma_c = 1.08 \times \sqrt{3.14 \times 2.00} \times 0.825 \times 106 = 239kg/mm^{3/2}$$

表 4.4.2 表面裂纹的 Q 值计算表 $Q = \Phi^2 - 0.212(\frac{\sigma}{\sigma_s})^2 = \Phi^2 - x$

σ/σ_s		0.0	0.1	0.2	0.3	0.4	0.5	0.6	0.7	0.8	0.9	1.0
a/c	Φ_2 \ x	0.000_0	0.002_1	0.008_5	0.019_1	0.033_9	0.053_0	0.076_3	0.103_9	0.135_7	0.171_7	0.212
0.00	1.000	1.000	0.998	0.991	0.981	0.966	0.947	0.924	0.896	0.864	0.828	0.788
0.05	1.009_2	1.009	1.007	1.000	0.990	0.975	0.956	0.933	0.905	0.873	0.837	0.797
0.10	1.032_3	1.032	1.030	1.023	1.013	0.998	0.979	0.956	0.928	0.896	0.860	0.820
0.15	1.064_6	1.065	0.063	1.056	1.046	1.031	1.012	0.989	0.916	0.929	0.893	0.853
0.20	1.103_7	1.104	1.102	1.095	1.085	1.070	1.051	1.028	1.000	0.968	0.932	0.892
0.25	1.145_2	1.145	1.143	1.136	1.126	1.111	1.092	1.069	1.041	1.009	0.973	0.933
0.30	1.204_1	1.024	1.202	1.195	1.185	1.170	1.151	1.128	1.100	1.068	1.032	0.982

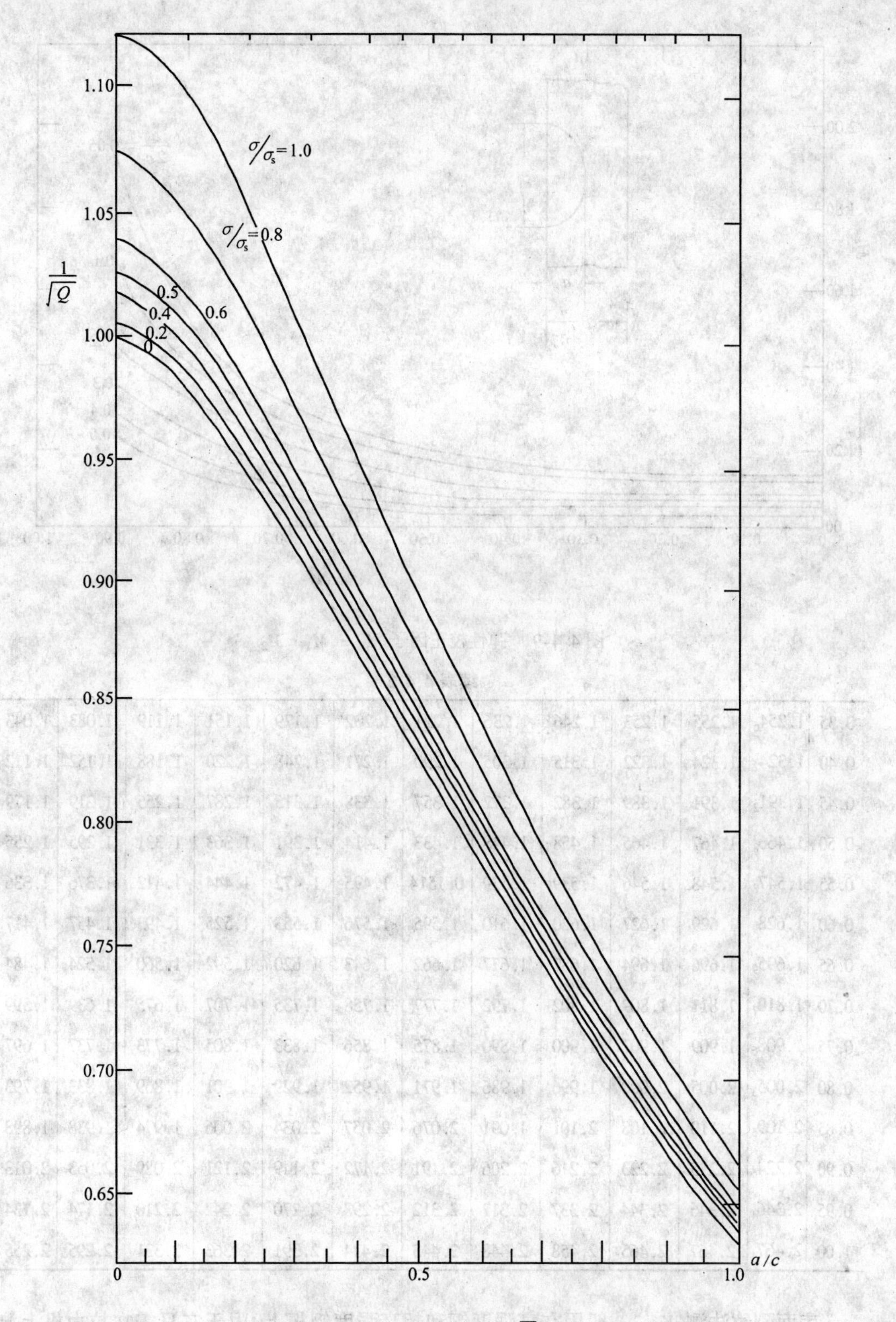

图 4-4-8　表面裂纹的 $1/\sqrt{Q}$ 曲线

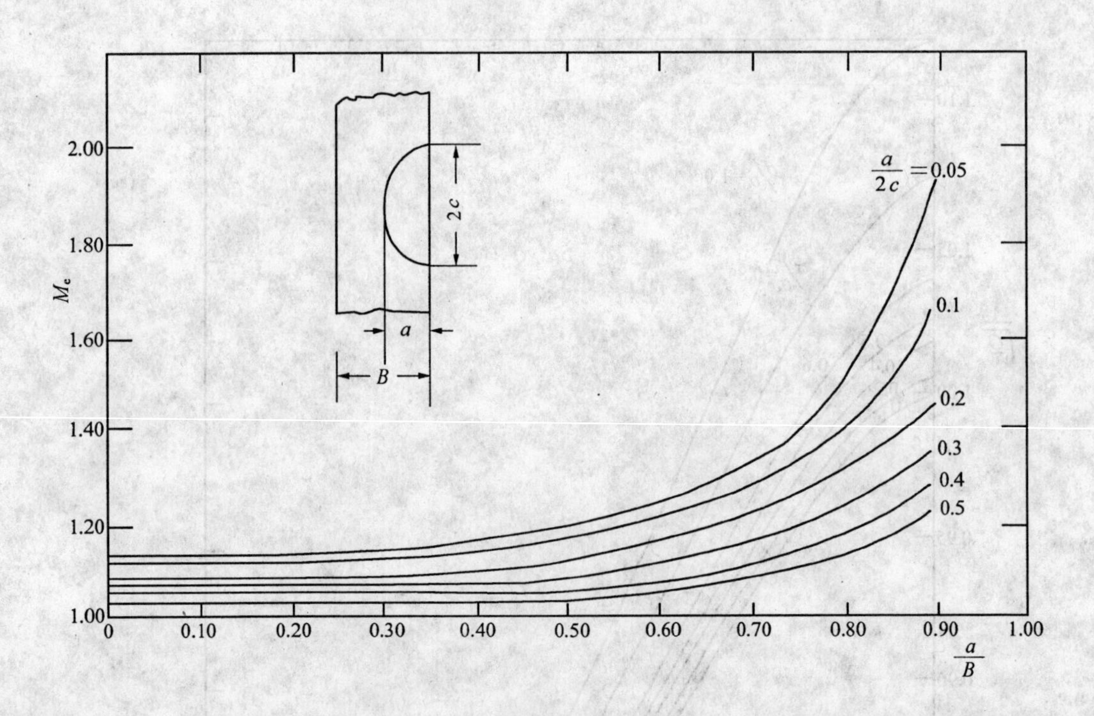

图 4-4-9　弹性校正因子 $M_e = M_1 \cdot M_2$

续表 4.4.2

0.35	1.254_6	1.255	1.253	1.246	1.236	1.221	1.202	1.179	1.151	1.119	1.083	1.043
0.40	1.324_2	1.324	1.322	1.315	1.305	1.290	1.271	1.248	1.220	1.188	1.152	1.112
0.45	1.391_2	1.391	1.389	1.382	1.372	1.357	1.338	1.315	1.287	1.255	1.219	1.179
0.50	1.466_8	1.467	1.465	1.458	1.448	1.433	1.414	1.391	1.363	1.331	1.295	1.255
0.55	1.547_8	1.548	1.546	1.539	1.529	0.1514	1.495	1.472	1.444	1.412	1.376	1.336
0.60	1.628_9	1.629	1.627	1.620	1.610	1.595	1.576	1.553	1.525	1.493	1.457	1.417
0.65	1.695_9	1.696	1.694	1.687	1.677	1.662	1.643	1.620	1.592	1.560	1.524	1.484
0.70	1.810_7	1.811	1.809	1.802	1.792	1.777	1.758	1.735	1.707	1.675	1.639	1.599
0.75	1.908_6	1.909	1.907	1.900	1.890	1.875	1.856	1.833	1.805	1.773	1.737	1.697
0.80	2.005_3	2.005	2.008	1.996	1.986	1.971	1.952	1.929	1.901	1.869	1.833	1.793
0.85	2.109_5	2.110	2.108	2.101	1.091	2.076	2.057	2.034	2.006	1.974	1.938	1.898
0.90	2.224_6	2.225	2.223	2.216	2.206	2.191	2.172	2.149	2.121	2.089	2.053	2.013
0.95	2.346_4	2.346	2.344	2.337	2.317	2.312	2.293	2.270	2.242	2.210	2.174	2.134
1.00	2.467_4	2.467	2.465	2.458	2.448	2.443	2.414	2.391	2.363	2.331	2.295	2.255

表面裂纹法测 K_{Ic} 一般用在高强度钢和超高强度钢板上，由于它只需在拉力机上测 P_c，故不用动态应变仪和 $X-Y$ 记录仪也可以完成，在标定的老式拉伸机上即可完成实

验。

4.4.2 断裂韧性 $J_{\mathrm{I}c}$ 的测试

目前测试 $J_{\mathrm{I}c}$ 的方法有单试样法、多试样法和阻力曲线法多种。单试样法和多试样法测 $J_{\mathrm{I}c}$ 是根据 J 积分的形变功差率定义进行的。阻力曲线法测试 $J_{\mathrm{I}c}$ 则是根据裂纹扩展阻力曲线 $R-\Delta a$ 的原理，将 R 作为 J 的函数，作出 $J_R-\Delta a$ 曲线，测定开裂点对应的 J_R 值作为 $J_{\mathrm{I}c}$ 后一种方法我国已正式列为国家标准。制定出 GB 2038—91《利用 J_R 阻力曲线确定金属材料延性断裂韧度的试验方法》，可作为测试的依据。下面简单介绍单试样测定 $J_{\mathrm{I}c}$ 的方法，它是多试样法的基础。

1. 试样的形状及尺寸

测试 $J_{\mathrm{I}c}$ 也常用三点弯曲试样，其外形和测 $K_{\mathrm{I}c}$ 试样相似，制备方法也相同，只是尺寸较小，B、W 和 S 之间的比例不同。一般规定 $B:W:S=1:(1\sim1.2):(4\sim5)$；$a/W=0.5$。

为了保证裂纹在平面应变条件下产生小范围屈服后开裂，试样厚度 B 和韧带尺寸 $(W-a)$ 应满足以下要求。

$$\left.\begin{aligned}&(W-a)\geqslant\alpha\left(\frac{J_{\mathrm{I}c}}{\sigma_y}\right)\\&\frac{B}{W-a}\geqslant\beta\\&B\geqslant\alpha\beta\left(\frac{J_{\mathrm{I}c}}{\sigma_y}\right)\end{aligned}\right\}\tag{4-4-4}$$

式中 α、β 为系数。试验表明，当 $\alpha=25\sim60$ 和 $\beta=1.5\sim2.5$ 时，所测 $J_{\mathrm{I}c}$ 值较为稳定。α 和 β 的选取，视材料强度不同而异。对于高强度材料可取低限值；对于中、低强度钢及有色合金材料可取高限值。一般，钢取 $\alpha\cdot\beta=50$，钛合金取 $\alpha\cdot\beta=80$，铝合金 $\alpha\cdot\beta=120$。

2. 测试原理和方法

如果试样厚度 B 和韧带尺寸 $(W-a)$ 能够满足平面应变的要求，则弹塑性理论分析表明，该试样所受载荷 P 与施力点位移 δ 的关系为

$$P=B(W-a)^2f(\delta)\tag{4-4-5}$$

试样在载荷 P 作用下产生位移 δ，则形变功为

$$U=\int_0^\delta P\mathrm{d}\delta=\int_0^\delta B(W-a)^2f(\delta)\mathrm{d}\delta=B(W-a)^2\int_0^\delta f(\delta)\mathrm{d}\delta\tag{4-4-6}$$

由于
$$J=-\frac{1}{B}\left(\frac{\partial U}{\partial a}\right)_\delta$$

故将式(4-4-6)代入后，得

$$J=2(W-a)\int_0^\delta f(\delta)\mathrm{d}\delta\tag{4-4-7}$$

将式(4-4-6)除以式(4-4-7)，得

$$J=\frac{2U}{B(W-a)}\tag{4-4-8}$$

根据上式，只要测得一个试样 $P-\delta$ 曲线下对应于临界点的面积所代表的形变功

$U_c = \int_0^{\delta} P_c d\delta$,以及裂纹平均长度 a,就可算出 $J_{\mathrm{I}c}$ 值。

临界点的确定对 $J_{\mathrm{I}c}$ 值的影响很大,一般认为,采用裂纹开裂点作为临界点较为合适,因为这样规定比较符合 $J_{\mathrm{I}c}$ 的定义。

用小试样测中、低强度钢的断裂韧性时,由于裂纹扩展前其尖端会产生塑性变形,致使 $P-\delta$ 曲线上裂纹的开始扩展点不明显,因而,需要借助于电位法或声发射法辅助标定裂纹开裂点。

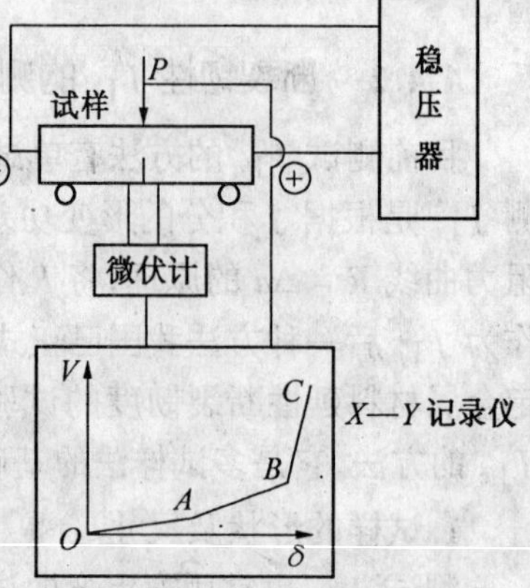

图 4-4-10　用电位法测定开裂点的装置简图

所谓电位法就是对加载试样通以稳定电流(一般为 $10A/cm^2$),然后测量裂纹两侧电位的变化,以判断裂纹扩展情况的方法。其试验装置简图见图 4-4-10。试验时用夹式引伸计测量试样施力点的位移 δ;在裂纹两侧焊有电位测头,测量试样加载过程中的电位值 μV。然后通过 $X-Y$ 函数记录仪自动记录 $\mu V-\delta$ 曲线。由曲线可见,在弹性变形时,电位变化不大,曲线 OA 很平坦,塑性变形时,电位开始增大,曲线 AB 略有升高;当裂纹开始扩展时,电位突增,加载过程曲线 BC 急剧上升,所以 B 点就是开裂点。

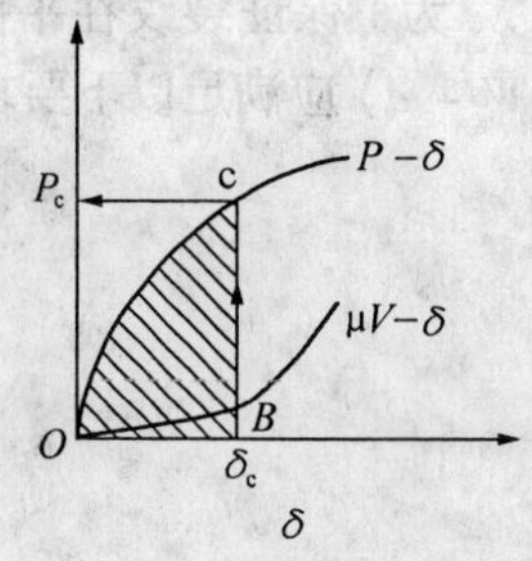

图 4-4-11　$P-\delta$ 曲线上临界点的确定

在试样加载过程中,可以在 $X-Y$ 记录仪上同步描绘出 $P-\delta$ 曲线和 $\mu V-\delta$ 曲线,如图4-4-11 所示。通过电位曲线上的拐点 B,可以确定 $P-\delta$ 曲线上的 c 点为开裂点,从而定出 P_c 和 δ_c。曲线 Oc 下的面积(影线部分) 即为试样开裂时的形变功 U_c。将此值连同试样断裂后测得的裂纹平均长度 a 代入式(4-4-8) 中,就可求出该材料的 $J_{\mathrm{I}c}$ 值。

3. 多试件法测 $J_{\mathrm{I}c}$

多试件法测 $J_{\mathrm{I}c}$ 是用多个试件测出不同裂纹扩展量 Δa 对应 J 值,建立 $J-\Delta a$ 曲线,如 4-4-12 图所示。

这个图的建立:J 按式(4-4-8) 计算,Δa:① 按每个试件 J 对应的 Δa 着色测量法;② 按单个试件反复停机卸载线确定的柔度再用计算的方法确定 Δa。停机卸载加载线如 4-4-13 图所示。这个方法为现流行办法,简单、稳定、方便。

由 $J-\Delta a$ 曲线按规定定义确定 $J_{\mathrm{I}c}$。本图为 $\Delta a = 0.02\text{mm}$ 时对应 J 为 $J_{\mathrm{I}c}$。$J_i-\Delta a_i$ 曲线可以用最小二乘法拟合出 $J_i = f(\Delta a)$ 解析式,由解析式给出 $\Delta a = 0.02\text{mm}$ 算出 $J_{0.02}$ 作为 $J_{\mathrm{I}c}$。

4.4.3　断裂韧性 δ_c 的测试

δ_c 的测试方法也有几种,如单试样法、多试样阻力曲线法等。下面只简要介绍单试样法,阻力曲线法可按照 GB 2358—94《裂纹张开位移(COD) 试验方法》进行。

1. 试样形状及尺寸

测试 δ_c 也采用三点弯曲试样,由于它不强调平面应变状态,而仅强调尽可能反映构

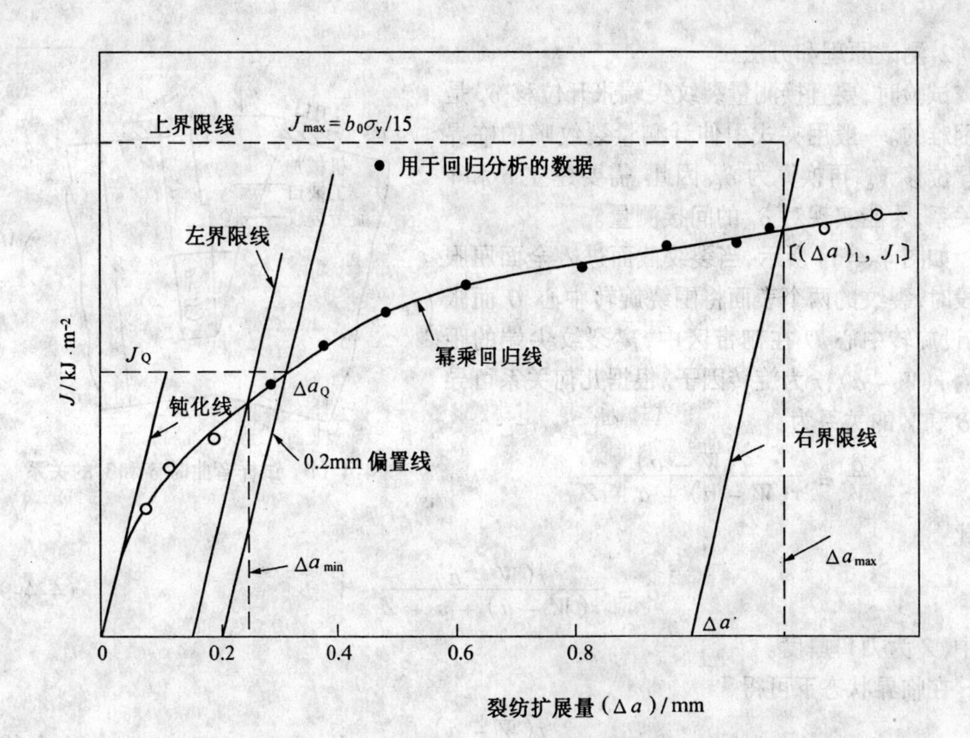

图 4-4-12　$J-\Delta a$ 曲线

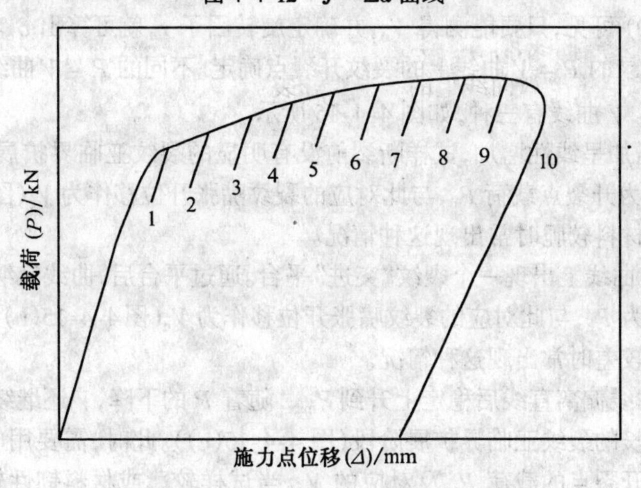

图 4-4-13　单试样法加卸载顺序示意图

件的实际服役情况，所以其试样尺寸及 B、W 和 S 之间的关系一般规定为

$$B = \text{材料厚度}$$

$$W = 2B, B, 1.3B$$

$$a = 0.5W, 0.3W, 0.3W$$

$$S = 4W$$

试样的制备方法与测 $K_{\text{I}c}$ 的试样相同，但对预制裂纹技术要求更高。一般规定预制疲劳裂纹时循环应力较低，其最大应力场强度因子 K_{fmax} 不能大于 $0.5K_{\text{I}c}$。

2. 测试原理和方法

试验时，要直接测量裂纹尖端张开位移 δ_c 是很困难的。一般用夹式引伸计测量裂纹嘴的临界张开位移 V_c，再换算为 δ_c。因此，需要建立 δ 和 V 的关系，才能实现对 δ_c 的间接测量。

如图 4-4-14 所示，当裂纹截面进入全面屈服阶段时，裂纹的两个表面将围绕旋转中心 O 而张开。设旋转中心 O 在韧带区中，离裂纹尖端的距离为 $r(W-a)$，r 为旋转因子。根据几何关系可导出 δ 和 V 的关系为

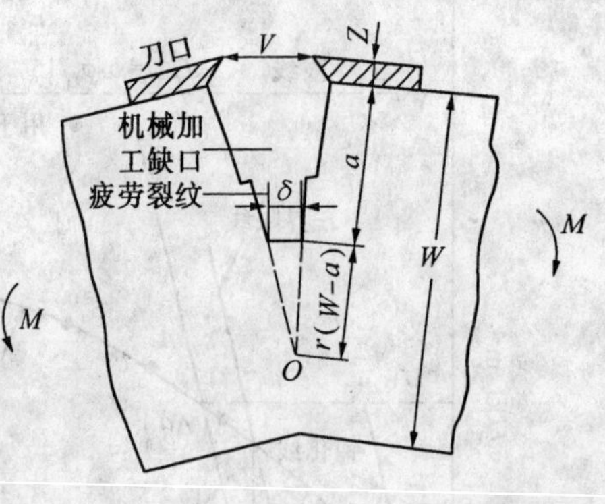

图 4-4-14　试样弯曲时 δ 和 V 的关系

$$\frac{\delta}{V}=\frac{r(W-a)}{r(W-a)+a+Z}$$

因此

$$\delta=\frac{r(W-a)}{r(W-a)+a+Z}\cdot V \tag{4-4-9}$$

式中，Z 为刀口厚度。

在临界状态下可得

$$\delta_c=\frac{r(W-a)}{r(W-a)+a+Z}\cdot V_c \tag{4-4-10}$$

由式(4-4-10)可见，只要能测得 V_c，并确定旋转因子 r，就可算出 δ_c。

V_c 由试验记录的 $P-V$ 曲线上的裂纹开裂点确定。不同的 $P-V$ 曲线确定 V_c 的方法不同，常见的 $P-V$ 曲线有三种，如图 4-4-15 所示。

(1) P 随 V 增加呈线性增加，试样断裂前没有明显的裂纹亚临界扩展阶段。这时可取最大载荷 P_{max} 作为开裂点载荷 P_c，与此对应的裂纹嘴张开位移作为 V_c(图 4-4-15(a))。当试样厚度很大或材料较脆时常出现这种情况。

(2) 在 $P-V$ 曲线上出现一个裂纹"突进"平台。通过平台后，曲线又继续上升。这时取开始突进处载荷为 P_c，与此对应的裂纹嘴张开位移作为 V_c(图 4-4-15(b))。当试样厚度为中等或材料韧性较差时常出现这种情况。

(3) $P-V$ 曲线偏离直线后稳定上升到 P_{max}，随着 P 的下降，V 还继续增大直至断裂。这说明材料有较长的裂纹亚临界扩展阶段(图 4-4-15(c))。此时，需要用电位法或声发射法辅助确定裂纹开裂点的载荷 P_c 及对应的 V_c。当试样较薄或材料韧性较好时常出现这种情况。

旋转因子 r 的确定比较困难，因为随着载荷增加(或 V 增大)，旋转中心 O 逐渐内移，即 r 不断增大。当 V 足够大时，r 就趋于稳定。一般规定，当材料的 $\delta_c=0.0625\sim0.625$mm 时，取 $r=1/3$。由此产生的误差小于 20%。若材料的 δ_c 较小，则误差较大。

测试 δ_c 的试验装置和测试 K_{Ic} 的基本相同。但为了标定开裂点，还要另加一套和测试 J_{Ic} 相同的记录裂纹两侧电位变化的装置或记录声发射率变化的装置，将检测的结果同步记录到 $X-Y$ 记录仪中，得载荷－电位或载荷－声发射率曲线，再标定开裂点。电位法前面已作过介绍，这里再介绍声发射法。

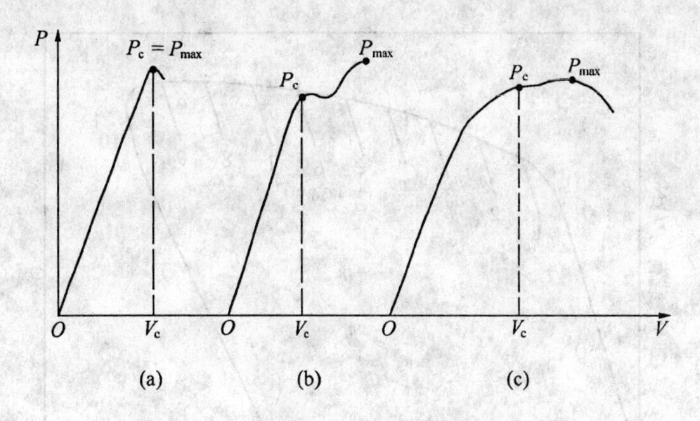

图 4-4-15 在三种 $P-V$ 曲线上确定 V_c 的方法

金属在变形、开裂或破断时，会产生声波，这种现象称为声发射。在材料的应力应变曲线不同阶段，声发射率与累计总数是不同的，因而可以用声发射技术研究金属的变形和断裂过程。在三点弯曲试验时，利用声发射装置的简图示于图 4-4-16。借助声发射检测仪将试样变形和开裂时的声发射率 dN/dt(或声发射总数 N) 接收并转换为电信号，与裂纹嘴张开位移 V 同步输入 $X-Y$ 记录仪中，自动绘出 $dN/dt-V$ 曲线(或 $N-V$ 曲线)。由于裂纹开裂后声发射有明显变化，所以从曲线上可较准确地标定出裂纹开裂点的 V_c。

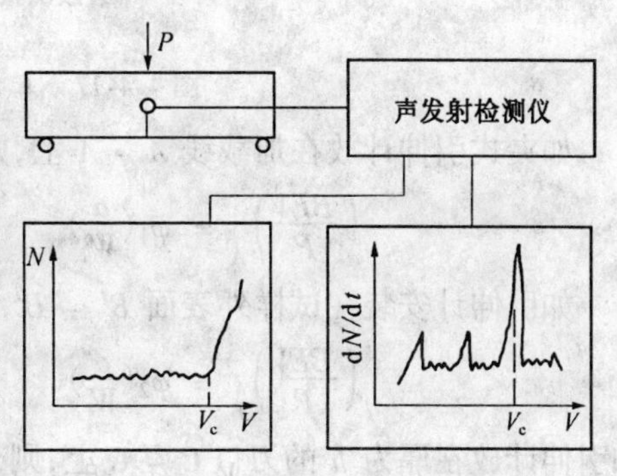

图 4-4-16 三点弯曲试验时声发射装置简图

另一个方法是 $\delta-\Delta a$ 曲线拟合，从拟合出的解析式确定所定义 $\delta_{\mathrm{I}c}$ 值，例如用 $\Delta a=0.02$mm 时所对应 δ 值作为 $\delta_{\mathrm{I}c}$。

$\delta-\Delta a$ 曲线拟合实验数据一般由两个途径得来，δ 为裂纹顶端张开位移，Δa 为裂纹扩展量。一个是多试件法，确定一组 $\delta_i-\Delta a_i$ 值。每一个 δ_i 值对应的 Δa_i 值是用试样着色法确定的 Δa。

另一个确定 Δa 的办法是用反复加载卸载办法由试件的柔度计算法确定裂纹的扩展量 Δa。

反复加载卸载曲线如图 4-4-17 所示，与 J 积分测定办法类似。这个办法简单方便，测得数据稳定是国家标准推荐的方法之一。

得到一组 δ_i 对应 Δa_i 值后，用最小二乘法，回归拟合出 $\delta_i=f(\Delta a_i)$ 曲线，给出规定的 $\Delta a=0.02$mm，算出 $\delta_{0.02}$ 作为 $\delta_{\mathrm{I}c}$。

4.4.4 柔度法测裂纹长度原理

用柔度法可以求出不同瞬间的等效裂纹(平均裂纹) 长度，方法也不太复杂，用紧凑拉伸试样更为合适。

对图 4-4-18 的标准紧凑拉伸试样，理论分析表明：无量网柔度值 BEV/P(B 是厚度，E 是弹性模量，V 是裂纹嘴张开位移，P 是负载) 是 a/W 的函数。

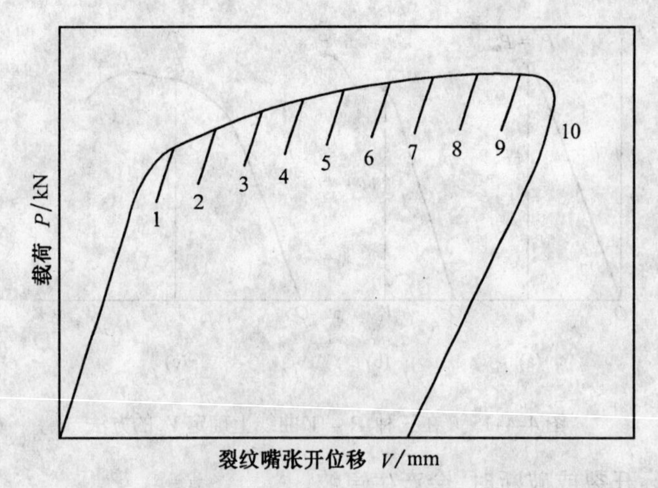

图 4-4-17　单试件法加卸载示意图

如夹式引伸计放在加载线 $A-A$ 上，则

$$\left(\frac{BEV}{P}\right)_{A}=\varphi_1\left(\frac{a}{W}\right)\tag{4-4-11}$$

如引伸计安装在试样外表面 $B'-B'$ 上，则

$$\left(\frac{BEV}{P}\right)_{B}=\varphi_2\left(\frac{a}{W}\right)\tag{4-4-12}$$

如引伸计放在厚为 h 的刀口 $C-C$ 上，则

$$\left(\frac{BEV}{P}\right)=\left(\frac{BEV}{P}\right)_{B}+\frac{4h}{W}\left[\left(\frac{BEV}{P}\right)_{B}-\left(\frac{BEV}{P}\right)_{A}\right]\tag{4-4-13}$$

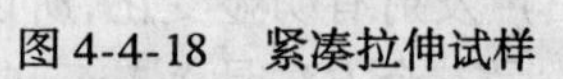

图 4-4-18　紧凑拉伸试样

数值见表，函数曲线见图 4-4-19。

因此，对于特定的 $W(=2B)$ 和 h，可以预先作出 (BEV/P) 和 a/W 的曲线（如图 4-4-19），测试时，先测出 BEV/P，然后在预先做成的 $BEV/P-a/W$ 曲线上，反过来查出 a/W，可定出任意时刻的 a_i。a_i 之间差值即为 Δa_i。

对三点弯曲试样，BEV 也是 a/W 的已知函数，但由于实验测得的柔度中包含有压头，底座等试验机系统柔度，必须扣去这些，才能获得试样本身的柔度。

表 4.4.3　紧凑拉伸无量纲柔度值

a/W	$(BEV/P)_A$	$(BEV/P)_B$	$(BEV/P)h=2$			
			$W=40$	$W=70$	$W=144$	$W=190$
0.30	14.48	25.1	27.2	26.3	25.7	25.6
0.35	18.41	30.1	32.4	31.4	30.8	30.6
0.40	23.22	36.0	38.6	37.5	36.7	36.5
0.45	29.27	43.4	46.2	45.0	44.2	44.0
0.50	37.2	53.0	56.2	54.8	53.9	53.7
0.55	47.9	66.4	70.1	68.5	67.4	67.2
0.60	63.2	85.8	89.8	88.4	87.1	86.8
0.65	85.8	115.4	121.3	118.8	117.0	116.6
0.70	119.8	162.8	171.5	167.7	165.2	164.6

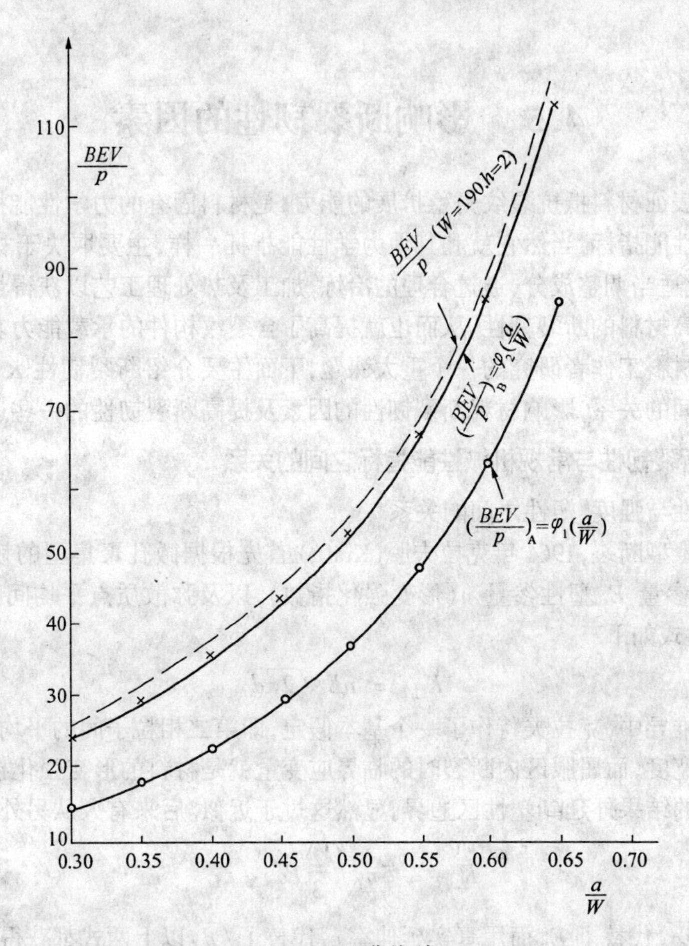

图 4-4-19 $BEV/P \sim a/W$ 曲线(加 $h=2, W=190$)

如何测 BEV/P?可在疲劳一定次数后停下(不卸载),静态拉伸(在弹性范围内),用压力传感器和夹式引伸计自动画出 $P-V$ 曲线(图 4-4-20),同时对力和位移进行标定。这样就可获得 kg 和 mm 为单位的 V/P 值,代入 B 和 E 可算出无量纲 BEV/P 来。

如果不用压力传感器,也可用静态应变仪对应每一负载值求出位移量 V(微应变数),然后对小夹子标定,求出每毫米的微应变数,同样可获得无量纲 BEV/P。如试样较小,静态应变仪感量不够,可用动态应变仪再接 $X-Y$ 记录仪,求出位移(坐标格数),然后再标定,测出每毫米对应的格数来。

多试样法测 J_{Ic}、δ_{Ic} 极为复杂,而柔度法用一个试件即可完成试验,且步骤简化了很多,目前试验机上带有相应的软件,做起来更为方便。

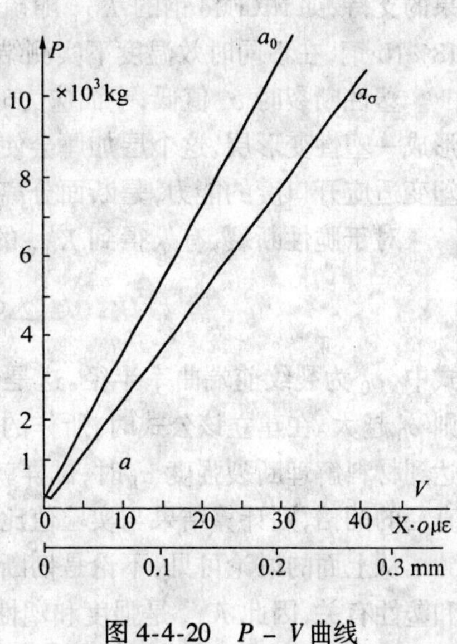

图 4-4-20 $P-V$ 曲线

4.5 影响断裂韧性的因素

断裂韧性表征材料抵抗裂纹失稳扩展的能力,是材料固有的力学性能指标。既然断裂韧性是材料的性能指标,当然它就和其他力学性能指标一样,主要取决于材料的成分、组织和结构。因此适当调整成分,通过合理的冶炼、加工及热处理工艺以获得最佳的组织,就可能大幅度提高材料的断裂韧性。从而也就提高了含裂纹构件的承载能力。如何提高材料的断裂韧性是材料工作者研究的一个重大课题,下面主要介绍断裂韧性 $K_{\mathrm{I c}}$ 与其他常规机械性能指标间的关系,影响材料断裂韧性的因素及提高断裂韧性的一些途径。

4.5.1 断裂韧性与常规机械性能指标之间的关系

1. 断裂韧性与强度、塑性之间的关系

对微孔集聚型断裂,1964 年克拉夫脱(Krafft) 首先根据微孔聚集型的韧断模型,找到了 $K_{\mathrm{I c}}$ 与强度参量 E、塑性参量 n(形变强化指数),以及弥散质点平均间距 d 之间的关系,其数学表达式如下

$$K_{\mathrm{I c}} = nE\sqrt{2\pi d}$$

在上式的推导中,克拉夫特作了一个基本假定,即第二相粒子间的平均距离就是裂纹前端的屈服区宽度,而屈服区内断裂时的临界应变量就是材料的形变强化指数 n,并将线弹性力学公式的结果外延到塑性区边界,显然这过于近似。后来有人从另外的角度导出

$$K_{\mathrm{I c}} \approx 5n\sqrt{\frac{2}{3}E\sigma_{\mathrm{s}}}\sqrt{\varepsilon_{\mathrm{f}}}$$

只是用$\sqrt{E\sigma_{\mathrm{s}}}$代替了 E,而用真实延伸率 ε_{f}代替了$\sqrt{d}$。以上两式都获得了某些实验结果的支持,如 NiCrMo 钢的 $K_{\mathrm{I c}}$ 随硫含量增加而下降,定量计算表明:$K_{\mathrm{I c}} \propto \sqrt{d}$。又如对 18% Ni 钢,在不同时效温度下实测结果都证明 $K_{\mathrm{I c}} \propto n$。

塑性断裂时 σ_{s} 值低,平面应力时塑性区增加,断裂过程中塑性区逐步移出试件表面,形成一塑性变形层,这个层加厚会使断裂时所要克服塑性变形功加大,$K_{\mathrm{I c}}$ 增加。ε_{f} 反应塑变适应开口度的能力,是断面分离难易的一标志。ε_{f} 增加,$K_{\mathrm{I c}}$ 增加。

对于脆性断裂,有人得到 $K_{\mathrm{I c}}$ 的表达式

$$K_{\mathrm{I c}} = 2.9\sigma_{\mathrm{s}}\left[\exp\left(\frac{\sigma_{\mathrm{f}}}{\sigma_{\mathrm{s}}} - 1\right) - 1\right]^{1/2}\rho_0^{1/2}$$

式中,ρ_0 为裂纹前端曲率半径。这是由于塑性区存在而使裂纹钝化的结果,材料塑性越佳则 ρ_0 越大。在建立该公式时,所作的基本假定是:当裂纹前端某一特征距离内的应力值都达到材料解理断裂强度 σ_{f} 时,试样就会发生断裂,σ_{s} 为屈服点。若设这一特征距离为晶粒直径的两倍,则计算结果与实验值比较符合。

从上面的讨论可见,不论是韧断模型,还是脆断模型所得到的 $K_{\mathrm{I c}}$ 都与材料的强度和塑性有关,因此 $K_{\mathrm{I c}}$ 是强度和塑性的综合表现,能同时提高材料强度和塑性的因素,都能提高材料的断裂韧性。但实际多数情况下,强度升高,塑性下降,二者要适调,才能使

$K_{\text{I}c}$增加。

2.断裂韧性与冲击韧性之间的关系

裂纹断裂韧性 $K_{\text{I}c}$ 和缺口冲击韧性 a_K(或 CVN)都是材料的断裂韧性指标,因此在很多情况下,对提高冲击韧性行之有效的措施,均能提高 $K_{\text{I}c}$ 值。国外有人对屈服强度在 78 ~ 173kgf/mm^2, $K_{\text{I}c}$ 为 310 ~ 935kgf/$\sqrt{\text{mm}^3}$, CVN 为 2.2 ~ 12kgf·m 的十一个钢号的性能数据作了总结(如图 4-5-1),发现 $K_{\text{I}c}$ 和 CVN 的高阶值以及 $\sigma_{0.2}$ 三者之间有如下经验公式

$$\left(\frac{K_{\text{I}c}}{\sigma_{0.2}}\right)^2 = \frac{5}{\sigma_{0.2}}\left[\text{CVN} - \frac{\sigma_{0.2}}{20}\right]$$

但是 $K_{\text{I}c}$ 与冲击韧性之间也有明显区别,因为测定 $K_{\text{I}c}$ 时,裂纹前端曲率半径趋近于零,而冲击试验缺口曲率半径要大得多,因此应力集中程度不同。$K_{\text{I}c}$ 能满足平面应变要求,发生脆性断裂,控制这种断裂的特征组织参数主要是晶粒尺寸,冲击试验由于缺口曲率半径较大,一般不能满足平面应变要求,总是存在塑性变形较大的纤维区,由克拉夫脱公式可知,控制这种韧性断裂的特征组织参数是夹杂物粒子间的平均间距。另外冲击韧性反映裂纹形成和扩展全过程所消耗的总能量,而 $K_{\text{I}c}$ 只反映裂纹失稳扩展过程所消耗的能量。正因为 $K_{\text{I}c}$ 与 a_K(或 CVN)物理含义不同,故遵循不同的变化规律。例如 4340 钢超高温淬火(奥氏体温度在 1200 ~ 1250℃)后,晶粒度由正常淬火(870°)的 7 ~ 8 级变为 0 ~ 1 级,$K_{\text{I}c}$ 增加一倍,而冲击值 a_K 却因晶粒粗大而大大下降。由此可见,断裂韧性与冲击韧性既有联系,又有明显区别。这主要是由于它们的定义有相同之处,也有相异之处造成的。

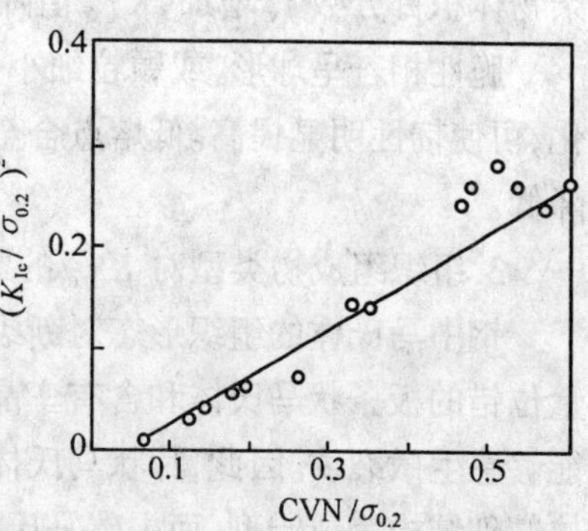

图 4-5-1 $K_{\text{I}c}$ 与 CVN 高阶能之关系

有关断裂韧性与常规机械性能之间的关系,曾进行过不少研究,积累了很多数据,提出过一些经验公式,但都还不够成熟,有待进一步研究。

4.5.2 断裂韧性与材料内部组织的关系

影响断裂韧性的组织因素主要是晶粒尺寸、杂质及第二相的含量与分布,组织组成物的种类与形态等。

1.晶粒尺寸对 $K_{\text{I}c}$ 的影响

派奇首先定量地描述了晶粒尺寸 d 对屈服强度的影响,结果说明晶粒越细,屈服强度越高。晶粒越细,裂纹扩展时所消耗的能量也越多(因为细晶的总晶界面积增加),因此,细化晶粒是使强度和韧性同时提高的有效手段。

另外细化晶粒有助于减轻沿晶脆断倾向,这是因为晶粒细,单位体积内总晶界面积增加,在材料中杂质浓度一定的条件下,杂质在晶界上偏析的浓度就会降低,而造成沿晶断裂的主要原因之一就是有害杂质在晶界上平衡偏析的浓度过高。例如回火脆性产生的原因,就是磷、砷、锑等有害杂质在晶界偏析的结果。细化晶粒可降低偏析浓度,从而减轻回

火脆性,提高 $K_{\mathrm{I c}}$。

但是细化晶粒只是影响 $K_{\mathrm{I c}}$ 的一个组织因素,当晶粒尺寸变化时,其他因素又会发生改变,因此对 $K_{\mathrm{I c}}$ 的影响不能只考虑晶粒尺寸一个因素。比如,前面提到的超高温淬火,虽然晶粒尺寸增大,但 $K_{\mathrm{I c}}$ 有明显提高,这可能是其他组织参量的韧化作用更大的结果。

2. 杂质及第二相对 $K_{\mathrm{I c}}$ 的影响

钢中的夹杂物,如硫化物,氧化物 …… 以及某些第二相,如碳化物、金属间化合物等,其韧性均比基体材料差,称为脆性相。由于这些脆性相的存在,均降低 $K_{\mathrm{I c}}$ 值。而且随夹杂物体积百分数 f_v 增加,$K_{\mathrm{I c}}$ 值降低越多,这是因为 f_v 增加,质点间平均间距减小所致。

脆性相若呈球形,或颗粒细小,则对 $K_{\mathrm{I c}}$ 的有害作用减少,如钢中加稀土能使 MnS 球化,可使韧性明显提高。低熔点合金元素是使材料强度和塑性变坏的主要因素,也使 $K_{\mathrm{I c}}$ 降低。

3. 组织组成物类型对 $K_{\mathrm{I c}}$ 的影响

钢中马氏体的组织形态对断裂韧性有重要的影响。马氏体的组织形态有两种:含有大量位错的板条状马氏体和含有孪晶的片状马氏体。孪晶的出现使滑移系减少四倍,孪晶又能够感生微裂纹。因此,片状马氏体的断裂韧性较板条状马氏体的断裂韧性低。低碳马氏体精细结构为位错型,而中碳马氏体精细结构为位错型和孪晶型的混合型,在强度水平大致相等的条件下,前者的断裂韧性显著的高。

上贝氏体组织的韧性比回火马氏体差。下贝氏体韧性与板条马氏体相近,比孪晶马氏体韧性好。

在钢中经常存在残留奥氏体,过去一直认为残留奥氏体存在将降低钢材机械性能。近年来,人们注意到,钢中存在一定量的残留奥氏体,可成为韧性相提高钢材韧性。韧性相提高韧性的原因可以认为是:① 裂纹扩展遇到韧性相时,由于韧性相产生塑性变形,使裂纹前端钝化,而且韧性相变形要消耗能量,使裂纹扩展受阻;② 裂纹扩展遇到韧性相,使裂纹难以直线前进,而迫使裂纹改变方向或分岔,从而松弛了能量,提高了韧性;③ 对奥氏体组织来说,在裂纹前端拉应力集中的作用下,可以诱发马氏体相变,这种局部相变,要消耗很大的能量,相变体膨胀,松弛应力,故对阻止裂纹扩张,提高 $K_{\mathrm{I c}}$ 有明显好处。如一些奥氏体钢,就可在应力诱发下产生相变,使 $K_{\mathrm{I c}}$ 提高,这类钢称为相变诱发塑性钢(TRIP),是目前断裂韧性最好的强韧钢。

形变热处理是目前行之有效的强韧化工艺之一,它通过形变加相变的综合强化方法,可显著改善材料的综合机械性能,如提高材料的强度、塑性、韧性、疲劳强度、降低冷脆转变温度及缺口敏感性,也是提高 $K_{\mathrm{I c}}$ 的有效方法。形变热处理强韧化的原因,一般认为是由于奥氏体形变形成了细小的亚结构,淬火后获得细小的马氏体,而且减少了孪晶马氏体,增加了板条马氏体的数量;另外,奥氏体形变诱发了碳化物析出,阻碍了位错运动,而且奥氏体形变后位错密度很高,遗传到转变产物中的位错密度也高,故强韧化效果显著。近年来通过形变热处理诱发 $\gamma \rightarrow \alpha$ 相变,使尚未转变的奥氏体中的碳及合金元素含量增高，淬火后获得了强韧性很好的双相钢。

4.5.3 温度、加载速度及零件厚度对断裂韧性的影响

材料的断裂韧性也和其他力学性能指标一样，是材料在给定外界条件下所表现的行为，因此当外界条件发生变化时，其表现行为也会不同。对于工程材料来说，这些外界因素是温度、形变速度、试样尺寸及环境介质等。有关环境介质的影响，将在第6章专门讨论，这里只介绍前三种因素的影响。

1.温度与加载速度的影响

温度降低，σ_s增加，塑性区变小，断裂塑变层减薄，裂纹扩展功减小，K_{Ic}降低，温度下降，由微孔断转解理断，K_{Ic}急剧降低。

一般来说，大多数钢的断裂韧性随温度的降低及加载速度增加而减小。

当温度下降时，钢的断裂韧性开始缓慢下降，在某一温度范围内断裂韧性明显下降，这一温度区间为材料的冷脆转变温度区。图4-5-2为Ni－Cr－Mo－V钢断裂韧性K_{Ic}随温度的变化曲线。

增加形变速度($\dot{\varepsilon}$)，与降低温度有相同的效果，同样使K_{Ic}下降。$\dot{\varepsilon}$增加一个数量级，使K_{Ic}下降约10%。当$\dot{\varepsilon}$很大时，塑性变形所产生的热来不及传导，会造成绝热状态，又使裂纹顶端局部温度升高，从而导致K_{Ic}回升，如图4-5-3所示。

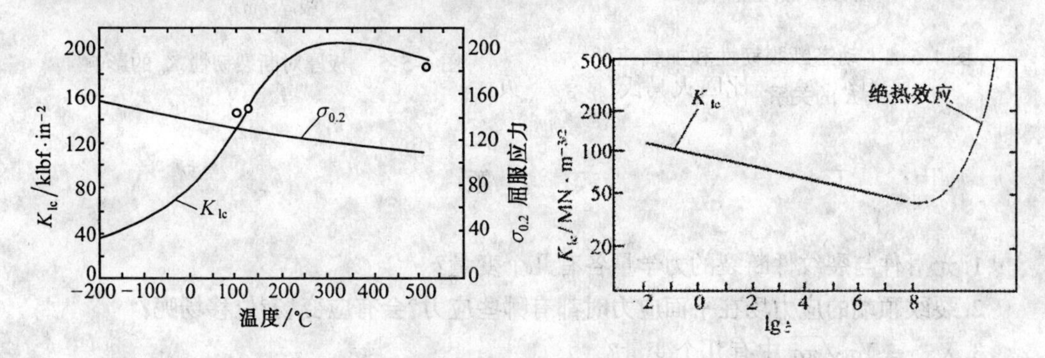

图4-5-2 Ni－Cr－Mo－V钢的K_{Ic}随温度的变化　　　图4-5-3 半镇静钢K_{Ic}随$\dot{\varepsilon}$的变化

在高速加载的条件下，裂纹失稳后往往以很高的速度向前扩展，如在寒冷地区使用的输油管道，一旦裂纹失稳扩张，一瞬间就会波及几千米。为了评定材料在高速加载下的断裂韧性，引入了动态断裂韧性指标K_{Id}，它与加载速度有关，不同加载速度下的K_{Id}可用实验方法测出来。图4-5-3为K_{Id}与$K\left(\dfrac{\mathrm{d}K}{\mathrm{d}t}\right)$的关系，它们并非线性关系。先是$\dot{\varepsilon}$增加，$\sigma_s$增加，$K_{\mathrm{Ic}}$下降。当$\dot{\varepsilon}$很高时，塑性区热散不出去，$\sigma_s$下降，$K_{\mathrm{Ic}}$增加。

2.板厚对断裂韧性的影响

K_{Ic}是厚板材料的平面应变断裂韧性，当板较薄时，就不能满足平面应变的要求，而处于平面应力状态，此时测量的断裂韧性以K_c表示，称平面应力断裂韧性。K_c与试样厚度有关，因此，试样厚度应当尽可能和板结构的实际厚度一致。图4-5-5为断裂韧 性K_c随

板厚的变化，由图可见，高强度马氏体时效钢的 K_c 随板厚增加而下降，只有当板足够厚时，K_c 才等于 $K_{\mathrm{I}c}$。当板厚 $B = 2.5\left(\frac{K_{\mathrm{I}c}}{\sigma_t}\right)^2$ 时，开始出现平面应变状态，所以测试 $K_{\mathrm{I}c}$ 时，试样的厚度必须满足要求，否则测量结果无效。在 Ⅰ、Ⅱ、Ⅲ 区中厚度变化、剪切唇与平断口区占有比例发生变化。

Ⅰ 区：只有剪切唇，厚度增加，断裂塑变功增加，K_c 增加。

Ⅱ 区：平断口区在增加，平断口在断裂时形成的塑变层浅，断裂塑变功小，$K_{\mathrm{I}c}$ 下降。

Ⅲ 区：平断口占主导地位，K_c 降到最低点，趋于一个常数 $K_{\mathrm{I}c}$。

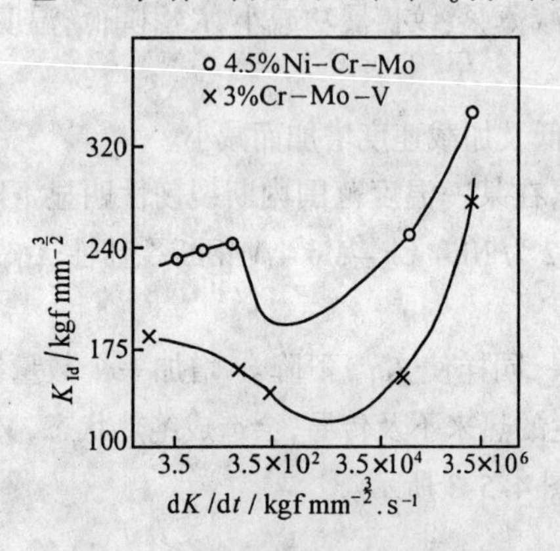

图 4-5-4　动态断裂韧性和加载速度 $\dot{K}$ 的关系

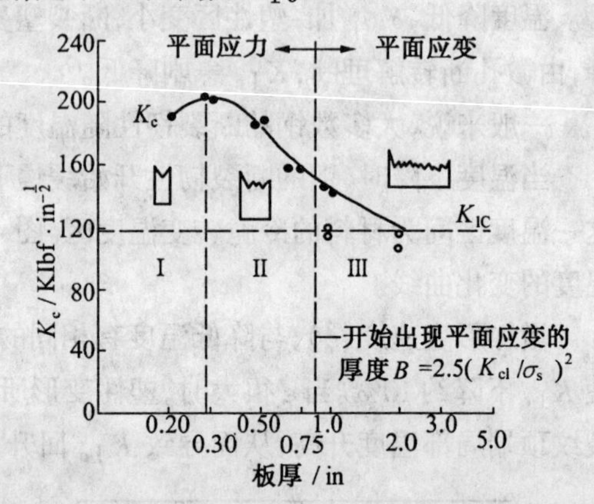

图 4-5-5　板厚对断裂韧性 K_c 的影响

习　题

1. 光滑件与裂纹件断裂的力学量各有几个变量？

2. 裂纹顶端的应力场在平面应力时都有哪些应力？会有应变场？位移场呢？

3. $K_{\mathrm{I}} = Y\sigma\sqrt{\pi a}$ 中有几个变量？

4. K_{I}、K_{II}、K_{III} 是什么概念？

5. 平面应力、平面应变是什么应力状态？

6. 裂纹顶端塑性区 $\gamma = ?$　$R = ?$

7. 当塑性区足够小时，怎样把它替换掉，即所谓的塑性区修正？

8. 塑性区 K_{I} 修正如何进行，为什么要迭代？

9. 弹塑性条件下 COD 要解决什么问题？最后如何解决的？

10. J 积分是谁定义的？如何定义？J 积分有何特点？J 积分与 G_1、δ_1、K_{I} 有何关系？在什么情况下成立？

11. 什么是平面应变断裂韧性？何为裂纹件的断裂判据？

12. 影响断裂韧性的因素有几种？

第5章　钢的冷脆

钢的冷脆是一种低能量断裂，一般为解理断，有时为准解理断或沿晶断。冷脆的最大特征是断裂功极低，事发突然，后果为灾难性的。因为构件中原子间正向分离，原子间作用距离只在0.1 nm的数量级，即使力很大，$W = FS$功也相当低。

冷脆事故有：焊接万吨级巨轮断为两截；能通过汽车的大型水轮机蜗壳撕裂；桥梁折断；海上采油平台翻折；大型储油罐爆裂；飞船火箭爆炸等不计其数。

冷脆是一个系统问题，直到现今也没有得到很好的控制。眼下冷脆控制仍限于定性地控制。

本章讨论冷脆现象及其机制及控制方法。关于冷脆的实验标准有：GB/T 229—1994，GB 4158—84，GB 5482—93，GB 6803—86，GB 8363—87，GB/T 3075—91。

5.1　钢的冷脆

5.1.1　冷脆现象

钢在低温冲击时其冲击功极低，这种现象称为钢的冷脆。其冲击功在0.2～0.5kgfm/cm^2。

冷脆多发生在体心立方及密排六方金属及合金。低碳钢是应用最多，也是冷脆最敏感的钢材。低碳钢制件工艺不当随时有发生冷脆的危险。

5.1.2　冷脆的本质

1.冷脆的力学本质

冷脆实际是在温度低于 T_K 时，$\sigma_f < \sigma_s$。如图5-1-1，微分单元体在 b 面没有发生塑性切变之前 a 面发生正向分离。如图5-1-1(a)。在温度高于 T_K 时一般不发这种现象。它实际上是塑变强度高于正断强度，在塑变以前发生正断。从力学角度来看是塑断强度和正断强度谁大谁小的问题。值得指出的是正断强度和塑断强度两者中的塑断强度在塑性变形过程中是在不断变化的，变化原因有形变强化，也有应力状态的变化。形变强化总是在塑变时增加，而应力状态则不然，由平面应力变为平面应变时有效屈服强度增加，而由平面应变变为平面应力时，有效屈服强度降低。由于这种可降可升的原因，有时使冷脆断裂时起时停，

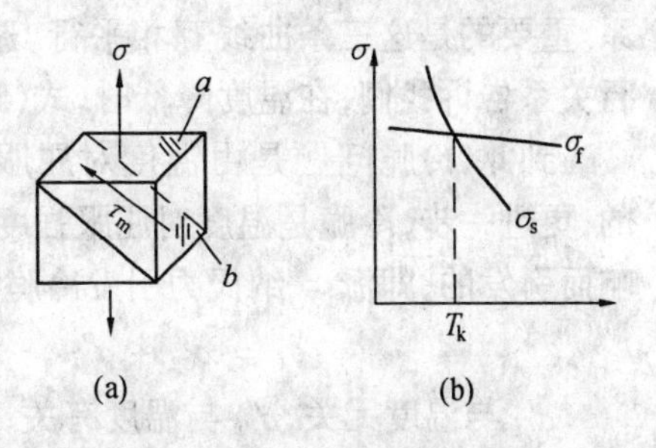

图5-1-1　冷脆的力学本质

这种现象不止发生在宏观，有时微观也是如此。塑变强度的改变在冷脆断裂过程中有时控制着冷脆断裂的起与止。例如，光滑拉棒颈缩部位中心发生微孔断，形成圆形裂纹，使裂纹前沿材料处于严重的三向应力状态，有效屈服强度剧增，这部分材料会突发冷脆断裂。再举一例，缺口件韧带中部严重三向应力，有效屈服强度剧增而发生冷脆断裂。冷脆裂纹扩展到侧面时，材料三向应力变为平面应力，有效屈服强度剧降，冷脆断裂停止，孔坑断发生。所以在理解冷脆的力学本质时，屈服强度应理解为冷脆发生部位的有效屈服强度。

2. 冷脆的物理本质

无论是微孔断裂还是冷脆解理断裂，都有个微裂纹生成的过程。微裂纹的生成都与障碍物前的位错塞积群有关。障碍物有晶界、孪晶界、夹杂物、第二相等。两种断裂前塞积群与两种断裂情况，如图 5-1-2所示。A事件为塞积群顶端应力集中要引发冷脆断裂(解理)；B 事件为塞积群顶端应力集中要引发微孔断裂(位错运动)。在冷脆温度 T_{1c} 以上。热运动使 B 位错运动阻力低，即材料屈服强度低，这时在位错塞积群应力场作用下，A 事件(冷脆断裂) 没有条件发生，B 事件抢先发生 —— 塑变，产生微孔断。当温度低于 T_K 时，B 位错运动阻力增加，即屈服强度增加。这时在位错塞积群顶端应力场作用下，在 B 事件没有条件发生的情况下 A 事件抢先发生冷脆解理断。

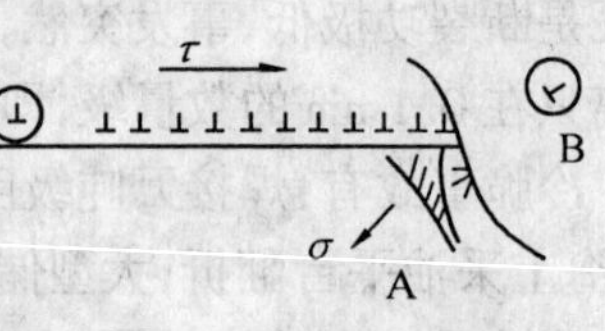

图 5-1-2　冷脆的物理本质

在上述过程中，不难发现冷脆的实质是温度降低时，屈服强度提高造成的。现在把问题推到了温度对屈服强度的影响上来。由 Hall - Petch 公式知道

$$\sigma_s = \sigma_i + K_s d^{1/2} \qquad (5\text{-}1\text{-}1)$$

这个式子的右边 d 为晶粒尺寸，d 不会因温度发生剧变。我们很想知道温度改变时，σ_i 和 K_s 发生的变化。图 5-1-3 为 0.11% C 的低碳钢于不同温度下测得 $\sigma_s - d$ 曲线。实验结果，首先证实 σ_s 与 $- d^{1/2}$ 之间的线性关系。重要的是这三条曲线互相平行。这种平行关系告诉我们，在温度降低时，式(5-1-1)(Hall - Petch) 公式中，K_s 不变，而 σ_i 在变化。

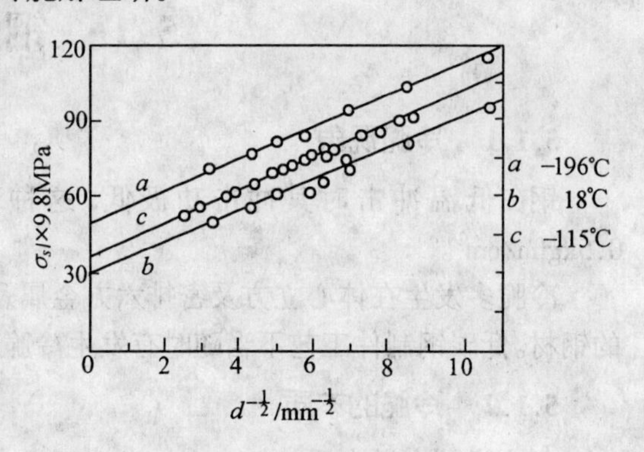

图 5-1-3　低碳钢在不同温度试验时屈服强度与晶粒度的关系

到此，冷脆问题是由温度对屈服强度影响造成的，更进一步，冷脆是温度对屈服强度中的 σ_i 造成影响而引发的，即派 - 纳氏力引发冷脆。

$$\sigma_i = \sigma'_i + \sigma''_i \qquad (5\text{-}1\text{-}2)$$

σ'_i 与温度无关，σ''_i 与温度有关，σ''_i 与温度的关系示于图 5-1-4。由图可以看到，温度由室温降到 − 196℃ 时，σ''_i 增加 12 倍。σ''_i 由两部分组成，一方面是由于位错被钉扎，这种钉扎是温度敏感的。温度降低时，温度对位错运动的助力作用失

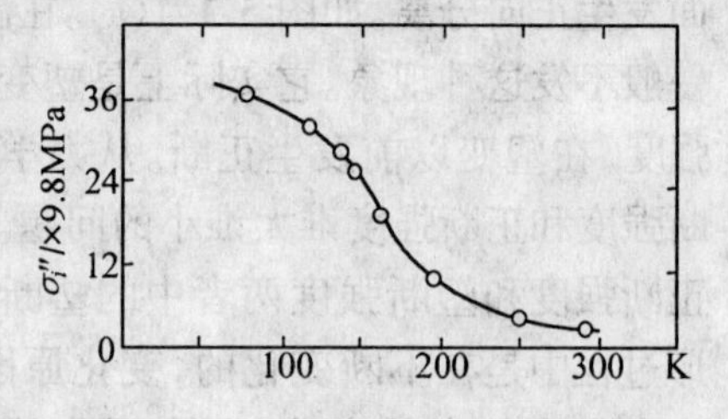

图 5-1-4　σ''_i 与温度的关系

去。另一方面是派－纳氏力温度敏感，温度降低这种阻力升高。Retch 认为，σ''_i 主要是派－纳氏力，位错钉扎作用在 K_s 中。

图 5-1-5 说明柯氏气团对 K_s-T 曲线的影响。700℃ 后随炉退火使 K_s 不受温度影响，说明饱满的柯氏气团使 K_s 不受温度影响，当柯氏气团不饱满时，K 受温度的影响，即温度降低时，K_s 剧增，说明位错没有全部被钉扎时 K_s 值受温度影响很大。

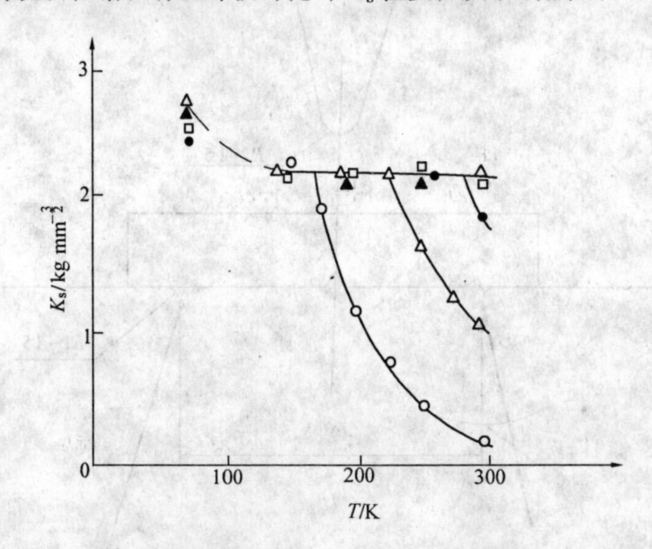

图 5-1-5　碳氮质量分数为 0.001% 的工业纯铁的 K_s 与试验温度的关系。○，淬火态；△，淬火 + 140℃ 时效 1 小时；●，淬火 + 140° 时效 2 小时；□，淬火 + 140° 时效 12 小时；▲，700℃ 炉冷。100°K 以下产生孪生变形。

5.2　冷脆的评定方法

冷脆是材料的一大弊病之一，通常由冲击功 A_K、a_K 和冷脆转变温度 T_K 来评定。T_K 的定义方法很多，多为某一目的而规定，下面介绍几种方法的原理。

5.2.1　常规冲击试验

1. 冲击试验的原理

常用的夏比冲击试验机的原理，如图 5-2-1 及 5-2-2 所示。国家标准 GB/T 229—1994 对整个实验做出相应的规定。

欲测定的材料先加工成标准试样，然后放在试验机的支座上，又将具有一定重量 G 的摆锤举至一定的高度 H_1，使其获得一定的位能（GH_1），再将其释放，冲断试样。摆锤的剩余能量为 GH_2。摆锤冲断试样所失去的能量（位能），即使试样破断所需做的功，称冲击功，单位为 N·m，以 A_K 表示。则有 $A_K = GH_1 - GH_2 = G(H_1 - H_2)$ N·m。

用试样缺口处截面积 F_N（cm^2）去除 A_K，即得到冲击值（冲击韧性）a_K

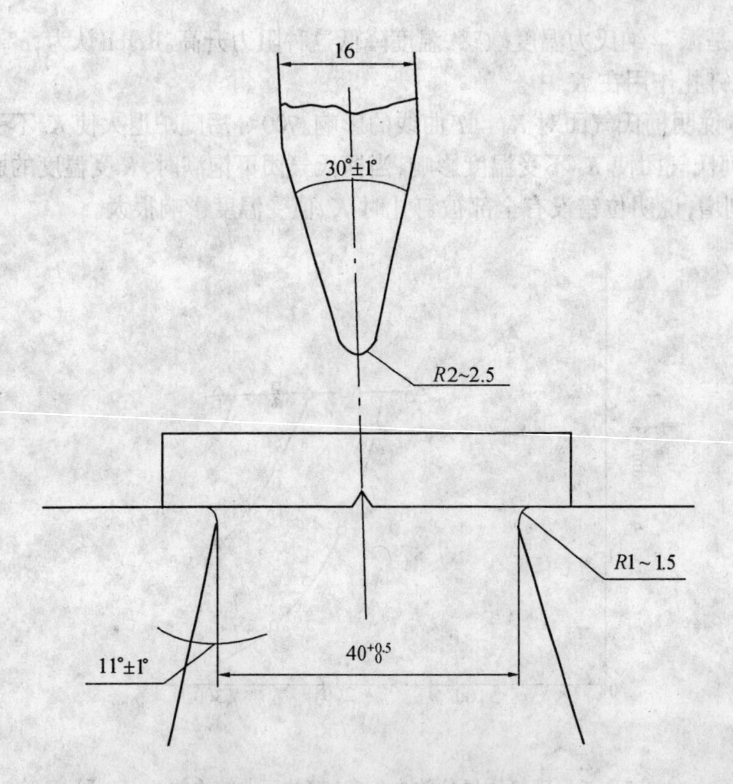

图 5-2-1　试样支座及摆锤刀刃

$$a_{\mathrm{K}} = \frac{A_{\mathrm{K}}}{F_N}(\mathrm{N \cdot m/m^2})$$

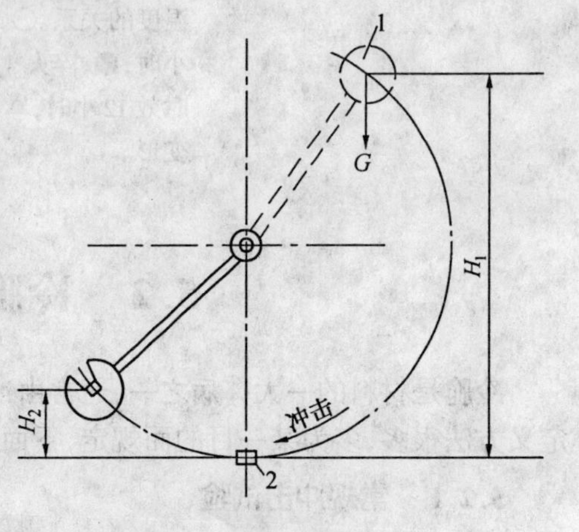

图 5-2-2　冲击试验原理
1— 摆锤;2— 试样

冲击试验机摆锤的刀口如图 5-2-1。摆锤由锤头和锤杆组成。摆锤可以制成各种样式，但其重量必须是严格规定的，而且摆锤的重心要制作在刀口的冲击点，这是为了冲击过程中不使能量传到其他机件上去，这样也便于检校。只要把摆锤放水平，用台秤在冲击点(即重心)称一下重量就可以了。固定摆锤的转轴要求阻力最小，以免能量在转轴有损失。一般在作冲击试验以前，都要空冲一次，看能量是否有损失，一般应满刻度，表示没有额外的能量损失。这种结果的试验机在冲击试样时不会在摆杆中产生应力，要在摆杆中测应力以示冲击力是徒劳的。冲击试验机的原理示于图 5-2-2 中。

2. 冲击试样

国家标准 GB/T 229—1994 对试件要求示于图 5-2-3 和 5-2-4 中。

缺口的作用是:在缺口附近造成应力集中，使塑性变形局限在缺口附近不大的体积范围内，并保证在缺口处发生破断，以便正确测定材料承受冲击载荷的能力。同一种材料，试样的缺口越深、越尖锐，塑性变形的体积越小，冲击功越小，材料表现脆性越显著。正因为

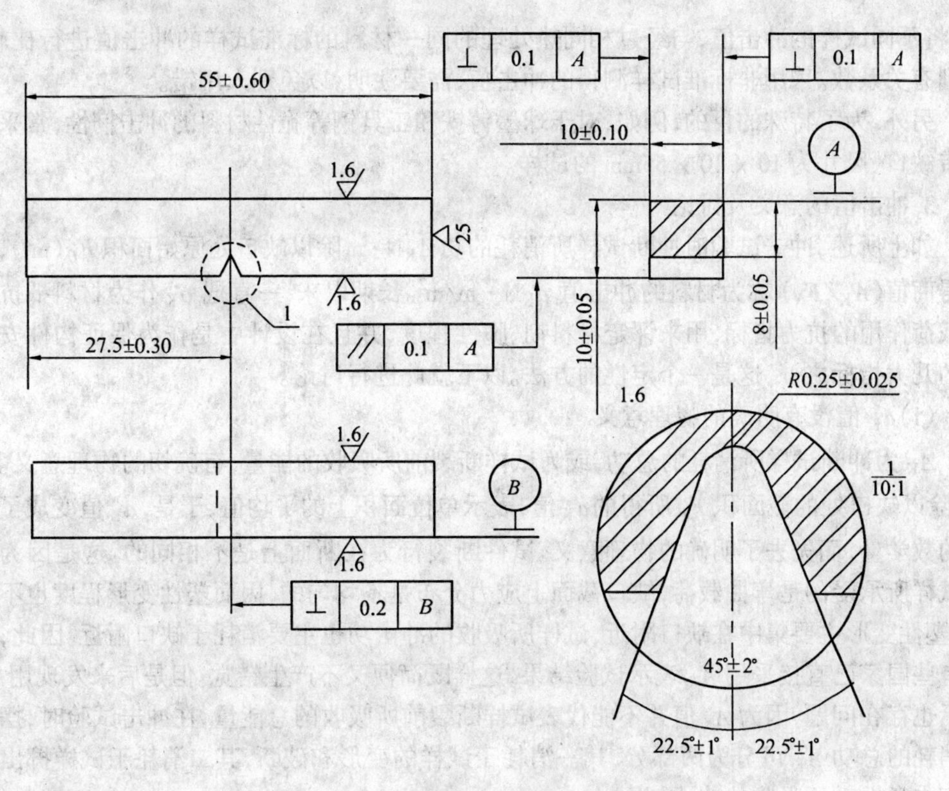

图 5-2-3　标准夏比 V 型缺口冲击试样

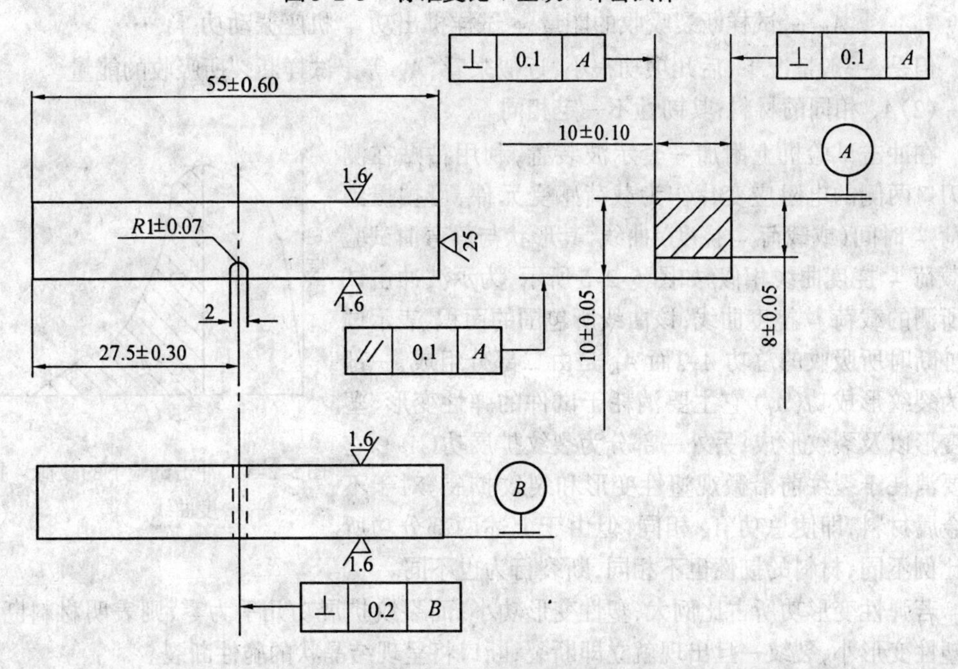

图 5-2-4　缺口深度为 2mm 的标准夏比 U 型缺口冲击试样

这样，不同类型和尺寸试样的冲击值，不能相互换算和直接比较。必要时，可预先通过试验，将不同试样的冲击值，与经过相同热处理的同一材料的标准试样的冲击值进行比较，得到有关系数。采用非标准试样测得的冲击值，需要注明，以免别人用错。

另外，为了特殊的目的，例如，对于球墨铸铁和工具钢等脆性材料的冲击韧性，常采用不带缺口、尺寸为 10 × 10 × 55mm 的试样。

3. 冲击值的意义及讨论

如上所述，冲击试验时冲断试样所消耗的功 A_KN·m除以缺口处原始面积 F_O(m^2)，其所得商值(A_K/F_N) 称为材料的冲击值 a_KN·m/m^2。长期以来，一直把 a_K 作为材料抵抗冲击载荷作用的抗力指标，用来评定材料韧、脆性程度，并且在设计中是作为保证构件安全性的几大指标之一，这是一个定性的方法。以下就此进行讨论。

(1)a_K 值没有明确的物理意义

A_K 为冲断试样所消耗的总功，或为试样断裂前所吸收的能量，有确切的物理意义。而 A_K 除以缺口处的截面积 F_N 所得的a_K值，表示单位面积上的平均值，于是，a_K 值变成了纯粹的数学量，而失去了明确的物理意义。试件断裂行为在断面上是不相同的。这是因为冲击试样所承受的是弯曲载荷，缺口截面上应力分布是不均匀的，因而塑性变形程度也不相同，塑性变形主要集中在缺口附近，试样所吸收的冲击功也主要消耗于缺口附近。因此，现在有些国家已直接采用 A_K 表示试验结果，这样既简便又不产生错觉。但是后来发现用 A_K 表示也存在问题，因为 A_K 值并不能代表试样断裂前所吸收的总能量，在冲击试验时，摆锤所消耗的总功 A_K 可分为两部分，其一消耗于试样的变形和破断，其二消耗于试样掷出及机座本身振动所吸收的功，因此

$$A_K = 试样断裂吸收的能量 + 试样掷出功 + 机座振动功 + \cdots\cdots$$

但是，一般情况下，后几项功很小，近似来看，A_K 等于试样断裂所吸收的能量

(2)A_K 相同的材料，其韧性不一定相同

在冲击试验机上附加一套示波装置，利用粘贴在测力刀口两侧的电阻应变片作为载荷感受元件，可拍摄到载荷 - 时间(或载荷 - 挠度) 曲线，其形状与静弯曲试验的载荷 - 挠度曲线相似。如图 5-2-5 所示，为示波冲击试验所测的载荷 - 挠度曲线，该曲线所包围的面积，表示试样冲断时所吸收的总功 A_K。而 A_K 是由二部分组成，一部分为裂纹形成功(A_I) 它主要消耗于试件的弹性变形、塑性变形以及裂纹形成；另外一部分为裂纹扩展功(A_P)。它主要消耗于裂纹前沿微观塑性变形和裂纹扩展。对于不同金属材料，即使总功 A_K 相同，但由于上述两部分功所占比例不同，材料的韧性也不相同，断裂行为也不同。

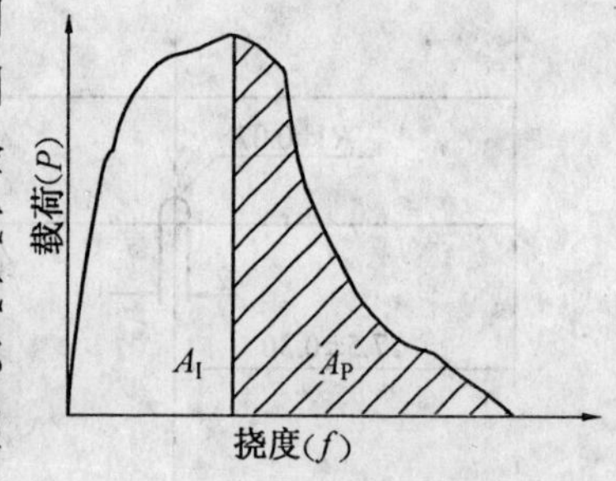

图 5-2-5　冲击试验下的载荷 - 挠度曲线

若弹性变形功所占比例大，塑性变形功小，而裂纹扩展功几乎为零，则表明材料断裂前塑性变形小，裂纹一旦出现就立即断裂，断口将呈现结晶状的脆性断裂。

反之，若塑性变形功所占比例大，则表明断裂前发生了较大塑性变形，若裂纹扩展功大，则表明裂纹出现后扩展速度很慢，断口呈现纤维区为主的韧性断裂。

由此可见,A_K 的大小并不能真正反应材料的韧脆性质,只是其中的塑性变形功,尤其是裂纹扩展功,才能显示材料的韧脆性质。因此,有人建议从 A_K 中分离出 A_P 来,以表示材料韧性,这样不但物理意义明确,而且与断裂韧性间有一定关系。但是,这种提议要被工程技术界广泛采用,尚有很大困难。可能考虑 A_K 的应用本来就是定性的,分类没有意义。

上述讨论给我们提出了一个非常现实的问题,长期以来把 a_K 值或 A_K 值作为评定材料力学性能优劣的主要指标之一,并认为若 a_K 值不合格,即评定为废品,这样是否合理?尤其是对于承受小能量多次冲击的中、低强度钢材,用 a_K 值来评定,理论根据是否充分?这些都是应该考虑的问题。

4. 冲击试验的应用

虽然 a_K 值作为一个力学性能指标,用来评定材料的韧性存在许多不足之处,但由于冲击试验在生产中长期应用,积累了大量有价值的资料和数据,而且实践证明,a_K 值对组织缺陷非常敏感,它能灵敏地反映出材料品质、宏观缺陷和显微组织方面的微小变化,因而冲击试验是生产上用来检验冶炼、热加工、热处理工艺质量的有效方法之一,故至今仍被广泛采用。冲击试验的主要应用如下。

(1) 评定原材料的冶金质量及热加工后的产品质量

① 原材料的缺陷,如夹渣、气泡、严重分层、偏析以及夹杂物超级等,将影响钢材质量,冲击试验对组织或缺陷非常敏感,从而通过测定冲击值及观察冲击断口可间接评定冶金缺陷存在的严重程度。

② 锻造和热处理所造成的缺陷,如过热、过烧、白点、回火脆性、淬火及锻造裂纹、纤维组织各向异性等,通过冲击试验可用于控制热加工艺质量。

为提高试验的敏感性,试验应在材料呈半脆性状态(韧脆过渡区)温度范围内进行。由于室温试验最方便,因而所选择的试样尺寸及缺口型式,应能使室温下材料恰好处于半脆性状态。实践证明,对一般钢材,梅氏试样可满足上述要求。

(2) 评定材料在不同温度下的脆性转化趋势

① 系列冲击试验,将需要试验的材料,加工成一批尺寸和形状相同的冲击试样,分别在一系列不同的温度下进行冲击试验,测定冲击值随试验温度的变化,做出冲击值随试验温度的变化曲线,这种实验方法称为系列冲击试验,这种曲线称为系列冲击曲线。生产中常用此法来评定材料的变温韧脆转化趋势。

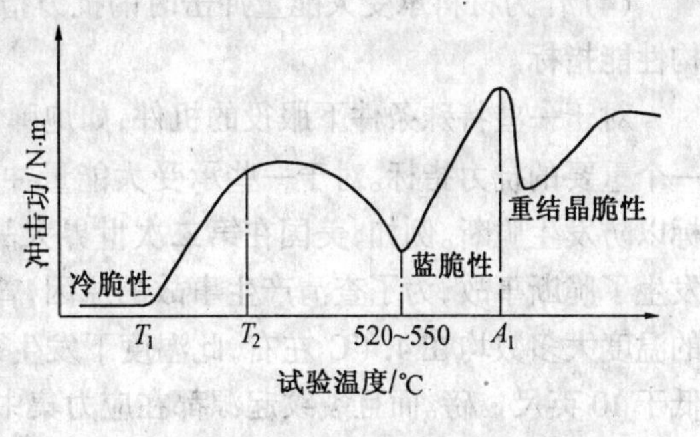

图 5-2-6　钢的几个脆性温度范围

图 5-2-6 为通过系列冲击试验所测定的钢的脆性转化趋势。由图可见,总的变化趋势是随温度降低,A_K 值降低,当温度降至某一数值时,A_K 值急速下降,钢材由韧性断裂变为脆性断裂,这种转变称为冷脆转变,转变的温度称为冷脆温度,这是中、低强度钢材中常出现的现象。

由图可见,钢铁材料除在低温下存在冷脆性外,在中温区还存在蓝脆性,在高温区存在重结晶脆性。

② 蓝脆，当钢铁材料试验温度升高到 200 ~ 400℃ 时，A_K 值开始再度下降，且随钢中碳含量增加，A_K 值开始下降的温度升高，但都在 500 ~ 600℃ 范围内下降至最低点，然后随温度升高，A_K 值又重新增加，这种 A_K 值下降的现象称为蓝脆，因为在这一温度范围内，钢的氧化色呈蓝色。拉伸试验与冲击实验，温区不相同，冲击把温区向上推。

蓝脆最严重的温度范围为 525 ~ 550℃（静载荷下的蓝脆温度较低，碳钢为 225 ~ 350℃）。

产生蓝脆的原因还不十分清楚，有人认为蓝脆与氢、氮等间隙原子的扩散有关。当温度升高至一适当温度时，间隙原子扩散的速度增加，易于在位错线下沉淀，形成柯氏气团，使位错运动困难，形变抗力增加，从而使钢材变脆。由于静载荷作用下，变形速度较小，因此，在比较低的温度下，间隙溶质原子就可以获得足够的激活能，形成柯氏气团拖住位错运动，故蓝脆温度较低。兰脆也与 ε – 碳化物有关，它降低强度，导致脆断的升高。

③ 重结晶脆性，在 A_1 ~ A_3 温度范围内试验时所出现的脆性称为重结晶脆性。重结晶脆性的产生与钢处于两相混合组织区有关，在两相组织各占一半的温度下韧性最低。

(3) 确定应变时效敏感性

钢铁材料，尤其是低碳钢板经冷加工变形后长期处于室温或较高温度下工作，其塑性和韧性会明显降低，而屈服强度升高，这种现象称为应变时效。产生应变时效的原因一般认为与钢中的固溶氮量有关。在时效过程中，固溶于钢中的氮原子将聚集到形变过程中产生的位错周围，形成柯氏气团，限制了位错运动，使 σ_s 提高，增大钢材的脆断倾向。

应变时效敏感性用金属材料时效前后的冲击功之差与时效前的冲击功之比的百分数表示，即

$$时效敏感性 = \frac{A_{K前} - A_{K后}}{A_{K前}} \times 100\%$$

应变时效敏感性可提示人们，其他力学性能指标可能有巨大变化。

(4) 作为材料承受大能量冲击时的抗力指标或作为评定某些构件寿命与可靠性的结构性能指标。

对于一些特殊条件下服役的机件，如炮弹、装甲板均承受大能量冲击，这时 A_K 值就是一个重要的抗力指标。对于一些承受大能量冲击的机件，A_K 值也可作为一个结构性能指标以防发生脆断。例如，美国在第二次世界大战期间及战后的几年中，共有 250 多艘海船发生了脆断事故，为了查清产生事故的原因，曾进行了大量的研究。研究表明，发生事故时的温度大多数均在 4.4℃ 左右，此温度下发生裂纹的船用钢板的冲击功（CVN）大部分均低于 10 英尺 · 磅。而且裂纹起源都在应力集中处，如结构拐弯处、焊接缺陷及意外损伤所引起的缺口处。综合上述分析，认为船用钢板冲击功的高低，是引起脆断的重要原因。后来规定在工作温度下船用钢板的冲击功不应低于 15 英尺 · 磅，从而杜绝了脆断事故。

除上面所谈的几点外，近年来由于断裂力学的发展，冲击试验又有了新的应用，如动态撕裂试验就是由冲击试验而发展起来的断裂力学试验方法。在不少研究工作中亦采用预制疲劳裂纹的 V 型冲击试样进行冲击试验，以测定断裂韧性裂纹扩展抗力。

这个指标为定性指标，目前尚无办法把这个指标纳入力学计算。

5.2.2 能量准则法

以 A_K 值(或 a_K) 降至某一特定数值时的温度作为 T_K。

按这种方法确定 T_K,一般要作低温下的系列冲击试验,测定冲击功随温度的变化曲线。图 5-2-7 为两种典型的系列冲击试验曲线,曲线 A 中,其冲击功在某一温度突然下降,这一温度就是材料的 T_K,但实际上很少有这样的材料。大多数是冲击功在某一温度范围内连续下降,如曲线 B 所示,此时的冷脆温度是根据经验规定的。如前面所谈的船用钢板,就规定夏氏冲击功降至 15 英尺·磅所对应的温度作为材料的冷脆温度,记作 $V_{15}TT$。

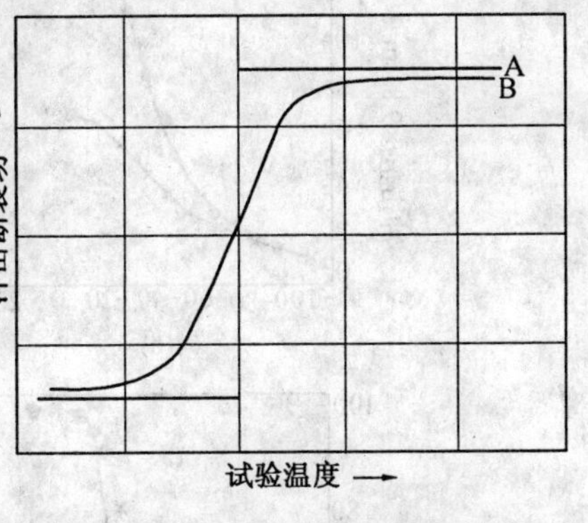

图 5-2-7 冲击断裂功和试验温度的关系

也有取 $0.4a_{K最大}$ 所对应的温度为 T_K,记为 ETT40,$0.5a_K$ 对应温度国标中记为 ETT_{50}。

5.2.3 断口形貌准则法

按特定断口形貌(纤维区与结晶状区相对面积)对应的温度确定 T_K。

冲击断口形态如图 5-2-8 所示,其中(a) 为断口宏观形貌,(b) 为示意图。首先裂纹源在缺口处形成,然后是纤维区、放射区。三个自由表面则是剪切唇,相接的边呈弧形。温度对冲击断口各区大小(用各区长度表示) 的影响如图 5-2-9 所示。随温度降低,纤维区面积减少,放射区增加。根据这种相对面积的变化可以确定 T_K。通常取结晶区面积占总面积 50% 的温度作为冷脆温度,并记作 50% FATT,国家标准规定记为 $FATT_{50}$。应该指出,国际上通用夏氏 V 型冲击试样,如使用其他试样应予注明。

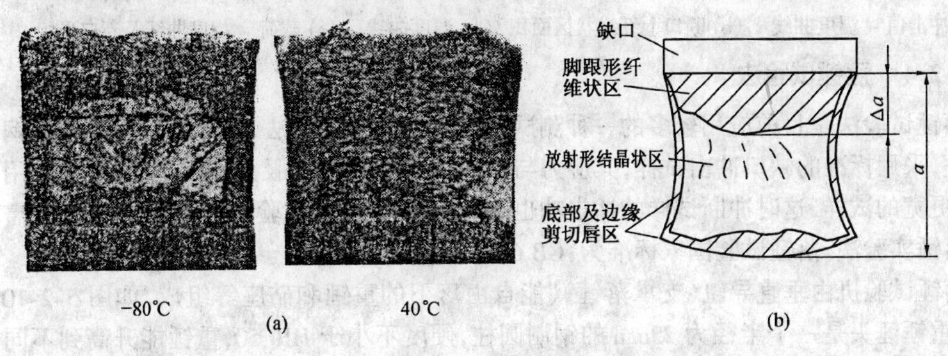

图 5-2-8 冲击断口形貌

(a)4340 钢在 40℃ 与 - 80℃ 下的冲击断口照片 (b) 断口示意图

按断口形貌评定冷脆温度,在近年来得到了广泛的应用,因为它反应了裂纹扩展变化特征,而且可以定性地评定材料在裂纹扩展过程中吸收能量的能力。实验发现 50% FATT 与 K_{Ic} 开始急速增加的温度有较好的对应关系。该方法的不足之处是评定各区所占的比例,要受人为的因素影响,通常测亮断口面积,它在断裂过程中面积变形收缩较小。

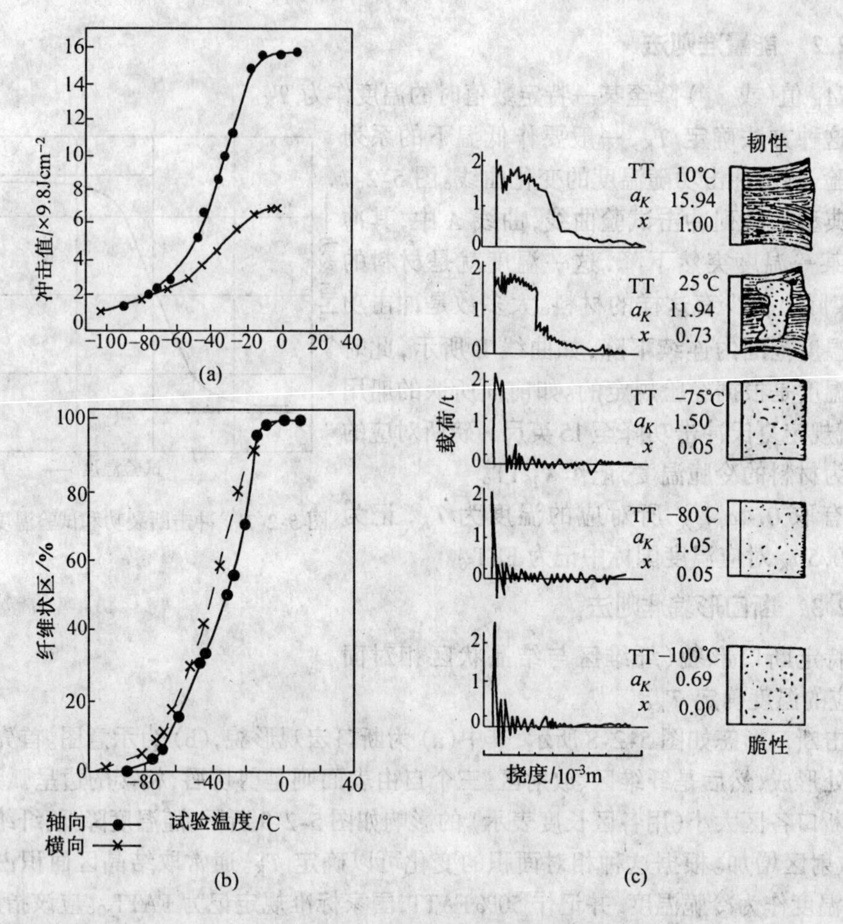

图 5-2-9　含锰 1.39% 的低碳钢板系列冲击试验结果

TT－试验温度(℃)；a_K－冲击值(J·cm^{-2})；x－纤维状区在断口总面积中的比例

(a) 冲击值－温度曲线　(b) 断口上纤维状区面积 %－温度曲线　(c) 载荷－挠度曲线及断口形貌

5.2.4　落锤试验法

落锤试验法是目前应用较多的一种测试材料动态性能的方法，尤其是对于一些厚钢板构件，采用标准的缺口冲击试样，其应力与应变状态均与实际服役条件不同，需要采用更厚、更宽的试样，这时冲断试样的冲击功也需加大，摆锤冲击试验机不能满足要求，故需采用落锤实验法。落锤试验国家标准为：GB 6803—86。

落锤试验机由垂直导轨(支承落锤)、能自由落下的重锤和砧座等组成，如图 5-2-10 所示。重锤锤头是一个半径为 25mm 的钢制圆柱，硬度不小于 HRC50，重锤能升高到不同高度，以获得 34 ~ 165kgf·m的能量。试样采用长方形板状试样，如图 5-2-12 及表 5.2.1。试件焊有裂纹引发焊焊肉，并有锯口，用以诱发裂纹，将试样冷却至不同温度试验，可测量脆性转变温度。

落锤升高，其能量为重力乘以升高。有导轨保证其自由下落击于试件。试块置于砧块上。击断的试件如图 5-2-13 所示。试件用酒精、氟里昂作为冷却介质，用干冰、液氮作冷源。必要时用电冰箱也可以，保温时间 1mm/1.5min。

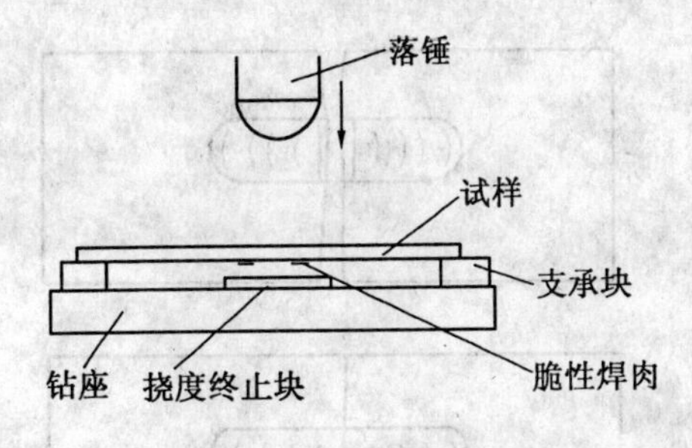

图 5-2-10　落锤试验示意图

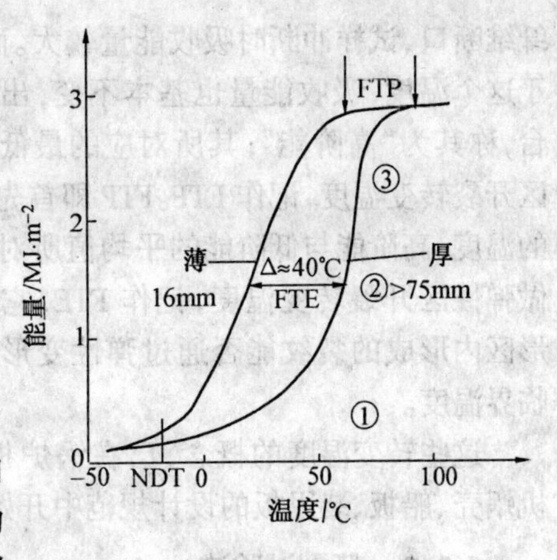

图 5-2-11　落锤缺口韧性和温度的关系

置试件于砧座，并完成冲击，必须在 20s 中内完成。试件对准冲头在 2.5mm 偏差内，试验冲击功由相关表查得。断与未断试件按图 5-2-13 所示判断。

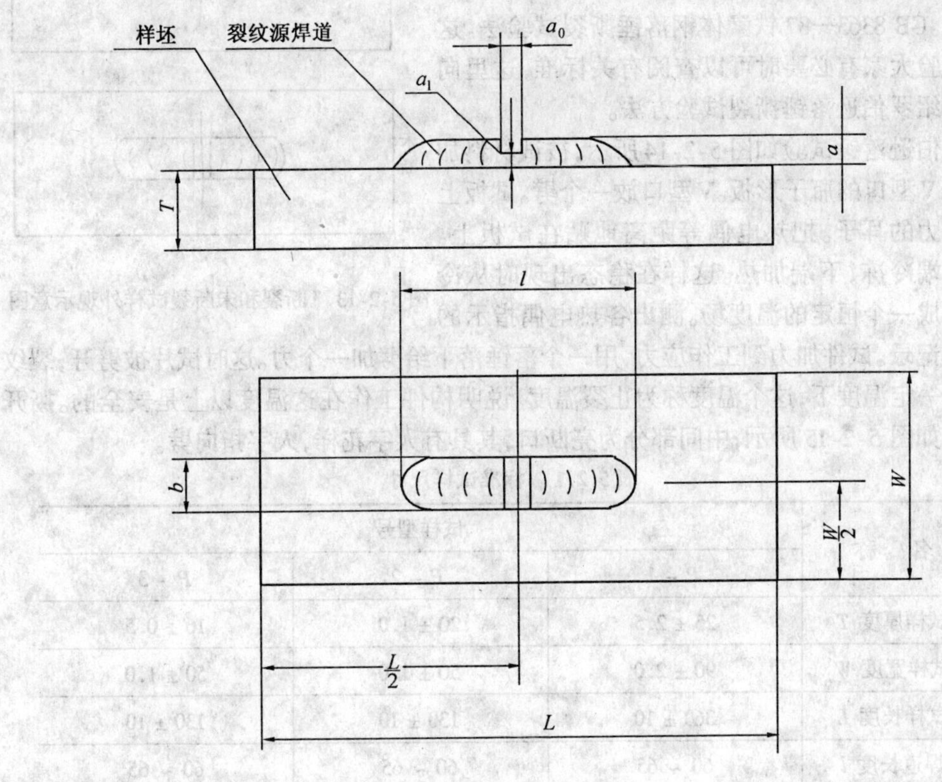

图 5-2-12　标准试样

找出试件断裂的最高温度，高于此温度 5℃ 作两个试件，均未断，则上述温度为 NDT。

图 5-2-11 为落锤缺口韧性与试验温度的关系。由图可见，当温度低至一定数值时，冲断试样所消耗的能量很小，塑性变形趋近于零，相应的断口为 100% 结晶区，开始出现这一现象的温度称为零塑性转变温度，记作 NDT。温度低于 NDT，材料吸收能量基本不随温度变化，成为一个平台，常称该能量为“低阶能”。当温度高于某一临界温度时，出现 100%

纤维断口，试样冲断时吸收能量较大。而为韧断。高于这个温度，吸收能量也基本不变，出现一个上平台，称其为“高阶能”，其所对应的最低温度为塑性区开裂转变温度，记作 FTP。FTP 即首先达到高阶能的温度。高阶能与低阶能的平均值所对应的温度叫做弹性区开裂转变温度，记作 FTE，它表征塑性变形区内形成的裂纹能否通过弹性变形区而扩展的临界温度。

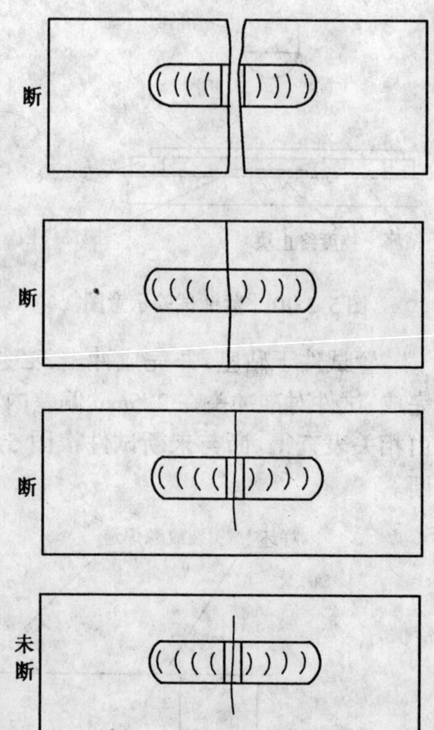

图 5-2-13　断裂和未断裂试样外观示意图

这些转变温度的概念，已在锅炉板、水轮发电机蜗壳、船板、装甲板的设计规范中开始采用。

5.2.5　撕裂试验法

撕裂试验有 GB 5482—93 金属材料动态撕裂试验方法。GB 8363—87 铁素体钢落锤撕裂试验法。这两个试验大家有必要时可以查阅有关标准，这里向大家介绍罗伯逊落锤撕裂试验方法。

罗伯逊落锤试验如图 5-2-14 所示，被试材料加工成带 V 型口的瓶子形板。V 型口放一个劈。试板上焊上加力的耳子。把热电偶等距离地贴在试板上。试板上端冷冻，下端加热。这样在稳态出现时从冷到热形成一个恒定的温度场。测出各热电偶指示的温度并记录。试件加力到工作应力，用一个落锤落下给劈加一个力。这时试片被劈开，裂纹终止在一定温度下，这个温度称为止裂温度。说明构件工作在这温度以上是安全的。撕开的断口如图 5-2-15 所示，中间部分为亮断口，其具有人字花样，人字指向劈。

表 5.2.1　标准试样尺寸

名　称	试样型号		
	$P-1$	$P-2$	$P-3$
试样厚度 T	25 ± 2.5	20 ± 1.0	16 ± 0.5
试样宽度 W	90 ± 2.0	50 ± 1.0	50 ± 1.0
试样长度 L	360 ± 10	130 ± 10	130 ± 10
焊道长度 l	60 ~ 65	60 ~ 65	60 ~ 65
焊道宽度 b	12 ~ 16	12 ~ 16	12 ~ 16
焊道高度 a	3.5 ~ 5.5	3.5 ~ 5.5	3.5 ~ 5.5
缺口宽度 a_0	$\leqslant1.5$	$\leqslant1.5$	$\leqslant1.5$
缺口底度 a_1	1.8 ~ 2.0	1.8 ~ 2.0	1.8 ~ 2.0

5.2.6 脆性转变温度的定量确定

有参考文献介绍了脆性转变温度的定量确定方法,这个方法把裂纹张开位移 COD 力学量 δ 与材料常数 δ_{1c} 随温度变化曲线相联系确定脆性转变温度。这个方法把冷脆问题由定性升级到定量。

式(4-3-7)$\delta = 3.5e\bar{a}$ 可用来计算一个构件的裂纹顶端张开位移的力学量,而裂纹顶端张开位移 δ_{1c} 随温度改变的曲线可以用实验于不同温度下测 δ_{1c} 建立,如图 5-2-16 所示。

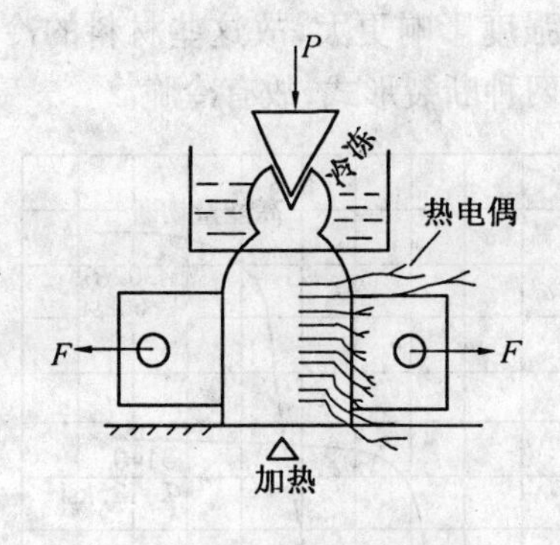

图 5-2-14 罗伯逊落锤试验

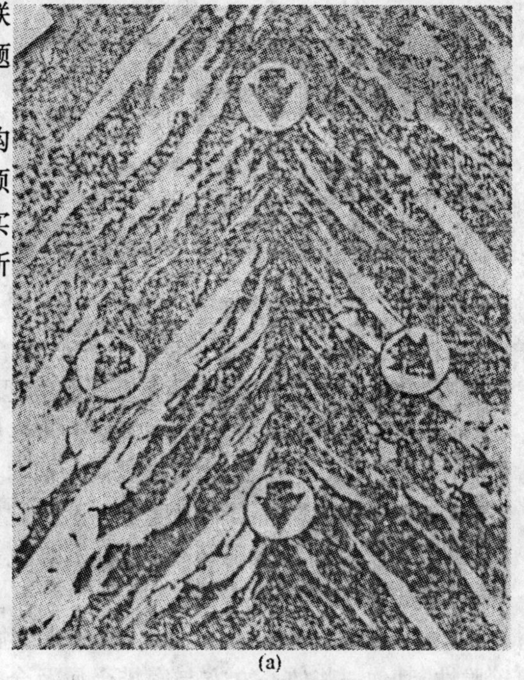

图 5-2-15 撕裂的断口

把力学计算的裂纹顶端张开位移的力学

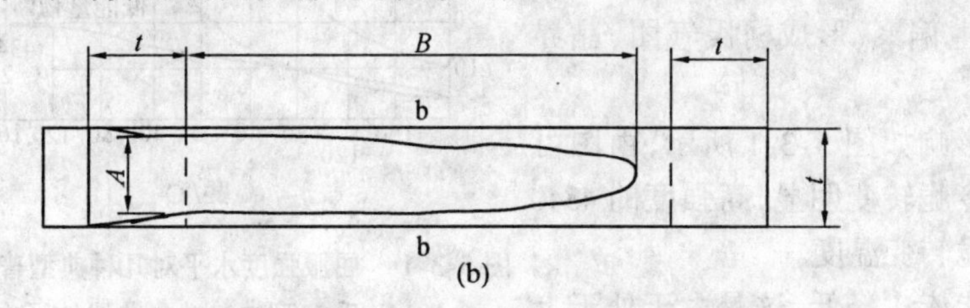

图 5-2-15 撕裂的断口

参量 δ 在图 5-2-16 上找到它所对应的 δ_{1c},由此值找出其对应的温度,即为脆性转变温度 T_K℃,如图 5-2-16所示。这个方法不同于在 $A_K - T$℃ 或断口面貌 – T℃ 曲线上确定脆性转变温度 T_K℃。新方法纵坐标量是可用于断裂力学计算的量,而旧方法纵坐标为不能与力学计算相联系的量。旧方法只能定性地应用脆性转变温度 T_K,而新方法可以定量地应用脆性转变温度 T_K。

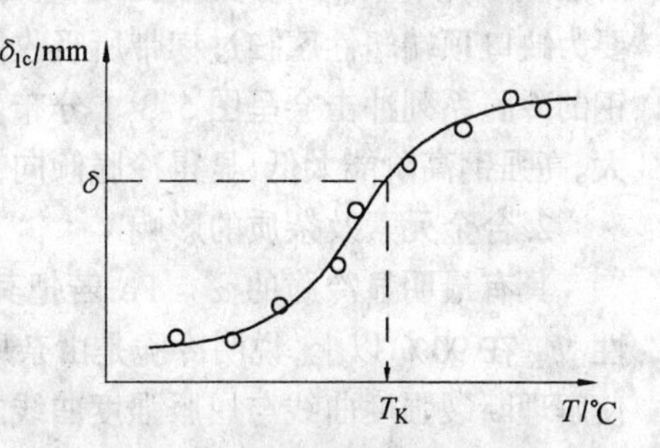

图 5-2-16 δ_{1c} 随温度变化曲线

有关文献成功地用这个方法分析了某水电站

30万机蜗壳的冷脆断裂事故，当时40mm厚蜗壳撕了一个2.5m的大口子。

5.3 影响冷脆的因素

冷脆是一个复杂的系统问题，只有掌握了影响冷脆的诸多因素才能设法控制冷脆事故的发生。

5.3.1 材料方面的因素

1.金属的晶体结构和强度等级的影响

材料的晶体结构越复杂，对称性越差，位错运动的派－纳力越高，位错滑移越困难。尤其是它们的派－纳力随温度降低而显著增加，对屈服强度影响更大，故这些材料的冷脆倾向明显。体心立方、密排六方金属有解理断和孔坑断两种断裂形式，故有冷脆。

面心立方金属及其合金，如铜、铝和奥氏体不锈钢的派－纳力很小，对位错运动基本上没有影响，这些金属在很低温度下也不会发生解理断，故没有明显冷脆转变。但近年来也发现了某些面心金属存在冷脆。

工程上使用的中、低强度钢，具有明显的冷脆性，其他一些体心立方与密排金属及合金也都具有冷脆性。看来，与这些金属结构对称性差，派－纳阻力随温度降低急剧增加，杂质原子分布易于产生偏聚（形成柯氏气团、晶界脆性相）等因素有关。

强度等级的影响如图5-3-1所示，由图可见，中、低强度钢冷脆转变明显，高强度的4340钢却没有明显冷脆转变温度。

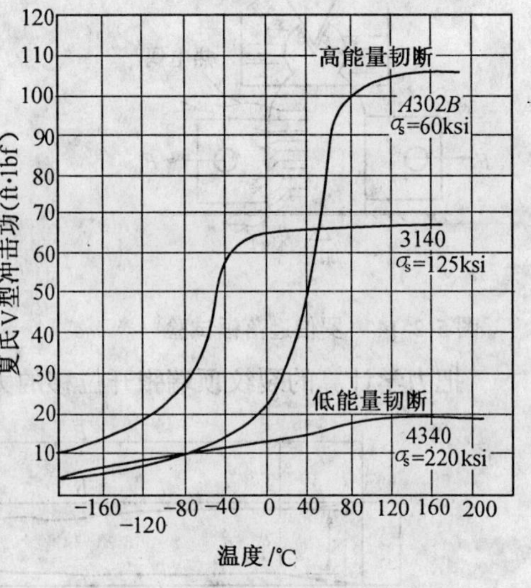

图5-3-1 屈服强度水平对几种典型普通钢夏氏V型缺口冲击曲线的影响

它们的上阶能依次降低，这是由于处于上阶能温区，发生都为韧性微孔断裂。断裂功主要为缺口顶端塑性区扫过韧带所吸收能量，塑性区尺寸与σ_s^2成反比。所以低、中、高强度钢的冷脆系列冲击会呈图5-3-1分布。低温时都发生解理或准解理断，断裂功差异不很大。高强钢高阶能太低，显得冷脆倾向性不明显。

2.合金元素及杂质的影响

具有最明显冷脆的α－Fe，若把其纯度提高，在液氢温度(4.2K)时，仍旧有很高的塑性Ψ_K在90%以上，说明冷脆是由杂质因素的影响造成的。杂质大幅降低解理断裂强度，使解理断裂强度曲线与屈服强度曲线之间交叉。

杂质沿{100}晶面分布，大幅降低{100}原子间结合力，加大{100}面间距。

由于杂质的存在，使钢有冷脆倾向。置换型合金元素，间隙型的合金元素均使钢的屈服强度升高，使 σ_f 与 σ_s 曲线交点移向高温。脆转温度升高。

面心立方金属晶体间空洞与原子半径之比为 0.41，而体心为 0.15。使面心金属包容杂质和间隙型合金元素能力较大，对正向断裂强度影响不大，故面心立方金属一般情况下显不出冷脆倾向性，而体心立方则不然。

金属铬、纯铬没有冷脆倾向，而含有 0.02% N 的 Cr 冷脆转变温度推到室温。

3. 晶粒尺寸的影响

晶粒尺寸对冷脆的影响是通过晶粒尺寸 d 对屈服强度和解理断裂强度影响的差别，导致对冷脆转变温度的影响。

解理断裂强度由柯垂尔理论

$$\sigma_f = \sqrt{\frac{4Er}{d}} = Kd^{\frac{1}{2}}$$

而屈服强度由 Hall-Petch 公式

$$\sigma_s = \sigma_i + kd^{\frac{1}{2}}$$

两式中与 $d^{\frac{1}{2}}$ 有关的系数为 K 与 k。K 值大而 k 值小。当 d 下降时，σ_f 与 σ_s 均增加，但 σ_f 增加的快，使交点 C 向左移，即冷脆转变温度 T_K 移向低温。

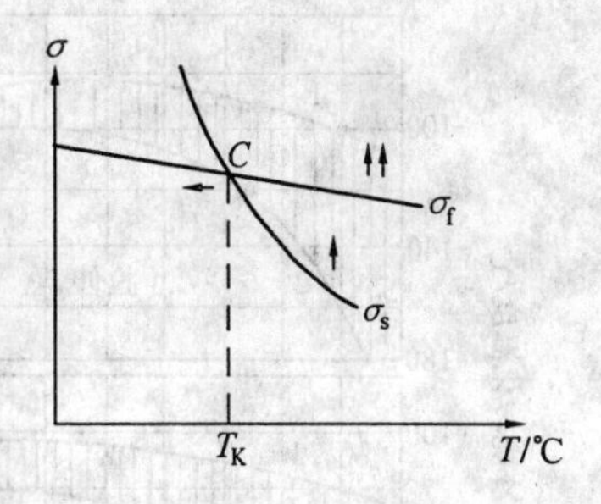

图 5-3-2 σ_f 与 σ_s 交点移动

从物理角度来看。在室温以下晶界强度高于晶内强度。晶粒尺寸降低，晶界数量加大。杂值一般偏于汇集晶界。杂质移到晶界使晶内解理面强度升高，杂质对解理面原子键间的隔离作用减小，使解理断裂强度升高。而杂质向晶界移去。使杂质对位错运动阻力减小，屈服强度降低。这是晶界的物理作用。有人把晶界戏称垃圾箱。总之，晶粒细化，即提高解理断裂强度，又提高屈服强度，可称得上是个强韧化措施。这有别于其他因素的影响，往往是提高强度损坏韧性和塑性。

5.3.2 影响冷脆转变的外部因素

促使材料脆化的主要外部因素是温度，随温度降低，材料脆断倾向增加，其原因前面已经述及。除此之外，形变速度、试件尺寸，应力状态等均对冷脆转变产生明显影响，以下分别讨论。

1. 形变速度的影响

提高形变速度有类似降温的作用，即使断裂抗力 σ_f 变化不大，而使 σ_s 升高较快，使脆性转变温度提高。图5-3-3为加载速度对 15 钢塑性和冷脆转变温度的影响。

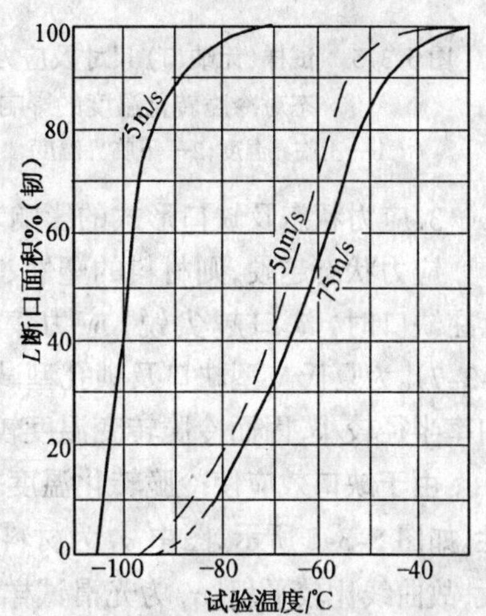

图 5-3-3 冲击速度对 15 钢塑性及冷脆转化温度的影响

但应指出，在常用冲击速度范围内(4 ~ 6m/s)，改变形变速度对冷脆温度影响不大。若冲击速度慢，脆性转化温度范围就有扩大的趋热，而冲击速度加快,冷脆转化温度范围缩小,并且向高温范围移动,如图 5-3-4 所示。

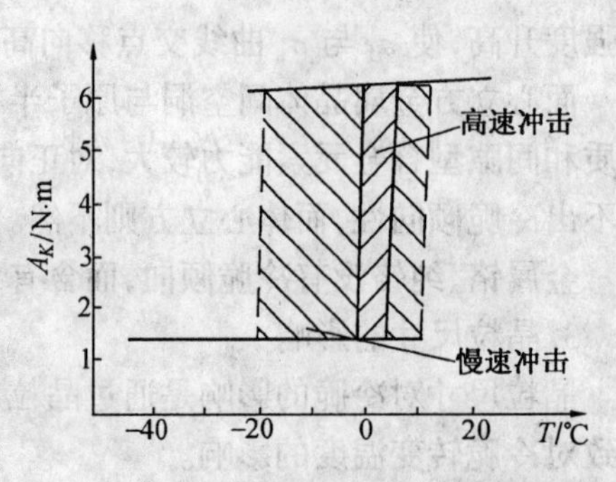

图 5-3-4　冲击速度对冷脆转变温区的影响

2. 试样尺寸及取样部位的影响

试样尺寸增大,则韧性下降,断口中纤维区比例减小,冷脆转变温度提高,如图 5-3-5 所示。

这种影响可从下面几方面分析:其一,尺寸越大,出现内部缺陷的几率增加,因而脆断抗力 σ_f 下降;其二,尺寸增大,缺口前缘三向拉应力状态加剧,促进脆性断裂;其三板厚增加,平面应变断口比例增多,使脆断抗力下降。

工程上使用的金属材料,大多是轧制生产的,由于轧制时产生流线组织,会使轧材产生各向异性,尤其是冲击值表现更为明显。如图 5-3-6 所示,取样方向不同,缺口取向不同,冲击韧性也会不同。

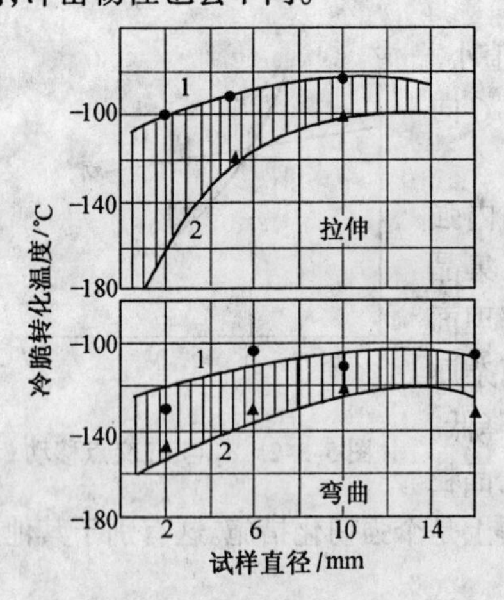

图 5-3-5　试样(无缺口)尺寸及应力状态对冷脆转化温度的影响

1—上临界温度;2—下临界温度

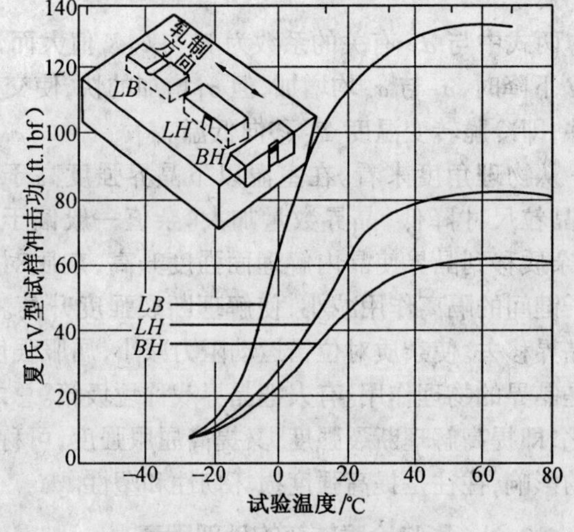

图 5-3-6　轧材的各向异性

3. 应力状态及缺口形式的影响

应力状态越硬,则材料的塑性、韧性越低,冷脆转化温度也越高(图 5-3-5),当试样上存在缺口时,缺口越尖锐,应力集中越甚,应力状态越硬。冷脆转变温度也越高(图 5-3-7)。为夏氏 V 型缺口及锁孔型试样的冷脆转变曲线,由图可见 V 型试样由于缺口根部曲率半径较小,因而冷脆转变温度较高。

由于缺口效应使冷脆转化温度提高,因而可用冷脆转化温度的变化来表示缺口敏感性。如图 5-3-8 所示,图中 σ_f 为材料脆断抗力,它取决于原子间键合强度,与温度关系不大,故曲线比较平坦。σ_s 为光滑试样的屈服强度,受温度影响较大,当温度从室温降到 -196℃ 时,面心立方金属的 σ_s 可以提高约 2 倍,而体心立方金属(如结构钢)可提高 3 ~ 8 倍,故 σ_s 曲线随温度变化较大,当温度低于 T_1 时,$\sigma_s \geq \sigma_f$,材料将发生脆断。若试样存在缺

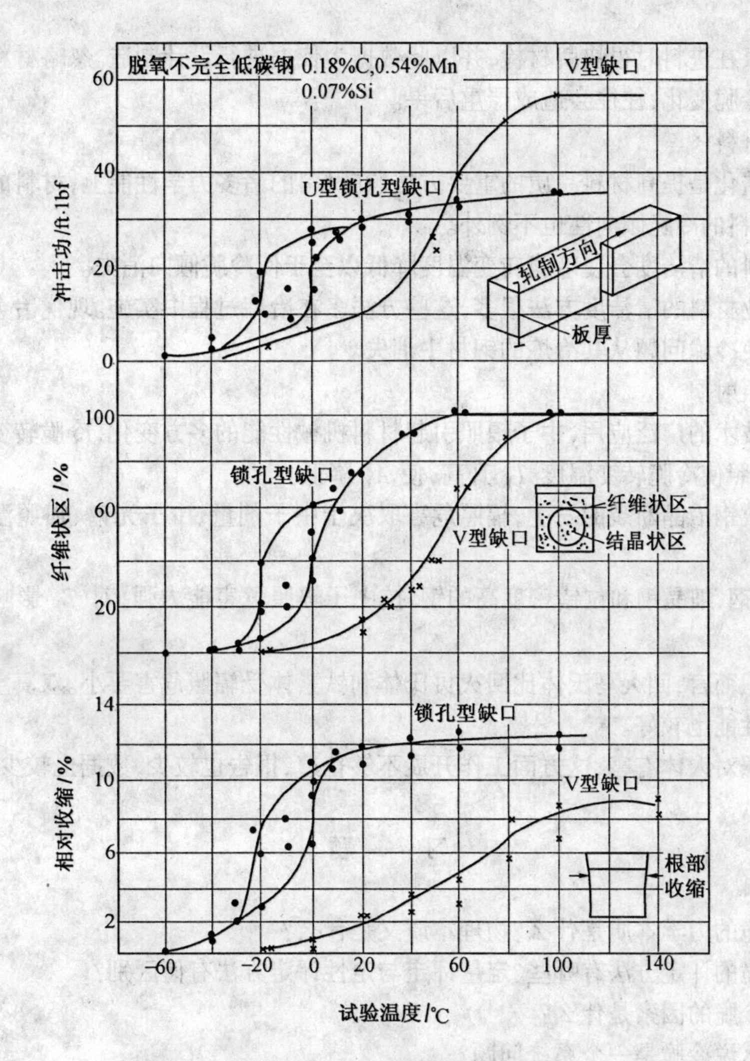

图 5-3-7　低碳钢夏氏 V 型及锁孔型试样的冷脆转变曲线

口,由于应力集中使 σ_s 提高,图中 σ_y 曲线即为有缺口试样的屈服强度。由图可见,在较高的温度 T_2 以下,$\sigma_y \geqslant \sigma_f$,材料发生脆断,$T_1$ 与 T_2 之差即表示了缺口敏感性。

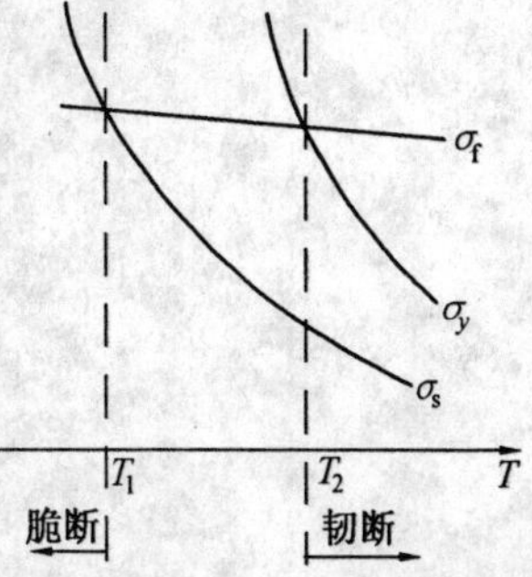

图 5-3-8　脆性转变温度示意图

5.3.3　处理对冷脆的影响

1. 变形及时效

形变强化一般不改变材料的正断强度 σ_f,而形变强化使 σ_s 大幅升高,这样形变强化使图 5-3-2 中 σ_s 曲线上升,而 σ_f 曲线基本不变,两线交点向右移,T_K 升高。

应变时效是在形变强化的基础上,又产生时效强化,使 σ_s 进一步升高。时效又会使 σ_f 下降,所以图 5-3-2 中两条曲线交点会在形变变化的基础上进一步向右移,T_K 进一步升高。

一般厂家在进料时很快就材检,并以此数据为依据进行设计制造。忽略材料冷变形及时效产生的冷脆变化,往往会造成严重后果。

2.净化材料

材料清洁化是提高材料品质的重要方法。在材料的诸多力学性能上,材料的清洁度登上了舞台,材料的冷脆倾向性也不例外。

提高材料的清洁度会使冷脆转变温度降低以至于使冷脆倾向消失。

提高工业材料的清洁度方法很多,这些方法多在冶炼过程中实施。现代冶金技术双真空冶炼可以使冷脆问题从其冶炼的钢材中消失。

3.中子照射

随着核技术的广泛应用,中子辐照引起材料机械性能的多方变化,冷脆转变温度也不例外。中子辐照使冷脆转变温度 T_K 升高,使 A_K 降低。

辐照导致钢沿晶断裂的发生,辐照危害取决于中子剂量、中子光谱、辐照温度和钢成分及组织。

T_K 低的钢、细晶钢和位错密度高的钢,抗中子辐照危害能力强,对 T_K 影响不十分严重。

对钢组织而言,回火马氏体比回火贝氏体和铁素体受辐照危害要小。双真空技术冶炼的钢抗辐照性能也较好。

由于辐照对人体有害,这方面工作开展不够普遍,报告也较少,数据也较少。

习　　题

1.钢冷脆的力学本质是什么?物理本质又是什么?

2.钢冷脆的评定方法有哪些?定量评定与定性评定方法有何区别?

3.影响冷脆的因素是什么?

4.为什么说冷脆是一个系统问题?

科研论文

蜗壳用钢板冷脆转变温度的定量确定

1.前言

水轮发电机蜗壳钢板冷脆评定一直处于一个定性阶段。常使用的指标有 50% FATT, NDT + 30℃ V_{15}TT、止裂温度、落锤试验等。这些评定方法都是定性的。由于冷脆是个多种因素控制的系统问题,故冷脆问题很难用上述定性评定方法进行完全的控制,冷脆事故时而发生。

本文介绍一种定量确定冷脆转变温度的方法,能准确定量确定出蜗壳在工况条件下的实际冷脆转变温度,即把蜗壳冷脆转变温度纳入工程计算。

2.材料和试验方法

材料选用大型水轮机蜗壳钢板,牌号为 14MnMoVN,材料的化学成分见表 1,金相组织见图 1,试验所采用的试件尺寸见图 2。

表 1　14MnMoVN 钢板化学成分

元素	C	Si	Mn	P	S	Mo	V	N
含量/%	0.14	0.35	1.40	≤0.022	≤0.023	0.5	0.1	0.015

依据 GB 2758—80 测定 0 ~ 25℃ 温度范围内的 COD 值。加载速度控制在与水轮机蜗壳内产生水锤速度相当的水平。一般加载时间控制在 7.5 ~ 10s 范围内,试验必须有以下条件。

(1) 试件裂纹 a 扩展方向与蜗壳最易破裂的裂缝方向一致。

(2) 试件厚度取蜗壳的原板厚。

(3) 试件裂纹采用深缺口、尖缺口、要求(a/W) > 0.5,尖端采用疲劳缺口。

(4) 试件应模拟蜗壳成型进行应变时效处理。

(5) 使用实验方法尽量与蜗壳工况相同。

按上述要求测得 $\delta_{1c} - T$ 曲线见图 3。

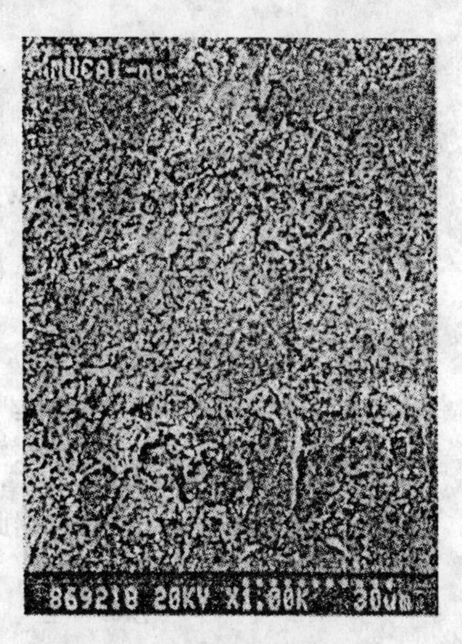

图 1　14MnMoVN 金相组织

3.冷脆转变温度的定量确定

冷脆转变温度的定量确定按下述原则。这个温度

定义为蜗壳工作条件发生冷脆启裂的起始温度。这里的断裂判据为

$$\delta \geqslant \delta_{1c}$$

其中，δ_{1c} 为实验测得。δ 依据日本焊接学会规范 WES2805—1980 选取。按规范计算出蜗壳的 δ 值。δ 值与 δ_{1c}-T 曲线"对接"可定量确定出蜗壳的冷脆转变温度。具体做法如下：

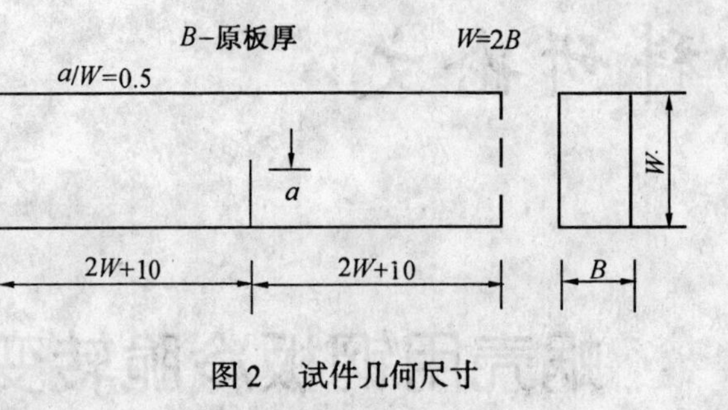

图 2　试件几何尺寸

首先确定蜗壳工作时的 δ 值，即破坏参量 δ。依据日本焊接学会规范 WES 2805—1980

$$\delta = 3.5e\bar{a}$$

其中，$\bar{a}$ 为缺陷的特征尺寸。e 组成如下

$$e = e_1 + e_2 + e_3$$

$$e_1 = \frac{\sigma_i + \alpha_b \sigma_b}{E}$$

其中，σ_i 为垂直于裂纹的工作应力，σ_b 为弯曲应力，α_b 为系数。由于蜗壳直径较大，σ_b 可忽略不计，这时

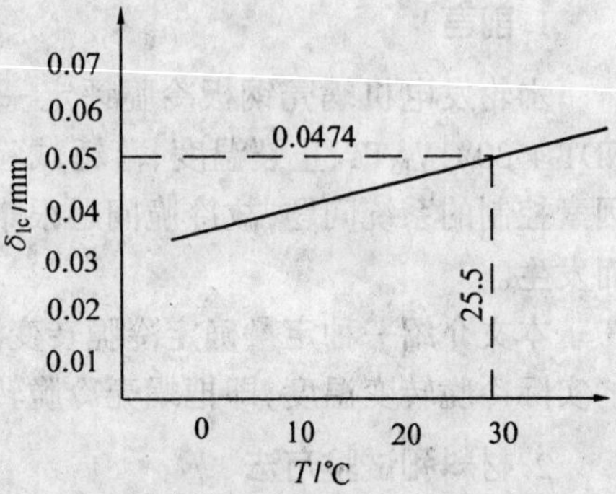

$$e_1 = \frac{\sigma_i}{E}$$

图 3　实验测得 δ_{1c} – T 曲线

$$e_2 = \alpha_r \cdot e_y$$

其中，α_r 为系数，依据 WES 2805—1980 中 5.2 项规定和蜗壳实际情况，$\alpha_r = 0.6$，而 $e_y = \frac{\sigma_s}{E}$

$$e_2 = \frac{0.6\sigma_s}{E}$$

其中，σ_s 为屈服应力。

$$e_3 = (k^t - 1)e_1$$

其中，k_1 为应力集中系数。依据 WES 2805—1980 中 5.3 项规定及蜗壳的实际情况，取 $k_t = 1$。这时

$$e_3 = 0$$

对于蜗壳工况，综上各项得

$$e = e_1 + e_2 + e_3 = \frac{\sigma_t}{E} + \frac{0.6\sigma_s}{E}$$

蜗壳工作时 $\sigma_t = 21\text{kgf/mm}^2$，$\alpha = 0.6$，$\sigma_s = 60\text{kgf/mm}^2$。依据蜗壳及 WES 2805—1980 关于 $\bar{a}$ 的处理方法。$\bar{a} = 5\text{mm}$ 据此，算得

$$\delta = \frac{\sigma_t}{E} + \frac{0.6\sigma_t}{E} = \left(\frac{21}{E} + 0.6 \times \frac{60}{E}\right) \times 5 \times 3.5 = 0.0475$$

这样就算出了破坏参量 δ 值。然后在实验测得的 δ_{1c}-T 曲线上取 δ 值对应的 T 值，由图 2 可知 T 值为 25.5℃。这就是要定量确定的蜗壳冷脆转变温度，实现了脆性转变温度与工

程力学计算的“对接”。

上述“对接”的物理意义是，当破坏参数 δ 值达到 0.0475 时，蜗壳裂纹顶端平面应变扩展区开始启裂。

为了验证所做“对接”的正确性，用试快进行了验证，证实“对接”很成功。

分别在 20℃、24℃、27℃、29℃ 把验证件加载到破坏参量 $\delta = 0.0475$，解剖发现，22℃、24℃ 组启裂率为 0，而 27℃、29℃ 组启裂率为 100%，说明“对接”很成功。

4. 结论

依据 WES 2805—1980 确定的破坏参量 δ 与实验测得 δ_{1c}-T 曲线“对接”定量确定的冷脆转变温度是成功的，可以把冷脆转变温度定量地纳入工程力学中计算。

第6章　金属的疲劳

许多机件如轴、齿轮、弹簧等,都是在交变应力下工作的,它们工作时所承受的应力通常都低于材料的屈服强度。机件在这种变动载荷下,经过较长时间工作而发生断裂的现象叫做金属的疲劳。疲劳断裂与静载荷下的断裂不同,无论在静载荷 下显示脆性或韧性的材料,在疲劳断裂时都不产生明显的塑性变形,断裂是突然发生的,因此,具有很大的危险性,常常造成严重的事故。据统计,在损坏的机器零件中,除磨损外,大部分是由金属疲劳造成的。因此,研究疲劳断裂的原因,寻找提高材料疲劳抗力的途径以防止疲劳断裂事故的发生,对于发展国民经济有着重大的实际意义。

金属的疲劳有各种分类方法。根据机件所受应力的大小,应力交变频率的高低,通常可以把金属的疲劳分为两类:一类为应力较低,应力交变频率较高情况下产生的疲劳,即通常所说的疲劳;另一类为应力高(工作应力近于或高于材料的屈服强度),应力交变频率低,断裂时应力交变周次少(小于 $10^2 \sim 10^5$ 次)的情况下产生的疲劳称为低周大应力疲劳。本章讨论疲劳的现象、机理、指标、规律及影响因素。

6.1　金属疲劳现象

6.1.1　变动载荷

由于金属的疲劳是在变动载荷下经过一定循环周次之后才出现的,所以首先需要了解变动载荷的特性。变动载荷是指载荷的大小、方向、波形、频率和应力幅随时间发生周期性变化(或无规则变化)的一类载荷。例如,车轴和曲轴轴颈上的一点,在运转中所受载荷的大小和方向在周期地变化。再如汽缸盖紧固螺钉,当活塞运转时,它受大拉小拉应力,载荷大小在变动而方向没有变化;还有像内燃机连杆受大压小拉应力,载荷的大小、方向、波形、频率及应力幅随时间都在变化。此外,像车轮在地面上受到地面不平的偶然冲击;飞机在空中受到气流或突风的

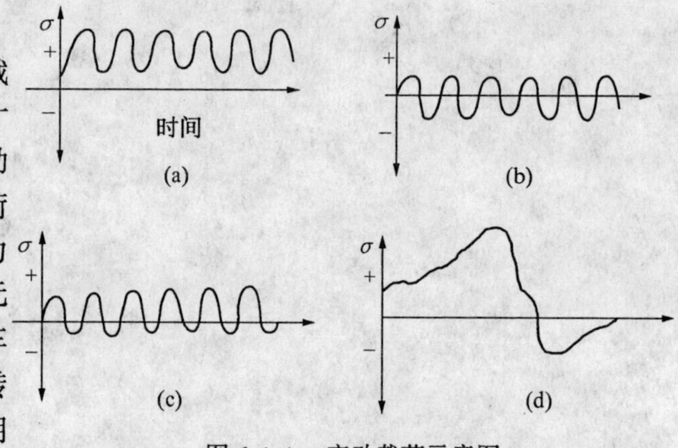

图6-1-1　变动载荷示意图

(a) 载荷大小变化　(b)、(c) 载荷大小及方向都变化

(d) 载荷大小及方向无规则变化

冲击等，载荷在一定范围内无规则的变动。变动载荷的类型如图 6-1-1 所示。

变动载荷的变化是这样的不同，那么，怎样来描述变动载荷的特性呢？

除了无规则的变动载荷外，变动载荷的特性可用图 6-1-2 所示的几个参数来表示。

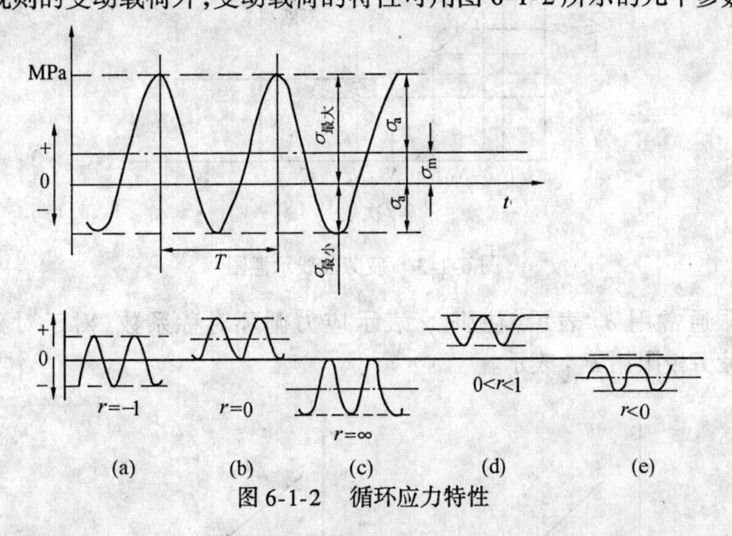

图 6-1-2　循环应力特性

变动载荷的特性可用应力半幅(σ_a)，平均应力(σ_m)和应力循环对称系数(γ)等几个参数来表示，它们的意义为

$$\sigma_a = \frac{\sigma_{最大} - \sigma_{最小}}{2} = \frac{1}{2}\sigma_{最大}(1 - \gamma) \tag{6-1-1}$$

$$\sigma_m = \frac{\sigma_{最大} + \sigma_{最小}}{2} = \frac{1}{2}\sigma_{最大}(1 + \gamma) \tag{6-1-2}$$

$$\gamma = \frac{\sigma_{最小}}{\sigma_{最大}} \tag{6-1-3}$$

式中　$\sigma_{最大}$—— 循环应力中的最大应力；

　　　$\sigma_{最小}$—— 循环应力中的最小应力。

对于对称应力循环，$\gamma = -1$，如火车轴的弯曲，曲轴轴颈的扭转等。旋转弯曲疲劳试验也属于这一类，如图 6-1-2 (a)。当 $\gamma = 0$ 时，称为脉动循环，例如齿轮齿根的弯曲，如图 6-1-2 (b) 所示。对于 $\gamma \neq -1$ 的应力循环，都称为不对称循环。例如滚动轴承的滚珠承受循环压应力，$\gamma = \infty$，如图6-1-2 (c) 所示。汽缸盖螺钉受大拉小拉循环应力，$0 < \gamma < 1$，如图 6-1-2 (d)。内燃机连杆受小拉大压循环应力，$\gamma < 0$，如图 6-1-2 (e) 所示。

6-1-2　疲劳曲线

在交变载荷下，金属承受的交变应力和断裂循环周次之间的关系，通常用疲劳曲线来描述。多年来，人们对于疲劳的研究发现，金属承受的最大交变应力($\sigma_{最大}$)越大，则断裂时应力交变的次数(N)越少；反之，$\sigma_{最大}$越小，则 N 越大。如果将所加的应力 $\sigma_{最大}$ 和对应的断裂周次 N 绘成图，便得到图 6-1-3 所示的曲线，此曲线称为疲劳曲线。从图 6-1-3 看出，当应力低于某值时，应力交变到无数次也不会发生疲劳断裂，此应力称为材料的疲劳极限，即曲线水平部分所对应的应力。疲劳曲线的横坐标通常取对数坐标。

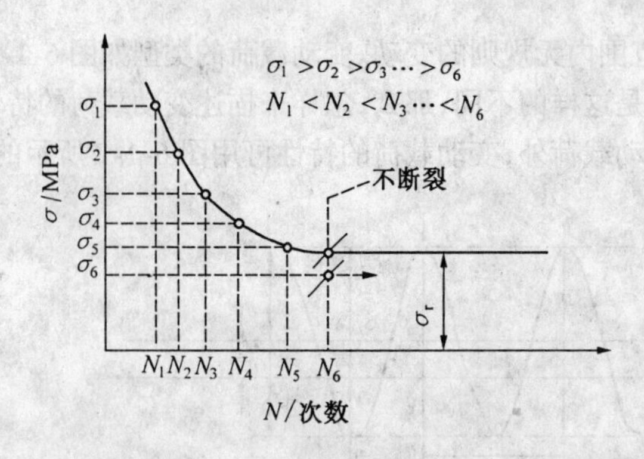

图 6-1-3　疲劳曲线示意图

疲劳极限通常用 σ_γ 表示，注脚 γ 表示应力循环对称系数。对于对称应力循环，$\gamma = -1$，故疲劳极限用 σ_{-1} 表示。

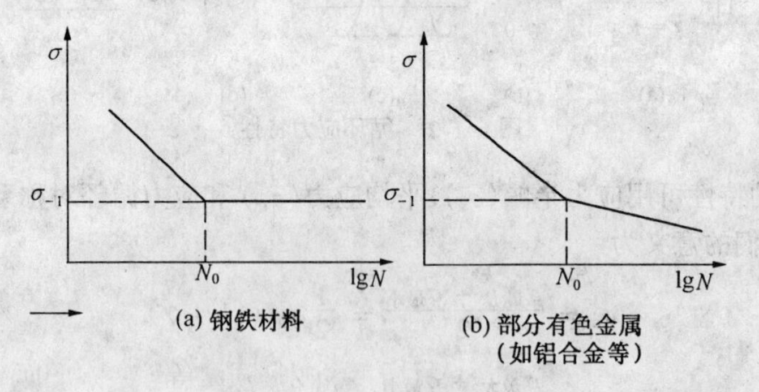

图 6-1-4　两种类型疲劳曲线

不同材料的疲劳曲线走向有差异，大致可以分为两种类型，见图 6-1-4。对于具有应变时效现象的合金，如常温下的钢铁材料，疲劳曲线上有明显的水平部分，见图 6-1-4 (a)，疲劳极限有明确的物理意义。而对于没有应变时效现象的金属合金，如部分有色金属合金、在高温下或在腐蚀介质中工作的钢等，则它们的疲劳曲线上没有水平部分，见图 6-1-4 (b)，这时就规定某一 N_0 值所对应的应力作为“条件疲劳极限”或“有限疲劳极限”。N_0 称为循环基数。对于实际机件来说，N_0 值是根据机件工作条件和使用的寿命来定。如火车轴取 $N_0 = 5 \times 10^7$ 次；汽车发动机的曲轴取 $N_0 = 12 \times 10^7$ 次；汽轮机叶片取 $N_0 = 25 \times 10^{10}$ 次等。

6.1.3　疲劳宏观断口

疲劳断裂的断口具有什么特征呢?一般来说疲劳断口宏观来看由三个区域组成，即疲劳裂纹产生区、疲劳裂纹扩展区和最后断裂区，如图 6-1-5 所示。

(1) 疲劳裂纹产生区，由于材料的质量、加工缺陷或结构设计不当等原因，以及零件或试样的局部区域造成应力集中，这些区域便是疲劳裂纹核心产生的策源地。

(2) 疲劳裂纹产生后，在交变应力作用下继续扩展长大，这个区称为疲劳裂纹扩展区。在疲劳裂纹扩展区常常留下一条条的同心弧线，叫做前沿线(或疲劳线)，这些弧线形成了像“贝壳”一样的花样。断口表面因反复挤压、摩擦，有时光亮得像细瓷断口一样。

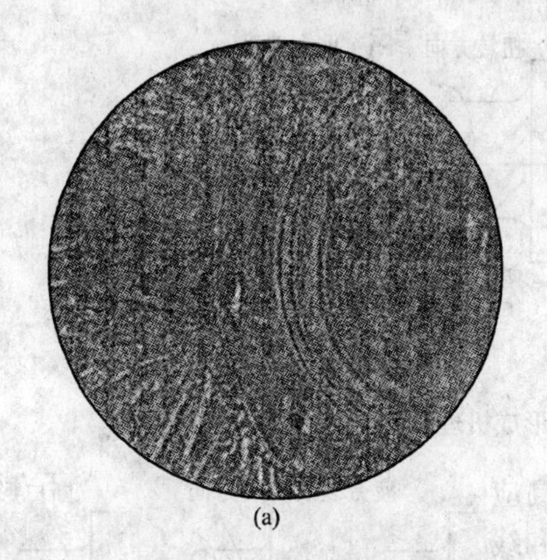

(a)

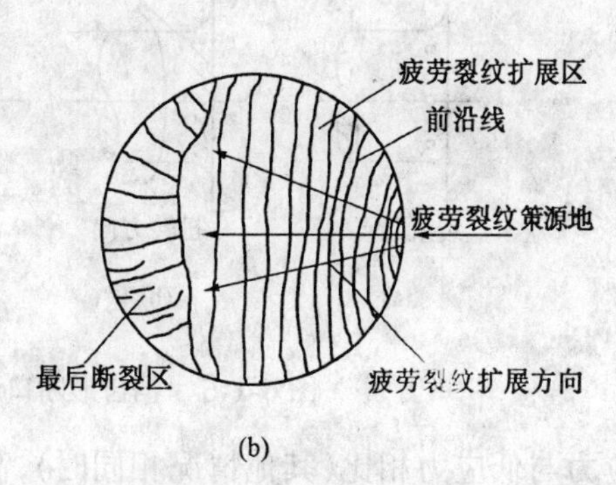

(b)

图 6-1-5　疲劳断裂宏观断口

(a) 旋转弯曲试样疲劳断口　(b) 疲劳断口示意图

(3) 最后断裂区，由于疲劳裂纹不断扩展，使零件或试样的有效断面逐渐减小，因此，剩余断面应力不断增加，当应力超过缺口件断裂强度时，则发生断裂，形成了最后断裂区。这部分断口和静载荷下带有尖锐缺口试样的断口相同，对于塑性材料，断口为纤维状，暗灰色；而对于脆性材料则是结晶状。断口上有平断口区和剪切唇。

疲劳裂纹扩展区与最后断裂区所占面积的相对比例，随所受应力大小和材料的断裂韧性 $K_{\mathrm{I}c}$ 而变化。当名义应力小而又无大的应力集中时，则疲劳裂纹扩展区大；反之，则小。疲劳断口上的前沿线，也常随应力集中程度及材料质量等因素不同而变化。因此，可以根据疲劳断口上两个区域所占的比例，估计所受应力高低及应力集中程度的大小。一般说来，瞬时裂断区的面积越大，越靠近中心，则表示工件过载程度越大。相反，其面积越不，位置越靠近边缘，则表示过载程度越小。两个区大小也受材料 $K_{\mathrm{I}c}$ 值控制。同等应力水平下，$K_{\mathrm{I}c}$ 高，最后断口小，$K_{\mathrm{I}c}$ 低，最后断口大。

试样或零件受力的情况不同时，断口的形状也各异。

试样(或轴)在交变扭转应力作用下，可能产生一种特殊的扭转疲劳断口——锯齿状断口或棘轮花样断口。锯齿形断口是在双向交变扭转应力作用下产生的，其形成过程如图 6-1-6 所示。6-1-6(a) 为在扭转力矩作用下，在相应各个起点上产生微裂纹。在正向和反向扭转力矩作用下，微裂纹沿 +45° 和 -45° 两个倾斜方向扩展，如图 6-1-6 (b)、(c) 所示。即裂纹在交变切应力最大的方向上扩展。最后两相邻裂纹相交而形成锯齿形断口，见图 6-1-6 (d)。

棘轮花样断口一般是在单向交变扭转应力的作用下产生的。其示意图见图 6-1-7 所示。首先在相应各个起点上出现微裂纹，见图 6-1-7 (a)，此后裂纹沿 45° 倾斜方向扩展，如图 6-1-7 (b) 所示，当裂纹扩展到一定程度，最后连接部分断裂，而形成棘轮花样断口，见图 6-1-7 (c)。因此，一旦在实际断裂机件中发现了上述形态的断口，就可以判断为交变扭转疲劳断裂。

表 6.1.1 为各种类型的弯曲疲劳、旋转疲劳和扭转疲劳的断口形态示意图，它标明了载荷类型、应力大小和应力集中因素等对断口形态的影响。

比较各种类型断口可以发现：

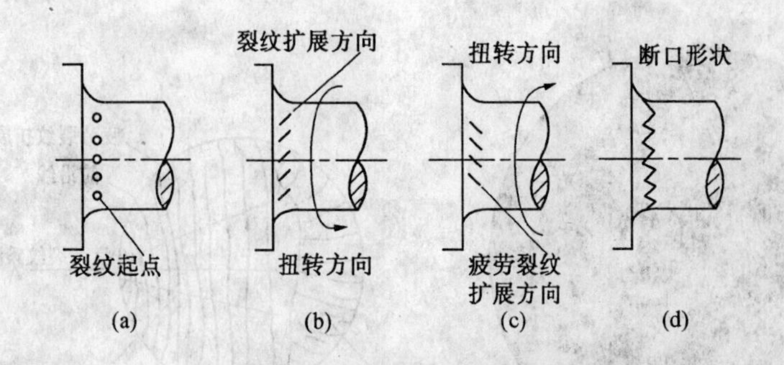

图 6-1-6　锯齿形断口形成机理示意图

高应力与低应力相比(其他情况相同时),高应力的最后断裂区相对面积大,疲劳源区有台阶和线痕(或表面比较粗糙,缺乏光泽),疲劳线的密度小。

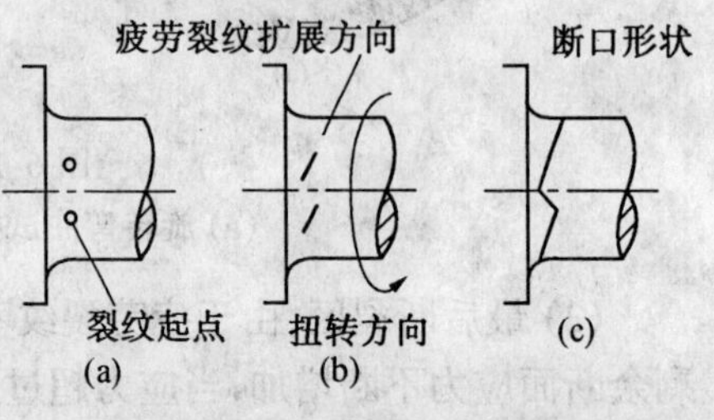

图 6-1-7　棘轮断口的形成机理示意图

单向弯曲和双向弯曲相比,单向弯曲疲劳源只有一个,而双向弯曲疲劳源有两个。最后断裂区的形状不同。

单向弯曲与旋转弯曲相比,旋转弯曲的最后断裂区和疲劳源的相对位置发生偏转,最后断裂区并不在疲劳源的直径方向,而是向旋转的相反方向偏转一定角度。这是由于迎合转动方向的疲劳裂纹发展较快而造成的。

表 6.1.1　各种类型的疲劳断口形态示意图

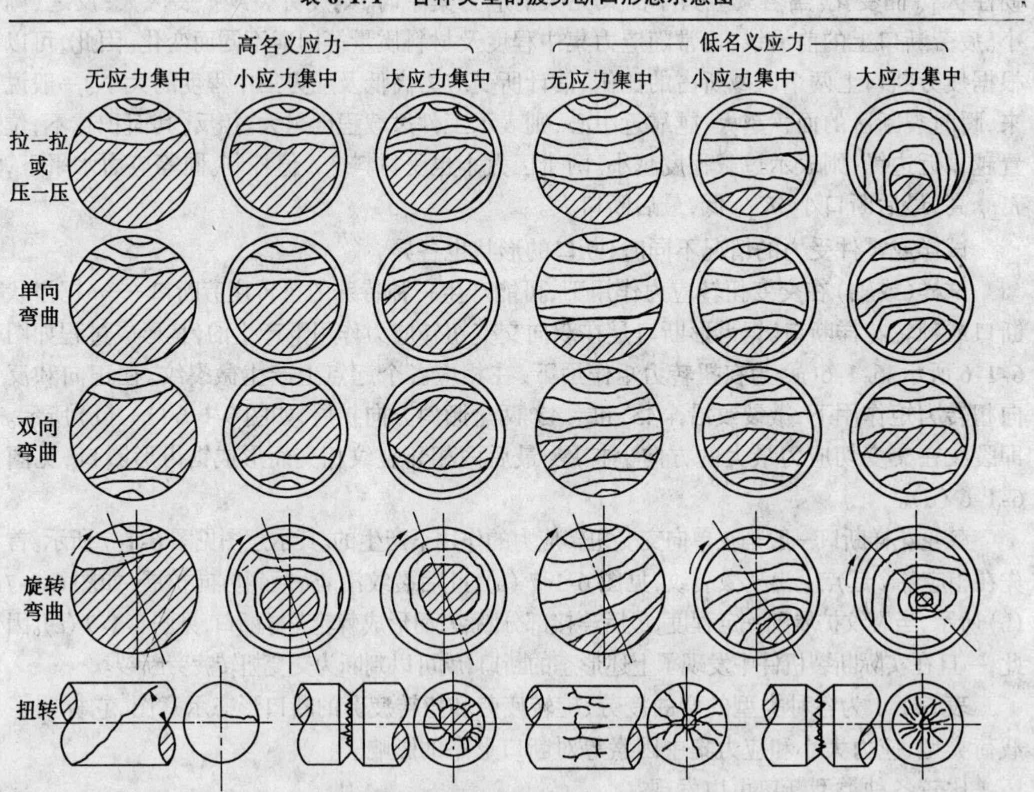

无应力集中(无缺口)与小应力集中(钝缺口)相比,小应力集中起始疲劳线比较平坦。最后断裂区的形状也有所不同。

钝缺口与尖锐缺口相比,尖锐缺口的起始疲劳线更平坦,最后断裂区的弧度更小,甚至有可能被疲劳区所包围。

在高应力尖锐缺口的情况下,沿圆周应力集中线同时产生许多疲劳源。各自扩展形成大量的径向台阶,疲劳线基本上呈圆形,并不断向中心扩展,最后断裂区呈同心圆形状。此外,由于高应力的缘故,最后破坏区的相对面积很大。

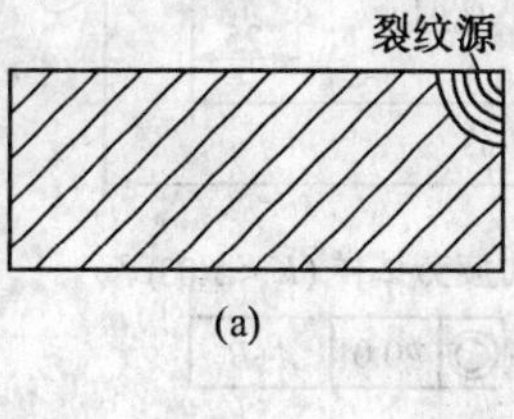

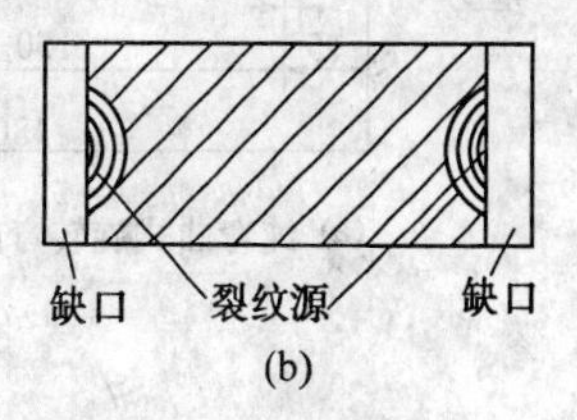

图 6-1-8 平板试样拉压疲劳断口形态示意图

对于光滑平板试样,裂纹源则在边角处产生,此处为单向应力,如图 6-1-8 (a) 所示。如果两侧有缺口,则发生在缺口根部,如图 6-1-8 (b) 所示。如果内部有夹杂、气孔等严重缺陷,则发生在缺陷处。

6.2 疲劳抗力指标

评定金属在交变载荷作用下抗疲劳破坏的指标有,疲劳极限、过负荷持久值、过负荷损伤界和疲劳缺口敏感度等。本节介绍这些疲劳抗力指标。

6.2.1 疲劳极限

1. 疲劳极限的测定

疲劳极限是疲劳曲线水平部分所对应的应力,它表示材料经受无限多次应力循环而不破坏的最大应力。材料的疲劳极限通常是在旋转弯曲疲劳试验机上测定的。$\gamma = -1$,故记为 σ_{-1}。金属的疲劳试验请参阅国家标准:GB 2107—80,GB 3075—82,GB 4337—84,GB 6398—2000,GB 7733—87,GB 10622—89,GB 12347—90,GB 12443—90,GB/T 15248—94。本节介绍常规条件旋转弯曲疲劳试验,其国标为上述的 GB 4337—84。试验所用的试件如图 6-2-1 所示。

试件分为:圆柱形试样、漏斗形试样。上述两种试件还分环形半圆缺口试样和光滑试样。标准推荐的试件如图 6-2-1 所示,试件加工严格按国家标准的规定进行。

试验的加力方式如图 6-2-2 所示。

试验机只要能满足 GB 4337—84 中的相关规定,其机型不受限制。

试验分两大部分,一是测疲劳曲线的斜线部分;另一是测疲劳曲线的水平部分。测斜线部分的加载应力 $0.6\sigma_b, 0.4\sigma_b, 0.2\sigma_b \cdots\cdots$,它们为试件最细部分的表面弯曲应力。每个应力水平分配 5 ~ 6 个试件即可。

疲劳曲线水平部分用升降法测定,如图6-2-3。$\Delta\sigma$ 在 $(3 \sim 5)\%\sigma_{-1}$ 值即可以。一般试件不少于 13 个,$N_0 \geqslant 10^7$ 次,或另行商定。是升是降,按前一次结果而定。

试验数据处理分两部分,一部分是疲劳曲线斜线部分,另一部分为疲劳曲线水平部分。

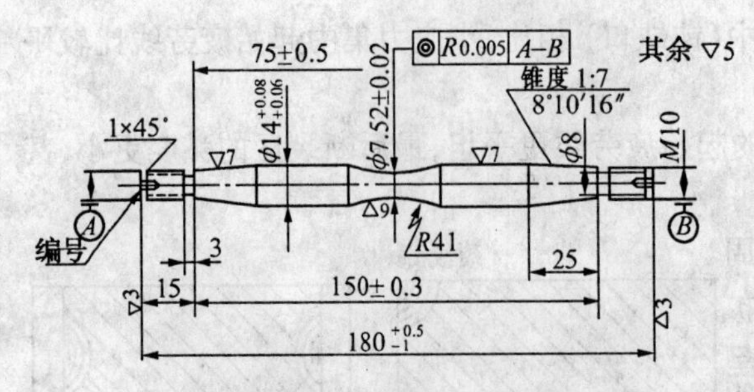

(a) 纯弯曲式旋转弯曲疲劳试样 (K_t< 1.03)

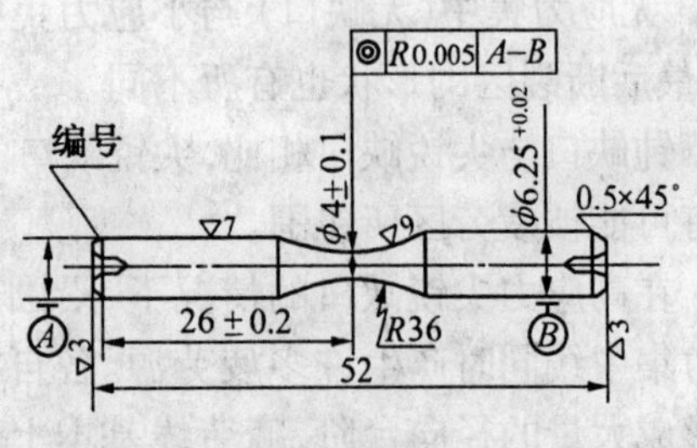

(b) 旋转弯曲疲劳小试样(K_t<1.02)

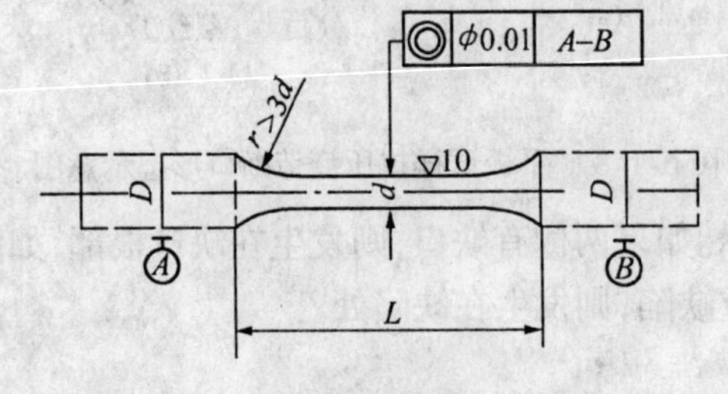

(c) 光滑圆柱形试样 (K_t= 1)

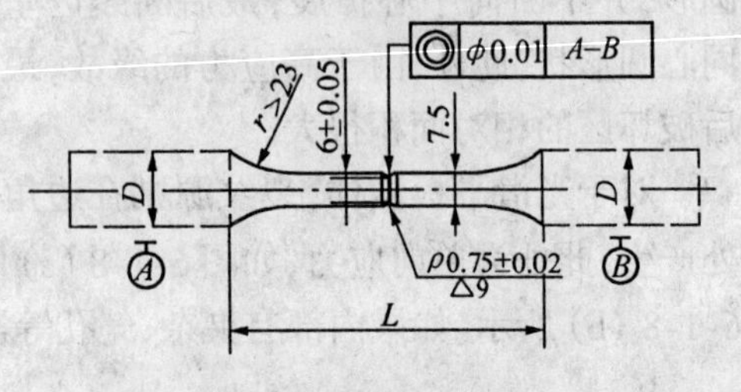

(d) 环形半圆缺口试样 (ρ 为缺口半径, K_t=1.86)

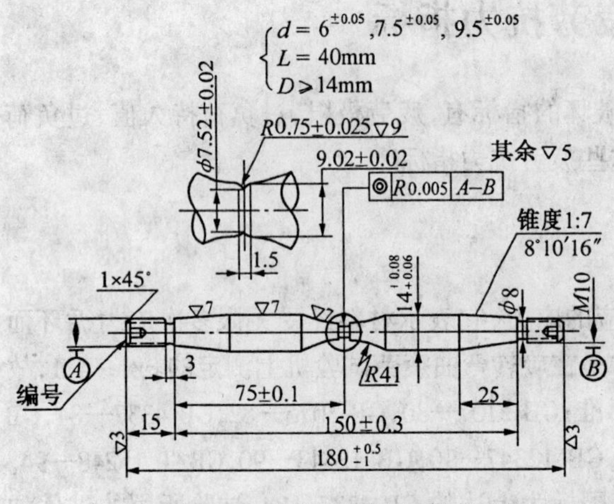

(e) 纯弯曲式旋转弯曲缺口疲劳试样(K_t=1.89)

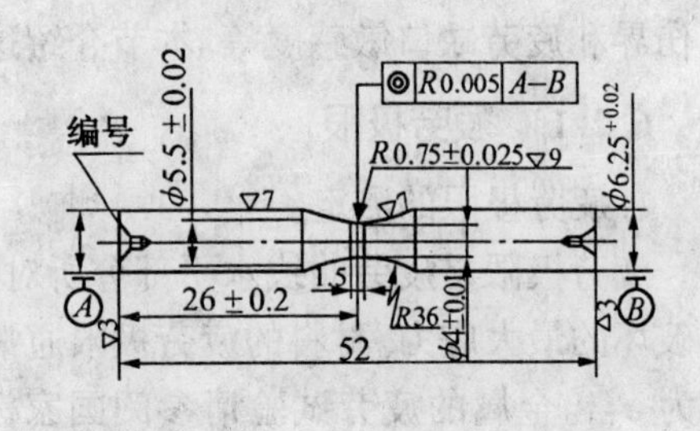

(f) 旋转弯曲缺口疲劳小试样(K_t=1.67)

图 6-2-1 常规旋转弯曲疲劳试件尺寸

先看疲劳曲线水平部分,由图 6-2-3 升降图按下式计算 σ_{-1}。

$$\sigma_{R(N)} = \frac{1}{m}\sum_{i=1}^{n} v_i\sigma_i \qquad (\text{MPa})$$

式中 m—— 有效试验的总次数(破坏或通过数据均计算在内);

n—— 试验应力水平级数;

σ_i—— 第 i 级应力水平;

v_i—— 第 i 级应力水平下的试验次数($i = 1,2,\cdots,n$)。

式中,$\sigma_{R(N)}$,$R = \sigma_{min}/\sigma_{max}$,$N$ 为规定 N_0 次数。实验测得的疲劳曲线如图 6-2-4。

对斜线部分有必要时按概率统计方法来处理,如图 6-2-5。在疲劳曲线的斜线部分,

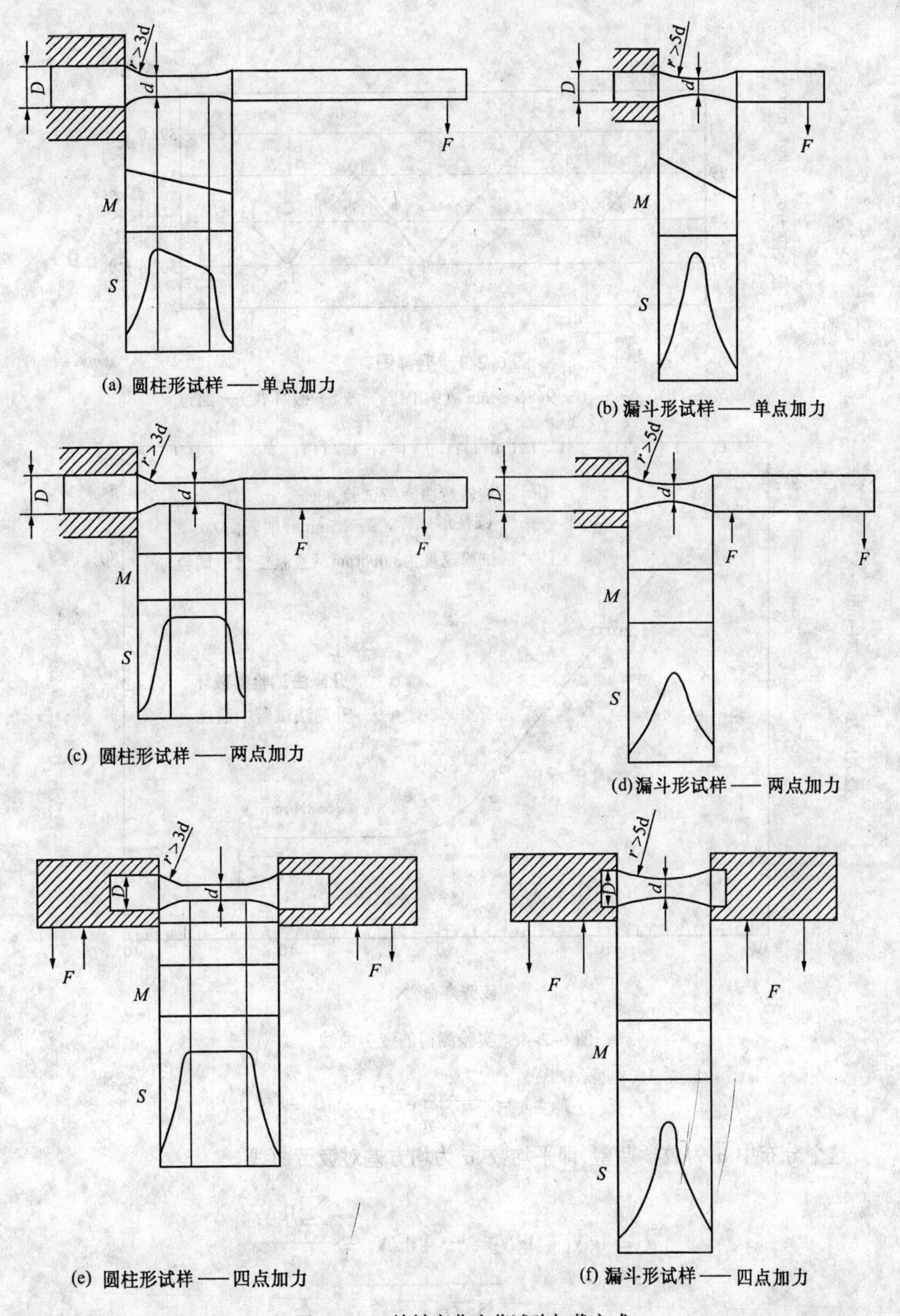

(a) 圆柱形试样——单点加力　(b) 漏斗形试样——单点加力

(c) 圆柱形试样——两点加力　(d) 漏斗形试样——两点加力

(e) 圆柱形试样——四点加力　(f) 漏斗形试样——四点加力

图 6-2-2　旋转弯曲疲劳试验加载方式

每一个应力水平下试件断裂均按一定的规律分布，多为正态分布。正态分布通常为

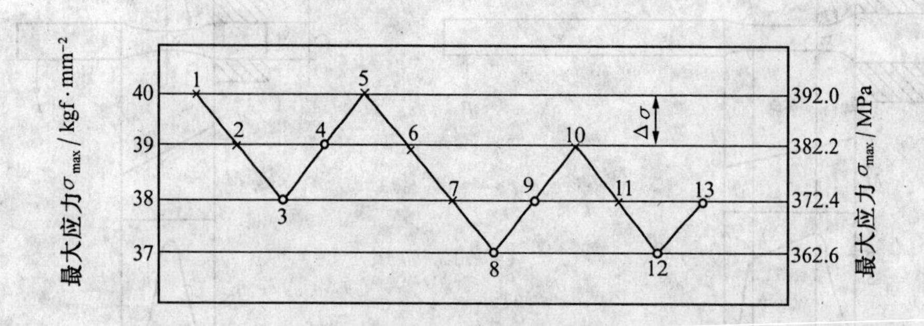

图 6-2-3　升降图

$Nc = 10_7$;$\Delta\sigma = 1 \times 9.8\text{N} \cdot \text{mm}^{-2}(9.8\text{MPa})$; × — 破坏;○— 通过

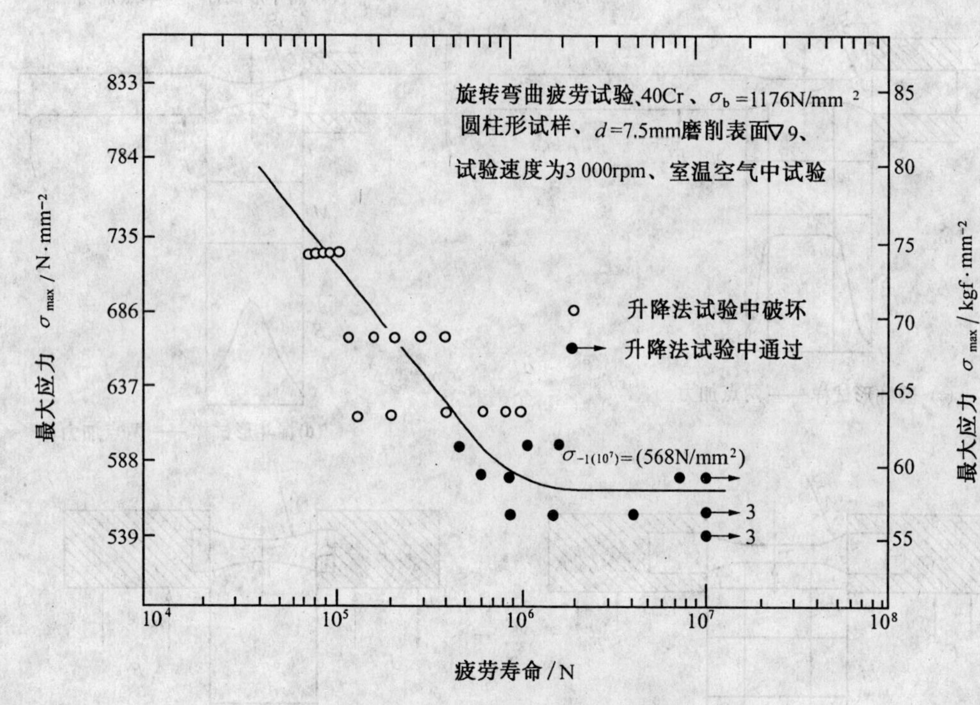

图 6-2-4　实验测得的疲劳曲线

$$f(x) = \frac{1}{\sigma\sqrt{2\pi}} e^{\frac{-(x-\bar{a})^2}{2\sigma^2}}$$

这个分布中 $\bar{a}$ 为数学期望,即平均数,σ 为均方差对疲劳曲线

$$\bar{a} = \lg N_1 + \lg N_2 + \cdots + \lg N_n = \frac{\sum_{i=1}^{n} \lg N_i}{n}$$

$$\sigma = \sqrt{\frac{\sum_{i=1}^{n}(\lg N_i - \bar{a})^2}{n}}$$

正态分布 $f(x)$ 中 $\bar{a}$ 和 σ 确定了，$f(x)$ 就是已知函数了。

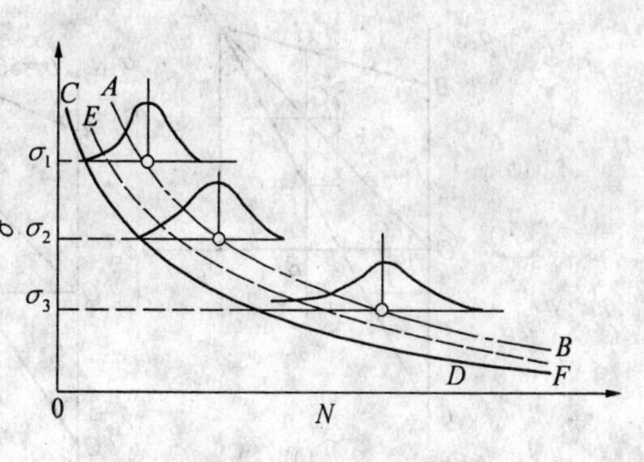

图 6-2-5　P-σ-N 曲线

图 6-2-6 曲线阴影部分面积代表存活率。若用 $P(x_p)$ 表示存活率

$$P(x_p)=\int_{x_p}^{\infty}\frac{1}{a\sqrt{2\pi}}e^{-(\frac{(x-\bar{a})^2}{2\sigma^2})}dx$$

我们可以把各应力水平上具有相同存活率的点连在一起，构成疲劳曲线的斜线部分，如图 6-2-5 所示。

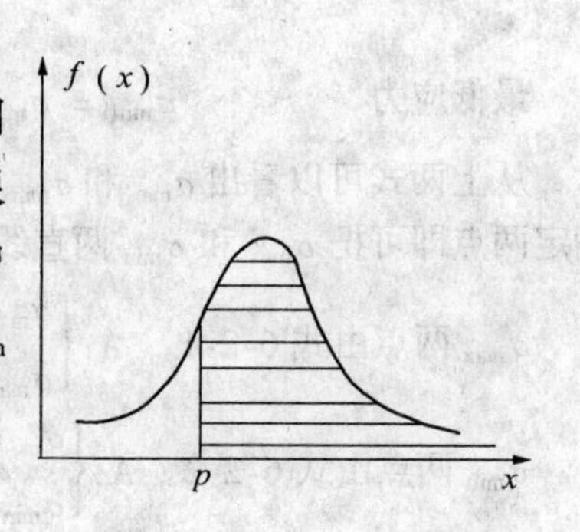

图 6-2-6　存活率

2. 不对称循环应力下的疲劳极限

平均应力或应力比 γ 对疲劳极限 $\sigma_{R(N)}$ 的影响用实验数据回归定量确定，平均应力 σ_m 对疲劳极限 $\sigma_{R(N)}$ 和疲劳寿命的影响如图 6-2-7 (a) 所示。从图中可见，在相同应力幅度下，σ_m 升高时 $\sigma_{R(N)}$ 降低。对 σ_m 对 $\sigma_{R(N)}$ 的影响现公认的经验公式有

Goodman 公式　　$\sigma_a=\sigma_{-1}(1-\sigma_m/\sigma_b)$

Geber 公式　　$\sigma_a=\sigma_{-1}[1-(\sigma_m/\sigma_b)^2]$

Soderberg 公式　　$\sigma_a=\sigma_{-1}(1-\sigma_m/\sigma_s)$

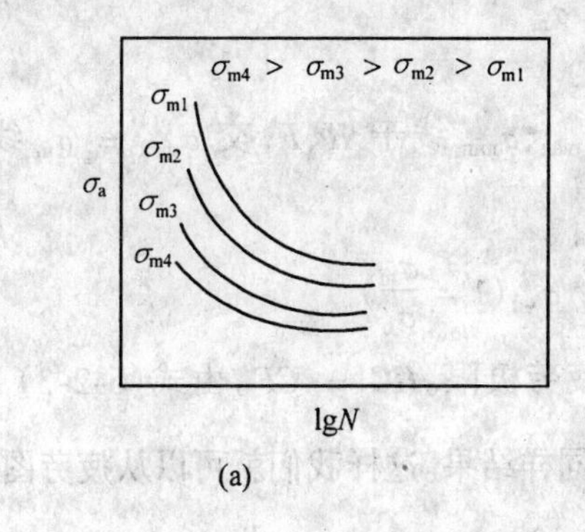

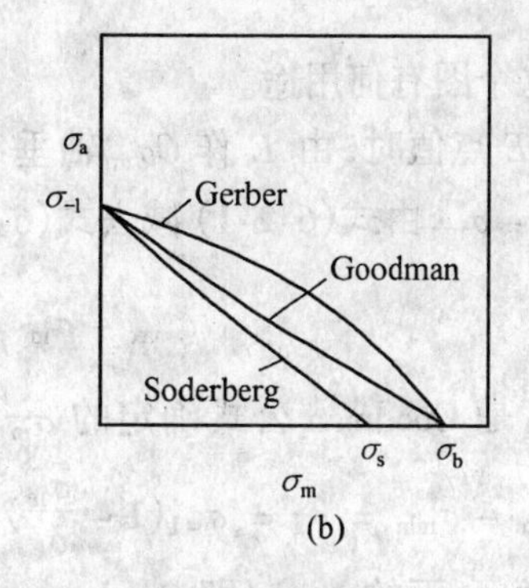

图 6-2-7　平均应力对疲劳寿命和疲劳极限的影响

(a) 对疲劳寿命的影响　(b) 对疲劳极限的影响

上述三个公式绘成关系图见图 6-2-7 (b)。

我们从 Goodman 公式绘出其与 σ_{max} 和 σ_{min} 关系称为疲劳图，其纵坐标 σ_{max}、σ_{min}，横坐标 σ_m，如图 6-2-8 (a) 所示。

最高应力　　$$\sigma_{max}=\sigma_m+\sigma_{R(N)}=\sigma_m+\sigma_{-1}(1-\frac{\sigma_m}{\sigma_b})\tag{6-2-1}$$

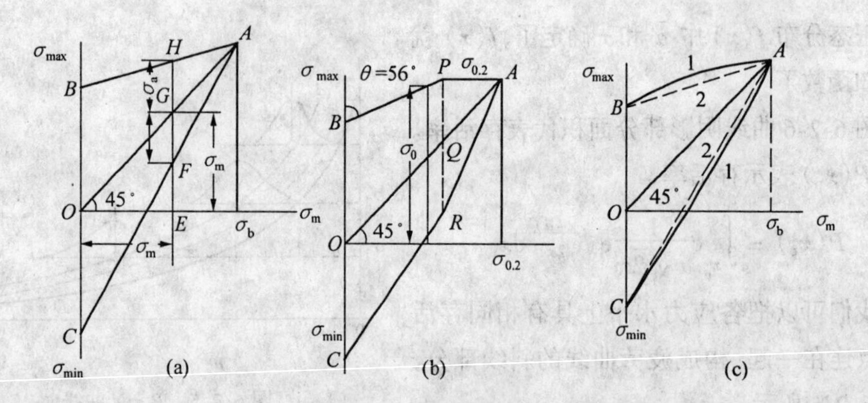

图 6-2-8　疲劳图

最低应力
$$\sigma_{min} = \sigma_m - \sigma_{R(N)} = \sigma_m - \sigma_{-1}(1 - \frac{\sigma_m}{\sigma_b}) \quad (6\text{-}2\text{-}2)$$

从上两式可以看出 σ_{max} 和 σ_{min} 与 σ_m 均为线性关系。σ_{max} 和 σ_{min} 在图上为两条直线。各确定两点即可把 σ_{max} 和 σ_{min} 两直线画在图上。

σ_{max} 两点由式 6-2-1　A:$\begin{cases} \sigma_m = \sigma_b \\ \sigma_{max} = \sigma_b \end{cases}$; B:$\begin{cases} \sigma_m = 0 \\ \sigma_{max} = \sigma_{-1} \end{cases}$

σ_{min} 两点由式 6-2-2　A:$\begin{cases} \sigma_m = \sigma_b \\ \sigma_{min} = \sigma_b \end{cases}$; C:$\begin{cases} \sigma_m = 0 \\ \sigma_{min} = -\sigma_{-1} \end{cases}$

把上述四个点确定的两条直线会在图6-2-8 (a) 上得到 BA、CA 两条线，BA 是 σ_{max} 线，即式(6-2-1)。CA 是 σ_{min} 线，即式 6-2-2。OA 是 $\sigma_{max} = \sigma_m$ 线。这就是我们要绘的疲劳图。

$$\sigma_{max} = \sigma_m \quad (6\text{-}2\text{-}3)$$

现在看看这个图有何用途。

σ_m 为 E 点值时，由 E 作 $O\sigma_m$ 轴垂线交 σ_{max}、σ_{min} 线于 H、F，交 $\sigma_{max} = \sigma_m$ 线于 G。$HG = \sigma_{max} - \sigma_m$，由式(6-2-1) 减去式(6-2-3)

$$\sigma_{max} - \sigma_m = \sigma_a = \sigma_{-1}(1 - \frac{\sigma_m}{\sigma_b})$$

即 HG 长度是 Goodman 公式确定的 σ_m 下的疲劳极限。$HG = GF$。由式(6-2-3) 减去式(6-2-2)，$\sigma_m - \sigma_{min} = \sigma_a = \sigma_{-1}(1 - \frac{\sigma_m}{\sigma_b})$。得到同样结果。这样我们就可以从疲劳图上方便地确定任意 σ_m 下的 $\sigma_{R(N)}$（即 Goodman 式中的 σ_a）。

Gerber 关系绘到疲劳图上，如图 6-2-8 (c)，是非线性关系，用 Goodman 公式绘制的图来确定 $\sigma_{R(N)}$ 较 Gerber 关系确定的偏小。从安全角度看用 Goodman 疲劳图偏于安全。

实际上最高应力超过 σ_s 时要被松弛，理想塑性不考虑加工硬化，σ_{max} 不会超过 σ_s，故图要作屈服修正，如图 6-2-8 (b)。修正后 P、R 点均满足 Goodman 关系，而 A 点满足 Soderberg 关系，PA、RA 介于二者之间。

由于实验证实 σ_{max} 线与纵轴夹角为恒定值 56°，这为我们绘制疲劳图带来很大方便。我们知道 σ_{-1} 和 σ_s 值即可绘出疲劳图。方便地知道任意 σ_m 情况下的 $\sigma_{R(N)}$。

在图 6-2-8 (b) 直角坐标中，取 $OB = \sigma_{-1}$ 得到 B 点，取 $OC = -\sigma_{-1}$ 得到 C 点，OA 为

角分线，作 $\theta = 56°$ 线 BP 与 $\sigma_{max} = \sigma_s$ 线交于 P 得到 P 点，再往前交于角分线得到 A 点，P 向横轴作垂线，取 $PQ = QR$ 得到 R 点。B、P、A、R、C 点均得到，连线就得到疲劳图。有了疲劳图，就可以确定任意 σ_m 下的 $\sigma_{R(N)}$（即 σ_r）值。

6.2.2 疲劳缺口敏感度

实际零件中由于存在切口而引起应力集中，从而使疲劳寿命缩短和疲劳极限降低，图 6-2-9 表明应力集中系数 K_t，对 LC9 高强度铝合金疲劳寿命的影响。由图 6-2-9 可见，应力集中系数 K_t，越大，疲劳强度越低。人们试图根据光滑试件的疲劳极限 σ_{-1}，预测切口度件的疲劳极限 σ_{-1n}；为此，定义一个参数 K_f，$K_f = \sigma_{-1}/\sigma_{-1n}$，称为疲劳强度缩减系数，并且寻求 K_f 的估算公式。研究表明，K_f 之值与应力集中系数 K_t、切口根部半径以及材料性能有关；$1 \leqslant K_f \leqslant K_t$。所以 K_f 之值很难预测，在设计中也难以根据 σ_{-1} 估算 σ_{-1n} 之值。人们试图消除几何因素的影响，又引入一参数 q，其定义如下

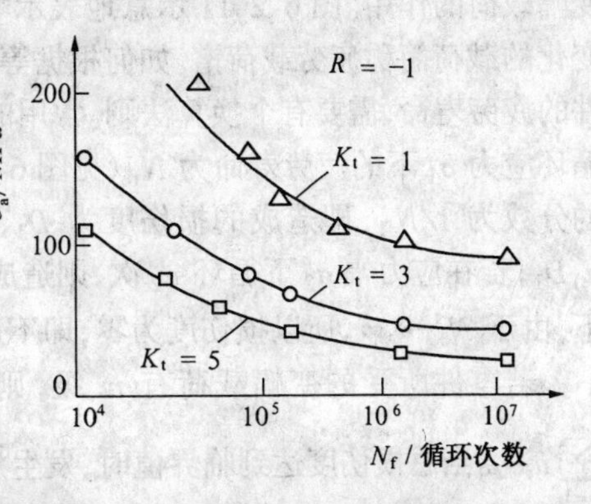

图 6-2-9 应力集中对高强度铝合金 LC9 疲劳寿命的影响

$$q = (K_f - 1)/(K_t - 1) \tag{6-2-4}$$

参数 q 称为疲劳切口敏感度。$q = 0$，$K_f = 1$，疲劳极限不因切口存在而降低，即对切口不敏感。当 $q = 1$，$K_f = K_t$，即表示对切口敏感。实验表明，q 之值随材料强度的升高而增大，如图 6-2-10 所示。这说明高强度材料的疲劳切口敏感度较高。但是，疲劳切口敏感度仍不是材料常数，当切口半径小于 0.5mm 时，q 值急剧下降（见图 6-2-10）。这是因为，当切口半径减小，K_t 之值增长很快，而 K_f 增长很慢，因而引起 q 值降低。在切口根部半径较大时，才可将 q 近似地看做常数。

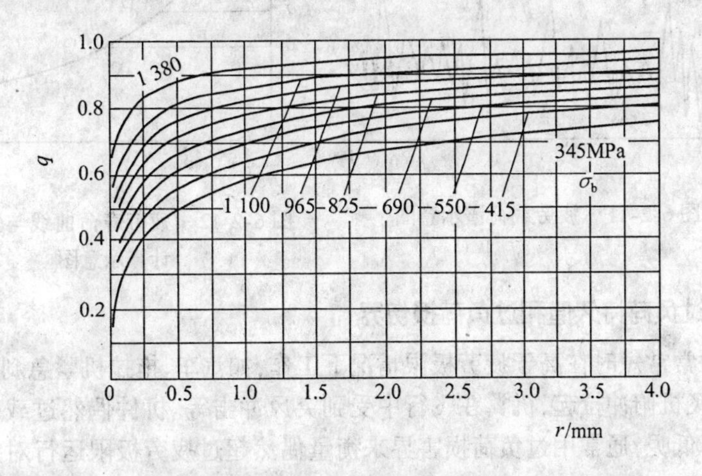

图 6-2-10 切口根部半径和材料的抗拉强度对疲劳切口敏感度的影响

6.2.3 累计疲劳损伤 —— 损伤度

很多零件在服役过程中所受的应力是随时间而改变其最大(或最小)值,即零件受到变幅载荷的作用。图 6-2-11 示意地表示零件所受的变幅应力。这种按某种规律随时间而变化的载荷简称疲劳载荷谱。如何根据等幅载荷下测定的 $S-N$ 曲线,估算变幅载荷下零件的疲劳寿命,需要有个换算法则。常用的是 Miner 线性累积伤定则。简述如下:设试件在循环应力 σ_1 下的疲劳寿命为 N_{f1}(见图 6-2-12),若在该应力幅下循环 1 次,则劳寿命缩减的分数为 $1/N_{f1}$,即造成的损伤度为 $D_1, D_1 = 1/N_{f1}$;若循环 n_1 次,则造成的损伤度为 $n_1 D_1$;若在应力幅 σ_2 下循环 n_2 次,则造成的损伤度为 $n_2 D_2 = n_2/N_{f2}$。在理论疲劳极限以下,由于 $N_f \to \infty$,所以损伤度为零,即不造成损伤。

若零件所受的变幅载荷有 m 级,则在不同级的循环应力下所造成的总损伤度为 $\sum\limits_{i=1}^{m} n_i D_i$。当总损伤度达到临界值时,发生疲劳失效。显然,在恒幅载荷下,损伤度的临界值为 1.0。若将恒幅加载看成变幅载荷的特例,则变幅载荷下损伤度的临界值也应为 1.0。故有

$$\sum_{j=1}^{m} n_j D_j = \sum_{j=1}^{m} \frac{N_j}{N_{fj}} = 1.0$$

即在变幅载荷下,疲劳总损伤度达到 1.0 时,发生疲劳失效。此即 Miner 线性累积损伤定则。这一定则的主要问题是没有考虑载荷谱中大小载荷的交互作用,需要研究改进。但 Miner 定则由于其形式简单,使用方便,而且目前也没有比 Miner 定则更好的累积损伤定则,因而 Miner 定则仍被广泛地采用。

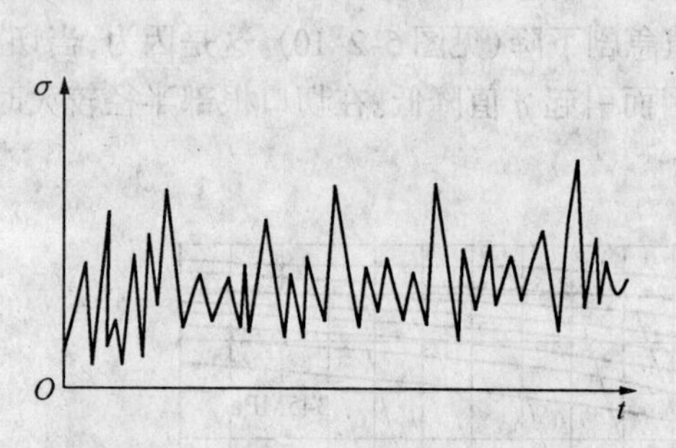

图 6-2-11 疲劳载荷谱示意图

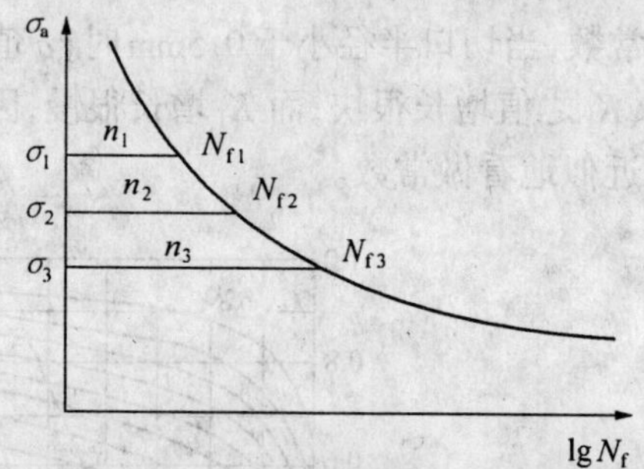

图 6-2-12 疲劳寿命曲线与累积损伤计算示意图

6.2.4 过负荷持久值和过负荷损伤界

许多零件常常短时在高于疲劳极限情况下工作,如汽车、拖拉机紧急刹车,猛然起动,超载荷运行,飞机俯冲拉起,机翼在飞行中受到突风冲击等。机件偶然过载荷运行对疲劳寿命会不会降低呢?通常用过负荷损害界来衡量偶然超过疲劳极限运行对疲劳寿命的影响。

材料的过负荷损害界完全由实验确定。首先按前述方法求出完整的疲劳曲线,找出疲劳极限 σ_{-1},然后用多组试样在任一高于 σ_{-1} 的三个应力下进行疲劳试验,经过一定循环

次数 N 之后，再在疲劳极限的应力下运转，看是否影响了疲劳寿命(N_0)，如果不影响寿命，说明过载荷没有造成损害，如果寿命缩短，则说明造成了损害。这样，在每一过载荷应力下，一组试件经过不同 N 次循环，寻找开始损伤的周次 a 点，在另两组试件寻找开始损伤周次，b 点、c 点等，连接 a，b，c 等点就得出疲劳损害界。如图6-2-14所示。图6-2-14上影线区即过负荷损害区。过载荷下循环的周次落入此区，将使疲劳寿命缩短。因此，此区域越窄，说明材料抵抗过载荷的能力越好。

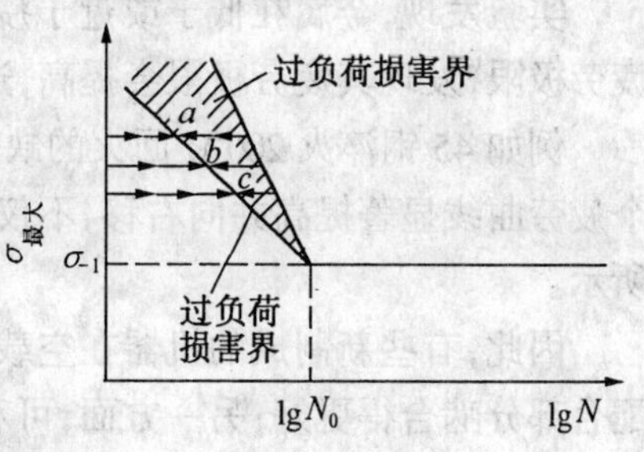

图 6-2-14　过载荷疲劳损害界的建立

疲劳曲线上的斜线叫过负荷持久值，它表示在超过疲劳极限的应力下直到断裂所能经受最大的应力循环周次。此斜线越陡直，表示在相同的过载荷下能经受的应力循环周次越多，即过负荷抗力越高。

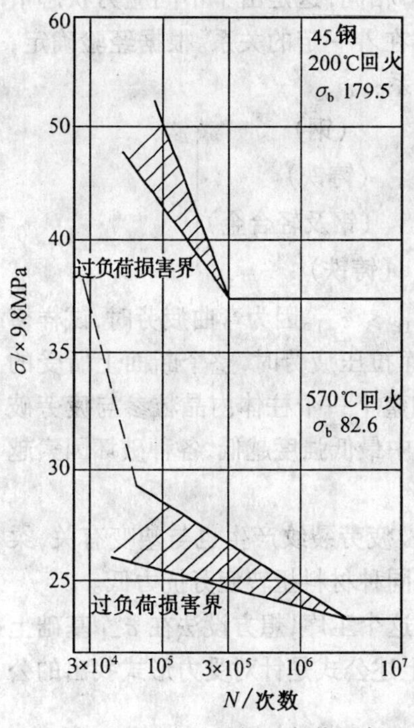

图 6-2-15　45 号钢过负荷损害界

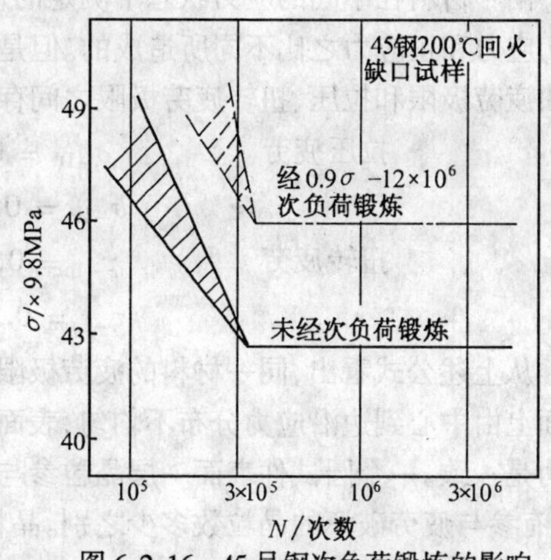

图 6-2-16　45 号钢次负荷锻炼的影响

图 6-2-15为45号钢淬火后经两种不同温度回火的疲劳曲线，从曲线的位置和形状看，200℃ 回火不但疲劳极限比 570℃ 回火的高，而且抵抗过载荷损害的能力也强。

过负荷损害界的产生，通常是用金属内部的"非发展裂纹"来解释的。原来，在疲劳极限的应力下，虽经过无限多次应力循环而未断裂，但金属内部还是存在有宏观尺寸的裂纹，只是这种裂纹在金属内部不发展，故称为"非发展裂纹"。这种裂纹在疲劳极限应力下有一临界尺寸。过载荷应力下造成的裂纹长度如果小于此临界尺寸，则此裂纹在疲劳极限应力下不会发展，即过载荷没有造成损伤。如果在过载荷应力下造成的裂纹长度大于此临界尺寸，则在以后的疲劳极限的应力下，此裂纹将不停地发展，以致断裂，即过载荷造成了损伤。另外，在过负荷下即有裂纹向前扩展因素，又有裂纹顶端塑性区产生压应力和变形强化及时效等阻止裂纹增长因素，尤其是阻止裂纹长大到"非发展裂纹尺寸"。这些因素都可以影响 σ_{-1} 应力下的疲劳行为。由于这些原因，在疲劳曲线上存在有过负荷损害界。

实验发现,金属在低于或近于疲劳极限(σ_{-1})下运转一定次数之后,再用这些试件测疲劳极限,发现其疲劳极限会提高,这种现象称为次负荷锻炼。

例如45钢淬火200℃回火的缺口试样,在$0.9\sigma_{-1}$应力下经2×10^6次的锻炼后,使整个疲劳曲线显著提高并向右移,不仅提高了疲劳极限,而且延长了疲劳寿命。如图6-2-16所示。

因此,有些新制成的机器在空载及不满载条件下跑合一段时间,一方面可以使各运动配合部分啮合得更好;另一方面,可利用上述规律提高机件的疲劳抗力,延长使用寿命。

这可能是由于在次负荷下,疲劳裂纹顶端产生塑性区,塑性区产生一定的压应力,形变强化、时效、强度增加及抵掉外力,使裂纹扩展受到阻止,只有在更高的循环应力下才会使疲劳裂纹扩展。

6.2.5 不同应力状态下的疲劳极限

同一材料在不同的应力状态下测定的疲劳极限也不相同,这是由于不同应力状态下的切应力和正应力之比不同所造成的。但是它们之间存在着一定的关系。根据经验确定,弯曲疲劳极限和拉压、扭转疲劳极限之间存在有下述关系:

拉压疲劳 $\sigma_{-1P}=0.85\sigma_{-1}$ (钢)

$\sigma_{-1P}=0.65\sigma_{-1}$ (铸铁)

扭转疲劳 $\tau_{-1}=0.55\sigma_{-1}$ (钢及轻合金)

$\tau_{-1}=0.8\sigma_{-1}$ (铸铁)

从上述公式看出,同一材料的疲劳极限是$\sigma_{-1}>\sigma_{-1P}>\tau_{-1}$。因为弯曲疲劳时,试样横断面上由中心到边沿应力分布不均匀,表面应力最大,而拉压疲劳时,整个断面上所受的应力是一致。一个圆试件表面一层晶粒参与疲劳破坏和整个一个柱体内晶粒参与疲劳破坏,有参与疲劳破坏的晶粒数多少之别。晶粒越多,晶粒中最低强度越低,各种破坏因素越多,σ_{-1}就越低。

疲劳破坏从微观讲,很多与疲劳裂纹顶端塑变有关,疲劳裂纹产生也与塑变有关,柔度系数大,易于塑变开始,有利于疲劳破坏。所以会出现同种材料扭转疲劳抗力低。

测疲劳抗力是个劳民伤财的慢功夫,人们总想绕过这个工序,想方设法在σ_{-1}基础上能找出其他条件下的疲劳极限,疲劳图是一个方法,而上述公式是针对受力形式找出的公式,也有重要意义。

6.2.6 疲劳极限和静强度之间的关系

疲劳极限和静强度之间存在着一定关系,根据大量试验归纳出的经验公式为:

钢　料 $\sigma_{-1}=0.35\sigma_b+12.2$

高强度钢 $\sigma_{-1}=0.25(1+1.35\psi)\sigma_b$

有色金属 $\sigma_{-1}=0.19S_K+2$

从上述经验公式看出,疲劳极限和静强度之间大致存在着直线关系,即材料的静强度高,一般其疲劳极限也高。但这只是在中低强度范围内才是如此。这个关系对设计、计算及材料研究有重要意义,提供极大方便。

6.2.7 疲劳裂纹扩展速率 da/dN

1. 疲劳裂纹扩展速率的测定

疲劳裂纹扩展速率是由循环应力最大载荷和最小载荷与裂纹长度 a 构成的应力场强度因子差值 ΔK_1 控制的。

$$\Delta K_1 = Y\sigma_{\max}\sqrt{\pi a} - Y\sigma_{\min}\sqrt{\pi a} \tag{6-2-5}$$

疲劳裂纹扩展速率用 da/dN 表示，即单位循环次数下疲劳裂纹的增长量。da/dN 与 ΔK_1 之间关系为

$$da/dN = c\Delta K_1^m \tag{6-2-6}$$

测 da/dN 实际是在测量 c 和 m 两个材料参数。c、m 的测定通常是测量一系列的 da/dN 值和 ΔK_1 值并取对数，然后回归计算出 c、m 值。对式 6-2-6 取对数

$$\lg(da/dN) = \lg c + m\lg\Delta K_1 \tag{6-2-7}$$

即 $\lg(da/dN)$ 与 $\lg\Delta K_1$ 之间为线性关系。具体做法在 GB 6398—2000 都做了规范性的规定。我们只讲解原理过程。

国家标准 GB 6398—2000 中规定了三点弯曲，紧凑拉伸试件和板状拉伸试件。对试件尺寸、加工和夹具都做了相应的规定。我们以三点弯曲试件为例进行讲解。

试件钼丝切割初裂纹 a，在韧带刻划等距离刻度线，一般间距在 0.1 ~ 0.5mm。用以计量裂纹向前扩展量。在疲劳机上对试件施加变动载荷。一般固定变动载荷的最大值 $P_{\max}$ 和最小载荷 $P_{\min}$。这两个载荷值的确定要保证 da/dN 起始值在国家标准规定的范围内，一般参考同类材料的 da/dN 反推出 $P_{\max}$ 和 $P_{\min}$ 或据经验、或试施。

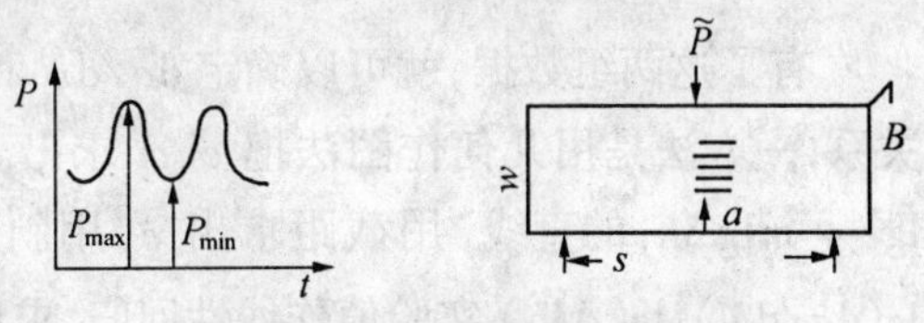

图 6-2-17　da/dN 测试示意图

开机后只要随时记录裂纹长度 a 和循环次数 N 即可。一般记录 a 长大到韧带上事先画出的刻度线上记录 N 值。

数据处理按下述过程进行。

建立 a-N 曲线，把记录的 a 值和 N 值绘出图 6-2-18 a-N 曲线。

对于任意长度的 a 值可以确定两个参量，一个是 $(da/dN)_i$，一个是 $(\Delta K_1)_i$。da/dN 可以用图中的 $\Delta a_i/\Delta N_j$ 得到，也可以用几何方法求该点切线斜率得到，也可以用回归法得到曲线的函数，再求导数得到。

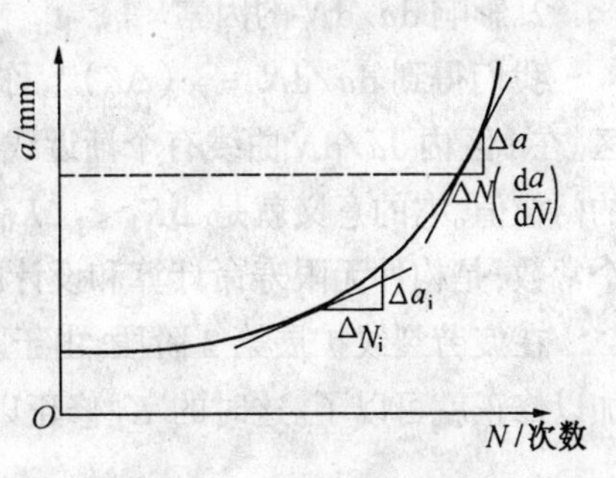

6-2-18　裂纹长度与加载循环数关系曲线

$$\Delta K_1 = Y\sigma_{\max}\sqrt{\pi a} - Y\sigma_{\min}\sqrt{\pi a}$$

所用试件的具体表达式为

$$\Delta K_1 = \frac{\Delta PS}{BW^{3/2}} \cdot Y(a/W)$$

其中 B、W、a、S 为试件几何尺寸。$\Delta P = P_{max} - P_{min}$ 这个式子中 ΔP、S、B、W 均为常数而变动量为 a。$Y(a/W)$ 为一个与 a 有关的函数，在有关表中可以查到 a/W 所对应的 $Y(a/W)$ 值，见附录 4。由于在实验中 a 在不断长大，所以 ΔK_1 在不断地增长。

从上式可以看到，a 的长度是这个试验的一个很重要的量，它的确定可以在表面刻度上直接读出来，也可以用试件在加力条件的柔度计算出来。

由上述方法求 $(\mathrm{d}a/\mathrm{d}N)_i$ 和 $(\Delta K_1)_i$，可以得到以下两组，即实验数据（为某次实验数据）：

$(\mathrm{d}a/\mathrm{d}N)$：$(\times 10^{-4})$	$\Delta K(\times 9.8\mathrm{N/mm^{3/2}})$
2.05	129
2.5	134
3.75	142
4.15	145
4.9	148
5.1	154

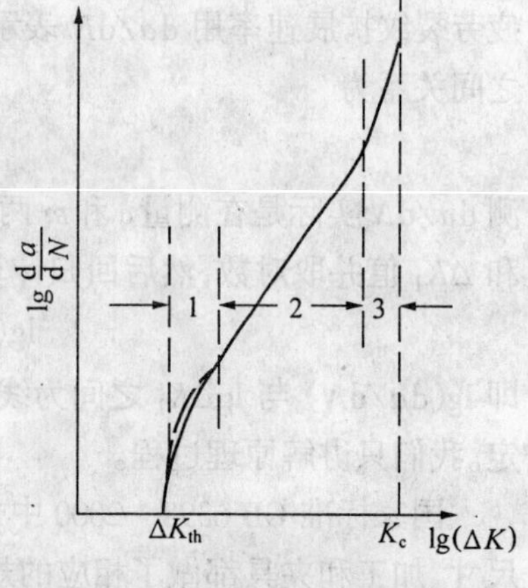

图 6-2-19　疲劳裂纹扩展过程的三个阶段

有了这两组数据，就可以确定 $\mathrm{d}a/\mathrm{d}N$ 和 ΔK_1 之间的关系，一方法是用几何作图法把 c、m 求出。把两组数点在对数坐标上，划出 $\lg \mathrm{d}a/\mathrm{d}N = \lg c + m\lg\Delta K_1$ 的直线，用截距求出 c，用斜率求出 m，如图 6-2-19。c、m 的求法也可用 $\lg(\mathrm{d}a/\mathrm{d}N)$，$\lg(\Delta K_1)$ 实验值作线性回归，求出 c、m 值。

我们得到 c 和 m 值就完成了实验测定，上述方法是求 $\mathrm{d}a/\mathrm{d}N$ 的原理过程，每个过程国家标准中都有具体规定。实验数据的总体处理有相关的程序，可以很方便地把结果求出。一定要注意，测 $\mathrm{d}a/\mathrm{d}N$ 实际是在测 c 和 m 值，不要弄错。

关于裂纹增长量可以用前面讲的柔度法确定。柔度法测量的裂纹增量 Δa 与表面实测法有所差异，这是方法造成的系统误差。

2. 影响 $\mathrm{d}a/\mathrm{d}N$ 的因素

我们得到 $\mathrm{d}a/\mathrm{d}N = c(\Delta K)^m$，称为 Paris 公式。这个关系式只适用于图 6-2-19 中的 2 区。在 1 区内 $\mathrm{d}a/\mathrm{d}N$ 曲线有个渐近线，这条线对应的 ΔK 值被称为 ΔK_{th}——疲劳裂纹扩展的门槛值。它的意义就是 $\Delta K_1 < \Delta K_{th}$ 疲劳裂纹停止扩展。$\mathrm{d}a/\mathrm{d}N = 0$。$\Delta K_{th}$ 也是材料的一个常数，是构件无限寿命计算和设计的一个依据。

在疲劳裂纹扩展第 3 阶段，由于 K_1 较大塑性区也加大，这时只要把 Paris 公式中 ΔK_1 加以修正就可以了。这时的 K_1 修正以后为

$$K_1^{\mathrm{eff}} = Y\left(\frac{a + r_y}{W}\right)\sigma\sqrt{\pi(a + r_y)}$$

由于修正以后 ΔK_1 急剧增加，$\mathrm{d}a/\mathrm{d}N$ 也急剧加大。在 $K_1^{\max}$ 达到 K_{1c} 时构件发生一次性断裂。

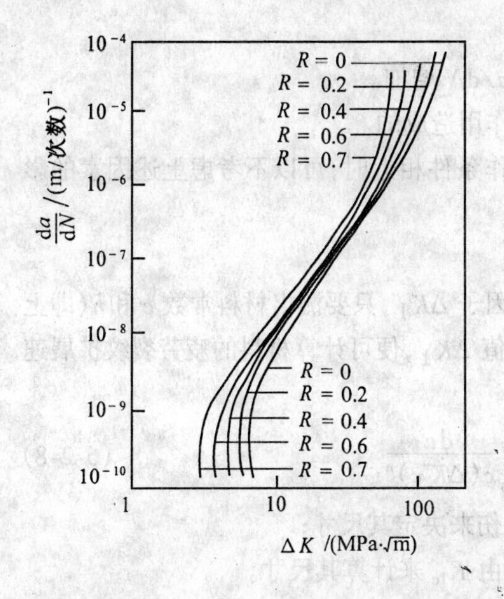

图 6-2-20　应力比对裂纹扩展速率的影响

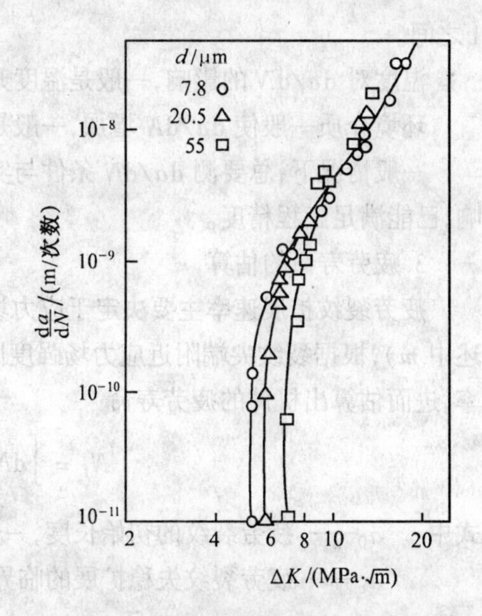

图 6-2-21　晶粒直径对低碳钢裂纹扩展速率的影响

实验表明在1、3区内 da/dN 受材料的组织、应力比 R 和环境等内外因素影响较大，而对2区的影响较小。图6-2-20为应力比 R 对 da/dN 的影响，可以看到1、3区受其影响较大，而2区则受影响较小。图6-2-21说明晶粒尺寸 d 对低碳钢 da/dN 的影响。晶粒增长使1区的 da/dN 加大，且使门槛值 ΔK_{th} 增高，而对2区的影响很小。

应力比 R 对 $da/dN = c(\Delta K)^n$，公式的影响有 Forman 公式给出

$$da/dN = \frac{c(\Delta K)^n}{(1-R)K_c - \Delta K}$$

其中 K_c 为试件一次断裂时的 K_I 极限值。频率 f 对 $da/dN = c(\Delta K)^n$ 的影响可以用下式给出

$$da/dN = A(f)(\Delta K)^n$$

式中，$A(f)$ 为一个与 f 有关的系数。

过载峰对 da/dN 的影响可以从图6-2-22看出，过载峰对 da/dN 有延缓作用。这是由于过载条件下产生大塑性区内产生很大的压应力，这个压应力抵消在平稳状态下的应力，使裂纹扩展停滞。具体反映到 $da/dN = c(\Delta K)^n$ 公式上，可以用下式表示

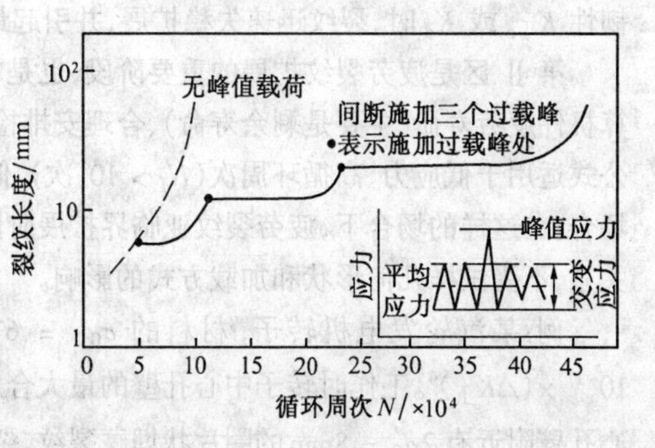

图 6-2-22　超载停滞现象

$$da/dN|_{延缓} = C_{pi}c(\Delta K)^n$$

式中，C_{pi} 为延缓参数，其变化范围在 0 ~

1之间。

温度对 da/dN 的影响,一般是温度升高,da/dN 增加。

环境介质一般使 da/dN 增加,一般是油楔作用造成的。

一般情况下,总要测 da/dN 条件与实际工作条件相近时,可以不考虑上述因素的影响,已能满足工程精度。

3.疲劳寿命的估算

疲劳裂纹扩展速率主要决定于应力场强度因子 ΔK_{I},只要测出材料常数 c 和 n(即上述中 m),根据裂纹尖端附近应力场强度因子差值 ΔK_{I},便可计算材料的疲劳裂纹扩展速率,进而估算出机件的疲劳寿命

$$N_{\mathrm{f}} = \int \mathrm{d}N = \int_{a_0}^{a_c} \frac{\mathrm{d}a}{c(\Delta K_{\mathrm{I}})^n} \tag{6-2-8}$$

式中 a_0—— 疲劳裂纹的初始长度,一般由探伤来决定其尺寸;

a_c—— 疲劳裂纹失稳扩展的临界长度,由 K_{1c} 来计算其尺寸。

一般条件下,$K_{\mathrm{I}} = Y\sigma\sqrt{a}$,$\Delta K_{\mathrm{I}} = Y\Delta\sigma\sqrt{a}$,代入式(6-2-8)得

$$N_{\mathrm{f}} = \int_{a_0}^{a_c} \frac{\mathrm{d}a}{c(Y\Delta\sigma)^n \cdot a^{n/2}} \tag{6-2-9}$$

假定在裂纹扩展过程中,Y 不变,积分式(6-2-8),就可获得裂纹自初始尺寸 a_0 扩展至临界尺寸 a_c 所需的循环周次,即疲劳寿命为

$$N_{\mathrm{f}} = \frac{2}{c(Y\Delta\sigma)^n(n-2)}\left[\frac{1}{a_0^{\frac{n-2}{2}}} - \frac{1}{a_c^{\frac{n-2}{2}}}\right] \quad (n \neq 2) \tag{6-2-10}$$

$$N_{\mathrm{f}} = \frac{1}{c(Y\Delta\sigma)^n}[\ln a_c - \ln a_0],(n = 2)$$

在应力场强度因子幅 ΔK_{I} 一定时,根据材料常数 c 和 n 可以比较不同材料或同一材料经不同工艺处理后的疲劳裂纹扩展速率,以便合理选用材料和确定最佳工艺。

Ⅲ 区:这是疲劳裂纹失稳扩展区。(对应的 $K_{\mathrm{I}\max}$ 一般为 $0.7 \sim 0.8K_{\mathrm{I}c}$) 以后,$da/dN$ 随 ΔK_{I} 增加急剧增大。当裂纹尖端附近的应力场强度因子 $K_{\mathrm{I}\max}$ 或 $K_{\max}$ 达到材料的断裂韧性 $K_{\mathrm{I}c}$ 或 K_c 时,裂纹迅速失稳扩展,并引起最后断裂。这区的 N_f^{III} 是有限的,故略去。

第 Ⅱ 区是疲劳裂纹扩展的重要阶段,也是帕里斯公式适用的区域。帕里斯公式是估算机件疲劳寿命(主要是剩余寿命)、合理安排检修期等方面的重要依据。但要注意,这个公式适用于低应力、高循环周次($N_f > 10^4$ 次)、低裂纹扩展速率($da/dN < 10^{-2}$mm/次)的场合。在这样的场合下,疲劳裂纹亚临界扩展阶段的扩展速率与应力场强度因子幅之间的关系,不受试样几何形状和加载方式的影响。

例:某汽轮发电机转子,材料的 $\sigma_{02} = 672$MPa,$K_{\mathrm{I}c} = 34.1$MPa · m^{12},$da/dN = 10^{-11} \times (\Delta K_{\mathrm{I}})^4$。工作时转子中心孔壁的最大合成应力 $\sigma = 352$MPa 经超声波探伤,得知中心孔壁附近有 $2a_0 = 8$mm 的圈片状埋藏裂纹,裂纹离孔壁距离 $h = 5.3$mm。如果此发电机平均每周启动和停车各一次,估算转子疲劳寿命。

(1) 计算 K_{I}

查到的应力场强度因子表达式为

$$K_{\mathrm{I}} = M_{\mathrm{e}} \cdot \sigma \cdot \sqrt{\frac{\pi a}{Q}} \tag{6-2-11}$$

式中，M_{e} 为自由表面修正因子，其值与 a/c 及裂纹厚度比有关，可从本书末附录查得，Q 为裂纹形状参数。

由于是埋藏圆片状裂纹 $a/2c = 0.5, a/h = 0.75$，查 M_{e} 曲线得，$M_{\mathrm{e}} = 1.1$。断裂力学计算得 $Q = 2.41$

则
$$K_{\mathrm{I}} = 1.1 \cdot \frac{\sigma\sqrt{\pi a}}{\sqrt{2.41}} = 1.1 \cdot \frac{352\sqrt{\pi a}}{\sqrt{2.41}}$$

(2) 计算裂纹临界尺寸 a_{c}

由断裂 K 判据

$$K_{\mathrm{Ic}} = 1.1 \cdot \frac{352\sqrt{\pi a}}{\sqrt{2.41}}$$

$$a_{\mathrm{c}} = \frac{34.1^2 \cdot 2.41}{(1.1 \cdot 352)^2 \pi} = 6.2(\mathrm{mm})$$

(3) 估算寿命

当 $K_{\mathrm{I\,min}} = 0$ 时

$$\frac{\mathrm{d}a}{\mathrm{d}N} = 10^{-11}(\Delta K_{\mathrm{I}})^4 = 10^{-11}\left(M_{\mathrm{e}} \cdot \sigma \cdot \sqrt{\frac{\pi a}{Q}}\right)^4$$

按式(6-2-8)，$N_{\mathrm{f}} = \int_{a_0}^{a_{\mathrm{c}}} \frac{\mathrm{d}a}{10^{-11}\left(M_{\mathrm{e}} \cdot \sigma \cdot \sqrt{\frac{\pi a}{Q}}\right)^4} = \int_{a_0}^{a_{\mathrm{c}}} \frac{\mathrm{d}a}{10^{-11}\left(1.1 \cdot \frac{352\sqrt{\pi a}}{\sqrt{2.41}}\right)^4} = 2350$(次)

故疲劳寿命(允许运转时间) 为

$$t = \frac{N_{\mathrm{f}}}{52 \times 2} = \frac{2350}{104} = 22.6(\text{年})$$

上述计算方法没有考虑到，锻件上材质的不均匀性；介质、温度波动、应力变化频谱对疲劳裂纹扩展的影响等。因而，还不能直接指导生产，需要进一步研究分析。

6.3 疲劳破坏的物理过程

疲劳破坏是和金属中的各类缺陷及屈服强度的不均匀性，即由各种冶金原因及晶粒尺寸大小之别，导致金属中各部位，亚微观或粗晶、细晶的屈服强度高低不一，及位错各种特征导致各种不均匀性。特别是第二相低熔点合金，低强度化合物等不均匀特征，致使金属在远低于其弹性极限的情况下在交变应力反复作用下产生一个缓慢的延滞破坏过程，即在远低于弹性极限的交变应力反复作用下金属内部除应力变化外，也不是安静的。许多特殊区域有

金属学活动发生,有的活动会缓慢地对金属造成缓慢的破坏。这就是疲劳破坏。

6.3.1 交变应力作用下金属内部组织结构变化

金属在低于弹性极限的交变应力作用下,在一些部位会产生塑性变形。这个塑性变形量很小,一般在 $10^{-5} \sim 10^{-6}$ 数量级。这个变形对宏观不会造成什么结果,而对位错来说造成这个数量级的塑性变形,位错活动已是相当剧烈。

塑性变形是位错运动的结果,位错运动时会产生许多作用,如位错与位错间交互作用,位错与缺陷之间相互作用,位错与沉淀相间,与晶界、与亚晶界间,与构件表面相互作用。

位错密度在交变应力作用下的改变说明上述这些作用确实在进行。

退火态金属的位错密度较低,在疲劳过程中位错密度会增高。图 6-3-1 是退火纯铁在拉一拉疲劳过程中位错密度的变化。疲劳前的位错密度很低,经 10 次应力循环后,位错密度就明显增加。这时位错的分布比较均匀。经 200 次循环后,位错密度进一步增加,而且其分布变得不均匀。某些局部区域位错密度较高,且呈带状分布,而带之间的区域,位错密度较低。当循环周次继续增加时,位错密度增加缓慢。并且位错分布更加不均匀。位错集中在较窄的带中,而带之间的位错密度进一步降低。最后,当位错密度不再继续增加而趋于饱和时,位错结构也趋于稳定,形成带状分布的位错结构。带的宽度较窄,长度约为 1 ~ 3μm 带之间的位错密度很低。在疲劳过程中,形成这种饱和而稳定的位错状态所经历的循环次数,只占断裂寿命的很小一部分。由于这种位错结构的形成,引起了金属的循环硬化。此外,当金属所受的应变幅较大时,最后形成的稳定的位错结构是胞状结构,即胞壁上集中了高密度的位错,而胞壁之间的区域,位错密度较低。

冷加工硬化的金属,在疲劳过程中,位错密度降低,表现出循环软化。冷变形后,金属中的位错密度较高,以胞状结构形式存在。在交变应力作用下,位错胞壁不断变窄,胞壁之间的位错密度也相应下降。但是位错胞状结构的特征不变。由于位错密度的降低,从而造成了金属的软化。对于沉淀硬化的材料,在交变应力作用下,位错与沉淀物之间将产生交互作用,位错反复切割沉淀相,从而引起沉淀相的碎化,这也将引起金属的循环软化。

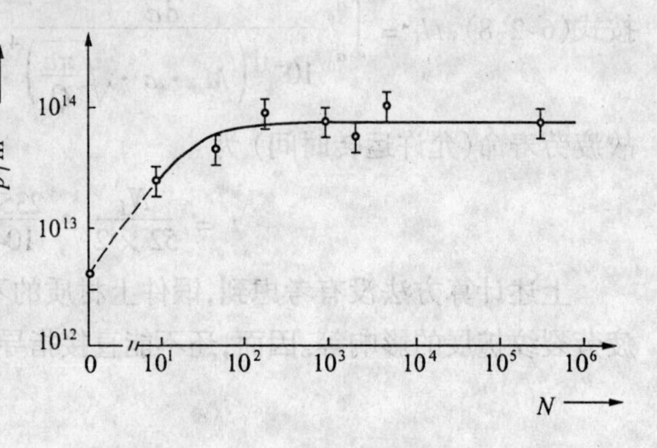

图 6-3-1 退火纯铁位错密度随循环次数的变化

6.3.2 疲劳裂纹的产生

根据金属疲劳断口的宏观特征,人们发现疲劳源区大都位于金属的表面。就是说,疲劳断裂一般从表面开始。其原因有两 方面,首先,金属的自由表面在变形时,表面一侧不受约束,呈平面应力状态,易于屈服,造成疲劳损伤;其次,在许多加载条件下,金属表面所受的应力最大,如弯曲和扭转加载时,或拉 - 拉、拉 - 压加载时的偏斜,均使应力最大值位于金属表面。还有,加工刃痕及各种因素引起的应力集中也使应力最大值位于金属表面。此外,表面直接与大气或腐蚀性介质接触也促使裂纹萌生。位错最易于从表面放出,在内部由于晶界,使位错放出受阻。金属中各种组织因素所引起的微观的应力和应变集中,是促使裂纹萌生的重要原因。因此,疲劳裂纹往往萌生于这些部位,如滑移带、孪晶界、晶界和亚晶界。在多相金属材料中夹杂物和第二相质点是裂纹萌生的主要部位。然而,疲劳裂纹不论萌生于什么部位,其基本过程均是位错在交变应力作用下的往复滑移。正是这种往复滑移的不断积累才形成了疲劳裂纹。在交变载荷作用下位错的滑移与单调加载时的滑移相比,有许多不同的特点。

1.驻留滑移带

金属在交变载荷下的滑移与在单调加载时的滑移的晶体学条件是相同的。虽然加载条件不同,但产生滑移时二者的滑移系(滑移面和滑移方向)是相同的。而且在交变载荷作用下发生往复滑移时也出现滑移带,即一个滑移面受阻停止滑移时,滑移可转移到邻近的滑移面。许多平行的滑移面便组成了滑移带。

但是,在低交变载荷作用下滑移是局部性的。在单调加载时,随着载荷的增加,滑移可以传播至整个晶粒和整个金属试样。而在低交变载荷下的滑移只发生在一些晶粒内的局部区域。在纯铁和纯铜的疲劳试样中仔细地观察了滑移带的形成特征。首先将疲劳试样表面抛光,而后在疲劳试验中不断观察试样表面。最初只发现滑移线的附近又出现新的滑移线。滑移线逐渐增多便形成滑移带。但是,随着循环次数的继续增加,已形成的滑移带变宽和滑移带内的滑移线变密,而没有出现新的滑移带。即在原有滑移带之间的广大区域没有发生滑移。并且还发现,上述这种不均匀的局部性滑移并不发生在所有的晶粒中,有些晶粒内根本没有发现滑移带。如果把试件抛光与疲劳反复进行,会发现有些部位的滑移带反复在原位出现,这些滑移带就像驻扎在那里,总也不消失。这样的滑移带称之为驻留滑移带。设法将产生驻留滑移带的试样表面抛掉 30 ~ 50μm 的厚度,则发现驻留滑移带已全部消失。这说明驻留滑移带只产生在试样表面,而不在试样内部。

进一步研究发现,驻留滑移带的分布和密度受载荷水平的影响。当应力水平较高时,如高于该材料疲劳极限的 30% 时,首先在一些晶粒内出现驻留滑移带,而后随着循环次数的增加驻留滑移带又可在其他晶粒内产生,但仍然不是在所有的晶粒内产生。当应力水平较低时,如应力低于疲劳极限,驻留滑移带只在一些晶粒内产生,即使继续进行疲劳试验,在其他晶粒内也不能产生驻留滑移带。应力水平越低,滑移的局部性越明显。

进一步试验发现,有些驻留滑移带发展成疲劳微裂纹,但并不是所有的驻留滑移带都能发展成微裂纹。从驻留滑移带发展成疲劳裂纹还要经历一个过程。驻留滑移带的出现是和产生它的位错放出不间断有关。什么情况下位错会不间断地放出?这和螺型位错的双重横滑移有关,两个不同位置的相邻位错源各自进行增殖并产生横滑移,两个位错源增殖出的位错有可能横滑移到一个晶面,而且互为反号位错,它们在这个面内销毁、不产生塞积,这里销毁不停止,位错源增殖也就不停止,增殖出另一方向的位错就不间断地放出表面。

不间断放出位错的位置就是产生抛光不掉的滑移带 —— 驻留滑移带的位置。

2. 挤出物和挤入沟

由于在交变载荷作用下，金属的滑移集中在驻留滑移带中，因此，驻留滑移带就表现出软化或弱化现象。某些驻留滑移带继续发展，便在金属表面形成“挤出”和“挤入”的特殊形貌。所谓挤出是指在交变载荷作用下经过位错反复滑移，金属小片从内部挤出金属表面。而挤入则是反复滑移将金属挤入内部，在表面形成沟槽(图 6-3-2)。挤出和挤入都是沿滑移带发生。挤出和挤入的尺寸相近，约几个 μm，数量也大体相同。挤出和挤入可能进一步发展成疲劳裂纹。

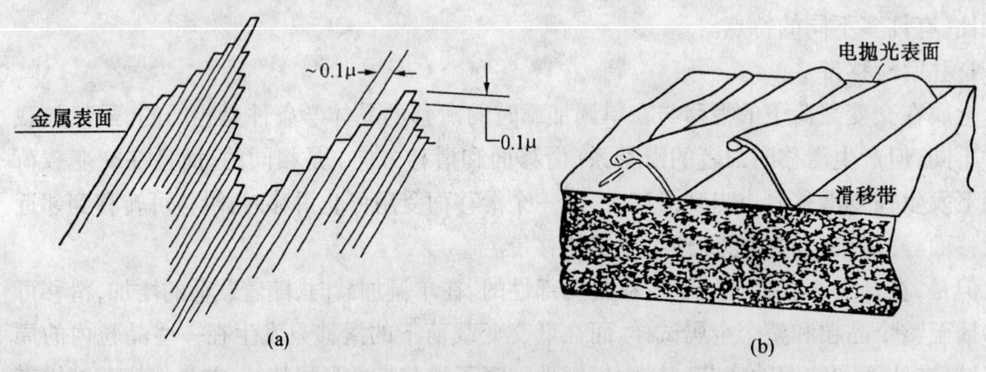

图 6-3-2　滑移带挤出物、挤入沟示意图

最简单的挤出和挤入模型如图 6-3-3 所示，是 Wood 提出的。图中(a) 和(b) 是单调加载时的滑移。由于滑移向一个方向进行，只能在金属表面留下台阶。而在交变载作用下(图中(c)(d)) 由于滑移在两个相反的方向往复进行，平行的一组滑移面就像一叠扑克牌一样来回滑动，从而形成图中的挤出和挤入。这些挤出和挤进入最后可能发展成疲劳裂纹。

Cottrell 和 Hull 又提出一种挤出和挤入成对形成的模型，如图 6-3-4 所示。这种模型要求在往复滑移时，金属中的两个交叉的滑移系相继被开动。图中 S_1 和 S_2 分别代表两个滑移系中的位错源。四个图分别表示在一个应力循环中每 1/4 周期内的滑移情况。在加载的第一个 1/4 周期内，滑移面 1 中的位错源 S_1 开动，在金属表面形成了一个台阶。随后由于滑移面 1 中位错运动受阻，在加载的第 2 个 1/4 周期内，滑移面 2 中的位错源 S_2 开动，形成了第二个台阶并切断了原先的滑移面 1。再后，载荷由拉伸变为压缩，滑移面 1 和 2 分别先后开始反向滑移，结果在金属表面形成一个挤出和一个挤入。

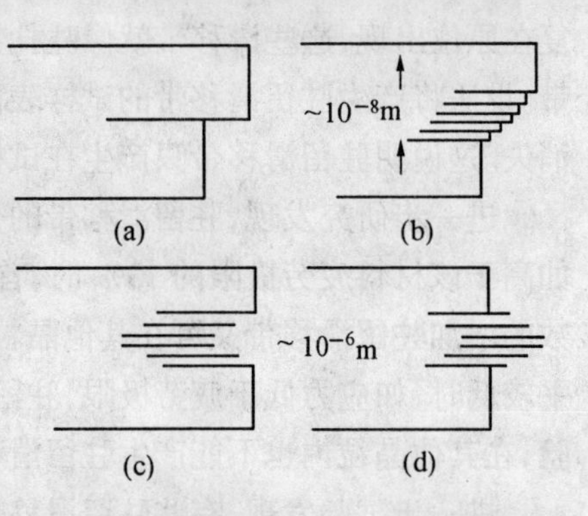

图 6-3-3　Wood 的挤出、挤入模型
(a)、(b) 单调加载下的滑移　(c)、(d) 交变载荷下的滑移

不同的研究者，根据各自的试验曾提出过几种挤出和挤入模型。模型是一种简单化的假设，应在复杂的现象中抓住主要因素，目的是深入认识事物的本质。而不同的模型是从

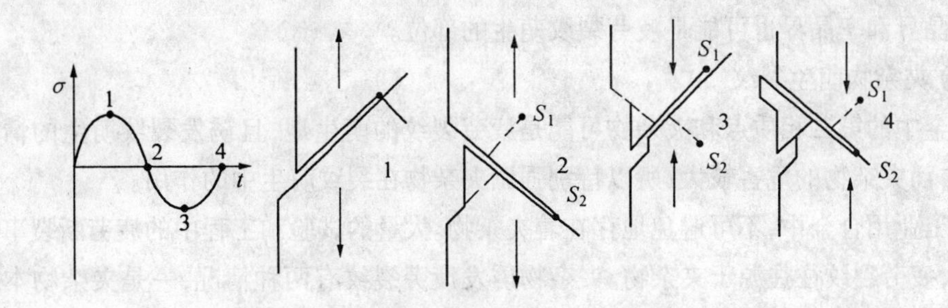

图 6-3-4　Cottrell 和 Hull 的挤出挤入模型

不同的侧面对事物本质做不同程度的揭示。所以,不必简单的判断哪种模型正确和哪种错误。各自都有其合理性和局限性。

位错从表面放出要形成台阶,台阶多了就构成滑移带。交变应力多个位错源在一个位置放出位错,这个位置平面被破坏,形成挤出物和挤入沟是绝对的。而位错正反向放出去平面仍保持平整的可能性极小,所以位错在表面的活动,必然破坏表面的平整度,产生挤出物和挤入沟。

3.疲劳裂纹萌生

滑移带和滑移的障碍,如晶界、第二相质点和夹杂物都可能是裂纹萌生的部位

(1) 滑移带萌生裂纹

许多实验都证实了滑移带是疲劳裂纹萌生处。无论是在单晶体金属还是多晶体金属中,也无论是在纯金属还是合金中都观察到滑移带萌生的疲劳裂纹。这种疲劳裂纹可能是挤出物和挤入沟发展而成,可能出现在滑移带中,也可能出现在滑移带和基体的界面处。这些裂纹都与滑移带内最大切应力方向一致,都是由驻留滑移带或挤出物和挤入沟进一步发展成深沟而形成的。这种疲劳裂纹的形成过程就是交变载荷所引起的往复滑移过程。

(2) 晶界萌生裂纹

在多晶体金属和合金中,由于晶界两侧晶粒的变形不协调或晶界被弱化,均可使疲劳裂纹在晶界萌生。图 6-3-5 是 Zener 提出的晶界裂纹萌生模型。当晶界两侧晶粒的位向差较大时,其中一个晶粒处于滑移变形的有利方位,而另一个晶粒则处于变形的不利方位。易变形的晶粒内位错开动,形成滑移并贯穿整个晶粒。当滑移位错与晶界相遇时受阻,在晶粒内形成位错塞积群。在交变应力的反复作用下,塞积群内的位错密度逐渐增高,从而在晶界处形成的位错塞积群顶端应力集中相应升高。当该处的应力值达到晶界处的断裂强度时,便出现沿晶界的裂纹。这时,变形晶粒中的滑移方向往往与最大切应力方向一致,而晶界裂纹的方向则与滑移方向呈约 70° 的交角。这是因为由位错塞积群引起的应力集中在该方向上的拉应力最大。此外,如果有害元素在晶界的偏聚(如回火脆)或相变在晶界造成的内应力(如马氏体相变在原奥氏体晶界造成内应力)使晶界弱化,也容易引起沿晶界萌生的疲劳裂纹。

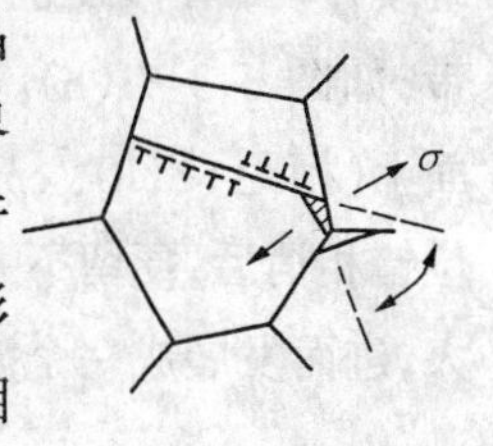

图 6-3-5　Zener 模型

亚晶界和孪晶界也可能是疲劳裂纹萌生的部位。

(3) 夹杂物萌生裂纹

合金中的第二相质点和夹杂物可能是疲劳裂纹的萌生地，且诱发裂纹萌生的情况基本相同，而夹杂物的危害较大，所以特别强调夹杂物在裂纹萌生中的作用。

在工业用合金中，不可避免地存在着夹杂物。大量的试验和工程中的疲劳断裂事故分析发现，疲劳裂纹往往源于夹杂物。夹杂物诱发疲劳裂纹有两种情况，一是夹杂物本身的断裂，形成了初始的裂纹；二是夹杂物与基体界面的开裂。图 6-3-6 是在中碳结构钢中由夹杂物界面脱离所诱发的疲劳裂纹萌生过程。由于夹杂物与基体的界面结合较弱，在交变载荷的作用下，首先与拉应力垂直的部分界面开裂(b)，而后裂纹逐渐沿交界面扩展，包围整个夹杂物(c)，(d)，使夹杂物与基体脱离。基体与夹杂物脱开的表面是极粗糙的，表面有许多沟槽，在交变载荷作用下，最大切应力部位反复滑移变形，使基体中萌生初始的裂纹(d)、(e)、(f)。在一般工业用金属材料中，夹杂物是危害疲劳性能的重要因素之一。对许多做重要零件的金属材料，都要求对夹杂物进行严格控制。净化材料是防止疲劳首要因素。

(4) 平行异号位错销毁理论

此外，还提出了裂纹形成的位错销毁理论。在疲劳过程的初始阶段产生了短而细的滑移线，如图 6-3-7 (a)，可以认为其两端受阻而造成位错堆积。因而使滑移面上的位错源停止动作，滑移线因而也不能发展。当相当靠近的两滑移线间产生了交叉滑移时，使滑移面上堆积的位错消散掉，则这些面上的位错源继续开动，滑移线也可继续发展成滑移带，如图 6-3-7 (b)。在平行的两个滑移面上(相距 $< 10^{-7}$cm) 两列符号相反的位错相消后，便留下一排空洞如图 6-3-7 (c)，这孔洞将吸收更多的位错进入，孔洞不断扩大，进而发展成一个疲劳裂纹。

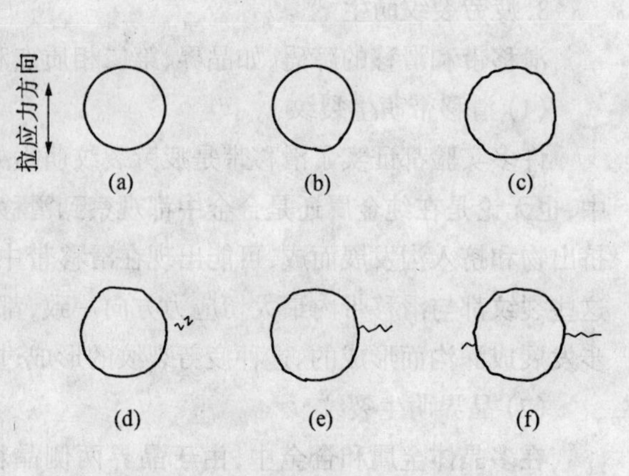

图 6-3-6 夹杂物界面脱离引起疲劳裂纹

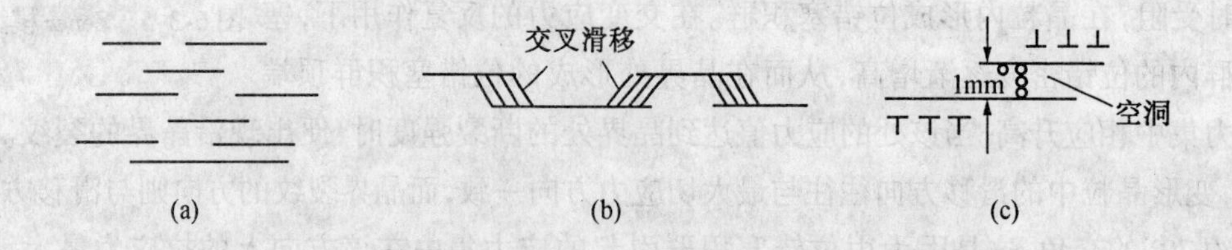

图 6-3-7 疲劳裂纹形成的位错机构

从以上几种疲劳裂纹萌生机制可以总结出，疲劳裂纹的萌生都与金属中的往复滑移相联系，或者说，往复滑移是疲劳裂纹萌生的基本过程。无论是在滑移带处萌生，在晶界处萌生还是在第二相质点或夹杂物处萌生都是如此。由于材料的微观不均匀性造成了往复滑移的不均匀性，在上述三种部位形成了往复滑移集中，从而萌生疲劳裂纹。因而，减少往复滑移集中便可延长疲劳裂纹萌生寿命。不同的组织状态，引起不同程度的往复滑移集中，便表现出不同的疲劳裂纹萌生寿命。

6.3.3 疲劳裂纹的扩展

疲劳裂纹核心产生之后，它们是怎样扩展的呢?交变载荷下的裂纹扩展又有什么特征呢?

在没有应力集中的情况下，疲劳裂纹的扩展可以分为两个阶段，如图 6-3-8 所示。

疲劳裂纹扩展的第 Ⅰ 阶段，通常是起始于金属表面上的驻留滑移带、挤入沟或非金属夹杂物等处，沿最大切应力方向(和主应力方向近似成 45°) 的晶面向内扩展，由于各晶粒的位向不同以及晶界的阻碍作用，随着裂纹向内扩展，裂纹的方向逐渐转向和主应力垂直。这一阶段的 da/dN 很小，da/dN 在 0.1 nm 数量级，扩展的深度约有几个晶粒。在有应力集中的情况下，则不出现第 Ⅰ 阶段，而直接进入第 Ⅱ 阶段。

裂纹扩展方向和主应力垂直的一段为第 Ⅱ 阶段，这一阶段裂纹扩展方向垂直于外力其扩展速率较快，da/dN 在微米数量级。电子显微镜断口分析中所看到的一些金属合金的疲劳辉纹(疲劳条带) 主要是这一阶段形成的。这种辉纹常常是用来判断零件是否是疲劳断裂的有力依据，下面概述它的形成过程。

疲劳辉纹有塑性辉纹、脆性辉纹、微坑辉纹等几种。塑性辉纹形成的过程可用图 6-3-9 来说明。图中左边曲线表示交变应力的变化，右边为疲劳裂纹扩展第 Ⅱ 阶段中疲劳裂纹的剖面图。图 6-3-9 (a) 表示交变应力为零时，裂纹闭合的图形。当受拉应力时裂纹张开，裂纹尖端尖角处由于应力集中而沿 45° 方向产生滑移，如图 6-3-9 (b) 中箭头所示。当拉应力达到最大时，滑移区扩大，使裂纹尖端变成了近似半圆形。图 6-3-9 (c) 中两个同号箭头表示滑移的方向，两箭头之间的距离表示滑移进行的宽度，这样滑移的结果，使裂纹尖端由锐变钝，以致使裂纹尖端的应力集中减小，最后滑移停止，裂纹停止扩展。这种由于塑性变形使裂纹尖端变钝，从而使裂纹停止扩展的过程叫做“塑性钝化”。当金属受反号应力时，滑移沿相反方向进行，原裂纹表面和新产生的裂纹表面被压近，在裂纹顶端处被弯折成一个耳状切口，图 6-3-9 (d)，裂纹顶端在前一步变形小较软。当反号应力最大时，裂纹表面被压合，裂纹尖端又由钝变锐，形成一个尖角，裂纹前沿向前扩展一个条纹，如图 6-3-9 (e) 所示。下一次应力循环又重复以上过程。所以，这一阶段疲劳裂纹的扩展是在裂纹尖端塑性钝化(钝锐交替变化) 过程中不断向前推进的。在电镜下看到疲劳断口上的辉纹就是每次交变应力下裂纹扩展留下的痕迹。在一定条件下，可以根据疲劳辉纹之间的宽度来近似地估计疲劳裂纹扩展速率 da/dN，如图 6-3-10 所示。

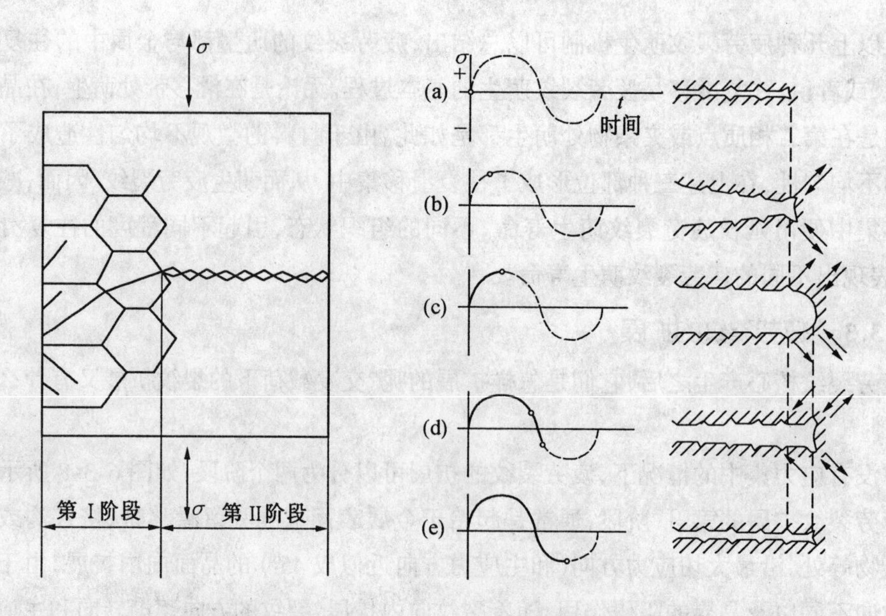

6-3-8　疲劳裂纹扩展的两个阶段　　图 6-3-9　疲劳塑性辉纹形成过程示意图

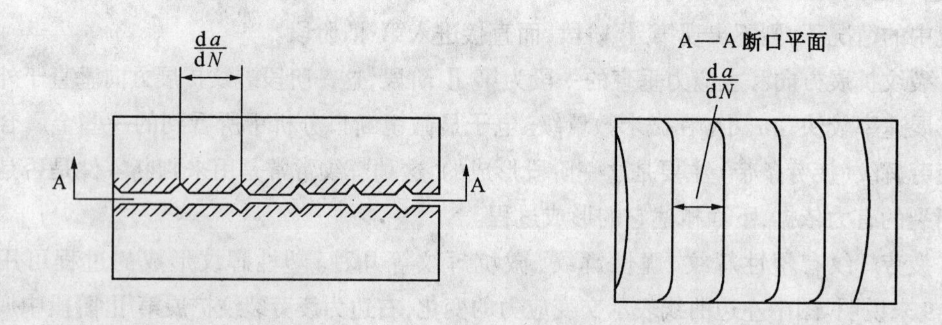

图 6-3-10　疲劳裂纹和疲劳断口上的辉纹

许多工业金属材料，由于内部存在晶界及非金属夹杂物等障碍，疲劳裂纹尖端塑性变形的对称性常常被破坏，所以就出现裂纹两侧不对称的现象，如图 6-3-11 所示。

一般来说，铝合金疲劳断口上的疲劳辉纹较明显，而钢的则不明显有时甚至看不到疲劳辉纹。

从前述疲劳裂纹扩展过程(塑性钝化）分析可以看出，裂纹尖端塑性钝化能力对疲劳裂纹扩展起着重要的作用。

塑性辉纹在电子显微镜下的图形如图 6-3-12 所示。

脆性辉纹也称解理辉纹，它的形成机理如图 6-3-13 所示。图 a 表示裂纹不受应力时的形状；图 b 表示在拉应力下裂纹尖端产生解理断裂，裂纹向前扩展；图 c 表示在切应力作用下沿点线的方向在很窄的范围内产生切

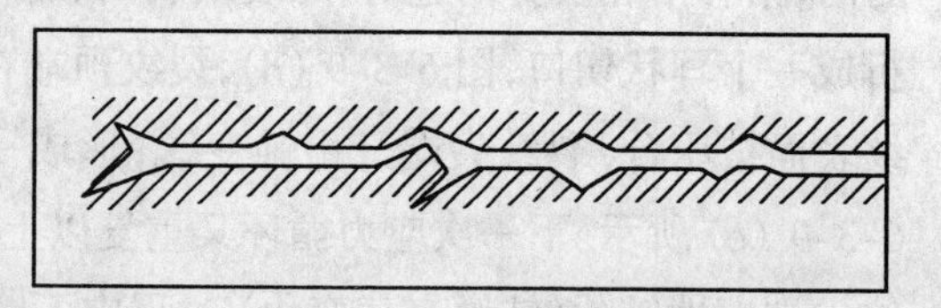

图 6-3-11　疲劳裂纹不对称扩展时的情况

变，不过塑性变形只在裂纹尖端局部地区进行，在最大拉应力下发生塑性钝化，这种钝化使裂纹扩展停止(图 d)；图 e 表示在最大压应力下裂纹闭合。下一次应力循环，解理断裂将在和解理面方位最适宜的裂纹分叉处产生。

图 6-3-12　7178 铝合金疲劳塑性辉纹箭头表示裂纹扩展方向

和塑性辉纹相比，脆性辉纹的主要特点在于它的扩展不是塑性变形而是解理断裂。因此，断口上有细小的晶面，它就是裂纹尖端发生解理断裂时形成的解理平面，这些解理平面常常有解理断口的特点，即有河流花样。但同时裂纹尖端又有塑性钝化，因之这又形成了辉纹的特征。故在脆性辉纹中常常看到有弧形的辉纹，还有和裂纹扩展方向一致的河流花样，河流花样状的放射线和辉纹相交，相互近似垂直。如图 6-3-14 照片所示。注意解理平面的走向和裂纹扩展的方向平行，但和疲劳辉纹垂直。

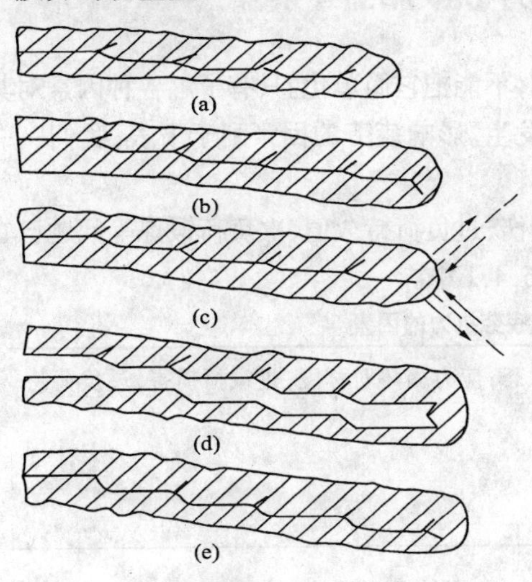

图 6-3-13　疲劳脆性辉纹形成过程示意图

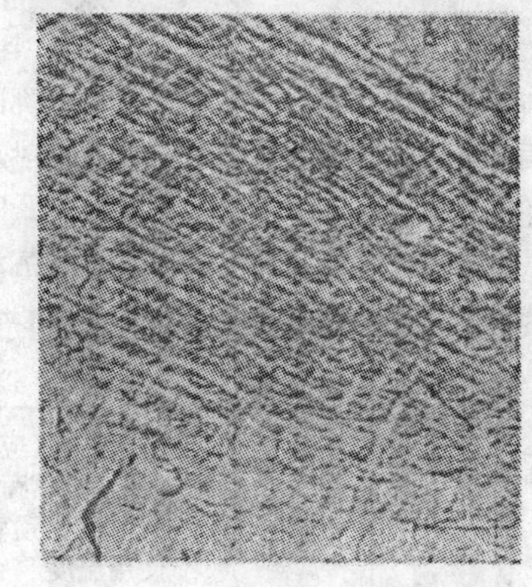

图 6-3-14　2014 铝合金疲劳脆性辉纹箭头表示裂纹扩展方向

为了便于掌握这两种辉纹的特点，注意区别图 6-3-15 所示的示意图。箭头表示疲劳裂纹扩展方向。

通常在没有腐蚀介质的条件下，铝合金、钛合金及部分钢的疲劳断口，在电子显微镜下常常可看到清楚的塑性辉纹。而在腐蚀介质、含氢介质以及低周大应力下的疲劳断口上常常可以看到脆性辉纹。故可以根据断口上疲劳辉纹的特点来判断构件在疲劳过种中所处的状态。

应该提出的是，宏观断口上看到的贝纹线和电子显微镜下看到的疲劳辉纹并不是一回事，前者往往是因交变应力幅度变化或载荷停歇等原因形成的宏观特征，而疲劳辉纹则是一次交变应力循环裂纹尖端塑性钝化形成的微观特征。有时宏观断口上看不到贝纹线，但在电子显微镜下仍可看到疲劳辉纹。

疲劳辉纹是用来判断断裂是否是由于疲劳所造成的重要微观依据之一，又由于疲劳辉纹线和交变应力有近似对应的关系，而且疲劳裂纹扩展越长、裂纹尖端应力强度因子 K_1 越大，则疲劳辉纹间距越宽，因此，可以根据断口上不同裂纹长度处所测出的辉纹间距，来近似估算构件在断裂前的交变次数及 K_1 的大小，这些是故障分析中很有用的依据。

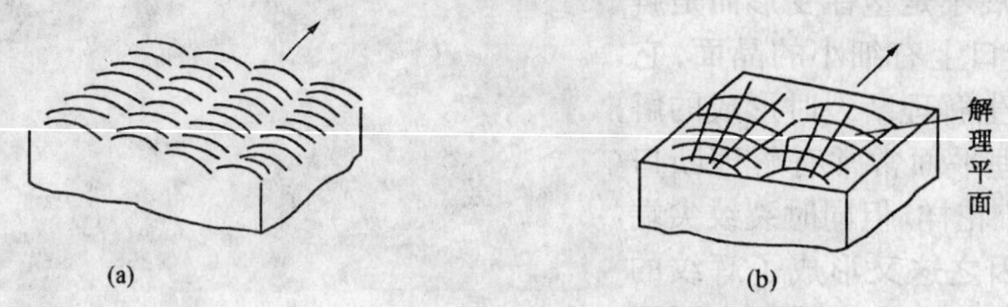

图 6-3-15　两种疲劳辉纹示意图

(a) 塑性辉纹　(b) 脆性辉纹

6.4　影响疲劳抗力的因素

金属的疲劳是一个极为复杂的系统问题，不能把它简单化。只有了解各种因素对其影响才有可能正确使用材料，防范意外事故的发生。影响疲劳的因素列于下表，我们一一加以讨论。

应力状态，应力循环对称系数，过负荷损伤，过负荷持久值，次负荷锻炼等问题已在前几节讨论过。关于影响疲劳抗力因素列于表 6.4.1 中。

表 6.4.1　影响疲劳抗力的因素

外　因	工作条件	载荷特性(应力状态，应力循环对称度，过载荷损害，过负荷持久值，次负荷锻炼) 载荷交变频率 使用温度 环境介质
	零件几何形状及表面状态	尺寸因素 表面光洁度，表面防腐蚀 缺口效应
内　因	材料本质	化学成分 金相组织 纤维方向 内部缺陷
	表面处理及残余内应力	表面冷作硬化 表面热处理 表面敷层

6.4.1 工作条件及环境的影响

1.应力交变频率

应力交变频率对疲劳极限的影响可用图 6-4-1 来说明。

6-4-1 应力交变频率对疲劳极限的影响

1— 铬钢;2— 碳钢(C 0.4%);3—Ni36%, Cr12% 钢;4— 低碳钢(C 0.2%)

从图 6-4-1 中看出，当应力交变频率高于 10^4 次 /min(约 170 次 /s) 时，随频率增加，疲劳极限提高。对于通常应力交变频率在 3 000 ~ 10 000 次 /min(约 50 ~ 170 次 /s) 范围内工作的机器零件，可以认为交变频率对疲劳极限没有显著的影响。

实验指出，当应力交变频率低于 60 次 /min (1 次 /s) 时，疲劳极限有所降低。

2. 使用温度

使用温度升高，材料的疲劳极限下降，这是因为金属的屈服强随温度升高而下降，使疲劳裂纹容易形成的缘故。相反，温度降低，疲劳极限升高。而在兰脆温度下，σ_{-1} 也随 σ_s 变化。

对于碳钢，当温度升高到一定温度以上时，疲劳曲线上的水平部分会消失，这时就以规定某个循环基数的应力作为条件疲劳极限。

温度升高到一定数值使应力集中的影响减小，故使疲劳缺口应力集中系数 $K_f = (\sigma_{-1}/\sigma_{-1K})$ 减小。

有些零件使用时温度反复变化，如热锻模，涡轮机叶片等。温度反复变化时，材料组织改变及热膨胀受约束会引起热应力(不是外加的机械应力)，这种热应力随温度的升降而交变，也会造成疲劳裂纹，这种疲劳叫做热疲劳。如热锻模内表面上出现的龟裂就是由热疲劳造成的，如图 6-4-2 所示。

热疲劳因热循环温度相差大，所引起的热应力，往往超过处于较高温度局部材料的屈服强度。因此，由热应力引起的局部塑性变形较大，只要经过较少的循环次数，即可引起疲劳裂纹。所以热疲劳是一种高温高应变疲劳，其规律基本上服从低周疲劳规律。热疲劳裂纹一般产生于机件表面高应变部位，它和循环温度差、机件表面缺口状态和材料有关。循环温差越大，缺口越尖锐，热疲劳寿命越短。

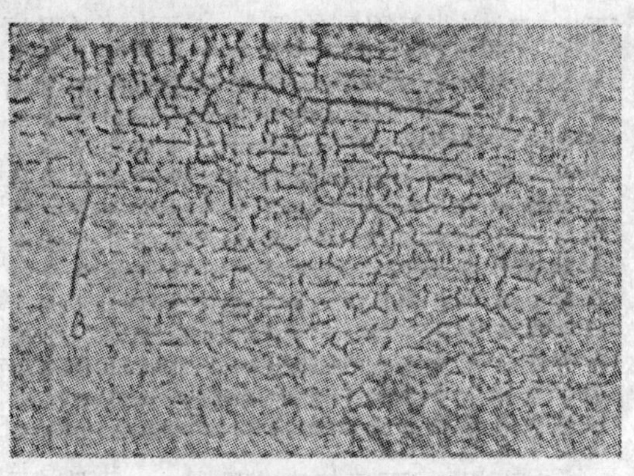

图 6-4-2 锻模内表面热疲劳后产生的龟裂

3. 环境介质

机器零件所处的环境介质大致可以分为腐蚀介质(如酸、碱、盐的水溶液、海水、潮湿空气等) 和活性介质(对表面有吸附作用但无腐蚀作用，如含少量脂酸的油脂、机油、高压油料等) 两类。零件在腐蚀环境下工作，其表面的腐蚀产物及介质本身如同楔子一样嵌入裂纹,造成应力集中,因此,将使疲劳极限下限。

在腐蚀介质中的疲劳曲线没有水平部分。因此,只有条件疲劳极限,如图 6-4-3 (a) 所示。腐蚀介质使疲劳极限和静强度之间的近似直线关系成常数关系。一些材料在空气中尽管其疲劳强度不同,但在腐蚀介质中的疲劳极限几乎相等,如图 6-4-3 (b) 所示。所以,对于结构钢而言,用热处理等手段来提高材料在腐蚀介质中的疲劳极限是没有效果的。

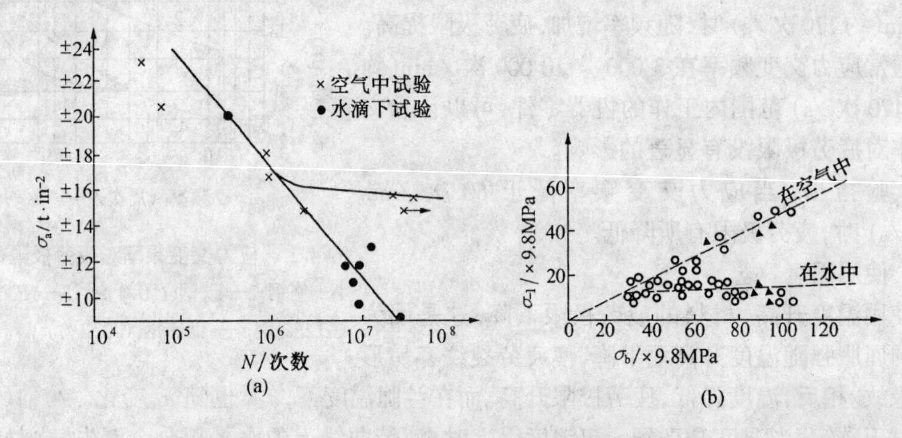

图 6-4-3　腐蚀介质对疲劳曲线和疲劳极限的影响

(a) 铸造不锈钢在空气和水滴下的疲劳曲线　(b) 疲劳极限(σ_{-1}) 和抗拉强度(σ_b) 的关系

还有一种疲劳腐蚀称为“咬蚀”,也可造成疲劳断裂,这个问题随后讲解。

6.4.2　表面因素及尺寸因素的影响

从金属的疲劳过程分析中知道,金属构件的疲劳破坏起始于构件表面,所以构件的表面状态对疲劳极限影响很大。表面损伤(刀痕、打记号、磨裂) 可以作为表面缺口来看待,都会在这些地方产生应力集中,使疲劳极限下降。零件表面的光洁度,甚至机械加工的纹道都会影响疲劳极限。

表面加工方法不同,所得到的光洁度不同。同一疲劳强度材料光洁度越高,则其疲劳极限也越高,抛光的 σ_{-1} 最高。表面机械加工越粗糙,疲劳极限越低,而且材料的强度越高时,表面加工质量对疲劳极限的影响也越大,粗加工使疲劳极限下降得越多。所以在交变载荷下工作的高强度材料制造的零件,其表面必须仔细加工,不允许有碰伤或大的缺陷,否则会使疲劳极限大大降低。不同表面状态下的疲劳寿命相差甚至达 7 ~ 8 倍之多。

表面粗糙,不仅使疲劳极限 σ_{-1} 下降,而且使疲劳曲线向左移,即缩短过负荷持久值。

材料的疲劳极限 σ_{-1} 通常都是用小试样测定的,其直径一般在 ϕ6 ~ 12 mm 范围内,而实际构件的截面往往大于此值,这就存在着试样截面尺寸不同对疲劳极限的影响问题。

试验指出,随着试样直径加大疲劳极限下降,强度高的钢(合金钢) 比强度低的钢(低碳钢) 的疲劳极限下降得更快。其原因,一般认为:在试样表面上拉应力相等的情况下,尺寸大的试样,从表层到中心的应力梯度小,处于高应力区晶粒数目大,如图 6-4-4,在交变应力下受到损害的区域大,遇到缺陷的几率也多,因而疲劳极限下降。

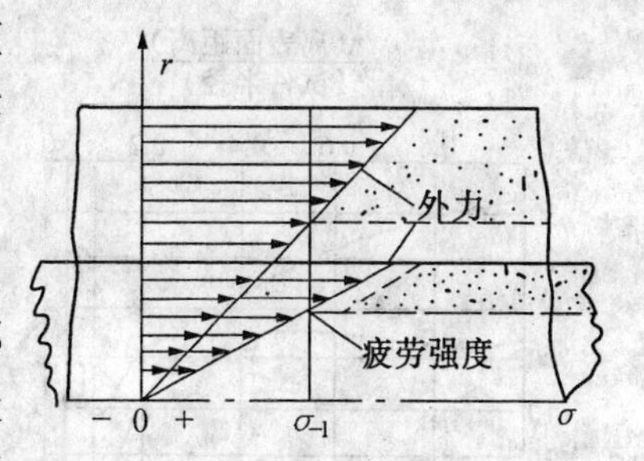

图 6-4-4 直径大参与疲劳破坏的晶粒数目大(阴影部分参与疲劳破坏)

6.4.3 表面强化处理的效应

疲劳裂纹核心起始于构件表面,而实际零件大部分都承受交变弯曲或交变扭转载荷,表面处应力最大。因此,表面强化处理就成为抑制疲劳核心产生有效途径。常用的表面强化处理方法有:表面冷作变形(喷丸、滚压、滚压抛光)、表面热处理(渗碳、渗氮、氰化、表面高频或火焰淬火)等。

表面处理提高疲劳极限的原因在于:表面强化后不仅直接提高了表面层的强度,从而提高了表面层的疲劳极限,而且由于强化层存在,使表层产生残余压应力,这样就降低了交变载荷下表面层的拉应力,使疲劳裂纹不易产生或扩展,如图 6-4-5 所示。这种有利影响对于缺口试样或零件更为显著。因为残余压应力也可在缺口处集中,有效地降低拉应力的集中。

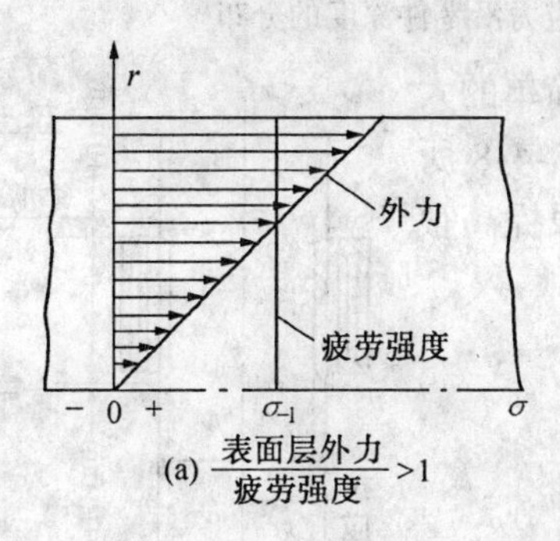

(a) $\frac{表面层外力}{疲劳强度}>1$

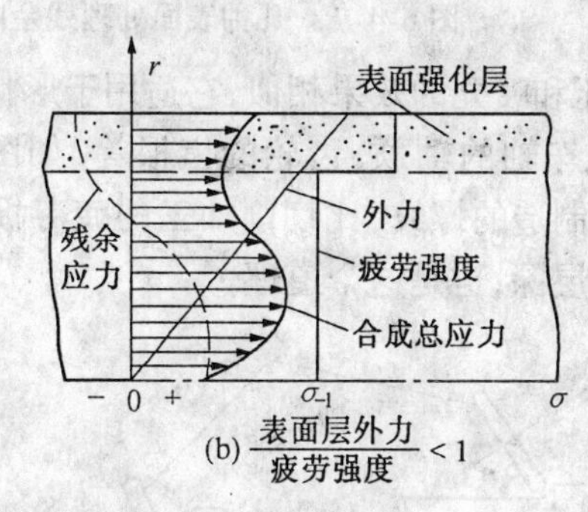

(b) $\frac{表面层外力}{疲劳强度}<1$

图 6-4-5 表面强化层提高疲劳极限示意图

各种表面强化对强化层硬度和表面内应力分布的影响,如图 6-4-6 和 6-4-7 所示。从图看出,所举几种表面处理方法都使零件表面强化,并使表面产生压应力。因此,都可提高疲劳极限,其中高频淬火的硬化层最深,而渗氮的表面硬度最高,压应力也最大。

表面喷丸处理不仅是提高疲劳极限的有效手段,而且可以消除表面缺陷,使疲劳缺口应力集中系数 K_f 近于 1,降低材料对缺口的敏感度。喷丸处理对于提高承受弯曲和扭转载荷的零件的疲劳抗力最为有效。表面渗碳及淬火后再经喷丸处理则效果更好。但喷丸不能过度,过渡的喷丸使表面层下反而出现拉应力,会降低疲劳极限。

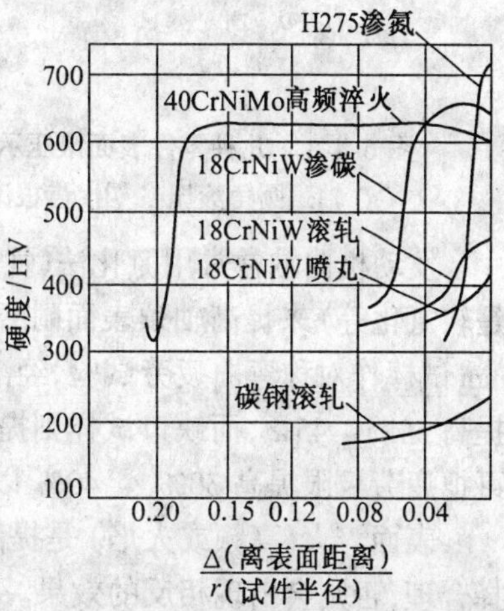

图 6-4-6 各种表面强化方法的硬度沿零件截面的分布

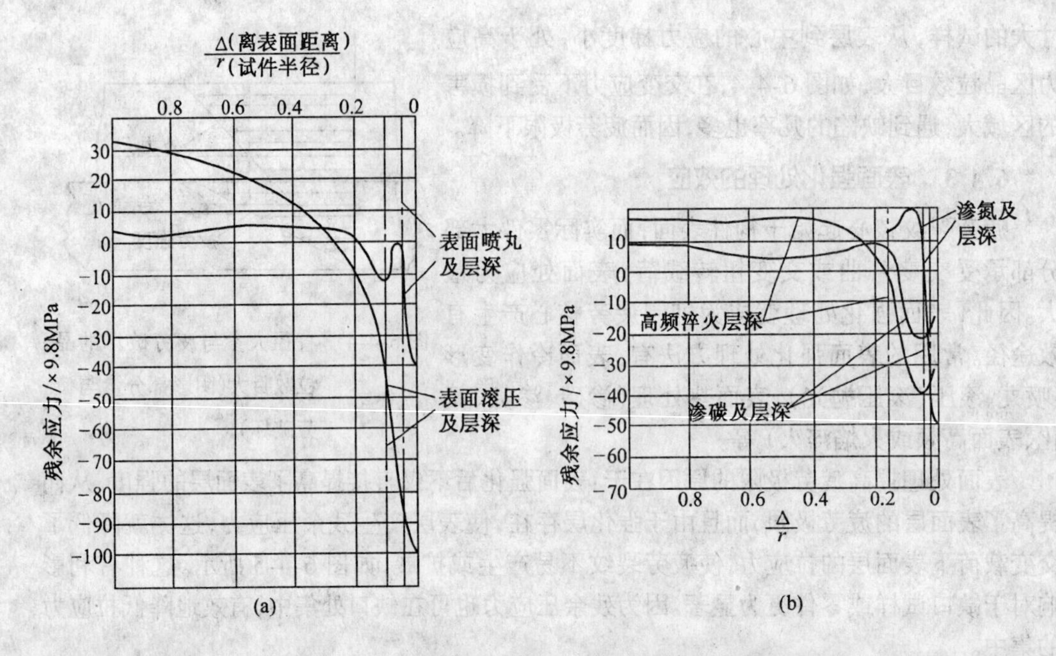

图 6-4-7　几种表面处理残余内应力沿零件深度的分布

表面滚压和喷丸的效果相似，它适用于形状简单的大零件，例如火车轴的轴颈，齿轮的齿根等，如图 6-4-8 所示。用滚辗法制造的螺纹，比切削加工的疲劳极限提高很多，而且辗压层深，也是这个道理。

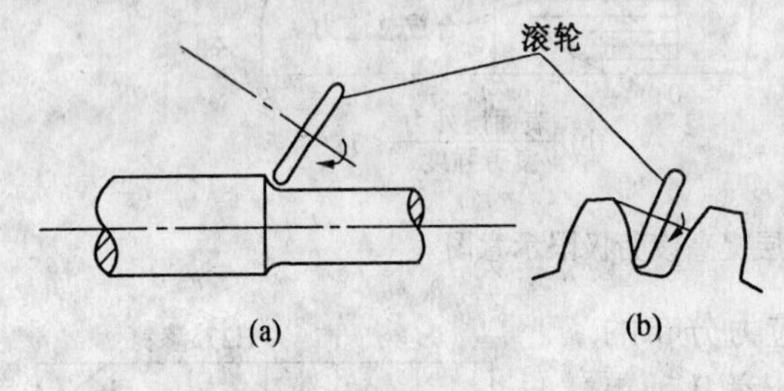

图 6-4-8　几种零件表面滚压示意图
(a) 轴颈圆角滚压　(b) 齿根滚压

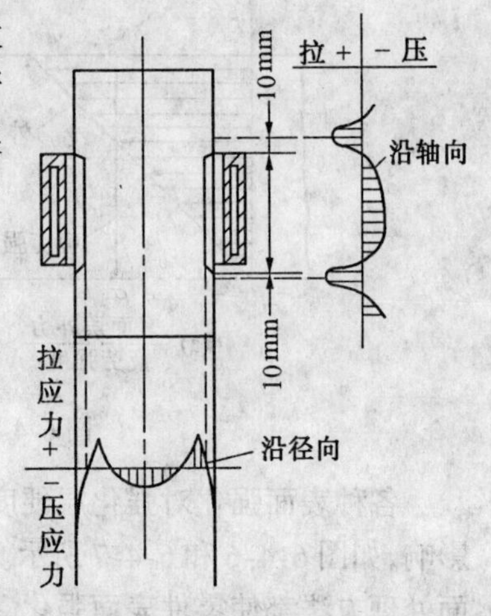

图 6-4-9　圆柱体高频感应淬火后表面残余应力分布

发动机曲轴常常用氮化法(气体氮化，液体氮化，特别是软氮化等)来提高轴颈表面耐磨性和疲劳强度，这种方法对缺口试样效果更好。如用 $\phi5$ mm 试棒作对称弯曲疲劳试验，经液体氮化处理和未经氮化的对比，光滑试样的疲劳极限提高 5% ~ 45%，而缺口试样则提高 25% ~ 80%。对大型曲轴气体氮化及软氮化处理也可把疲劳极限提高 30% ~ 40% 以上。金属 N 化物阻止位错放出。

表面淬火(高频或火焰)是提高耐磨性和疲劳极限的常用方法。但是淬火的位置要选择合理，否则会出现相反的效果。

从图 6-4-9 看出，虽然在淬火层内产生了有利的残余压应力，但在淬火的过渡区内却是残余拉应力。如果这个过渡区正好在曲轴颈的圆角处,则常常在此圆角处产生疲劳裂纹而断裂,如图 6-4-10 (a) 所示。近来轴类零件圆角的表面也进行表面淬火,可把疲劳寿命大大提高,如图 6-4-10 (b) 所示。

其他表面处理方法,如表面镀铬、镀镍等。强度比基体金属大,并和基体结合得好的表面镀层都可起到提高疲劳极限的作用。但如果镀层断裂,则裂纹下面的基体金属将产生更严重的集中滑移,对疲劳裂纹的产生起促进作用。此外,表面涂层如塑料膜、橡胶膜、涂漆等也可以阻止位错的放出,从而提高疲劳极限。

6.4.4 合金成分及组织的影响

1. 合金成分

影响结构钢疲劳极限的主要元素是碳,钢中含碳量及一些合金元素对疲劳极限的影响,如图 6-4-11 所示。

由图6-4-11看出,当 HRC > 40时,几种不同成分低合金结构钢随含碳量增加,淬火回火后的硬度及强度提高,其疲劳极限也提高。这是因为马氏体的硬度主要决定于含碳量的缘故。但若硬度过高,则材料过脆,其疲劳极限又下降。硬度约在 HRC40 ~ 55 以下时,不同成分低合金结构钢的实验点都近似分布在一条直线上,这说明合金元素对钢的疲劳极限没有明显的影响。合金元素是通过提高钢的淬透性来提高疲劳极限的。固溶在奥氏体中的合金元素提高钢的淬透性。改善钢的韧性,因之可以提高疲劳极限

2. 金相组织

晶粒大小:细化晶粒可以有效地提高强度,而提高疲劳极限,见表 6.4.2。这是由于晶粒细化之后,在交变应力下可以阻止皮下位错放出,从而推迟疲劳裂纹核心产生的缘故。电子显微镜断口分析指出,由于晶界两侧晶粒的位向不同,当疲劳裂纹扩展到晶界时,便被迫改变扩展方向,并使疲劳辉纹间距改变,故晶界是疲劳裂纹扩展的一种障碍。因此,细化晶粒便延长了疲劳寿命。但细化晶粒使循环韧性下降,缺口敏感性增加。

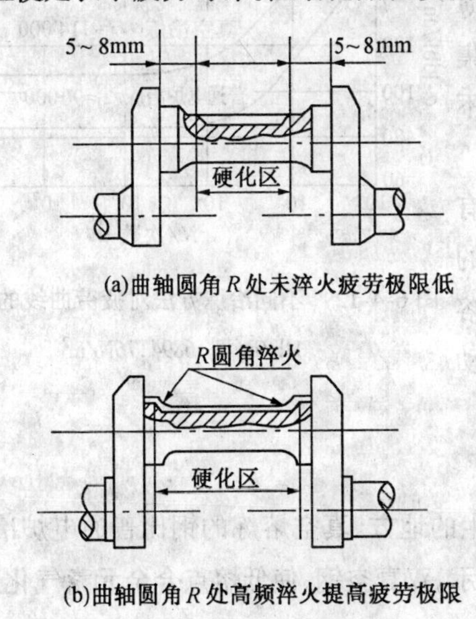

图 6-4-10 曲轴高频淬火位置

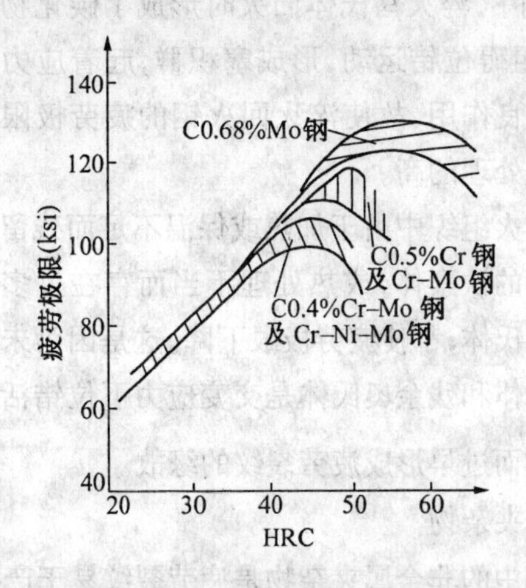

图 6-4-11 几种钢的硬度和疲劳极限之间的关系

表 6.4.2　晶粒度对疲劳极限的影响

材　料	晶粒度	σ_{-1}/增加 %
珠光体加铁素体类碳钢及低合金钢	由2级增至8级	10
奥氏体钢	由2级增至8级	15 ~ 20

组织类型：以40Cr钢为例，不同热处理组织对疲劳极限的影响见表6.4.3。从表中数据看出，回火屈氏体的疲劳极限 σ_{-1} 最高。结构钢经调质处理得到的球状碳化物和正火得到的片状碳化物相比较，调质处理的疲劳极限高。但从循环韧性来看，片状珠光体比球状的好。

表 6.4.3　40Cr 钢组织类型对疲劳极限的影响

40Cr 组织状态	σ_b/×9.8MPa	σ_{-1}/×9.8MPa	变化 %	
			σ_b	σ_{-1}
退火(铁素体＋珠光体)	65	31.4	100	100
淬火(马氏体)	208	77.5	+220	+177
淬火中温回火(屈氏体)	175	88.3	+177	+181
淬火高温回火(索氏体)	102	52.4	+57	+67

中碳结构钢淬火成马氏体再回火到相同硬度，其疲劳极限随马氏体量的增多而提高。

就相同硬度而言，等温淬火处理的疲劳极限优于淬火回火。电子显微镜观察指出，HRC > 40的钢中，淬火马氏体回火时形成了碳化物薄膜，它阻碍位错运动，形成塞积群，起着应力集中的不良作用，故使淬火回火钢的疲劳极限不如等温处理的高。

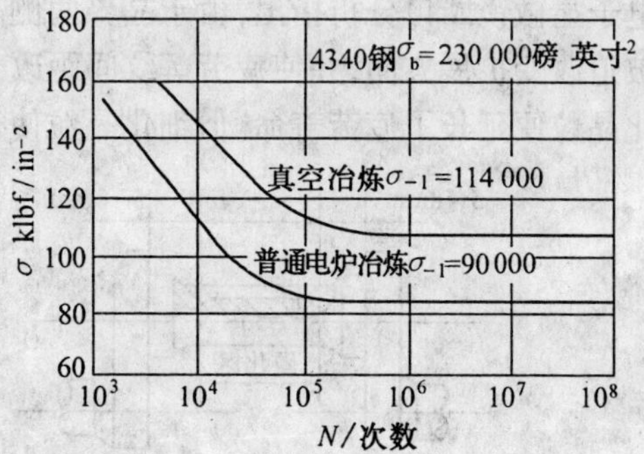

图 6-4-12　不同冶炼方法对疲劳曲线的影响

1lb/in^2 = 6894.76N/m^2

淬火组织中由于加热或保温不足而残留有未溶解的铁素体，或热处理不当而存在过多的残余奥氏体，都使疲劳极限下降。这是因为未溶解铁素体和残余奥氏体是交变应力下位错活动的地方而过早形成疲劳裂纹的缘故。

3. 夹杂物

钢中的非金属夹杂物是疲劳裂纹易于产生的地方。真空熔炼的钢比普通电炉冶炼的钢夹杂物少，因而疲劳极限高，如图6-4-12所示。双真空钢、使低熔点合金元素气化逸出，减小了钢在疲劳时位错活动区域从而使 σ_{-1} 大大提高，以致于使 σ_{-1} 与 σ_b 老关系被破坏。

4. 纤维方向

经锻造和切削加工成形的零件，若流线方向和主应力方向平行时，其疲劳极限比流线和主应力垂直的高，而且材料强度越高，这种差别越大，如图 6-4-13 所示。疲劳裂纹容易在锻造流线露头的地方产生，如图 6-4-14 所示。曲轴曲柄臂的纤维方向几乎和圆角处表面垂直，疲劳裂纹首先在纤维流线露头的地方产生，然后向内扩展。

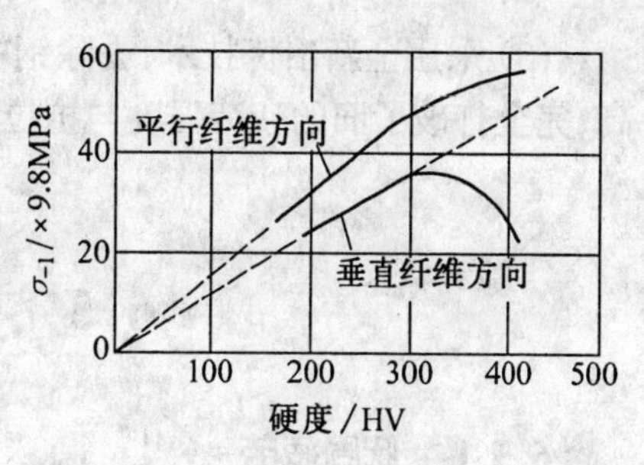

图 6-4-13 铬钼钢（ϕ16mm 试样弯曲疲劳试验）纤维方向对 σ_{-1} 的影响

从以上分析看出，影响金属疲劳抗力的因素是比较复杂的。为了提高机件的疲劳抗力，防止疲劳断裂的发生，可以从以下两个方面来考虑。

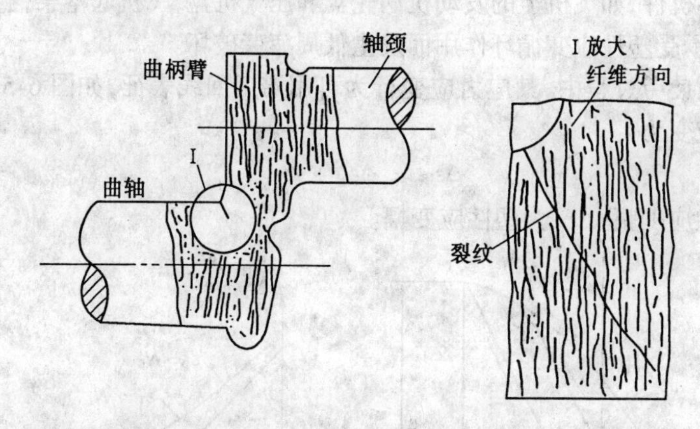

图 6-4-14 锻造曲轴纤维方向和产生的疲劳裂纹

(1) 消除或减小疲劳失效的外因

① 设计方面：正确分析工作应力；合理选取安全系数；考虑缺口、应力集中、尺寸、表面状态的影响；避免共振等。

② 制造方面：合理安排铸、锻、焊、热处理、切削、抛光等工序并保证质量要求。

③ 使用方面：进行次负荷锻炼；避免过载荷使用；防止表面碰伤、划伤；表面保护，防锈；保养、定期检修等。

(2) 消除或减小疲劳失效的内因

① 强化材料：采用合金化、热处理使基体强化，表面热处理强化以提高疲劳极限。

② 合理的残余应力：消除表面残余拉应力，合理获得表面残余压应力。如喷丸、滚压、表面热处理等。

③ 消除缺陷：消除表面脱碳、氧化、腐蚀，控制夹杂物等级等。

以上两个方面是相互联系的，需要合理地配合才能达到防止或减少疲劳失效，发挥材料强度潜力的目的。

(3) 采用全新冶炼技术，去除钢中的低熔点合金元素，会使钢的疲劳极限大幅度地提高，完全打破了旧的疲劳强度与抗拉强度之间老关系式，使人耳目一新。

6.5　金属的低周疲劳

6.5.1　低周疲劳

低周疲劳是高应力低频率低寿命的疲劳，其交变应力接近或超过材料的屈服强度，有时称之为塑性疲劳或应变疲劳。高的交变应力频率一般很难加到低周疲劳上，塑变是需要时间的。

工业上许多机件，如飞机上的发动机涡轮盘和压气机盘，飞机起落架，舰艇壳体，压力容器等。经常因承受塑性应变循环作用而发生低周疲劳破坏。

材料在低周疲劳过程中，其应力应变行为可用滞后回线表征，如图 6-5-1 所示。每一应力产生的总应变为

$$\Delta\varepsilon_T = \Delta\varepsilon_e + \Delta\varepsilon_p$$

式中 $\Delta\varepsilon_e$ 为弹性应变幅，$\Delta\varepsilon_p$ 为塑性应变幅。

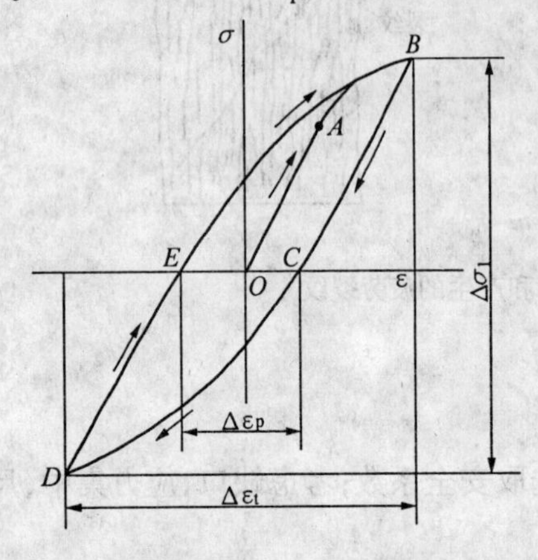

图 6-5-1　低周疲劳的应力 – 应变曲线

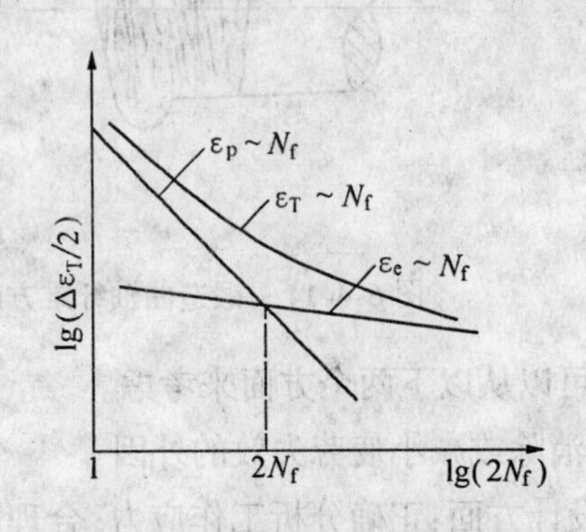

图 6-5-2　疲劳断裂周次和各应变间的关系

断裂周次 N_f 和应变幅度的关系，如图 6-5-2 所示。在 $\lg(\Delta\varepsilon_T/2) - \lg(2N_f)$ 曲线上，高、低周疲劳的区别主要决定于 $\Delta\varepsilon_e$ 和 $\Delta\varepsilon_T$ 的相对比例。在低周疲劳范围内，ε_p 起主导作用；而在高周疲劳范围内，ε_e 起主导作用。$\Delta\varepsilon_p$ 和 $\Delta\varepsilon_e$ 在双对数坐标上对于寿命的作用，都可近似看作直线关系，这两条直线斜率明显不同，故存在一交点，该交点对应的寿命 $2N'_f$，称为过渡寿命。材料性能不同，$2N'_f$ 也不同。一般强度提高使 $2N'_f$ 左移；而塑性和韧性提高使 $2N'_f$ 右移。

上述规律指出，必须注意区分高周疲劳和低周疲劳。如属高周疲劳，则应主要考虑强度，只要提高强度就可提高疲劳寿命。反之，如属低周疲劳，则在保持一定强度基础上，应尽量提高材料的塑性和韧性。图 6-5-3 表示不同强度和塑性配合的两种材料的疲劳曲线，

也存在交点。在交点以上的大应变循环范围内，塑性高的材料寿命长；在交点以下的小应变循环范围内，强度高的材料寿命长。

由于塑性应变的作用，还造成了低周疲劳破坏过程的不同影响。主要表现为裂纹成核期较短，只占总寿命的一小部分（$< 10\% N_f$），有多个裂纹源，总寿命主要决定于裂纹扩展寿命。微观断口形貌存在塑性疲劳条纹，且间距大，一般还有韧窝出现，有一次性断裂迹象。

图 6-5-3　强度和塑性不同配合的两种材料的疲劳曲线

6.5.2　金属循环硬化与循环软化

金属在低周疲劳的初期，由于在交变应力作用下，金属的性能发生变化，出现"循环硬化"或"循环软化"现象。所谓"循环硬化"是指金属材料在应变保持一定的情况下，形变抗力在循环过程中不断增高的现象，如图 6-5-4(a) 所示。另一种情况是材料的形变抗力在循环过程中下降，即产生该应变所需的应力逐渐减小，这种现象称为"循环软化"，如图 6-5-4 (b) 所示。两种情况的滞后回线都不闭合。

试验表明，不论是循环软化还是循环硬化，当达到一定循环次数（总寿命的 20% ~ 50%）后，即形成一个稳定的滞后环（图 6-5-1)，即达稳定状态。

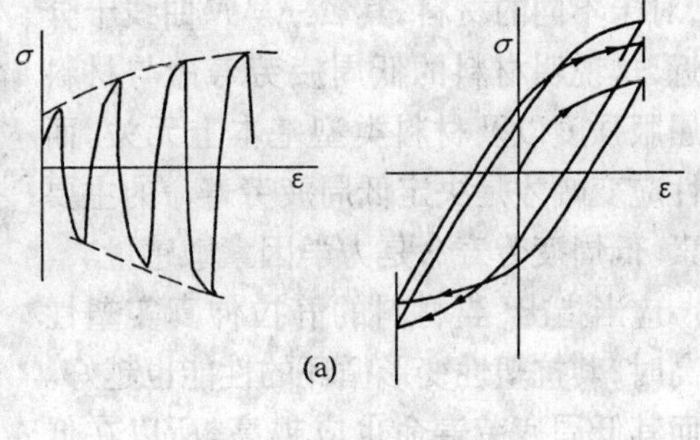

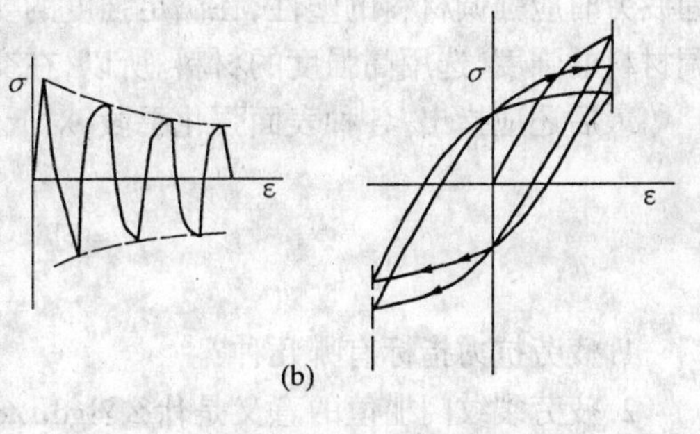

图 6-5-4　"循环硬化"和"循环软化"曲线
(a) 循环硬化　(b) 循环软化

出现循环硬化或是循环软化现象，决定于材料的原始状态、结构特征以及应变幅和温度材料中位错密度大小等。退火状态塑性材料往往表现为循环硬化，而冷加工硬化材料往往表现为循环软化。有人通过试验发现，材料的$\frac{\sigma_b}{\sigma_{0.2}} > 1.4$时，表现为循环硬化，而$\frac{\sigma_b}{\sigma_{0.2}} < 1.2$，表现为循环软化，至于比值在 1.2 ~ 1.4 之间者表现倾向不定，但材料一般表现循环稳定。也有人用形变强化指数 n 来判定，当材料 n 值小于 0.1 时，表现为循环软化；反之，则表现为循环硬化或循环稳定。

由于周期应变会导致材料变形抗力的变化，使材料的强度变得不稳定，发生硬化或软化。承受低周大应力的零件，应选用循环稳定或循环硬化型的材料。如果是用循环软化的材料，在使用过程中，由于材料发生软化，导致屈服强度降低，便会产生过量的塑性变形而使构件破坏或失效。

6.5.3 $\Delta\varepsilon_p - N$曲线

金属材料的低周疲劳抗力如何来表示呢?对于高周低应力疲劳,通常用 $\sigma - N$ 曲线表示疲劳抗力,疲劳寿命决定于循环应力。但对于低周期高应力疲劳,则情况就不同了。一般用塑性应变幅($\Delta\varepsilon_p$)对应于疲劳寿命(N)的 $\Delta\varepsilon_p - N$ 曲线表示疲劳抗力,塑性应变幅是决定材料低周疲劳寿命的主要因素。曼森 - 柯芬(Manson - Coffin) 指出,塑性应变幅 $\Delta\varepsilon_p$ 和破坏周次 N 有以下关系

$$\Delta\varepsilon_p(N)^Z = C$$

式中,Z 和 C 是材料常数,Z 与材料有关,约为 0.5 ~ 0.7;而 C 与拉伸真实伸长率 e_K 接近,即 $C \approx e_K$。

用 $M - C$ 关系式可以估计材料低周疲劳断裂寿命。

图 6-5-5 是 $M - C$ 关系式的一个实例,对于不同的材料,其 $\Delta\varepsilon_p - N$ 曲线十分接近,这说明材料的低周疲劳寿命与材料的屈服强度以及材料类型基本上无关。而塑性应变幅才是决定低周疲劳寿命的主要因素。低周疲劳寿命是力学因素敏感量。

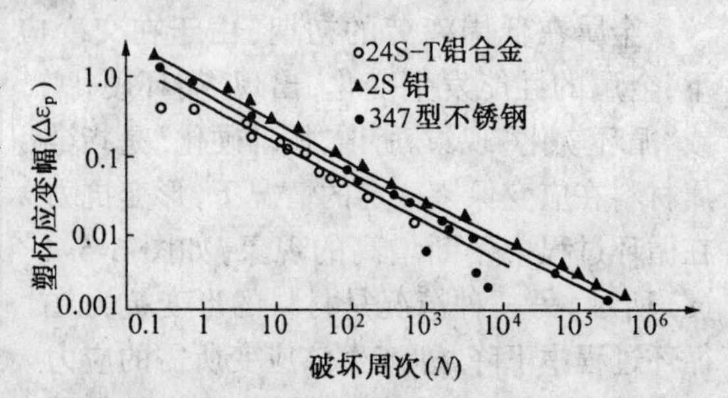

图 6-5-5 几种材料的低周疲劳曲线

应当指出,当材料的静拉伸真实塑性越高时,其抗塑性变形循环的性能也越好。因而其低周疲劳寿命也应越高。所以在低周疲劳时应强调材料的塑性,在满足强度的要求下,应选用高塑性材料。而高周疲劳时,强调材料的强度,选用高强度的材料。所以,在交变载荷下应当根据疲劳的类型来选用材料。

最后还应指出,各种表面强化手段,对低周疲劳寿命的提高没有明显的效果。

习 题

1. 疲劳抗力指标有哪几种?
2. 疲劳裂纹门槛值的意义是什么?$\lg da/dN - \lg\Delta K_1$ 坐标 O 点在什么地方?
3. 疲劳破坏与位错有何关系?为什么 σ_{-1} 远低于 σ_s?σ_{-1} 远低于 σ_s 说明金属弹性变形中伴有微量塑性变形,这个微量塑性变形大约在多高应力开始?
4. 提高疲劳抗力方法有多少种?靠表面塑变强化提高疲劳寿命能持久吗?
5. 电弧重熔对提高疲劳寿命有何作用?为什么?
6. $da/dN = C(\Delta K)^m$ 中哪些量为变量,哪些量为材料参数。

第7章 金属的应力腐蚀开裂及氢脆

舰载导弹在发射时突然在自己舰上爆炸，飞船在升空时运载火箭发生爆炸，化工设备运行几年后突发破裂，这些事故每天都在地球上发生。这些经过严格检验的设备，相当长一段时间不发生问题，而过后却出现问题，这是为什么？焊立在街上的站牌会慢慢在焊接部分断裂而倒下，焊接的容器会在几年后出现裂纹而报废，家用管路热水器慢慢也会发生裂纹而漏水，这都是为什么？是应力腐蚀开裂，是氢脆造成的。

7.1 应力腐蚀开裂

7.1.1 应力腐蚀开裂现象

1. 应力腐蚀开裂现象

由拉伸应力和腐蚀介质外加敏感的材料组织联合作用而引起的慢长而滞后的低应力脆性断裂称为应力腐蚀（常用英文的三个字头 SCC 表示）。不论是韧性材料还是脆性材料都可能产生应力腐蚀断裂。

应力腐蚀断裂发生有“三要素”或称三个条件，这三个条件可以大致归纳如下。

(1) 只有在拉伸应力作用下才能引起应力腐蚀开裂。这种拉应力可以是外加载荷造成的应力：也可以是各种残余应力，如焊接残余应力，热处理残余应力和装配应力等。一般情况下，产生应力腐蚀时的拉应力都很低，拉应力是应力腐蚀开裂发生要素之一。

(2) 产生应力腐蚀的环境总是存在腐蚀介质，这种腐蚀介质一般都很弱，如果没有拉应力的同时作用，材料在这种介质中腐蚀速度很慢。产生应力腐蚀的介质一般都是特定的，也就是说，每种材料只对某些介质敏感，而这种介质对其他材料可能没有明显作用，如黄铜在氨气氛中，不锈钢在具有氯离子的腐蚀介质中容易发生应力腐蚀，但反过来不锈钢对氨气，黄铜 对氯离子就不敏感。常用工业材料容易产生应力腐蚀的介质如表 7.1.1 所示。腐蚀介质是应力腐蚀开裂三要素之二。

表 7.1.1 合金产生应力腐蚀开裂的特定腐蚀介质

合 金	腐 蚀 介 质
碳钢	苛性钠溶液，氯溶液，硝酸盐水溶液，H_2S 水溶液，海水，海洋大气与工业大气
奥氏体不锈钢	氯化物水溶液，海水，海洋大气，高温水，潮湿空气（湿度 90%），热 NaCl，H_2S 水溶液，严重污染的工业大气
马氏体不锈钢	氯化物，海水，工业大气，酸性硫化物
航空用高强度钢	海洋大气，氯化物，硫酸，硝酸，磷酸
铜合金	水蒸气，湿 H_2S，氨溶液
铝合金	湿空气，NaCl 水溶液，海水，工业大气，海洋大气

(3) 一般只有合金才产生应力腐蚀,纯金属不会产生这种现象。合金也只在拉伸应力与特定腐蚀介质联合作用下才会产生应力腐蚀断裂。图7-1-1为应力腐蚀产生条件示意图。应力腐蚀必须有敏感的材料,并非所有材料都发生应力腐蚀开裂。一般高强度的钢、铜合金、铝合金等特殊用途材料常发生应力腐蚀开裂,不锈钢在特定条件下首当其冲。敏感材料是应力腐蚀开裂三要素之三。

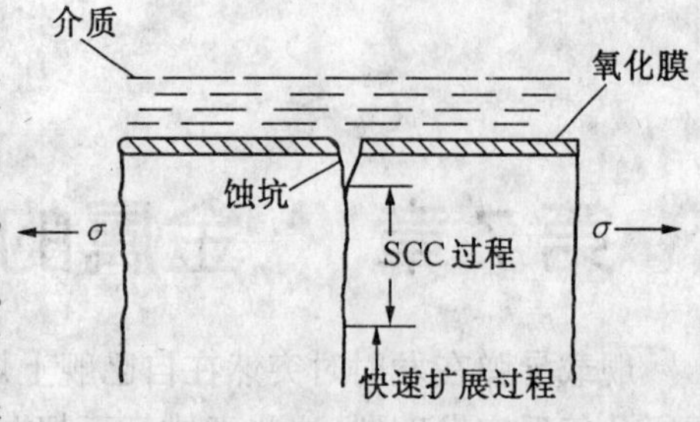

图7-1-1 应力腐蚀产生条件示意图

2. 应力腐蚀断口特征

应力腐蚀断裂也是通过裂纹形成和扩展这两个过程来进行的,一般认为裂纹形成约占全部时间的90% 左右,而裂纹扩展仅占10% 左右。

应力腐蚀断裂可以是沿晶断裂,也可以是穿晶断裂。究竟以那条路径扩展,取决于合金成分及腐蚀介质。

在一般情况下,低碳钢和普通低合金钢,铝合金和 α 黄铜 都是沿晶断裂,其裂纹大致沿垂直于拉应力轴的晶界向材料深处扩展;航空用超高强度钢似乎沿原来的奥氏体晶界断裂;β 黄铜 和暴露在氯化物中的奥氏体不锈钢,大多数情况下是穿晶断裂;奥氏体不锈钢在热碱溶液中是穿晶断裂还是沿晶断裂,取决于腐蚀介质的温度。

应力腐蚀的断口,其宏观形貌属于脆性断裂,有时带有少量塑性撕裂痕迹。裂纹源可能有几个,但往往是位于垂直主应力面上的那个裂纹源才引起断裂。由于介质的腐蚀作用,其裂纹源及亚稳扩展区常呈现黑色或灰黑色,失稳扩展区的断口同于裂纹件一次断裂的断口。

典型的应力腐蚀断裂断口的微观形态一般为晶间断裂形态,晶面上有撕裂脊,如图7-1-2所示。当腐蚀时间较长时,常呈现干裂的泥塘状花样,这是腐蚀产物开裂的结果。

(a) 护环γ体钢应力腐蚀开裂

(b) 护环应力腐蚀断口

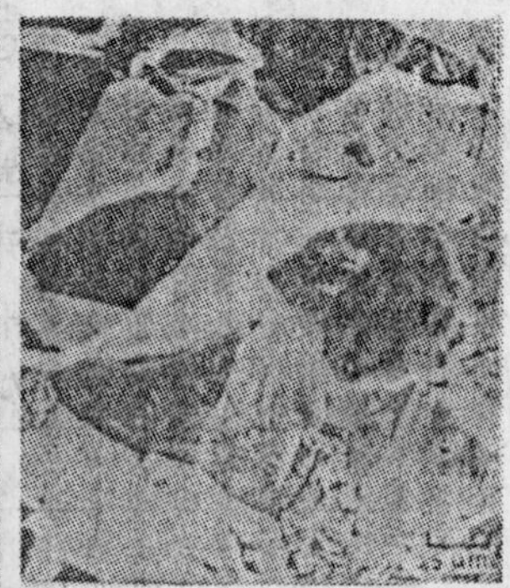

(c) 沿晶应力腐蚀开裂断口

图7-1-2 典型的应力腐蚀断裂断口微观形态

7.1.2 应力腐蚀断裂机理

关于应力腐蚀断裂的机理有多种理论,它们虽然都能解释应力腐蚀断裂中的某些现象,但没有一种理论可以解释所有的应力腐蚀断裂的现象。以下介绍两种为多数人接受的应力腐蚀开裂机理。

1. 保护膜破坏机理

这是较早的一种应力腐蚀机理,认为产生应力腐蚀是电化学反应起控制作用。当应力腐蚀敏感的材料置于腐蚀介质中,首先在金属的表面形成一层保护膜,它阻止了腐蚀进行,即所谓"钝化"。由于拉应力和保护膜增厚,膜与基体间作用力加大使局部地区的保护膜破裂,破裂处基体金属直接暴露在腐蚀介质中,该处的电极电位比保护膜完整的部分低,而成为微电池的阳极,产生阳极溶解。因为阳极小阴极大,所以溶解速度很快,腐蚀到一定程度又形成新的保护膜,新保护膜加厚与基体间作用力加大,变脆,在拉应力的作用下又可能重新破坏,发生新的阳极溶解。这种保护膜反复形成和反复破裂的过程,周而复始,就会使某些局部地区腐蚀加深,最后形成孔洞。而孔洞的存在又造成应力集中,更加速了孔洞表面附近的塑性变形和保护膜破裂。这种拉应力与腐蚀介质共同作用形成应力腐蚀裂纹。图 7-1-3 为用这种理论解释应力腐蚀开裂的示意图。

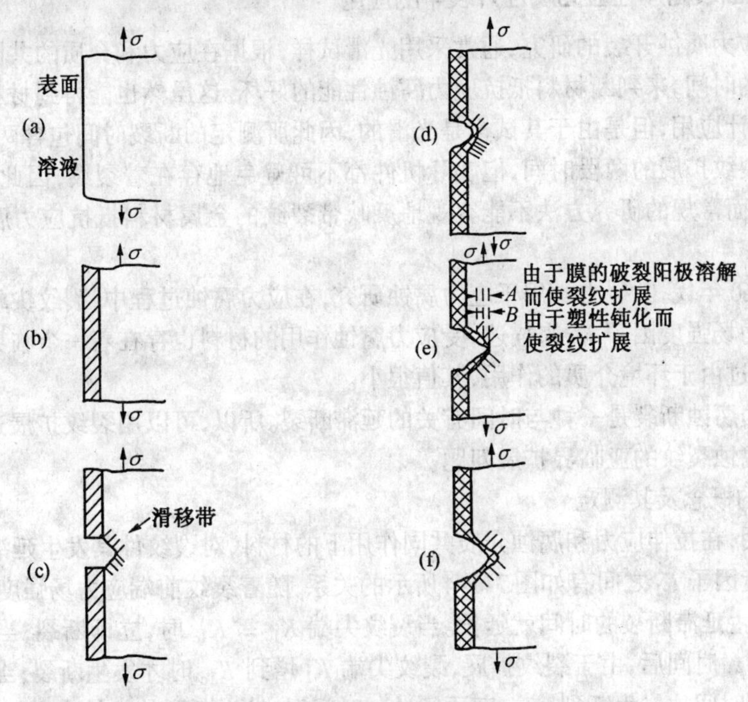

图 7-1-3 应力腐蚀裂纹的形成及扩展示意图

(a) 暴露于溶液中的表面 (b) 形成保护膜 (c) 随保护膜增厚带来的附加应力以及外加拉应力作用下的塑性变形使保护膜破坏,溶液侵入内部基体金属,发生阳极溶解 (d) 重新形成保护膜 (e) 保护膜重新破坏,裂纹扩展 (f) 又重新形成保护膜

2. 氢致脆化机理

近年来，不少人认为，应力腐蚀是由于氢作用的结果，即应力腐蚀裂纹的形成、扩展都和介质中的氢有关。Petch 等人提出了氢致脆化机理。这一理论认为，由于氢吸附于裂纹的尖端，扩散进金属基体，使金属晶体的表面能 γ 降低，从格里菲斯理论可知，金属的断裂强度 $\sigma_c = \sqrt{\frac{4G\gamma}{d}}$，正比于 $\gamma^{1/2}$，所以随着表面能 γ 降低，金属的断裂强度 σ_c 也随之下降，从而脆化了金属，使金属材料产生早期断裂。至于氢的来源主要是电化学反应中阴极吸氢的结果，支持这一看法的实验事实是高强度钢产生应力腐蚀时，无论原溶液呈酸性还是呈碱性，其裂纹尖端附近溶液的pH值总等于4，均呈碱性，说明有 H^+ 进入金属基体，留下 OH^-。

3. 晶界微电池溶解机制

人们从 γ 体护环钢龟裂现象的研究中发现，在把 γ 体晶界碳化物高倍放大发现，这些沉积于晶界碳化物实际是一些精细的类似珠光体结构的东西，而且这精细结构与介质构成微电池，并且观察到了它们快速电化溶解过程。

这样一过程曾一度在世界范围内困挠着火力发电机护环的安全运行，人们最后以增加 C_r 的办法对晶界进行保护，从而产生一新型护环钢号。

7.1.3 断裂力学在应力腐蚀开裂中的应用

常规的应力腐蚀开裂的研究，通常采用光滑试样，根据在应力和介质的共同作用下发生延滞断裂的时间，来判断材料抵抗应力腐蚀性能的好坏。这虽然也能得到材料的临界应力，供工程设计应用，但是由于其试样是光滑的，因此所测定的断裂时间包含两个部分，即裂纹形成和裂纹扩展的两段时间，但实际机件都不可避免地存在着裂纹，因此，只能解决光滑件问题，而常规的研究方法不能客观地反映带裂纹的金属材料抵抗应力腐蚀断裂的性能。

20世纪60年代，断裂力学用于应力腐蚀研究，在应力腐蚀过程中，裂纹尖端的应力场也可以用应力场强度因子 K_1 来描述，受应力腐蚀作用的材料也存在着一个临界应力场强度因子，只不过由于环境介质的作用，其值很小。

由于应力腐蚀断裂是一种与时间有关的延滞断裂。所以，可以用裂纹扩展速率 da/dt 来描述应力腐蚀裂纹的亚临界扩展问题。

1. K_{1scc} 的概念及其测定

实践证明，在拉伸应力和腐蚀介质共同作用下的材料，对裂纹件其发生延滞断裂时间与应力场强度因子 K_1 之间有如图7-1-4所示的关系，随着裂纹前端应力场强度因子 K_1 降低，相应地发生延滞断裂的时间就延长。当裂纹尖端 $K_1 = K_{1c}$ 时，立即断裂；当 K_1 为 K_{11} 时，必须经过 t_1 时间后，由于裂纹扩展，裂纹尖端 K_1 增到 K_{1c} 时才发生断裂；当 K_1 为 K_{12} 时，须经过 t_2 时间才发生断裂。K_{1i} 表示经过 t_i 时间后，发生断裂的初始应力场强度因子。当 K_1 降低到某一定值后，材料就不会由于应力腐蚀而发生断裂(即材料有无限寿命)，此时的 K_1 就叫做应力腐蚀临界应力场强度因子，并以 K_{1scc} 表示。对于一定的材料，在一定的介质下 K_{1scc} 为一常数。

K_{1scc} 既然是材料的性能指标，因此就可以用 K_{1scc} 来建立裂纹件发生应力腐蚀开裂的断裂判据。当裂纹前端的应力场强度因子 K_1 大于材料的 K_{1scc} 时，裂纹件就可能产生应力

腐蚀开裂而导致破坏，其开裂判据为

$$K_1 \geqslant K_{1scc} \quad 而不是\ K_1 \geqslant K_{1c} \tag{7-1-1}$$

由 $K_1 = Y\sigma\sqrt{\pi a} \geqslant K_{1scc}$，得

$$\sigma \geqslant \sigma_c = \frac{K_{1scc}}{Y\sqrt{a}} \tag{7-1-2}$$

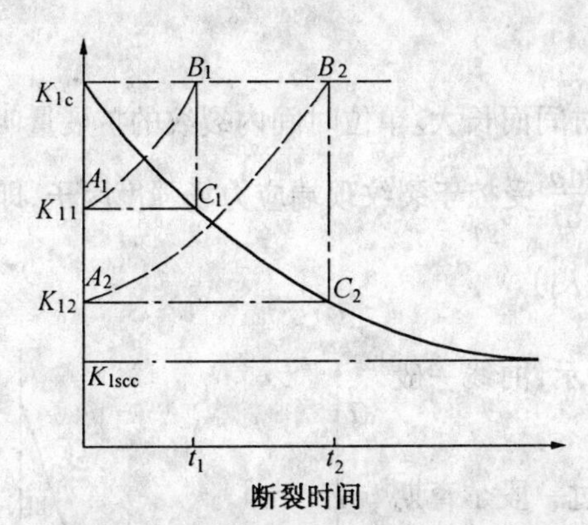

图7-1-4　应力场强度因子 K_1 与延滞断裂时间 t 的关系曲线

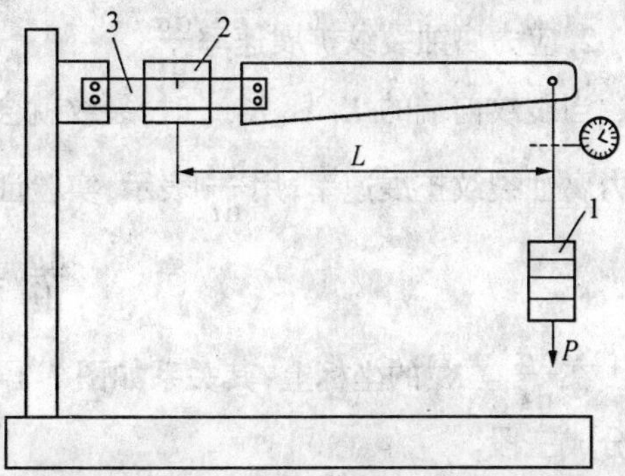

图7-1-5　悬臂梁弯曲试验装置示意图
1—载荷；2—试样；3—固定架

式中　K_1—— 裂纹尖端应力场强度因子；

K_{1scc}—— 应力腐蚀临界应力场强度因子；

σ—— 断裂抗力；

a—— 裂纹的一半长度；

Y—— 裂纹形状系数；

$a_c = \dfrac{K_{1scc}^2}{Y^2\sigma^2}$—— 临界裂纹尺寸；

$K_1 \geqslant nK_{1scc}$—— 设定安全系数。

如果 K_{1scc} 高，表明材料工艺优。测定材料的 K_{1scc} 可用恒载荷法或恒位移法等。目前测量 K_{1scc} 最简单、最常用的是恒载荷的悬臂梁弯曲试验法。所用试样与测定 K_{1c} 的三点弯曲试样相同，只不过是长一些以便装夹。试验装置如图 7-1-5 所示。试样一端固定在机架上，另一端和一个力 臂相连，力臂的另一端通过砝码进行加载。一块带日历的可控钟表，用以计时间。在整个试验过程中，载荷恒定，所以随着裂纹的扩展，裂纹前端的应力场强度因子 K_1 增大，裂纹前端的应力场强度因子 K_1 可用下式计算

$$K_1 = \frac{4.12M}{BW^{3/2}}\left[\frac{1}{\alpha^3} - \alpha^3\right]^{1/2} \tag{7-1-3}$$

式中　$M = P \cdot L$—— 弯曲力矩；

B—— 试样厚度；

W—— 试样宽度；

a—— 裂纹长度。

$$\alpha = \frac{a}{W}$$

试验时,必须制备一组同样条件的试样,然后分别将试样置于装有所研究的介质溶液槽内,并施加不同的恒定载荷 P,使裂纹前端产生不同大小的应力场强度因子 K_1,并记录下各种 K_1 作用时所对应的延滞断裂时间 t,以 K_1 与 t 为坐标作图,便可得出如图7-1-4所示的 $K_1 - t$ 关系曲线,曲线水平部分对应的 K_1 值即为材料的 K_{1scc}。

2. 应力腐蚀裂纹扩展速率$\frac{da}{dt}$

当裂纹前端的 $K_1 > K_{1scc}$ 时,裂纹就会随时间而长大。单位时间内裂纹的扩展量叫做应力腐蚀裂纹扩展速率,用$\frac{da}{dt}$表示,实验证明,$\frac{da}{dt}$受控于裂纹顶端应力场强度因子,即

$$\frac{da}{dt} = f(K_1)$$

在$\frac{da}{dt} - K_1$ 的坐标上,其关系如图7-1-6所示,曲线一般可分成三段。

第Ⅰ阶段　当 K_1 刚超过 K_{1scc} 时,裂纹经过一段孕育期后突然加速扩展,$\frac{da}{dt}$与 K_1 的关系曲线几乎与纵坐标轴平行。

第Ⅱ阶段　曲线出现水平段,$\frac{da}{dt}$的 K_1、电化腐蚀等,裂纹扩展动力与裂纹顶端钝化、保护膜等阻力因素产生动态平衡造成的。

第Ⅲ阶段　裂纹长度已接近临界尺寸,$\frac{da}{dt}$又明显地依赖 K_1,$\frac{da}{dt}$随 K_1 增加而增大,这是材料走向快速扩展的过渡区,当 K_{1i} 达到 K_{1c} 时,便发生失稳扩展,材料断裂。

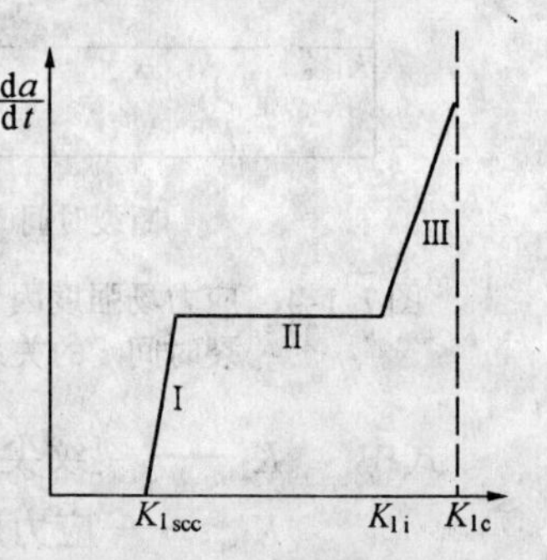

图7-1-6　裂纹扩展速率 da/dt 与应力场强度因子 K_1 的关系曲线

7.1.4　预防应力腐蚀断裂的措施

应力腐蚀断裂是一种低应力脆性断裂,其危害性十分严重。因此,工程上应尽量避免或减轻应力腐蚀开裂。根据应力腐蚀断裂特征,工程上一般可采用以下预防措施。而且材料处于高强度状态时必须考虑这个问题。应力腐蚀开裂有三要素,防止应力腐蚀开裂也要从"三要素"下手。

1. 降低应力

如能将构件所承受的应力降低到临界应力以下,则可以避免应力腐蚀开裂。因此,在设计与制造中要考虑降低构件的工作应力,使 $K_1 = Y\sigma\sqrt{\pi a} \leqslant K_{1scc}$ 如在可能的条件下增大零件工作截面,或采用喷丸或其他表面热处理方法,使构件表层产生一定的压缩应力,也是一种有效的方法。

工程上,大部分应力腐蚀开裂是由残余拉应力所引起的,它往往叠加在工作应力上,使构件所受的应力超过临界应力。残余拉应力主要来自制造和装配过程,特别是焊接应力危害性更大。因此,采用退火方法去除残余应力,已在实践中得到广泛应用。这也是抑制应力腐蚀开裂采取重要方法之一。

2.改变介质条件

改变介质条件可以减小或消除材料的应力腐蚀开裂敏感性。这主要是减少或消除助长应力腐蚀开裂的有害化学离子，例如，通过水的净化处理降低冷却水与蒸汽中的氯离子含量，对预防奥氏体不锈钢的应力腐蚀开裂是十分有效的。电站锅炉常用此控制爆管。

在一些环境中添加防腐剂也是一种十分有效的方法。把敏感材料与敏感介质隔离，这是从引起应力腐蚀开裂"三要素"之二着手。

3.选用合适的合金材料

一般认为，一定的合金只在相应的介质中才显示应力腐蚀开裂敏感性，而其他合金在同样介质中则是不敏感或敏感性较低。因此，我们可以选取合适的合金来避免应力腐蚀。例如，黄铜对氨的应力腐蚀开裂敏感性很高，因此，接触氨的构件就应该尽量避免使用铜合金，或者用热处理立即改变材料的敏感组织，如回火去掉焊口热影响区的马氏体亮带等。

总之，在选取合金时，应尽量选用有较高 K_{1scc} 的合金，以提高构件抵抗应力腐蚀的能力。一般钢、铝、铜等常用金属材料都对应力腐蚀开裂敏感，故应倍加重视。选材是从应力腐蚀开裂"三要素"之三着手。

4.采用电化学保护

由于金属在介质中只在一定的电极电位范围内才会产生应力腐蚀开裂。因此，采用外加电位的方法，使金属在介质中的电位远离应力腐蚀开裂敏感电位区域，也是预防应力腐蚀开裂的一种方法。一般的阳极保护或阴极保护就是应用这种方法的实例。但是必须注意，对高强钢或其他氢脆敏感材料，不能采用阴极保护法。消除材料中微电池的组织结构，也是一种有效的办法。

7.2 氢　脆

7.2.1 金属中的氢

1.氢在金属中的存在形态

金属中的氢可以原子态存在，即[H]，也可以正离子态，$H \rightarrow H^+ + e$。以原子态[H]在金属中可能均布，但多种原因[H]在金属中可转换成正离子态，$H \rightarrow H^+ + e$、e去填充d电子层。d电子层填满后，余下H则以原子形态存在于金属中。氢在体心和面心立方的间隙中。H和H^+进出间隙也有吸热和放热现象。H和H^+在有不满d电子层金属中的溶解度较大。H原子直径0.106nm。

$H + H \rightarrow H_2$，H_2通常是在金属中的缺陷处，H_2是不能直接进入金属的。H_2也不可能通过晶格扩散和迁移。钢中H_2只有钢熔化在真空情况下才可以逸出。

氢可以与Li、Na、K等金属形成化合物，可以形成TiH、SiH_4、CH_4等化合物形态。

氢也可以气团形式存在(⊥H)，也可把气团示为"氢化物"，这种"化合物"中相互作用能约在6400卡/克原子。氢在金属中分布是不均匀的，向试件中扩散氢时，表面浓度高内部浓度低。氢在金属中主要分布在位错、缺陷等部位。氢还向金属中拉应力方向扩散。钛中的氢往往从较高温度区域向较低温度区域扩散。

金属中氢会对位错产生钉轧，像刃型位错氢就像装在一个管道中，成列地排在位错“管道”中。

2.氢在α－Fe中的溶解度和扩散系数

在1个大气压下氢在铁中的溶解度与温度的关系曲线，如图7-2-1。从这条曲线上可以看出，氢在铁中的溶解度随着温度的下降而降低。此外，氢在铁中的溶解度还与铁的结构状态有关，发生相变时溶解度急剧变动。例如在1535℃自液态结晶为固态(δ－Fe)时，氢的溶解度显著下降；在1390℃，δ－Fe转变为γ－Fe时，溶解度增加；而在910℃自γ－Fe转变为α－Fe时，溶解度又显著下降。由此可见，氢在体心立方晶格的铁(α－Fe，δ－Fe)中溶解度较小，而在面心立方晶格的γ－Fe中溶解度较大。

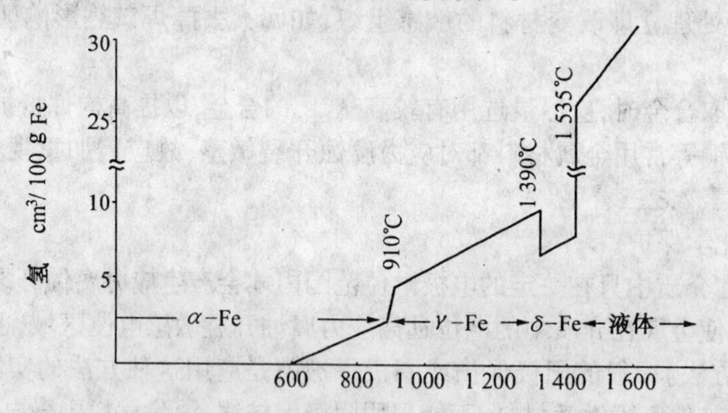

图7-2-1　氢在铁中的溶解度与温度的关系

碳、硅、铬、钼、铝等合金元素降低氢在铁中的溶解度，而镍、锰、钴则提高氢在铁中的溶解度。但是，在含碳05%以下，镍3.5%以下，铬2%以下，锰1.5%以下的合金结构钢中，氢的溶解度基本上决定于温度和组织状态，合金元素的影响甚小。

固态下钢的渗氢和除氢主要依靠氢的扩散。图7-2-2为氢在铁中H扩散系数与温度的关系。可见，温度升高时，氢在α－Fe和γ－Fe中的扩散系数都增大。此外在所有温度下，氢在α－Fe中的扩散系数都远远超过它在γ－Fe中的值。

以上事实说明，去氢处理应在α－Fe范围内进行，温度越高越好(当然还要综合考虑其他因素)，最好在真空中去氢。

氢在α－Fe中扩散系数D随T的变化，不同工作者的结果相差很大，在低温时，可相差4个数量级。Dasken-smitt 1949年提出“陷阱”效应，说明氢原子可以陷入结构缺陷中，移动性不如晶格中的氢。晶体中的位错、晶界等缺陷，它们像“陷阱”一样把氢原子吸住、甚至氢在此处由原子状态结合成为分子状态，因而降低氢的扩散系数，从而解释了不同工作者测出的D有较大区别的原因。这种效应也可认为是气团⊥H的形成而引起的。高温扩散时，气团分解，便不会有这种陷阱效应。Gangloff-Wei应用这种概念说明18Ni马氏体时效钢在H_2中da/dt的温度效应，应用相界面这种陷阱，可以降低扩散系数，从而使da/dt下降。

氢在应力场梯度下的扩散，会使氢在三向拉伸区的浓度升高，推动的能量是$\overline{V}_H\sigma_n$，从

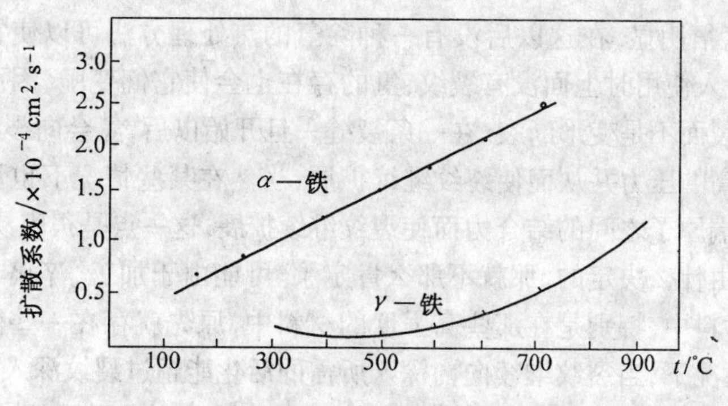

图 7-2-2　氢在铁中的扩散系数与温度的关系

位错理论计算出这个数值是9600卡/克原子,这和用内耗法测定的Fe中⊥H的ΔU大致相同。

在另一方面,运动的位错,可以将氢原子扫走,从而加速氢的扩散,(氢沿着铝晶界的扩散可以提高10^5倍)。

因此,位错对于氢既有形成氢化物⊥H的陷阱效应,而运动位错又有扫走氢原子的加速扩散的作用。这些现象为建立氢脆的定量理论,带来一定困难。

7.2.2　氢在金属中引起的危害

1.氢疱

各种不同原因产生的原子氢在进入金属内部后扩散到氧化物和硫化物夹杂物、气孔、微缝隙等地方,转变成分子氢,逐渐积累多了成为高压的氢气。有人从理论计算可能达到10^7大气压的数量级,Ubbelohde也进行过更精细的计算,在理论上应该可以达到6.6×10^{18}大气压。在用中间有空腔的阴极进行的试验中证明可以达到200～300大气压的压力。这样所产生的高压能使软钢的表面层鼓起而产生氢疱。一般说来,只有靠近软钢表面的夹杂物或空穴才更可能成为氢疱的起点。有时候这种氢疱在酸洗过程中就产生了,在这种情况下,想把疱中的氢赶到外面去来弥补这种破坏是徒劳的。氢疱一般是在酸洗后的热处理过程中,热镀锌或镀铅过程中以及在搪瓷过程中出现。最坏的情况是在使用过程中暴露出来。

作为氢气的聚集点是夹杂物本身还是由于它们所引起的空穴,还未肯定。在钢受到压延时,非金属夹杂物容易引起空穴,这是因为这些非金属夹杂物和金属比较起来压展性较差,并且它们在压延过程中不能充分地变扁以保持与钢充分接触,或者,这些夹杂物甚至于可以粉碎而在所形成的各碎片之间生成空穴。此外在铸造中形成的气孔压延后没有焊合,也会存在微缝隙。因此,在所有这些情况下,夹杂物之所以能成为氢疱的起始点,主要是与空穴有关。理论表明,即使没有空穴随同发生,由于金属和夹杂物之间没有附着力,因此夹杂物也可以成为氢疱的起始点,这是因为在这种情况下,除去为了使钢变形所需要的能量之外,并不需要额外的能量来使金属和夹杂物分开。因此,这里不能肯定地说,从夹杂物处开始的氢疱是原先就存在的空穴所引起的。

2.氢裂

用高强度钢(高碳钢或者是非不锈钢型的合金钢)制成的构件有时在酸洗槽中就会

产生显著的裂纹。很明显，在这以后没有一种除氢的热处理方法可以使它们恢复原来状态。即使在构件投入使用时上面没有裂纹，氢的存在也会使它们变脆，因而它们在受到应力时就会脆性断裂而不是变形断裂。在一条裂缝一旦开始以后，氢会向裂纹内部扩散可以在该处维持一个高的压力并从而使裂纹继续扩展，当然在某些情况下也可能由于氢的吸附降低了裂纹尖端原子之间的结合力而使裂纹继续扩展，这一点是很容易理解的，但是至于裂缝的起点是由什么决定的，那就不那么肯定了。可能由于加工、淬火或焊接时所产生的应力，在很多材料中，特别是在那些高强度的材料中，原先就存在一些微裂缝或其他缺陷。在没有氢的情况下，当裂纹继续向内深入所需的活化能超过裂纹深入所能引起的应变能降低时，裂纹是无法继续扩展的。如果氢进入钢中并扩散到微裂缝处，那么裂纹的扩展将继续下去直到断裂为止，裂纹的方向将决定于内应力或外加应力的方向，但是使金属破坏所需的力主要来自氢，在焊缝的附近，决定裂纹方向的常常是焊接应力。

7.2.3 氢脆的类型及特征

1. 内部氢脆与环境氢脆

氢脆断裂在工程上是一种比较普遍的现象，但由于材料性能、加工工艺、服役环境、受力状态不同，各种现象有较大差异。

根据引起氢脆的氢之来源不同，氢脆可分成两大类，一类为内部氢脆，它是由于金属材料在冶炼、锻造、焊接或电镀、酸洗过程中先吸收了过量的氢气而造成的；第二类氢脆称为环境氢脆，它是在应力和氢气氛或其他含氢介质的联合作用下引起的一种脆性断裂，如贮氢的压力容器中出现的高压氢脆。

内部氢脆和环境氢脆的区别，在于发生氢脆时氢的来源不同，而它们的脆化本质是否相同，目前尚未定论。

一般认为，内部氢脆和环境氢脆在微观范围(原子尺度范围内)，其本质是相同的，都是由于氢引起的材料脆化，但就宏观范围而言，则有差别。因为它们所包含的某些过程(如氢的吸收)、氢和金属的相互作用、应力状态以及温度，微观结构的影响等均不相同。

2. 氢脆断口特征

内部氢脆断口往往出现“白点”，如图 7-2-3 所示。白点又有两种类型：一种是在钢件中观察到纵向发裂，在其断口上则呈现白点。这类白点多呈圆形或椭圆形，而且轮廓分明，表面光亮呈银白色，所以又叫做“雪斑” 或发裂白点，如图 7-2-3 (a) 所示。这种白点实际上就是一种内部断裂类型，它是由于某种原因致使材料中吸入了过量的氢，因氢的溶解度变化(通常是随温度降低，金属中氢的溶解度下降)，过饱和氢未能扩散外逸，而在某些缺陷处聚集成氢分子所造成的。一旦发现发裂，材料便无法挽救。但在形成发裂前低温长时间保温，则可消除这类白点。

另一种白点呈鱼眼型，它往往是某些以材料内部的宏观缺陷如气孔、夹渣等为依托的银白色斑点，其形状多数为圆形或椭圆形。圆白点的大小往往同核心的大小有关，即核心越大，白点也越大，白点区齐平而略为下凹，图 7-2-9 (b) 即为以焊接缺陷(气孔) 作为依托的鱼眼型白点。

产生鱼眼白点，除氢和缺陷因素外，还必须有一定的条件，即应有一定的塑性变形量

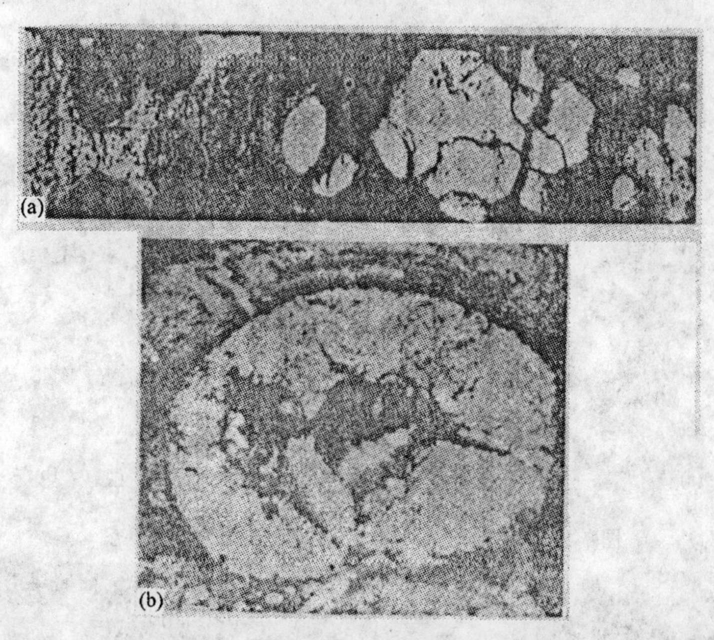

图 7-2-3　氢脆白点
(a) 发裂型白点　(b) 鱼眼型白点

和一定的形变速度。如果经过去氢处理或消除鱼眼核心 —— 缺陷，白点就不能形成；小于一定的塑性变形量，或用高的应变速度(如冲击)，都不会产生这类白点，所以它是可以消除的，故又叫可逆氢脆。这类氢脆一般不损害材料的强度，只降低塑性。

内部氢脆断口的微观形态，往往是穿晶解理型或准解理型花样。图 7-2-4 即为白点与白点外围交界处的电子显微镜照片。可见，在白点区是穿晶解理断裂，而白点外则为微孔聚集型断裂。图 7-2-5 为白点区的扫描电子显微镜照片，是典型的准解理形态。

环境氢脆断口的宏观形态与一般的脆性断口形态相似，有时可见到一些反光的小刻面。其微观形态比较复杂，但一般是沿晶断裂，并可见到二次裂纹。图 7-2-6 是由于电镀引起氢脆断裂的断口微观形态，为沿晶断裂。

有人认为，氢脆是氢扩散到裂纹前端附近的晶格中所引起的，所以，裂纹扩展到底是微孔聚集型，或是穿晶准解理型，或是沿晶断裂型其中的何种型式，主要取决于裂纹前端的应力场强度因子和溶解于裂纹前端的氢浓度。图 7-2-7 为高强度钢氢脆断口在不同的 K_1 值下的微观形态。当裂纹前端受很高的应力场强度因子 K_1 作用时，是以微孔聚集型方式进行的；在中等 K_1 值下，是准解理或准解理加韧窝，或沿晶断裂加韧窝；在低 K_1 值下是沿晶断裂形态，晶间小平面上有许多撕裂棱，表明晶间在分离过程中还产生少量塑性变形。

图 7-2-8 为不同 K_1 值下，高强度钢的断裂方式示意图。

在高 K_1(接近 K_c) 值下，应力足以使裂纹尖端产生大量塑性变形并形成一定大小的塑性区，这个塑性区包含大量的夹杂物，并在夹杂物界面产生微裂纹，H 进入微裂纹生成 H_2 产生很高压力。它们就是微孔形核的地方，以致断裂过程是微孔聚集型的，在断口上留下韧窝形态，如图 7-2-8(a)。

图 7-2-4　白点区(a) 与外围交界处(b) 的微观形态

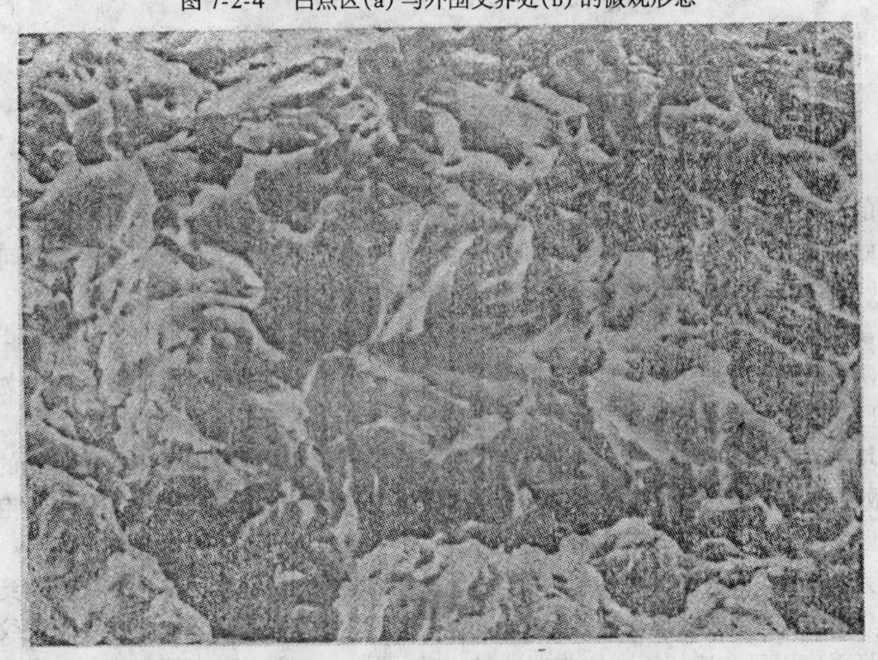

图 7-2-5　白点氢脆断口的微观形态

当为中 K_1 值时，其塑性区面积较小，因此，塑性区中提供微孔形核的夹杂物数量也少，所以不发生微孔聚集型断裂。但是，这样的 K_1 值还是足以使 H 进入解理面产生准解理的塑性变形所需的驱动力，所以，这时便发生低能量的准解理断裂，如图 7-2-8(b)。

当 K_1 值低到既不能产生微孔聚集，也不能发生准解理断裂过程时，H 进入晶界沿晶断裂方式进行，但在晶面上还留有一定数量的撕裂脊，如图 7-2-8(c)。

K_1 值更低，以致单靠 K_1 已不能使裂纹按上述的任何一种方式扩展时，则只有当氢扩散至金属中，同时集合于晶界上使晶界弱化时，才能使裂纹继续以沿晶断裂方式扩展，如图 7-2-8(d)。

3. 环境氢脆的特征

在氢气氛作用下，材料发生延滞断裂的时间与应力场强度因子 K_1 之间的关系如图7-2-9所示。随 K_1 值降低，断裂时间延长；当 K_1 降低到某一临界质 K_{th} 时，材料便不会产生断裂，临界值 K_{th} 就叫门槛值。K_{th} 也是一个材料常数。

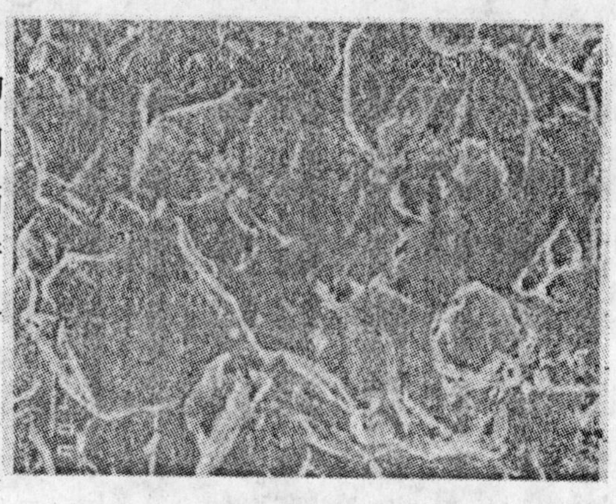

图 7-2-6　由于电镀工艺不当而引起的氢脆断裂断口微观形态

材料的强度与其对氢脆的敏感性关系十分密切。随强度降低，材料氢脆敏感性亦降低，门槛值 K_{th} 增加，而且在相同的 K_1 作用下，断裂的时间延长，反之亦然，如图7-2-9所示。

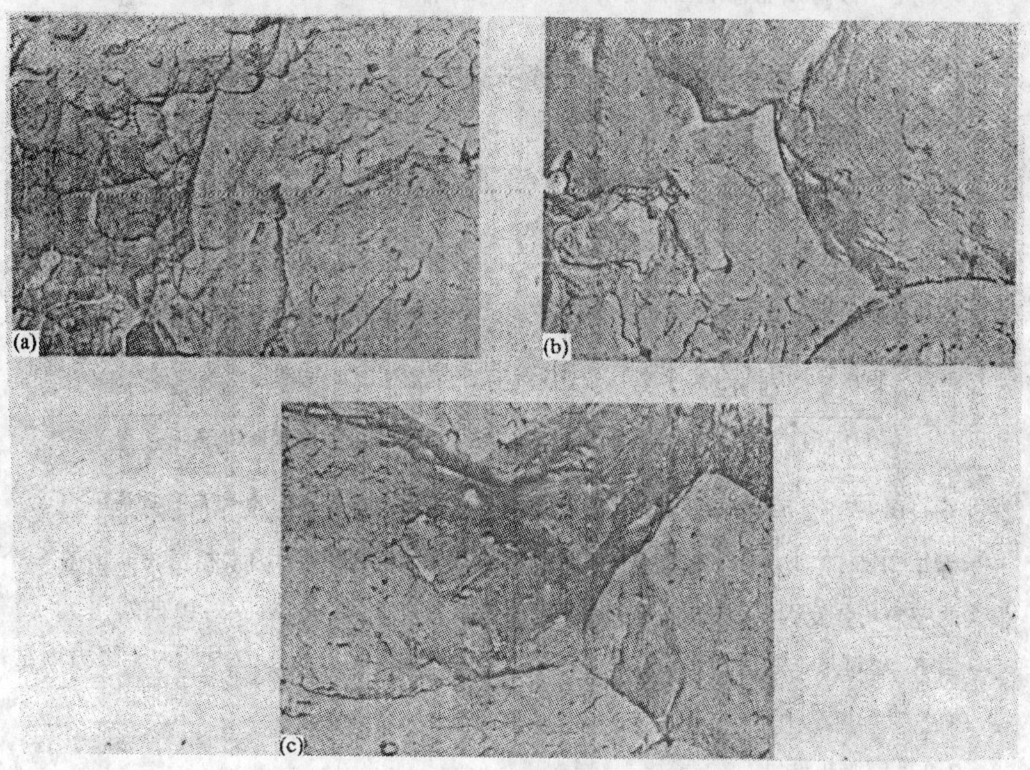

图 7-2-7　裂纹前端应力场强度因子 K_1 在不同时的氢脆断口形态的变化(3000×)

40CrNiMo 钢 870℃ 油淬 200℃ 回火 水中应力腐蚀

(a) 高 K_1 值　(b) 中 K_1 值　(c) 低 K_1 值

高强度钢在环境氢作用下，裂纹的亚临界扩展速率 da/dt 随应力场强度加子 K_1 而变化，其间的关系一般也可以分成三个阶段，如图7-2-10。

当应力场强度因子 K_1 超过门槛值 K_{th} 时，裂纹扩展速率 da/dt 受 K_1 的影响很大，裂纹

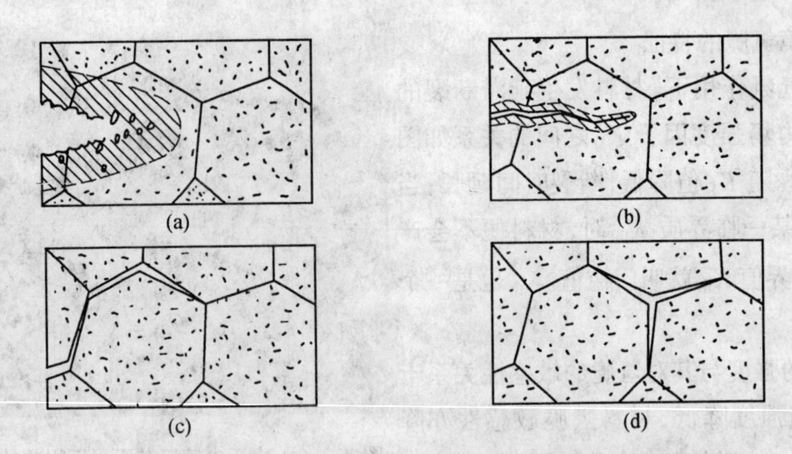

图 7-2-8　不同 K_1 值下，高强度钢断裂方式示意图

(a) 高 K_1 值(韧窝型)　(b) 中 K_1 值(准解理或沿晶断裂)　(c) 低 K_1 值(沿晶断裂，有撕裂棱)　(d) 最低 K_1 值(沿晶断裂，无撕裂棱)

扩展动力因素大于阻力因素。da/dt 随 K_1 值升高而增加(图 7-2-10 曲线 Ⅰ)。

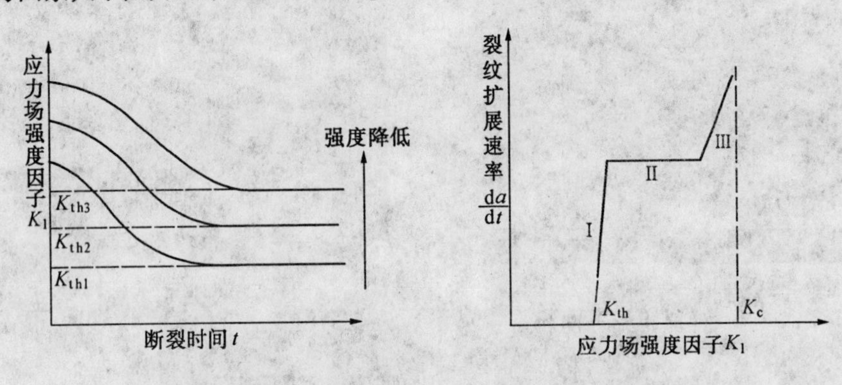

图 7-2-9　延滞断裂时间 t 与 K 的关系　　图 7-2-10　da/dt 与 K_1 的关系

在第 Ⅱ 阶段，K_1 为中等值，此时裂纹扩展的动力因素和阻力因素相当，da/dt 在一个很大的应力场强度因子范围内基本保持不变，da/dt 与 K_1 无关(图 7-2-10 曲线 Ⅱ)。

当 K_1 超过某一数值而接近材料的 K_c 时，又出现裂纹扩展动力因素大于阻力因素，da/dt 又随 K_1 的升高而增加，直到材料断裂。

7.2.4 氢脆机理

长期以来，人们对氢脆机理进行了大量的研究，并提出了多种理论。但是，由于氢对钢的性能影响十分复杂，而且氢脆过程的一些重要参数缺乏精确的测试手段，所以对氢脆机理的看法仍然存在着分歧。以下对一些比较成熟的理论作简单介绍。

1. 氢压模型

早期解释氢脆的机理是由 Zapffe 提出的，他认为在裂纹或缺口尖端的三向应力区内，形成了很多微孔核心，氢原子在应力作用下向这些核心扩散，并且结合成氢分子，由于微孔核心很小，只要有很少的氢气就可产生相当大的压力。这种内压力大到足以与外力联合作用通过塑性变形或解理断裂使裂纹长大或使微孔长大、连接，最后引起材料过早断裂。

氢压模型能较圆满地解释鱼眼型白点的形成机理。含有气孔和过饱和氢的材料，在承受足够大的拉伸应力时，气孔周围的金属将发生屈服流变，产生显微空洞。这样就形成了易于捕捉氢的潜伏脆性区。与此同时，金属的形变将促使溶解在金属中的氢向该区进行扩散和转变，因为这些空洞都是微米级尺寸，所以氢扩散沉淀在其中将产生巨大的压力。在外加应力的共同作用下，显微空洞区将爆炸成局部脆断区，在拉伸断口上就显示出以气孔为核心的鱼眼型白点。

2.减聚力氢脆模型

减聚力氢脆模型又称晶格脆化模型，是由 Troiano 首先提出的，其要点是高浓度的固溶氢，可以降低晶界上或相界上金属晶体的原子间结合力。而局部地区的张应力，又通过间隙原子间的化学势及应力状态间的热力学平衡关系促使氢原子富集。这种富集区可能是低塑性材料内部的裂纹尖端处，或是位错塞积处，滑移带交叉处和塑性变形不协调处。

Troiano认为，在裂纹尖端处的氢原子的电子与过渡族金属 $3d$ 层发生交互作用而进入 $3d$ 层，增加了这个层的电子浓度，因而加强了原子间的相互斥力，降低了晶格的结合力，当局部应力等于已被氢降低了的原子间结合力时，原子间键合力降低，材料便产生脆性断裂。即 γ 降低，$\sigma_c=\sqrt{\dfrac{4Gr}{d}}$ 也下降。

这一理论对解释高强度钢氢脆比较合理，关于氢原子的电子进入 $3d$ 层已经得到证实，因此，近年来许多工作者都比较支持这一观点。但没有 $3d$ 电子层未充满的金属发生氢脆又如何解释?

7.2.5 影响材料氢脆的因素

1.温度的影响

氢脆多发生在温度为 $-100\sim+150$℃之间，因为温度太低，氢不易扩散和集结。而温度太高，氢又能自由地向大气中扩散而减少材料中的含氢量，因而不会发生氢脆。一般说来，氢脆最敏感温度是室温。例如，碳钢在 H_2S 介质中发生氢脆最敏感的温度是 $0\sim+50$℃，当温度超过 $+80$℃时，便不会产生氢脆了。

但是已经发现，有些钢即使在 -190℃时，也会发生氢脆。

加热能使材料在冶炼或加工过程中所吸收的氢向外扩散。因此，材料在锻造、电镀或焊接以后加热去氢，能有效地预防构件发生内部氢脆。

2.氢浓度的影响

金属发生氢脆时，不一定要求氢气氛或介质有很高的浓度。例如，当氢的含量小于1ppm(百万分之一)时，就可能引起高强钢的氢脆。

3.置放时间的影响

对于产生鱼眼型白点的内部可逆氢脆，能否出现白点还与置放时间有关。构件焊接后立刻拉断，因氢尚来不及扩散到缺陷周边金属区内，故不会产生白点。但当构件自然置放足够长时间后（具体时间因材料不同而异），氢气又可能已从金属内部逸出，因而也不会产生白点。

7.2.6 应力腐蚀开裂和氢脆的关系

应力腐蚀和氢脆的关系十分密切，除内部氢脆（白点）外，通常应力腐蚀总是伴有氢脆，它们总是共同存在的，氢很难从应力腐蚀开裂的介质中分离开来。因此，一般很难严格地区分到底是应力腐蚀，还是氢脆造成的断裂。就断口形态而言。应力腐蚀断口的微观形态与氢脆断口的微观形态也十分相似。图 7-2-11 即为这两种典型的断口形态。因此，企图从断口形态上来区分应力腐蚀和氢脆是十分困难的。

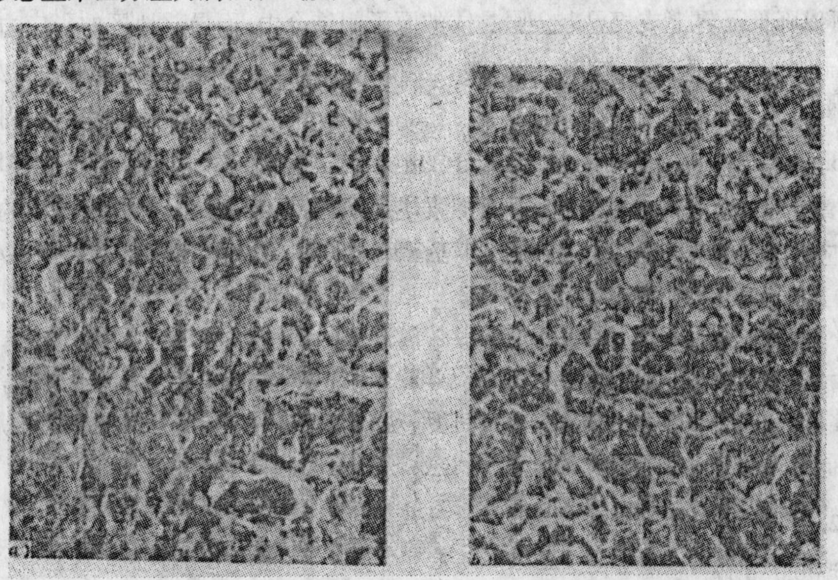

图 7-2-11　应力腐蚀和氢脆的断口形态

(a) 应力腐蚀断口　(b) 氢脆断口

从化学反应式来看，应力腐蚀是阳极溶解控制过程，如铁在水深液中的应力腐蚀总和下述化学反应式有关

$$Fe \rightarrow Fe^{++} + 2e^-$$

而氢脆则是阴极控制过程，即溶液中的氢离子在阴极产生吸氢和放氢的过程，总和下述反应式有关

$$H^+ + e^- \rightarrow [H]$$

$$[H] + [H] \rightarrow H_2 \uparrow$$

其氢分子在阴极放出，但是阴极的[H]也可能不形成 H_2，而跑入金属内部，使结合力降低，造成氢脆。

表7.2.2中列出应力腐蚀和氢脆的异同点，可见它们既有相同之处，又有不同的地方。

表7.2.2　应力腐蚀和氢脆的相互比较

应　力　腐　蚀	氢　　脆
1.裂纹从表面开始；	裂纹从内部开始；
2.裂纹分叉，有较多的二次裂纹；	裂纹几乎不分叉，有二次裂纹；
3.裂纹源区有较多的腐蚀产物覆盖着；	腐蚀产物较少；
4.裂纹源可能有一个或多个。不一定在应力集中处萌生裂纹源；	裂纹源可能是一个或多个。多在三向应力区萌生裂纹源；
5.一般为沿晶断裂，也有穿晶解理断裂；	多数为沿晶断裂，也可能出现穿晶解理或准解理断裂；
6.必须要有拉伸应力（或残余拉应力）作用；	内部氢脆不一定要有拉应力作用；
7.只在合金中发生，纯金属不发生应力腐蚀；	合金和纯金属均可能发生；
8.一种合金只对少数特定化学介质敏感，浓度可以很低，	只要在含氢的环境或在能产生氢的情况（如酸洗、电镀）下都能发生；
9.无应力时，合金对腐蚀环境可能是惰性的；	必须含有氢，强度越高，所需的含氢量越低；
10.与材料的轧制方向无关；	对轧制方向敏感；
11.阴极保护能明显减缓应力腐蚀开裂。	阴极保护反而促进高强钢的氢脆倾向。

习　题

1.什么是应力腐蚀开裂？其现象、机理、指标影响因素是什么？

2.应力腐蚀开裂裂纹件断裂判据是什么？如何确定 σ_c 和 a_c

3.da/dt 的控制因素是什么？

4.氢在金属中有几种存在形式？其移动能力如何？

5.氢在金属中的分布如何？

6.氢脆的机制是什么？

7.氢脆的分类是什么？

科研论文

应力腐蚀开裂

THE EFFECT OF TEMPERIGN ON MECHANICAL PROPERTIES OF 50Mn18Cr4WN RETAINING RING MATERIAL

ABSTRACT

50Mn18Cr4WN is a retaining ring steel. It is strengthened by solution heat treatment and cold working. The process produces high macro residual stress. The retaining ring must be tempered for stress-relief. When the ring is sleeved, it is heated too. If the retaining ring is tempered, are the mechanical properties of the retaining ring damaged? The problem is described in the article.

The tempering of testing pieces was carried out at several temperatures: 350℃, 400℃, 450℃, 500℃ and 650℃. The tempering time was 3h. The yield point, tensile strength, elongation and reduction of area were determined by means of the tensile test. In the results, for temperatures between 350℃ and 450℃, the yield point, tensile strength, elongation and reduction of area did not change notably.

A stress corrosion cracking test was also carried out in a 3% NH_4NO_3, 36% $Ca(NO_3)_2$ aqueous solution. K_{1scc} values after tempering at 450℃ and without tempering were measured. The results showed that the K_{1scc} after tempering at 450℃ decreased notably. Micrographs show that carbo-nitride precipitated. The precipitated carbo-nitride particles increased in size at the grain boundaries. The precipitated carbo-nitride particles increased in number at slip lines.

It is clear that the precipitated particles lead to the increase of micro-cells and the micro-cells aggravated the stress corrosion cracking process.

INTRODUCTION

50Nn18Cr4WN is an austenitic non-magnetic steel. At room temperature its microstructure is austenite. It cannot be strengthened by hardening, but only by solution heat treatment and cold deformation.

The retaining ting of a large generator , made of this steel, suffered some cracking initiated on the surface of the retaining ring. The cracking led to failure of retaining ring. After investigation, it was found that the cracking resulted from stress corrosion, the steel being sensitive to NO_3^- [1].

Micro-cells composed of the carbo-nitride and austenite lead to stress corrosion. Tempering leads to precipitation, and the carbonitride particles increased in number, as do the micro-cells. The micro-cells aggravate the stress – corrosion cracking process.

The higher the tempering temperature, the more the precipitated carbo-nitride, and the quicker the stress corrosion cracking process. How high a tempering temperature is permitted in the manufacture and application of the retaining ring ?Are the other mechanical properties changed?

The present research was undertaken to study the effect of tempering on mechanical properties and stress corrosion cracking of the 50Mn18CrWN retaining ring of large generator.

EXPERIMENTAL

50Mn180r4WN test material was cut out of a retaining ring of a 200MW generator. Solution heat treatment and cold deformation had been carried out. The composition of the test material is shown in Table Ⅰ. The mechanical properties of the test piece are shown in Table Ⅱ. The tempering temperatures were: 350℃, 400℃, 450℃, 550℃ and 650℃. The tempering time was 3h.

Table Ⅰ. The composition of 50Mn18Cr4WN test material.

C	Mn	Cr	W	N	S	P
0.48	18.30	4.50	1.10	0.12	0.025	0.06

Table Ⅱ. Thc mechanical properties of the testing piece.

Yield strength MPa	Tensile strength MPa	Reduction of area Z %	Elongation A_5 %
955	1138	40.0	31.0
967	1140	40.0	33.5

After tempering, the tensile properties were measured.

The stress corrosion cracking test of K_{Iscc} was carried out. The corrosion medium was a 3% NH_4NO_3, 36% $Ca(NO_3)_2$ aqueous solution. The medium temperature was 30℃. The sample size is shown in Fig. 1. A fatigue crack was initiated in a previously machined notch. The testing machine was a cantilever beam arrangement. The precracked samples were placed in the environmental chamber and stressed in bending at different initial K_I levels.

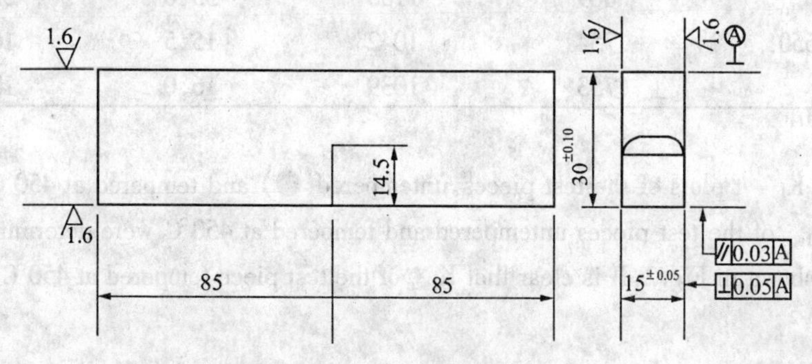

Fig. 1. The stress corrosion cracking test sample.

For each test condition associated with a different initial K_1 value the time to crack initiation was recorded. The plots of such data were obtained. The K_{1scc} values can be obtained from the plots.

K_1 values were determined from the formula[2 - 4]:

$$K_1 = \frac{4.12M}{BW^{3/2}}\left(\frac{1}{a^3} - a^3\right)^{1/2}$$

The time limit was 240 h.

RESULTS AND DISCUSSION

Experimental results

After tempering at 350℃, 400℃, 450℃, 550℃ or 650℃, the tensile properties of the test pieces were recorded as shown in Table III. From the result, we found that the tensile properties of the test pieces do not change notably on tempering at 350℃ - 450℃. On tempering above 450℃, the tensile properties change notably. So tempering above 450℃ is not permitted.

Table III. The tensile properties of the test pieces after tempering at 350℃ - 650℃.

Tempering temperature ℃	Yield strength MPa	Tensile strength MPa	Reduction of area 4%	Elongntion A_5%
20	955	1138	40.0	31.0
	967	1140	40.0	33.5
350	952	1138	43.0	36.0
	941	1148	43.0	36.0
400	926	1145	37.0	32.0
	931	1133	36.0	31.0
450	926	1150	38.0	35.0
	913	1148	39.0	35.0
550	871	1097	33.0	32.0
	869	1133	33.0	32.0
650	754	1042	15.5	16.5
	753	1039	16.0	18.5

Fig.2. K_1 - t plots of the test pieces, untempered(●) and tempered at 450℃(○).

The K_{1scc} of the test pieces untempered and tempered at 450℃ were determined. The K_1 - t plots are shown in Fig.2. It is clear that K_{1scc} of the test piece tempered at 450℃ decreased by 17 $kgf/mm^{3/2}$.

DISCUSSION

From Table III, we find that the tensile properties do not change notably by tempering at

350℃ – 450℃ . Above 450℃ the yield strength and the tensile strength clearly decrease as a result of dissolution of carbon and nitrogen and recovery recrystallization.

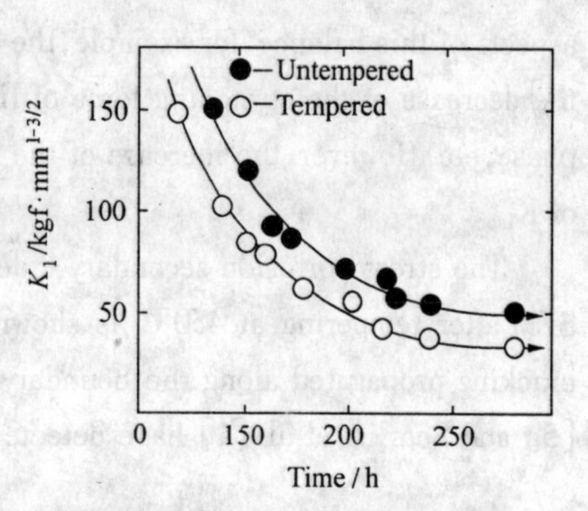

From Fig.4. we find that the K_{1scc} decrease on tempering at 450℃ . The K_{1scc} decreased by 17 kgf/mm$^{3/2}$ as compared with an untempered sample. The metallographic examination showed that the precipitated particles of carbo-nitride increased in number at slip lines and at the grain boundaries on tempering at 450℃ , as shown in Fig.3. It is clear that the increase of carbo-nitride led to the increase of the number of micro-cellss. The increase of the number of micro-cells led to the increase of the stress corrosion cracking rate. Certainly the micro-cell structure and the distribution also affect the stress corrosion cracking rate.

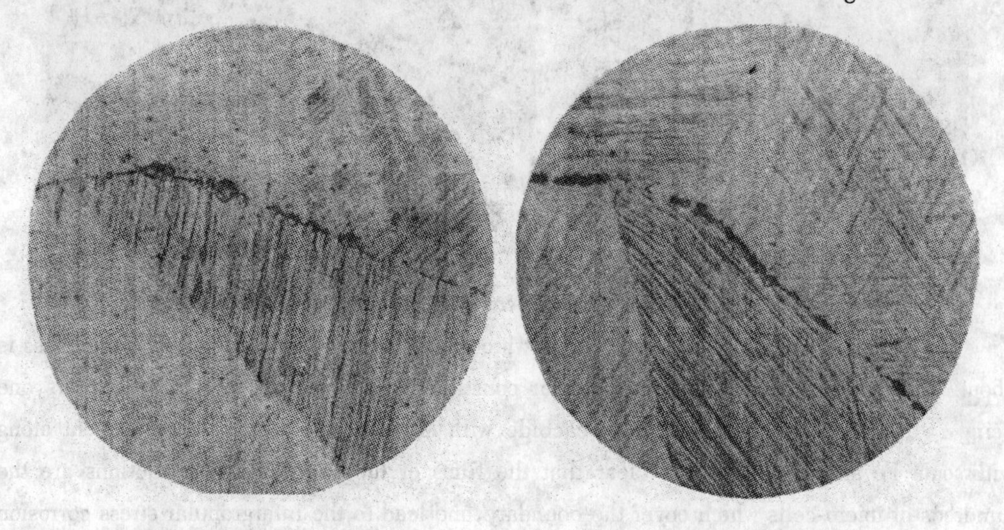

Fig.3. (a) Untempered imcrostructure. (b) microstructure after temping at 450℃

The existence of K_{1scc} represents the existence of dynamic balance between the corrosion cracking mechanism and resistance to the corrosion system. When this balance appears, the stress intensity factor K_1 is defined as K_{1scc}. The process in the corrosion cracking system is as follow: the stress intensity factor K_1, the interaction force of dislocation pile-up, the stretching force of line dislocations, the corrosion action of the medium, the number of the micro-cells, etc. If the process accelerates, the K_{1scc} will decrease. The resistance to corrosion cracking is as follows: the inactivation of oxide safety film, the attraction of atoms, the resistance to dislocation movement, the ductility of austenite phase, etc. If this resistance increases the K_{1scc} will inerease. The tempering at 450℃ led to the inerease of the number of micro-cells, the process was enhanced and K_{1scc} decreased. Certainly tempering at 450℃ led to the change of the other aspects of this balance, for example, the decrease of the interaction foree of dislocation pile-up , the decrease of the stretching force of line dislocation, the increase of the ductility of austenite phase, etc. However, the inerease of the number of micro-cells plays a main role in the decrease of K_{1scc}.

The stress corrosion secondary cracking fracture morphology of 50Mn18Cr4WN detected in SEM after tempering at 450℃ is shown in Fig.4. It is clear that stress corrosion secondary cracking propagated along the boundary where the layer of the carbo-nitride appears. Albrecht [5] and Scarlin, et al. [1] have detected grain boundary films (layer).

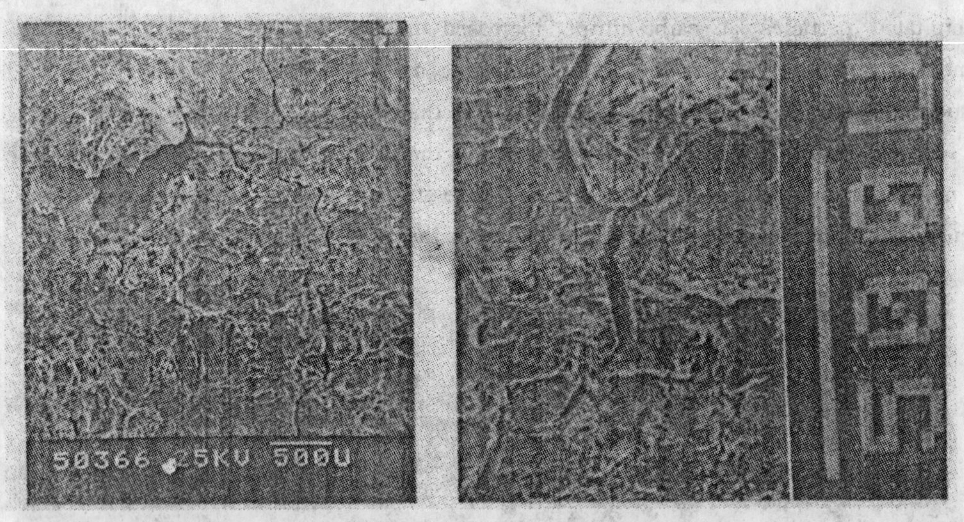

Fig.4. The stress corrosion secondary cracking propagated along the boundary

The films are two-phase microstructures which have lamellar constituents. The thickness is about 2 micrometers, the size of the lamellar constituents is about 20 to 100 nanometers, one being α -iron, the other hexagonal M_3C-cacbide, with M being Mn as the major element along with some Fe and Cr[1,5]. It is clear that the films of the two-phase constructions are the hundreds of micro-cells which cover the boundary, and lead to the intergranular stress corrosion cracking . These two-phase films enhance the mechanism of stress corrosion cracking, and lead to the decrease of K_{1scc}.

CONCLUSION

The main conclusions from this work are as follows: By tempering at 350℃ ,400℃ and 450℃ , the tensile properties 50Mn18Cr4WN retaining ring steel do not change notably. By tempering above 450℃ the yield strengths and tensile strengths clearly decrease, as a result of the dissolution of carbon and nitrogen and the recovery recrystallization.

The K_{1scc} of 50Mn18Cr4WN retaining ring steel clearly decreases by tempering at 450℃ . The K_{1scc} decreased by 17 $kgf/mm^{3/2}$ as compared with untempered samples.

The tempering at 450℃ led to the increase of the number of carbonnitride particles. This led to the increase of the number of microcells disturbing the equilibrium of the process and resistance to the stress corrosion cracking system led to the decrease of the K_{Iscc}. The tempering at high temperature of 50Mn18Cr4WN retaining ring steel is therefore not advisable.

REFERENCES

1 R.B.Scarlin, M.O.Speidel and A.Atrens, Corrosion in Power Generating Equipment. Flenum, 1984

2 B.F.Brown and C.D.Beachem, Corr.Sci., 5(1965) 475

3 B.F.Brown, Stress-Corrosion Cracking in High Strength Steels and Titanium and Aluminum Alloys, NAVAL Research Laboratory, Washington, d.c., 1972

4 R.W.Hertzberg, Deformation and Fracture Mechanics of Engineering Materials, Wiley, New York, 1976

5 J.Albrecht, Scripta Met., 17(1983) 371

第8章　金属的磨损及接触疲劳

设备运转时,相互接触的机件相对滑动、滚动会产生摩擦而引起磨损。齿轮、滑轮、轴、轴承、轨道等会产生磨损和接触疲劳引起尺寸减小和接触面的破损。

机件失效中由于摩擦磨损和接触疲劳而失去作用的构件占机件的90%以上。汽车传动件的磨损和接触疲劳是汽车报废的最重要原因,所以耐磨成了汽车档次的一个重要指标。

研究磨损的原因和提高耐磨性的技术是当前汽车行业的一个重要竞争方面。

关于磨损和接触疲劳试验的有关国家标准有:GB 10622—89,GB/T 12444.1—90,GB/T 12444.2—90。

8.1　摩擦及磨损现象

8.1.1　摩擦及磨损现象

在一切运动中总是一种物体与其他物体或介质相接触,这种接触会阻碍相对运动的进行,这一现象就是接触面摩擦的结果。由于摩擦而阻碍相对运动的力称为摩擦力,用 F 表示。摩擦力的方向与引起相对运动的切向力的方向相反,固体对固体的摩擦力与施加在摩擦面上的垂直载荷 N 之比称为摩擦系数,以 μ 表示,即 $\mu = F/N$。

用来克服摩擦力所做的功一般都是无用功,在机械运动中常以热的形式散发出去,使机械效率降低。减小摩擦偶件的摩擦系数,可以降低摩擦力,既可以保证机械效率,又可以减少机件磨损。

而要求增加摩擦力的情况也很多,在某些情况下却要求尽可能增大摩擦力,如车辆的制动器、摩擦离合器等。

由于零件之间相对摩擦的结果,引起摩擦表面有微小颗粒分离出来,使接触表面不断发生尺寸变化、重量损失,这一现象即为磨损。

因此,摩擦和磨损是物体相互接触并作相对运动时伴生的两种现象,摩擦是磨损的原因,磨损则是摩擦的必然结果。

机件正常运行的磨损过程一般分为三个阶段,见图8-1-1。

(1) 跑合阶段(又称磨合阶段):新的摩擦偶件表面总是具有一定的粗糙度,其真实接触面积较小。在跑合阶段,毛刺被磨掉,表面逐渐磨平,真实接触面积逐渐增大,磨损速度减缓,如图中 $O-a$ 线段。

(2) 稳定磨损阶段:这是磨损速度稳定的阶段,图中 $a-b$ 线段,线段的斜率就是磨损速度，横坐标时间就是机件的耐磨寿命。在跑合阶段跑合得越好，稳定磨损阶段的磨损速度就越低。

(3) 剧烈磨损阶段：随着机件工作时间增加，b 点以后，摩擦偶件接触表面之间间隙逐渐扩大，机件表面质量下降，润滑剂薄膜被破坏，接触件撞击和机件振动加剧，磨损速度急剧增长。机件很快即告失效。

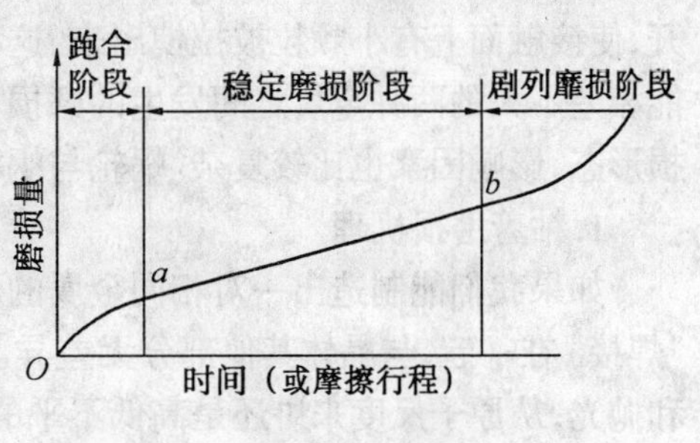

图 8-1-1　磨损量与时间的关系示意图

有时也会发生下列情况：

(1) 转入稳定磨损阶段后，很长时间内磨损不大，工件工作时不构成撞击和振动，无明显的剧烈磨损阶段，机件寿命较长；

(2) 第 1、2 阶段无明显磨损，但当表层达到疲劳极限后，成块剥落即产生剧烈磨损；

(3) 因摩擦条件恶劣，跑合阶段后，立即转入剧烈磨损阶段，机件无法正常运行。因此，图 8-1-1 所示的磨损曲线将因具体工作条件不同而有很大差异。

8.1.2　磨损的分类及耐磨性

本书前几章叙述了金属材料整体变形与断裂的机制。有关的基本概念与理论也可用来分析磨损过程。但在磨损过程中，塑性变形与断裂过程是周而复始不断循环的，前面过程完成，随之开始新的过程，因此，磨损过程具有动态特征。机件表面的磨损不是简单的力学过程，而是物理的、力学的和化学及金属学过程极为复杂的综合。理论上还不成熟，因此，分类方法也不统一。

按磨损的破坏机理，磨损可分为：① 粘着磨损；② 磨粒磨损；③ 表面疲劳磨损(接触疲劳)；④ 腐蚀磨损。

按机件表面磨损状态，又可分为：① 连续磨损；② 粘着磨损；③ 疲劳磨损；④ 磨粒磨损；⑤ 腐蚀磨损；⑥ 微动磨损；⑦ 表面塑性流动。

本章采用第一种分类方法。表面疲劳磨损(接触疲劳) 因有其特殊性，故专节讨论。

耐磨性是材料抵抗磨损的一个性能指标，可用磨损量来表示。显然，磨损量越小，耐磨性越高。磨损量既可用试样表层的磨损厚度来表示，也可用试样体积或重量的减少来表示。耐 磨性有时也用单位摩擦距离的摩擦量表示，称为线磨损量或用单位摩擦距离、单位负荷下的磨损量表示，称为比磨损量。此外，为和通常的概念一致，有时还用线磨损量的倒数来表征材料的耐磨性。还经常使用相对耐磨性的概念，相对耐磨性 ε 用下式表示。

$$\varepsilon = \frac{\text{标准试样的线磨损量}}{\text{被测试样的线磨损量}}$$

8.2　磨损机理及影响因素

8.2.1　粘着磨损

粘着磨损又称咬合磨损，它是通过接触面局部发生粘着，在相对运动时粘着处又分开，使接触面上有小颗粒被拉拽出来，这种过程反复进行多次而发生破坏的。对于机械性能相差不大的两种金属之间发生的磨损，最常见的就是粘着磨损，它是破坏严重的一种磨损形态，影响因素也比较复杂。蜗轮与蜗杆啮合时，经常产生这种磨损。

1.粘着磨损机理

如果我们能制造出一对相同金属的两个晶面（即原子级的平面）这两晶面合上，即可"焊接"在一起，与晶体其他部分无差异。而实际摩擦偶件的表面即使经过极仔细地研磨和抛光，从原子尺度来讲还是高低不平的，所以当两物体接触时，总是只有局部的接触（大致可在 1/1 0000 至 1/10 的范围内变化）。因此真实接触面上承受着很大压力。在这种很大的比压下，即使是硬而韧的金属也将发生塑性变形，结果使这部分表面上的润滑油膜，氧化膜等被挤破，从而使两物体的金属面直接接触发生原子间链接（冷焊），随后在相对滑动时粘着点又被剪切而断掉，粘着点的形成和破坏就造成了粘着磨损。由于粘着点与两边材料机械性能有差别，当粘着部分分离时，可以出现两种情况，若粘着点的强度比两边金属的强度都低时，分离就从接触面分开，这时基体内部变形小，摩擦面也显得较平滑，只有轻微的擦伤，这种情况可称为外部粘着磨损，与此相反，若粘着点的键接强度比两边金属中一方的强度高时，这时分离面就发生在较弱金属的内部，摩擦面显得很粗糙，有明显的撕裂痕迹，这就是内部粘着磨损。在一般情况下，则是一部分粘着点从外部分开，一部分从内部分开，我们就以这种情况进行讨论。

图 8-2-2 为粘着磨损模型示意图。假设单位面积上有 n 个凸起，在压力 P 的作用下发生粘着，粘着处直径为 a，并假定粘着点处的材料处于屈服状态，其压缩屈服极限为 σ_{sb}，故

$$p = n \cdot \frac{\pi a^2}{4} \cdot \sigma_{sb} \tag{8-2-1}$$

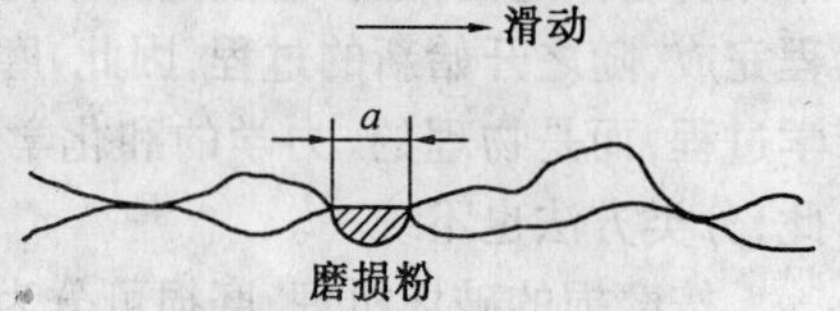

图 8-2-2　粘着磨损模型示意图

由于相对运动使粘着点分离时，一部分粘着点从软材料中拉拽出直径为 a 的半球，并设这过程发生的几率为 K，因此当滑动了 l 长的距离后，摩擦偶件接触面积 S 上的磨损量 W 可写为

$$W = n \cdot \frac{1}{2} \cdot \frac{1}{6}\pi a^3 \cdot K \cdot \frac{l}{a} \cdot S = \frac{n\pi a^2 KlS}{12} \tag{8-2-2}$$

将(8-1-1) 式代入(8-2-2) 式得

$$W = \frac{4p}{\sigma_{sb}} \cdot \frac{KlS}{12} = \frac{KpSl}{3\sigma_{sb}} = \alpha\frac{KpSl}{HB} \tag{8-2-3}$$

式中 α 为系数。可见，粘着磨损量与接触压力、摩擦面积、摩擦距离成正比，而与材料的压缩屈服极限（或硬度）成反比。实际上粘着部分破坏之前，产生了相当大的剪切变形，而且变形部分的尺寸比粘着部分尺寸大得多，其数值因材料本性而不同，粘着部分破坏前发生的塑性变形量 δ_0 越大，则磨损量越大，若考虑到这一情况，并把上式改写为单位接触压力、单位面积及单位摩擦距离之磨损量，即用比磨损量 W_s 来表示，则

$$W_s = \frac{K}{3\sigma_{sb}\delta_0}$$

这就表明材料的比磨损量随材料的压缩屈服极限（或硬度）及韧性的增加而减小。

如果粘着点的键接强度比摩擦偶件的两基体金属都弱，则磨损极为轻微。反之，当粘着点的键接强度比任一基体金属的剪切强度都高，大面积键接，剪切应力低于粘着点接合强度时，两摩擦偶件会产生咬死而不能相对运动。石油钻机钻杆与连接螺母之间经常发生这种现象。为防止这种咬死的发生，现成为专题技术。由上述可知，若摩擦偶件只受法向载荷作用，且存在表面薄膜(如油膜、氧化膜等)，则不易产生粘着。

摩擦偶互相粘着的假设，可以从摩擦偶的接触电势得到证实。视两接触偶件为热电偶，从实测其接触电势判断，接触温度高达 1000℃ 以上。

2. 影响因素

(1) 材料特性的影响

试验证明：

① 脆性材料比塑性材料的抗粘着能力高。塑性材料粘着破坏，常常发生在离表面一定深度处，磨损下来的颗粒较大；脆性材料的粘着磨损产物多数呈金属磨屑状，破坏深度较浅。

② 原子键接参数接近的材料所组成的摩擦偶件，粘着倾向大；反之，参数差异大的材料(异种金属或晶格等不相近的金属) 所组成的摩擦偶件粘着倾向小。

③ 多相金属比单向金属粘着倾向小；金属中化合物相比单相固溶体粘着倾向小。金属与非金属材料(如石墨、塑料等) 组成的摩擦偶件，比金属之间组成的摩擦偶件粘着倾向小。

④ 周期表中的 B 族元素与铁不相溶或能形成化合物，它们的粘着倾向小；而铁与 A 族元素组成的摩擦偶件粘着倾向大。

(2) 接触压力与滑动速度的影响

粘着磨损量的大小随接触压力，摩擦速度的变化而变化。在摩擦速度不太高的范围内，钢铁材料的磨损量随摩擦速度，接触压力的变化规律如图 8-2-3 所示。

由图可见，① 在摩擦速度一定时，粘着磨损量随接触压力增大而增加。试验指出，当接触压力超过材料硬度的 1/3 时，粘着磨损量急剧增加，严重时甚至会产生咬死现象。因此，设计中选择的许用压力必须低于材料硬度的 1/3，才不致产生严重的粘着磨损。② 而在接触压力一定的情况下，粘着磨损量也随滑动速度增加而增加，但达到某一极大值后，又随滑动速度增加而减小(图 8-2-31)。

有时随滑动速度变化，磨损类型会由一种形式变为另一种形式，如当摩擦速度很小时，产生所谓氧化磨损，磨损粉末是红色的氧化物(Fe_2O_3)，磨损量很小。当摩擦速度稍高时，则产生颗粒较大，没有足够 O_2 和温度较低呈金属色泽的磨粒，此时磨损量显著增大，这一阶段就是粘着磨损。如果摩擦速度进一步增高时，又出现了氧化磨损，不过这时的磨损粉末是黑色的氧化物(Fe_3O_4)，有足够氧供应，磨损量又减小。在图 8-2-3 的试验范围以外进一步增加摩擦速度，则又会出现粘着磨损，此时因摩擦而产生高温，所以又叫热磨损。磨损量急剧增大。接触压力的变化并不会改变粘着磨损量随摩擦速度而变化的规律，但随接触压力增加磨损量增加，而且粘着磨损发生的区域移向摩擦速度较低的地方。

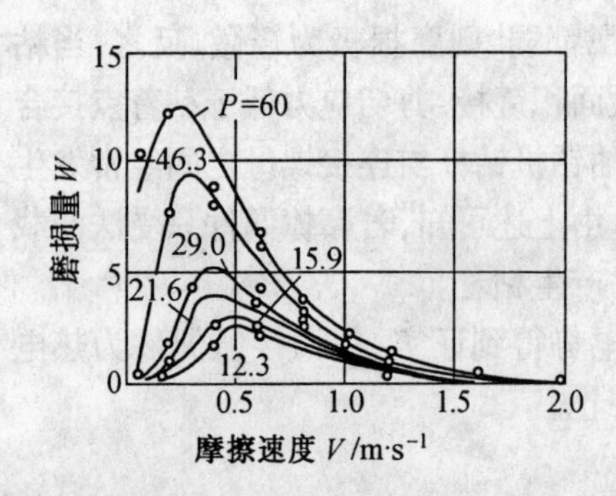

图 8-2-3 磨损量与摩擦速度、接触压力的关系

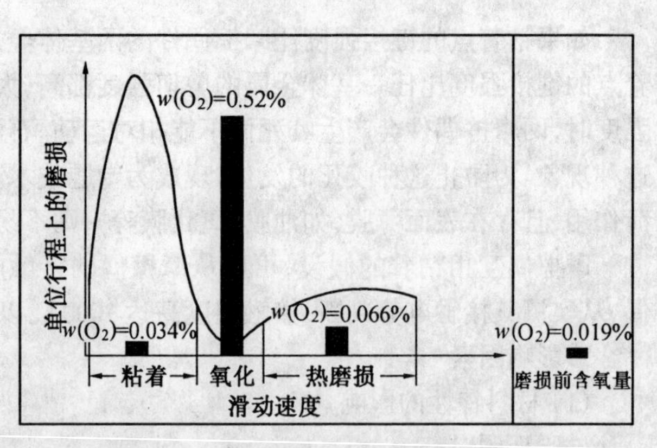

图 8-2-4 磨损粉末含氧量随摩擦速度的变化规律

磨损类型随摩擦速度的上述变化规律,通过采用化学分析,X 射线结构分析等方法得到了证明。图 8-2-4 为各阶段磨损粉末的含氧量分析。

除了上述因素外,摩擦偶件的表面光洁度、摩擦表面的温度,以及润滑状态也都对粘着磨损量有较大影响。在现有加工技术范围内,提高光洁度,将增加抗粘着磨损能力;但光洁度过高,接触面积,点数增加,及因润滑剂不能储存于摩擦面内而促进粘着。从最粗糙的面到晶面级光洁度,存在光洁度级别,对应磨损量最小。温度的影响和滑动速度的影响是一致的。在摩擦面内维持良好的润滑状态能显著降低粘着磨损量。

8.2.2 磨粒磨损

1.磨粒磨损机理

磨粒磨损也称为磨料磨损或研磨磨损。它是当摩擦偶件一方的硬度比另一方的硬度大得多时,或者在接触面之间存在着硬质粒子时,所产生的一种磨损。其特征是接触面上有明显的切削痕迹。

图 8-2-5 是磨粒磨损模型示意图。按照这一模型,在接触压力 p 作用下,硬材料的凸出部分(假定为圆锥体)压入软材料中,若 θ 为凸出部分的圆锥面与软材料平面间夹角,在摩擦偶件相对滑动了 l 长的距离时,就会使软材料中画影线部分呈粉末状被切削下来,故磨损体积即磨损量 W

$$W = \frac{1}{2} \cdot 2r \cdot r\mathrm{tg}\theta \cdot l = r^2 l\mathrm{tg}\theta \tag{8-2-4}$$

若软材料的硬度H_K①用下式表示

$$H_K = \frac{p}{\pi r^2}$$

则

$$W = \frac{pl\mathrm{tg}\theta}{\pi H_K} \tag{8-2-5}$$

当用维氏硬度表示时

---

① H_K 为迈耶硬度,等于载荷与压痕投影面积之比。

$$W \propto \frac{pl \cdot \mathrm{tg}\theta}{\mathrm{HV}} \qquad (8\text{-}2\text{-}6)$$

可见,磨损量与接触压力、摩擦距离成正比,与材料硬 度成反比,上述模型刃断面为正三角型截面,而实际上与硬材料凸出部分尖端形状有关。这一模型认为磨粒磨损是一种微量切削过程。实际上,由于磨粒的棱面相对摩擦表面的取向不同,只有一部分磨粒才能切削表面产生磨屑,大部分磨粒嵌入较软材料中不动,并使之产生塑性变形,造成擦伤、沟槽等痕迹。也还可能由于磨粒的作用,表面层产生交变接触应力,使材料表面疲劳破坏。因此,磨粒磨损实质上是微量切削与疲劳破坏的综合过程。

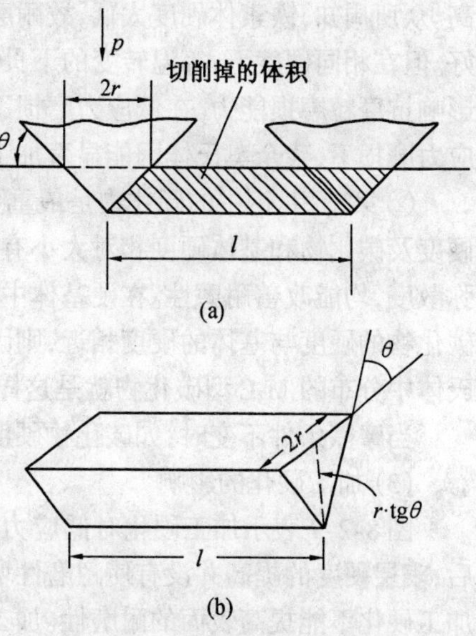

图 8-2-5　磨粒磨损模型示意图

2. 影响因素

由于机件所受应力大小加载方式不同,磨粒磨损的特点也不相同。根据磨粒与材料表面的应力是否超过磨粒的破坏强度,磨粒磨损可分为低应力擦伤式磨损与高应力辗碎性磨损两类。前者指对磨粒施加的应力不超过磨粒的破坏强度,如拖拉机履带、犁铧等的磨损,其破坏特点是,材料表面产生擦伤(或微小切削痕),属累计磨损;后者指应力大于磨粒的破坏强度,如凿岩机钎头、碎石机锤头等的磨损,其破坏特点是,一般材料被拉伤,韧性材料产生塑性变形或疲劳,脆性材料则发生碎裂或剥落。在讨论影响磨粒磨损的因素时,要注意这一情况。

(1) 材料硬度的影响

图 8-2-6 表示材料硬度与磨粒磨损相对耐磨性的关系。图中各种钢材均经淬火回火处理,如不经处理,则各类钢材的耐磨性与纯金属的耐磨性位于通过原点的同一直线上。由图可见:

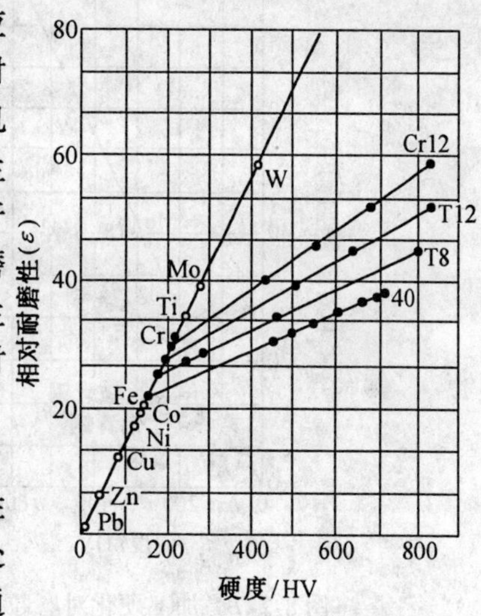

图 8-2-6　磨粒磨损时,材料硬度与相对耐磨性的关系

① 纯金属(及未经热处理的钢),其抗磨粒磨损的耐磨性,与它们的自然硬度成正比,与金属本性有关。

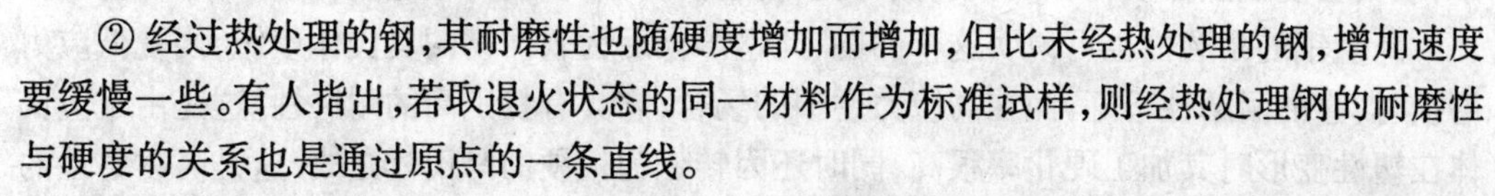

② 经过热处理的钢,其耐磨性也随硬度增加而增加,但比未经热处理的钢,增加速度要缓慢一些。有人指出,若取退火状态的同一材料作为标准试样,则经热处理钢的耐磨性与硬度的关系也是通过原点的一条直线。

③ 钢中的碳及碳化物形成元素含量越高,则耐磨性也越大。

(2) 显微组织的影响

① 基体组织。自铁素体逐步转变为珠光体、贝氏体、马氏体时,即由软到硬,耐磨性提

高。众所周知，铁素体硬度太低，故耐磨性很差。马氏体与回火马氏体硬度高，所以耐磨性好。但在相同硬度下，等温转变的下贝氏体要比回火马氏体好得多。钢中的残余奥氏体也影响抗磨粒磨损能力。在低应力磨损下残余奥氏体数量较多时，将降低耐磨性；反之，在高应力磨损下，残余奥氏体因能显著加工硬化而改善耐磨性。

② 第二相。钢中的碳化物是最重要的第二相。碳化物对磨粒磨损耐磨性的影响与其硬度及碳化物和基体硬度相对大小有关。在软基体中增加碳化物的数量，减小尺寸，增加弥散度，均能改善耐磨性。在硬基体中，抗磨是基体起主导作用，碳化物反倒起坏作用，如碳化物的硬度与基体的硬度相近，则因碳化物如同内部缺口一样而使耐磨性受到损害。马氏体中分布的 M_3C 型碳化物就是这样。

当摩擦条件不变时，如碳化物硬度比磨粒低，则提高碳化物的硬度，将增加耐磨性。

(3) 加工硬化的影响

图 8-2-7 表示加工硬化对低应力磨损试验时的耐磨性的影响。由图可见，加工硬化后，表层硬度的提高并没有使耐磨性增加，甚至反而有下降的趋势。所以在低应力磨损时加工硬化不能提高表面的耐磨性。加工硬化实际上是帮助提前完成了微切削的一部分工序。

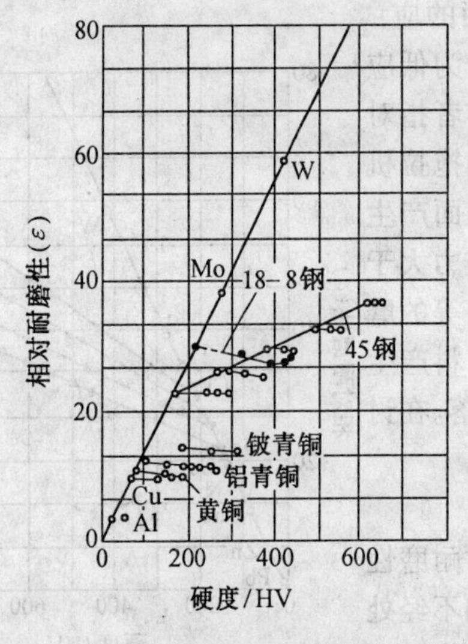

图 8-2-7　加工硬化对磨粒磨损相对耐磨性的影响

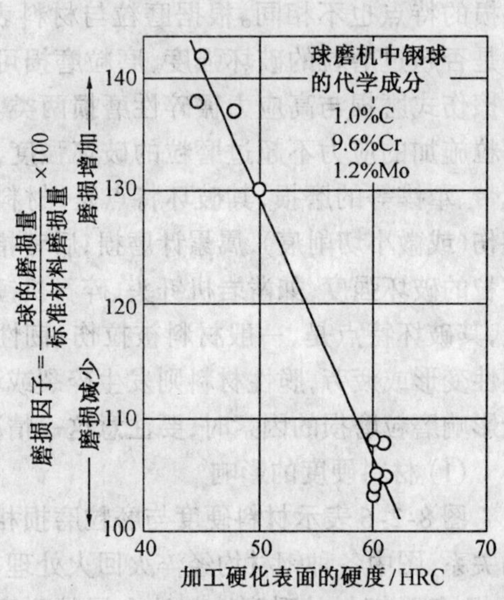

8-2-8　磨损因子与加工硬化的硬度间的关系

对于高应力磨损曾用球磨机钢球进行了试验，试验表明，材料在受高应力冲击负荷下，表面会受到加工硬化，加工硬化后的硬度越高，其磨损抗力也越高，如图 8-2-8 所示。

高锰钢的耐磨性也可说明这个问题，此钢淬火后为软而韧的奥氏体组织，当受低应力磨损时，它的耐磨性不好，而在高应力磨损的场合，它具有特别高的耐磨性。这是由于奥氏体在塑性变形时其加工硬化率很高，同时还因转变为很硬的马氏体之故，这是高耐磨性的主要原因。生产实践证明，高锰钢用作碎石机锤头可呈现很好的耐磨性，而用作拖拉机履带时其耐磨性却不大好，就是因为两种情况下工作应力不同所致。

除了上述因素外，磨粒硬度及其大小也影响磨粒磨损耐磨性，此处不再赘述。

8.2.3 腐蚀磨损

腐蚀磨损是由于外界环境引起金属表层的腐蚀产物(主要是氧化物)剥落,与金属磨面之间的机械磨损(磨粒磨损与粘着磨损)相结合而出现的(故又称腐蚀机械磨损)。空气、腐蚀性介质的存在会加速腐蚀磨损。在氮气等不活泼气体和真空中则可减少腐蚀磨损。

腐蚀磨损包括各类机械中普遍存在的氧化磨损,在机件嵌合部位出现的微动磨损,在水利机械中出现的侵蚀磨损(又称气蚀),以及在化工机械中因特殊腐蚀气氛而产生的腐蚀磨损。下面简单介绍前面两种磨损,后两种磨损因在一般机械中少见,不作叙述。

1. 氧化磨损

氧化磨损是最广泛的一种磨损形态,它不管在何种摩擦过程中及何种摩擦速度下,也不管接触压力大小和是否存在润滑情况下只要磨损在大气中进行,都会发生。氧化磨损的产生,是当摩擦偶件一方的突起部分与另一方作相对滑动时,在产生塑性变形的同时,有氧气扩散到变形层内形成氧化膜,而这种氧化膜在遇到第二个突起部分时有可能剥落,F_eO 变成 Fe_3O_4 发生体积变化,自身应力破裂等,使新露出的金属表面重新又被氧化,这种氧化膜不断被除去,又反复形成的过程就是氧化磨损。

氧化磨损是各类磨损中磨损速率最小的一种,也是生产中允许存在的一种磨损形态,所以在与磨损作斗争中,总是首先创造条件使其他可能出现的磨损形态转化为氧化磨损,其次再设法减少氧化磨损速率,从而延长机件寿命。氧化磨损速率决定于所形成氧化膜的性质和氧化膜与基体金属的结合能力,同时也决定于金属表层的塑性变形抗力。氧化膜的性质主要是指它们的脆性程度。致密而非脆性的氧化膜能显著提高磨损抗力。如在生产中广泛采用的发蓝、磷化、蒸汽处理、渗硫以及有色金属的氧化处理等,一次到位生成 Fe_3O_4 与基体结合力大,且膜致密。对于减低磨损速率都有良好效果。氧化膜与基体金属的结合能力主要取决于它们之间的硬度差,硬度差越小,结合力越强。提高基体表层硬度,可以增加表层塑性变形抗力,从而减轻氧化磨损。

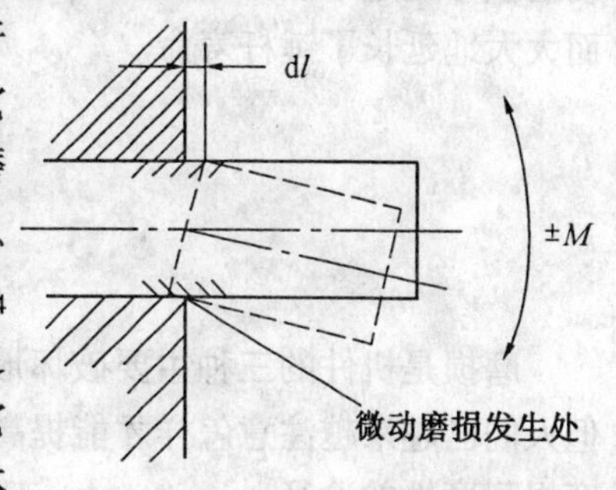

图 8-2-9 微动磨损的发生

2. 微动磨损

在机器的嵌合部位、紧配合处,如图 8-2-9 所示,它们之间虽然没有宏观相对位移,但在外部变动负荷和振动的影响下,由于弹性变形产生微小的滑动,此时表面上产生大量的微小氧化物磨损粉末,由此造成的磨损叫做微动磨损。由于微动磨损集中在局部地区,又因两摩擦表面永不脱离接触,磨损产物不易往外排除,故兼有氧化磨损,研磨磨损和粘着磨损的作用。在微动磨损的产生处往往形成蚀坑(所以微动磨损又称咬蚀),其结果不仅使部件精度、性能下降,更严重的是引起应力集中,导致疲劳损坏。

在进行疲劳试验时,可能遇到这样的现象,在试样夹头处首先出现许多红色氧化物粉末,最后,试样不在工作长度内,而在截面最大的夹持部分处发生疲劳断裂,这就是以微动磨损处作为疲劳源,裂纹很快扩展所引起的结果。

对微动磨损的研究指出,影响微动磨损的因素如下:① 除了极短时间的初期磨损外,磨损量与机件振动的时间或总振动次数成比例增大;② 磨损量随振幅增大而增大,在总振动次数相同时,磨损量随振动频率的增加而减少,如图 8-2-10 所示;③ 磨损量随载荷的增加而增加,但增大的速率则不断减小,如图 8-2-11 所示:④ 在氮等不活泼气体及真空中磨损量减小,而空气中湿度增大时则磨损量增大。可能与电化腐蚀有关。

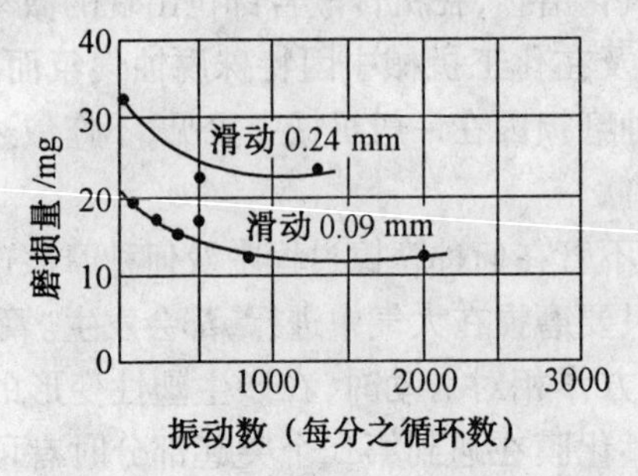

图 8-2-10 微动磨损磨损量与机件振动频率的关系

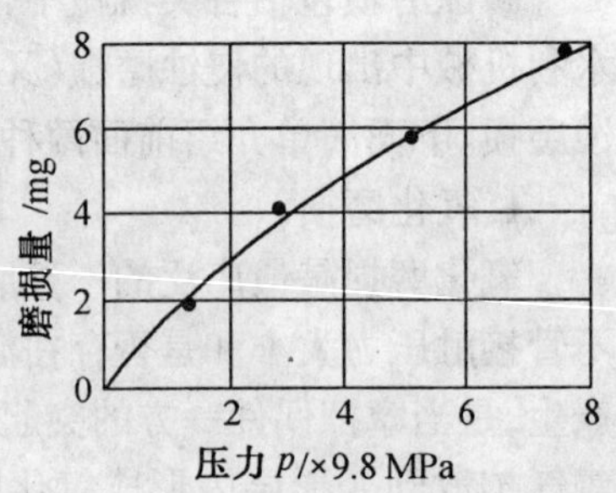

图 8-2-11 微动磨损的磨损量与载荷大小的关系

综上所述,在微动磨损时,外界条件影响很大,所以目前为提高微动磨损条件下的疲劳强度,主要是从工艺和设计上采取措施。如蒸汽锤的锤杆与锤头是紧配合,常常由于微动磨损导致过早疲劳断裂。后来在紧配合处加一锰青铜衬套,防止这种疲劳断裂现象,从而大大地延长了锤杆寿命。

8.3 提高耐磨性的途径

磨损是机件的三种主要破坏形式(磨损、腐蚀和断裂) 之一,虽然理论上还很不成熟,但人们已越来越注意怎样才能提高耐磨性的问题。本节主要介绍提高抗粘着磨损与磨粒磨损耐磨性的途径。

我们知道,在润滑良好,摩擦面氧化膜坚韧完整的情况下,是不易产生粘着的。因此改善润滑条件,提高氧化膜与基体金属的结合能力,增加表面光洁度等都可以减轻粘着磨损。

采用表面热处理提高表面硬度,可以有效地减轻粘着磨损。如果是外部粘着磨损,只需降低配对材料原子间的结合力,最好是采用表面处理,如渗硫处理、磷化处理、软氮化等。这种处理实质上就是使金属表面形成一层与基体金属不同的化合物层或非金属层,避免摩擦偶件直接接触,降低原子间结合力,同时降低摩擦系数。如渗硫并不提高硬度,而在表面形成了可变形的硫化铁,降低了摩擦系数,可防止粘着,特别对高温下和不可能润滑的零件更为有效。当摩擦面发生内部粘着磨损时,不但应降低配对材料的结合力,而且要提高机件本身表层硬度。生产实践中采用的渗碳、氮化、氰化及碳氮硼三元共渗等提高表面硬度的热处理工艺,对减轻粘着磨损都有一定效果。尤其是硫氮共渗、硫氰共渗工艺均有降低配对材料的结合力和增加硬度的作用,效果更好,但因工艺复杂等原因,目前尚未广泛应用。

提高机件抗磨粒磨损的耐磨性能应视其受力条件而定。当机件受低应力磨粒磨损时,应设法提高硬度。由图 8-2-6 可见,钢经淬火回火处理后,其耐磨性增加,且含碳量越高的钢,其抗磨粒磨损的耐磨性越好。因此,选用含碳较高的钢,并经热处理获得马氏体组织,是提高耐磨性简而易行的方法。但当机件承受重载荷,特别是在较大冲击载荷下工作,压应力产生变形,导致表层硬壳破碎,如氧化膜破碎,则基体组织最好是下贝氏体,因为这种组织既有较高硬度,又有良好的韧性。对于合金钢,控制和改变碳化物的数量、分布、形态对提高耐磨粒磨损能力有决定性影响。例如,在铬钢中,若其金相组织有大量树枝状初生碳化物和少量次生碳化物其耐磨性很低,碳化物呈连续网状分布也是如此。因此,在基体中消除初生碳化物,并使次生碳化物呈均匀弥散分布,可以显著提高耐磨性。提高钢中碳化物的体积比,一般也提高耐磨性。钢中含有适量残余奥氏体对提高抗磨粒磨损能力也是有益的,因为残余奥氏体能增加基体韧性,给碳化物以支承,并在受磨损时能部分转变为马氏体。这过程实际是与抗微小件断裂有关。可以说,合金钢经热处理后,若能获得有一定数量残余奥氏体的马氏基体,且碳化物又弥散分布,则其耐磨粒磨损性能最佳。

采用各种表面硬化处理,如渗碳、氰化等也能有效地提高耐磨性。

由于磨粒磨损是和存在磨粒有关的,因此经常注意机件的防尘和清洗,能大大减轻磨粒磨损。

8.4 磨损试验方法

磨损试验方法可分为现场实物试验与实验室试验两类。现场实物试验具有与实际情况一致或接近一致的特点,因此,试验结果的可靠性大。但这种试验所需时间长,且外界因素的影响难于掌握和分析。实验室试验虽然具有试验时间短,成本低,易于控制各种因素的影响等优点,但试验结果往往不能直接表明实际情况。因此,研究重要机件的耐磨性时两种方法都要兼用。实验方法参阅 GB/T 12444.1—90,GB/T 12444.2—90。

1.磨损试验机

磨损试验机的原理如图 8-4-1 所示。它是在试样与对磨材料之间加上中间物质,使其在一定的负荷下按一定的速度作相对运动,在一定时间或摩擦距离后测量其磨损量,所以一台磨损试验机应包括试样、对磨材料、中间材料、加载系统、运动系统和测量设备。

加载方式大多采用压缩弹簧或杠杆系统。运动方式有滑动、滚动、滑动加滚动。试样形状、表面状态和工作环境则根据相关国家标准或原工件工况确定。中间材料既可以是固体(如磨料),也可以是液体(如润滑油)或气体(如空气等)。对磨材料既可以与试样材料相同,也可以不同,这些条件的选择都应按国家标准和按实验目的而定。因为磨损试验与一般物理和机械性能试验不同,即使是同一材料,由于试验条件的不同,其结果往往差异很大,而且它们之间的关系目前还不大清楚,因此磨损试验机和试验方法还不可能统一为几种标准型式。

实验室的磨损试验机种类很多,大体上可分为下列两类:

(1) 新生面摩擦磨损试验机。这类试验机的原理如图 8-4-2 所示。对磨材料摩擦面的性质总是保持一定,不随时间发生变化,为这一目的设计试验机。

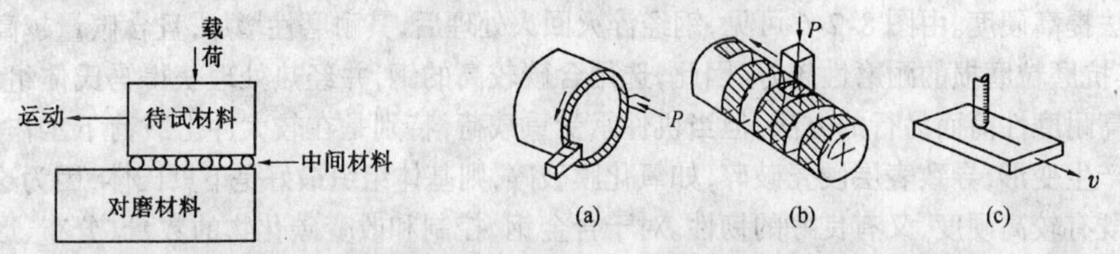

图 8-4-1　磨损试验原理示意图

图 8-4-2　新生面摩擦磨损试验机原理图

图 8-4-2 (a) 为摩擦面的一方不断受到切削,使之形成新的表面而进行磨损试验;图 8-4-2 (b) 为圆柱与杆子型摩擦,摩擦轨道按螺旋线转动而进行磨损试验;图 8-4-2 (c) 为平面与杆子型摩擦,使之在不断变更的新摩擦轨道上进行磨损试验。

切削刀具等试样的磨损试验应采用这类试验机。

(2) 重复摩擦磨损试验机。此类试验机种类很多,图 8-4-3 为其中几种试验机的原理图。图 8-4-3 (a) 为杆盘式,是将试样加上载荷紧压在旋转圆盘上,试样既可在圆盘半径方向往复运动,试样也可以是静止的。在抛光机上加一个夹持装置和加载系统即可制成此种试验机;图 8-4-3 (b) 为杆筒式,采用杆状试样紧压在旋转圆筒上进行试验;图 8-4-3 (c) 为往复运动式,试样在静止平面上作往复直线运动;图 8-4-3 (d) 为国产 MM－200 型磨损试验机原理简图,该试验机主要用来测定金属材料在滑动摩擦、滚动摩擦、滚动和滑动复合摩擦及间隙摩擦情况下的磨损量,以比较各种材料的耐磨性能;图 8-4-3 (e) 为砂纸磨损试验机,与图 8-4-3 (a) 相似,只是对磨材料为砂纸;图 8-4-3 (f) 为快速磨损试验机,旋转圆轮为硬质合金,斯考达磨损试验机就是采用此种结构,能迅速获得试验结果。可依据目的自行设计各种其他类型试验机。

2. 磨损量的测量方法

确定磨损量,一般是采用测微各种仪器和尺或分析级的天平测定试样磨损前后的尺寸变化或重量变化。在有润滑的磨损试验中采用称重法,必须洗净试样的油泥,并加以烘干。但从测量精度来看,磨损量在 10^{-3} ~ 10^{-4} g 左右,称重法灵敏度不高。若需得到较好的结果,磨损量必须在 10^{-2} g 以上,但此法操作简便,仍常被采用。在要求提高精度或特殊条件下,可采用下述方法。

(1) 划痕法及压痕法。图 8-4-4 为划痕法示意图。在镜下检测厚度变化,用一金刚石锥体令其绕 $x-x$ 轴旋转,在试样上划一小坑。设旋转轴至锥尖距离为 r,划坑长 l_1 可在显微镜中量出,磨损试验前 h_1 可根据下式求出

$$h_1 = r - \sqrt{r^2 - \left(\frac{l_1}{2}\right)^2}$$

磨损试验后再量出 l_2,同样按上式算出 h_2,磨损掉的深度 $\Delta h = h_1 - h_2$ 即可求出。

同理,使用维氏硬度计压头,试验前在试样表面上打上压痕,量出对角线 d_1,试验后再量压痕对角线 d_2,如图8-4-5所示。则磨损深度 $\Delta h = (d_1 - d_2)/7$,维氏压痕对角线是压痕深度的 7 倍。

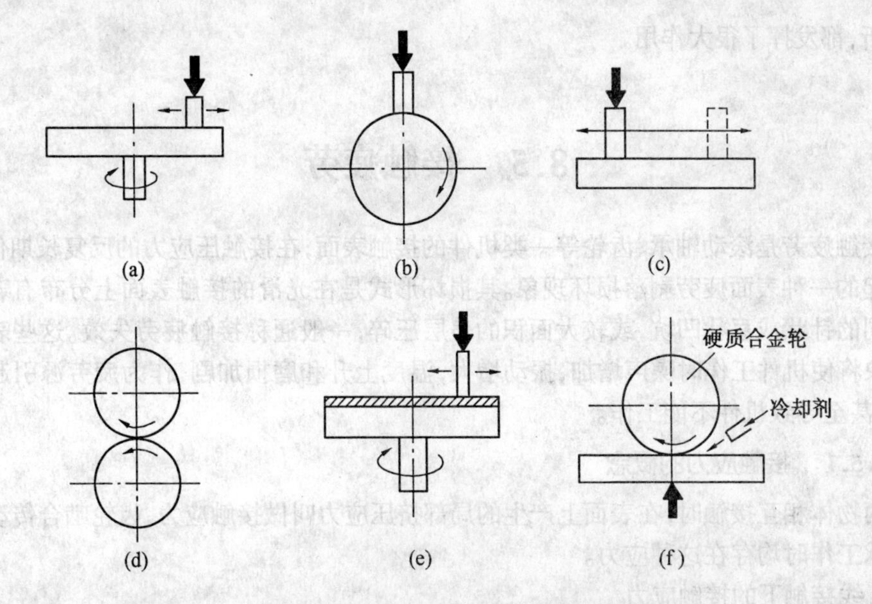

图 8-4-3　重复摩擦磨损试验机原理图

(a) 杆盘式　(b) 杆筒式　(c) 往复运动式　(d)MM200 型　(e) 砂纸磨损试验　(f) 快速磨损试验

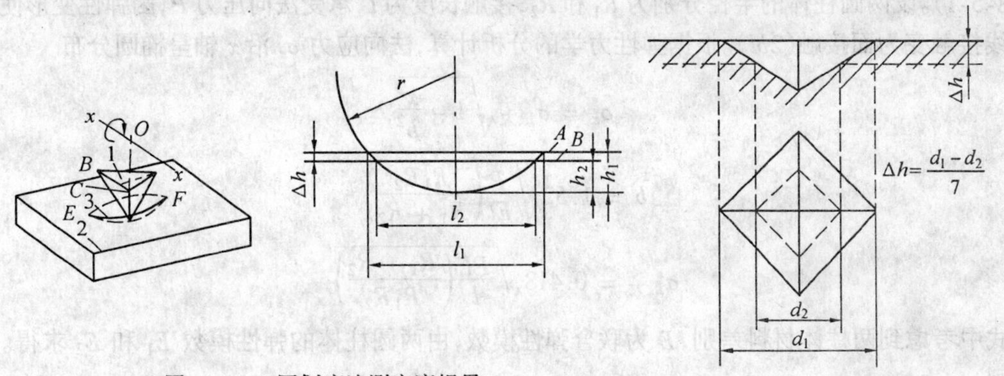

图 8-4-4　用划痕法测定磨损量

图 8-4-5　用压痕法测定磨损量

划痕法及压痕法采用测量对角线长度的方法，要比直接测量深度精确，而且压痕小，不会太大地影响机件性能。在摩擦表面各部分打上压痕，就可以得出零件摩擦面上磨损的分布情况。但此法不宜测量太软的金属。

(2) 化学分析法。化学分析用来测定摩擦偶件落在润滑剂中的磨损产物含量，从而间接测定磨损速度。因为机件发生摩擦时，金属磨屑会不断掉入油中，油中金属含量就不断增加，只需知道油的总量，便可每隔一定时间从油箱中取出油样品，从单位体积的油中分析出金属的含量，得出各个时间的磨损速度，用 mg/l 表示。但此法只适用于测量具有密封油循环系统的机器磨损速度，并且不能测量单个机件的磨损量。

此外，磨损量极低时，还有放射性法，虽然灵敏度高，但具有放射性的样品的制备，试验时的防护都很麻烦，难于推广。近年来 X 射线衍射，电子探针、各种谱线分析、扫描电镜等现代实验技术已被引进磨损试验中来，用于观察摩擦表面的微观变化和进行磨损粉末的分析,都发挥了很大作用。

8.5 接触疲劳

接触疲劳是滚动轴承、齿轮等一类机件的接触表面,在接触压应力的反复长期作用后所引起的一种表面疲劳剥落损坏现象。其损坏形式是在光滑的接触表面上分布有若干深浅不同的针状或豆状凹坑,或较大面积的表层压碎,一般通称接触疲劳失效。这些表面剥落现象将使机件工作时噪声增加,振动增大,温度上升和磨损加剧;作为疲劳源引起疲劳损伤,甚至导致机件不能工作。

8.5.1 接触应力的概念

两物体相互接触时,在表面上产生的局部挤压应力叫做接触应力,齿轮啮合传动和滚动轴承工作时均存在这种应力。

1.线接触下的接触应力

一般情况齿轮的接触传动属于线接触,辊子轴承可用两圆柱体的接触进行分析(图8-5-1)。设两圆柱体的半径分别为 R_1 和 R_2,接触长度为 l,承受法向压力 P,因弹性变形使线接触变为面接触($2bl$)。根据弹性力学的分析计算,法向应力 σ_z 沿 x 轴呈椭圆分布

$$\sigma_z = \sigma_{最大}\sqrt{1 - \frac{x^2}{b^2}}$$

$$b = 1.52\sqrt{\frac{P}{El}\left(\frac{R_1R_2}{R_1 + R_2}\right)}$$

$$\sigma_{最大} = 0.418\sqrt{\frac{PE}{l}\left(\frac{R_1 + R_2}{R_1R_2}\right)}$$

式中考虑到两柱体材料差别,E 为联合弹性模数,由两圆柱体的弹性模数 E_1 和 E_2 求得。则

$$E = \frac{2E_1E_2}{E_1 + E_2}$$

$\sigma_{最大}$ 在进行强度校核和接触疲劳试验时经常用到。

实际在接触处的接触应力是三向压应力,除了上述 σ_z 外还有 σ_x 和 σ_y。它们沿深度 z 的分布随 x、y 的不同而变化,在接触中心($y = 0, x = 0$),它们的分布如图 8-5-2 所示。

以上 σ_x、σ_y、σ_z 为三个主应力,按下式可求出它们的相应主切应力

$$\tau_{xy45^\circ} = \frac{\sigma_x - \sigma_y}{2}$$

$$\tau_{yz45^\circ} = \frac{\sigma_y - \sigma_z}{2}$$

$$\tau_{zx45^\circ} = \frac{\sigma_z - \sigma_x}{2}$$

它们分别作用在与主应力作用面互成 45° 方向的平面上。其中以 τ_{zx45° 为最大,其分布

如图 8-5-2 中虚线所示。可以看出,剪切应力最大值在 $z = 0.786b$ 处,剪切应力最大值为 $0.3 \sim 0.33\sigma_{最大}$。相反,在表面处($z = 0$),$\tau_{zx45°}$ 为零,正是由于这种分布特点,当物体在接触应力作用下,其塑性变形可能不在表面,而在皮下层开始。当然,由塑性变形引起的裂纹也可能在皮下层。

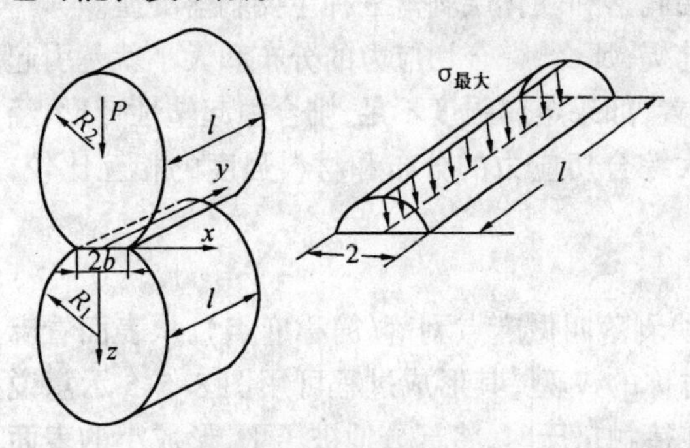

图 8-5-1　两圆柱体线接触时的接触应力分布

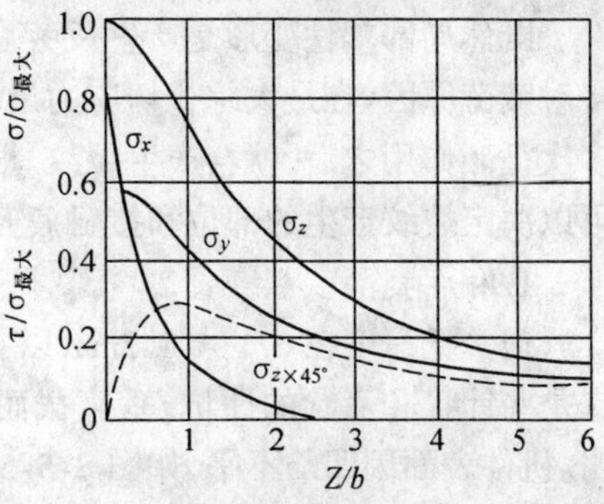

图 8-5-2　不同接触深度的主应力、切应力分布曲线

2. 点接触下的接触应力

滚珠轴承的工作状态属于点与平面或曲面接触。当滚珠与轴承套圈弹性挤压时,其接触上的面呈椭圆形(图 8-5-3),而滚珠与平面物体弹性挤压时,其接触点由原来的一点变成一定直径的圆形面积。对于半径为 R 的圆球和平面($R = \infty$)的点接触,经弹性力学计算知其接触圆的半径 $b = 1.11\sqrt[3]{\dfrac{PR}{E}}$,最大压应力 $\sigma_{最大} = 0.388\sqrt[3]{\dfrac{PE^2}{R^2}}$。如同线接触那样,其最大切应力 $\tau_{最大} = (0.32\sigma_{最大})$ 存在于皮下 $z = 0.786b$ 处。

综上所述,鉴于线(或点)接触面积均随外载荷的增加而缓慢地变大,因此最大接触压应力是与压缩载荷的平方根(线接触时)或立方根(点接触时)成正比。既然只考虑弹性接触,则接触面积(接触半宽或半径)或接触压应力不仅与接触载荷 有关,并且还跟材料的弹性性质,接触体的形状尺寸(半径,长度)有关,凡是材料的正弹性模数越低,或接触体的曲率半径越大,则接触应力越小。

实际机件除接触压力外,往往表面还有摩擦力作用,它和 $\tau_{zx45°}$ 叠加就构成了接触摩擦条件下的最大综合切应力分布曲线。滑动摩擦系数越大,表面摩擦切应力也越大。此时,最大综合切应力分布曲线的最大值会从 $z = 0.786b$ 向表层移动。当摩擦系数 $f > 0.2$ 时,最大综合切应力曲线的最大值将会移至工件表面(图 8-5-4)。显然,这个曲线是分析接触疲劳的重要外界因素。

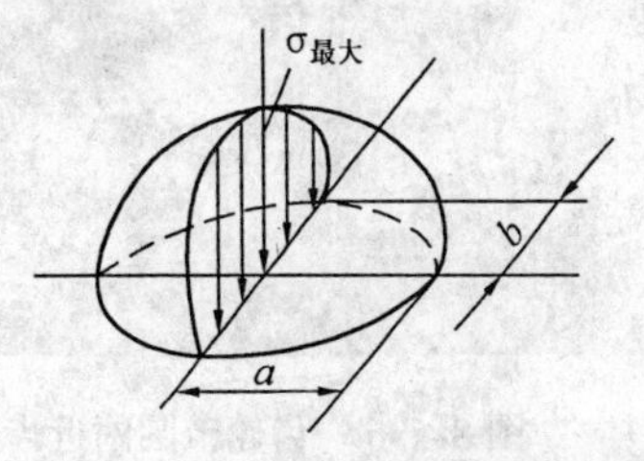

图 8-5-3　接触面上压应力的椭圆体分布

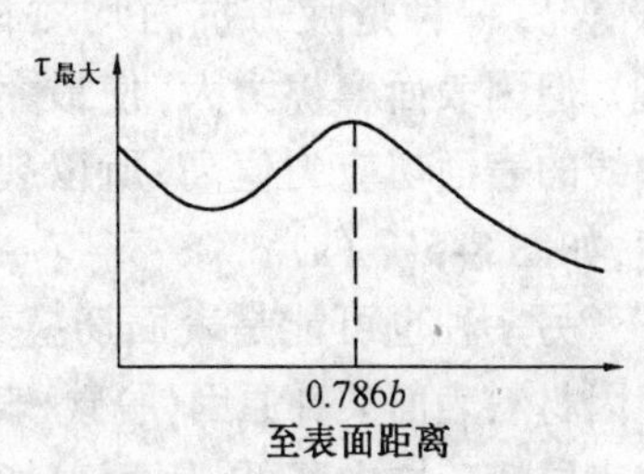

图 8-5-4　综合切应力沿深度的分布示意图

8.5.2 接触疲劳的类型和损伤过程

接触疲劳也是裂纹发生和扩展的破坏过程。和其他疲劳破坏一样,接触疲劳的裂纹生成也是金属局部反复塑性变形的结果,某些初裂纹的不断扩展,就造成金属表面的剥落。按照剥落的不同形状,可分为麻点剥落、浅层剥落和硬化层剥落三种主要剥落类型。

既然局部塑性变形是产生疲劳裂纹的前提,那么,综合切应力的分布和大小就是引起接触疲劳原因。在最大综合切应力出现的位置,如果金属强度不足,则会引起塑性变形,经多次循环作用之后,就会产生裂纹。根据最大综合切应力的分布和材料强度的相互比较,可以决定裂纹产生的部位和接触疲劳类型。

1.麻点剥落

通常把深度在0.1 ~ 0.2mm以下的小块剥落叫做麻点剥落(简称麻点)。从表面看麻点是些针状和豆状的凹坑,垂直截面呈不对称的V型,其形成过程可用图8-5-5示意说明。机件表面因凹凸不平,如图8-5-5(a),在接触挤压时,将部分地被压平,形成小的表面折叠,如图8-5-5(b),其尖端处像裂纹一样会产生应力集中。由于此处较大的反复切应力的作用,将产生局部塑性变形而导致裂纹,如图8-5-5(c)。图中(d)为在有润滑油存在的情况下,由于毛细管作用使油进入裂缝,当零件相对运动时,高压油流挤入裂缝,可形成油楔。在油楔反复交变膨胀冲击作用下,裂纹将进一步向前加速扩展,同时在裂缝顶端也形成垂直弯曲应力,好像悬臂梁一样,最后在此处弯断,形成麻点剥落,图中(e)。

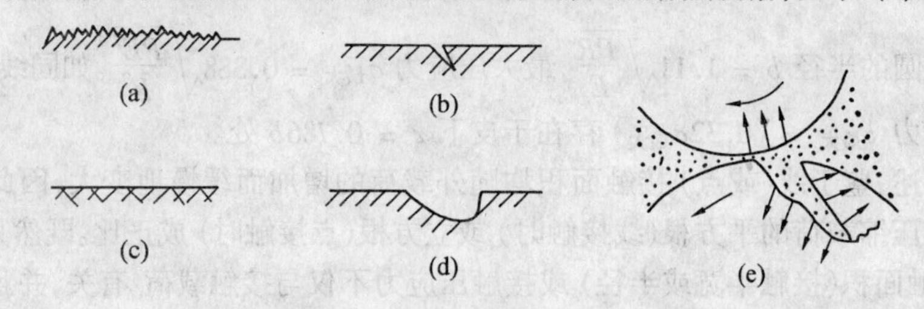

图8-5-5 麻点剥落过程示意图

(a)不平表面 (b)形成折叠 (c)形成裂纹 (d)油楔作用 (e)麻点坑

图8-5-6为齿轮节圆附近齿面的麻点情况。

由以上分析可知,麻点剥落是从表面产生裂纹,因油楔作用而加速的浅层剥落破坏。因此,从外力和材料性能比较来看,可能有两种情况,一种是疲劳抗力均质材料(调质处理),但因表面摩擦力大,使最大综合切应力曲线的表面切应力值高,所以裂纹从表面产生,如图8-5-7(a)。

图8-5-6 齿轮节圆附近齿面的麻点情况

另一种也可能是表面切应力虽不算大,但因材料表面某种原因(脱碳、表面温度高),使表层疲劳抗力降低,因而剪切疲劳抗力低于最大综合切应力，所以也从表面产生塑性变形而形成裂纹，如图 8-5-7 (b)。

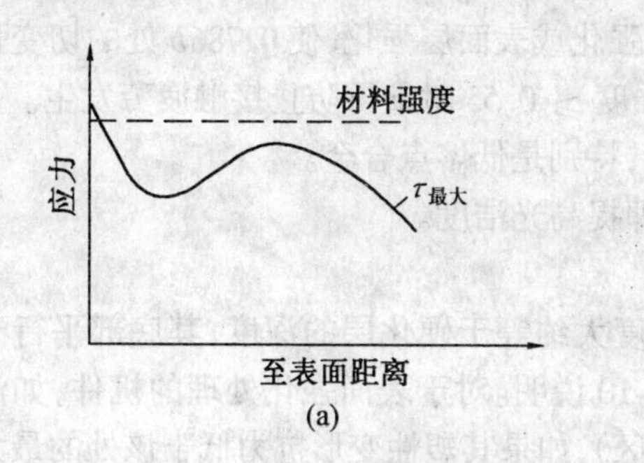

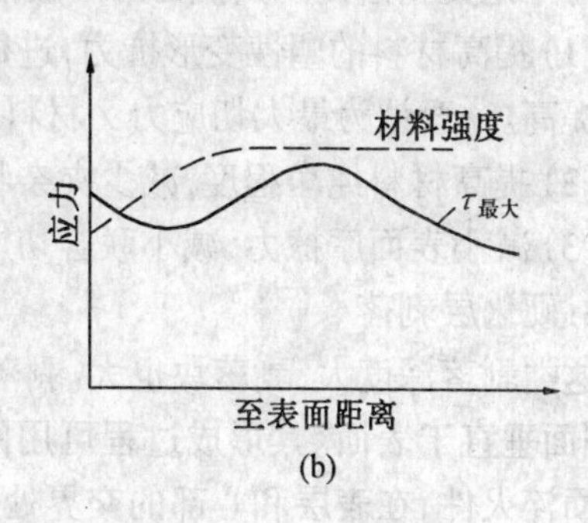

图 8-5-7　表面产生裂纹的两种情况

(a) 表层切应力高　(b) 表层材料强度低

根据上述分析，可以提出以下措施提高机件麻点剥落抗力。

(1) 提高机件表面的塑性变形抗力，如采用表面淬火、化学热处理等工艺。

(2) 提高零件表面光洁度，以减小摩擦力和表面折叠几率。

(3) 提高润滑油的粘度，降低油楔作用。

(4) 适当走合机器，小应力条件下磨光接触面，免得辗成折叠。

2. 浅层剥落

浅层剥落深度一般约 0.2 ~ 0.4mm，它和 $\tau_{zx45°}$ 的最大值所在深度 $0.786b$ 相当。剥块底部大致和表面平行，而其侧面的一侧与表面约 45°，另一侧垂直于表面。其形成过程可用图 8-5-8 说明。在 $0.786b$ 处首先滑移塑性变形，经一定循环之后，在此区产生疲劳裂纹，如图 8-5-8 (b)，它往往出现在非金属夹杂物附近，并沿着应力方向和夹杂物分布走向发展，如图 8-5-5 (c)，直至露出零件表面。另一端则形成悬臂梁，因反复弯曲作用而发生弯断，造成一块浅层剥落。

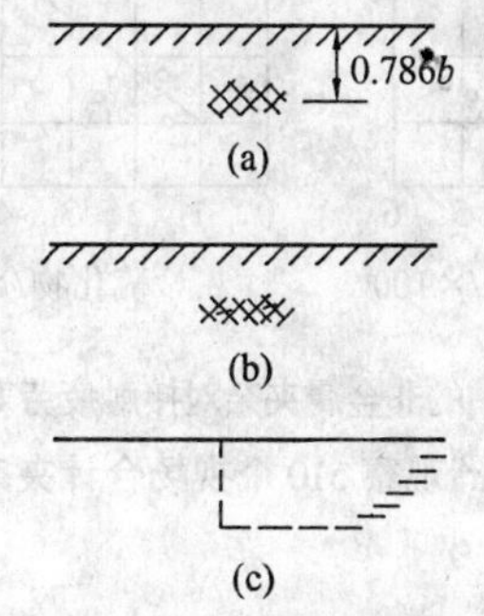

图 8-5-8　浅层剥落过程示意图

(a) 在 $0.786b$ 处形成交变塑性区　(b) 形成裂纹

(c) 裂缝扩展而剥落

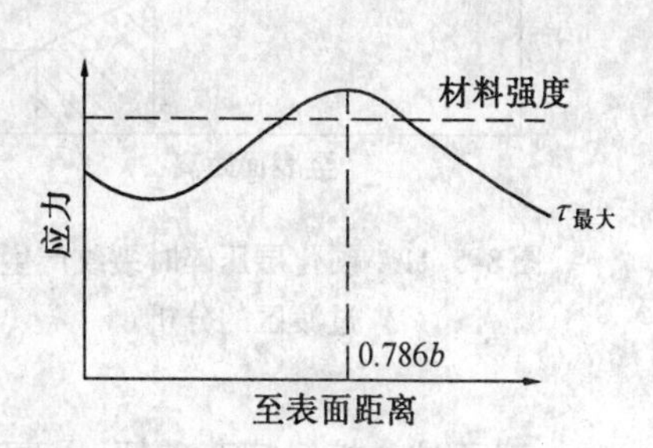

图 8-5-9　浅层剥落裂纹在亚表层 $0.786b$ 处产生

这种剥落常发生在机件表面光洁度高，相对摩擦力小的场合，此时，表面最大联合切应力不大(在 $0.786b$ 处为最大)，当此力超过材料的塑性变形抗力时，该处就产生疲劳裂纹(图 8-5-9)。

对于这类剥落提高其抗力的一般措施为：

(1) 提高材料的塑性变形抗力，进行整体强化或表面层强化，使 $0.786b$ 处的切变强度尽量提高。一般认为最大切应力 / 材料切变强度 $\geqslant 0.55$ 时即可防止接触疲劳发生。

(2) 提高材料纯净程度，减少夹杂物数量，特别是低熔点合金。

(3) 减小表面摩擦力，减小联合切应力，即提高光洁度。

3. 硬化层剥落

这类剥落深度大，剥落块也大。剥落块厚度大约等于硬化层的深度，其底部平行于表面，侧面垂直于表面。其形成过程可用图 8-5-10 说明。对于表面强化处理的机件，如渗碳和表面淬火件，在表层和心部的交界处(过渡区)，如果其塑性变形抗力低于该处的最大综合切应力，则就在该处产生裂纹，最后造成大块剥落。

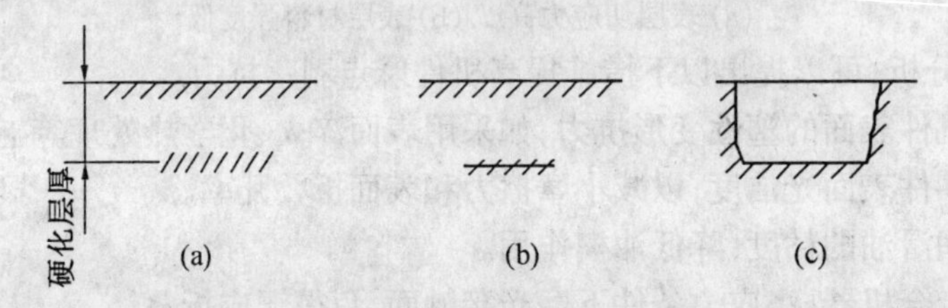

图 8-5-10　硬化层剥落形成过程

(a) 在过渡区塑性变形　(b) 在过渡区产生裂纹　(c) 形成大块剥落

这类剥落裂纹产生的原因一般认为是过渡区强度不足的结果(图 8-5-11)。

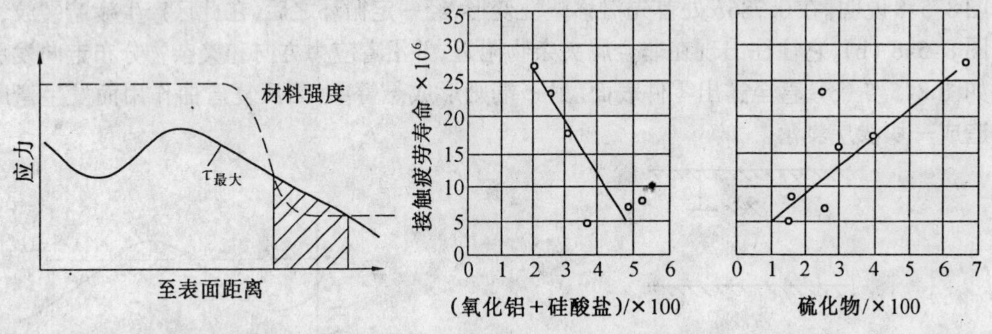

图 8-5-11　硬化层压碎时裂纹产生于过渡区的分析

图 8-5-12　轴承钢中的非金属夹杂对接触疲劳寿命的影响
(在 750 倍下，对 9mm² 观察 510 个视场合计夹杂物量)

对于这类接触疲劳破坏，提高其抗力的措施为：

(1) 提高机件心部强度，如渗碳齿轮其心部硬度为 HRC35 ~ 42 才能满足要求。

(2) 提高硬化层深度，如齿轮渗碳层厚度 δ 常规定为 15% ~ 20% m(m 为齿轮模数)，即 $\delta = (15\% \sim 20\%)m$ 或 $\delta \geqslant 3.15b$(b 为接触半宽)。

(3) 渗碳层的金相组织，如碳化物级别，马氏体级别，残余奥氏体级别等，也影响这类接触疲劳的抗力，所以对这些金相组织也应该适当控制。

(4) 提高表面光洁度，减小联合切应力。

(5) 净化材料，减少低熔点合金，会大有创新。

8.5.3 影响接触疲劳抗力的因素

1.材料的冶金质量

钢在冶炼时总存在有非金属夹杂物等冶金缺陷,对机件(尤其是对轴承)的接触疲劳寿命影响很大。轴承钢里的非金属夹杂物有塑性的(如硫化物),脆性的(如氧化铝,硅酸盐,氮化物等)和球状的(如硅钙酸盐,铁锰酸盐)三类,其中以脆性的带有棱角的氧化物、硅酸盐夹杂物对接触疲劳寿命危害最大。由于它们跟基体不共格造成位错塞积群,引起应力集中,则在脆性夹杂物的边缘部分最易造成微裂纹,降低接触疲劳寿命。而塑性的硫化物夹杂,易随基体一起塑变,当硫化物夹杂把氧化物夹杂包住形成共生夹杂物时,可以降低氧化物夹杂的坏作用。因此普遍认为,钢中适当的硫化物夹杂对提高接触疲劳寿命有益。图 8-5-12 表示了两类夹杂物对轴承钢接触疲劳寿命的影响,生产上应尽量减少钢中非金属夹杂物(特别是氧化物、硅酸盐夹杂物),在有条件情况下,要采用电渣重熔,真空冶炼及真空自耗等工艺。

2.表面光洁度与接触精度

减少表面冷热加工缺陷,提高表面光洁度和接触精度,可以有效地增加接触疲劳寿命。接触应力大小不同,对表面光洁度要求也不同。接触应力低时,表面光洁度对接触疲劳寿命影响不大;接触应力高时,表面光洁度影响较大。如表面光洁度由 8 级变成 9 级,则寿命可提高 2 ~ 3倍;由 10级变为 11 级时,则寿命提高 0.4 倍。生产实践表明,硬度越高的轴承、齿轮等,往往必须经精磨、抛光等工序以提高表面光洁度,若再辅以适当的表面机械强化手段获得综合强化效果的话,可更进一步提高接触疲劳寿命。在装配时,若严格控制齿轮啮合处沿齿长的接触精度,保证接触印痕总长不少于齿宽的 60%,且接触印痕处在节圆锥上,则可防止齿轮的早期麻点损伤。高清洁度及精度可以防止高频振动产生的附加应力,提高寿命。

3.热处理组织结构状态

(1) 马氏体含碳量:承受接触应力的机件,多采用高碳钢淬火或渗碳钢表面渗碳强化,以使表面获得最佳硬度。接触疲劳抗力主要取决于材料的剪切强度,并要求有一定的韧性相配合。对于轴承钢而言,在未溶碳化物状态相同的条件下,当马氏体含碳量在 0.4*w*% ~ 0.5*w*% 左右时,接触疲劳寿命最高,如图 8-5-13。而对于承受冲击的零件,如国产 20CrMo 牙轮钻头,经渗碳淬火并适当提高回火温度,获得 HRC58 ~ 60,因强度与韧性配合较好,故具有较高的多冲接触疲劳寿命,如图 8-5-14 所示。过高的硬度,得到相反的结果。

实践表明,用 T10V 钢制成的国产凿岩机活塞,进行盐浴短时加热,整体淬火薄层硬化,不仅使马氏体含 0.4*w*% ~ 0.6*w*% 的碳,同时还可得到综合性能较好的部分板条状马氏体,避免高碳片状马氏体的显微裂纹,从而有效地提高凿岩机活塞的多冲接触疲劳抗力。

(2) 马氏体及残余奥氏体级别:渗碳钢淬火,因工艺不同可以得到不同级别的马氏体和残余奥氏体。若残余奥氏体量越多和针状马氏体越粗大,则表层有益的残余压应力和渗碳层强度就越低,容易产生显微裂纹,从而降低材料的接触疲劳寿命。马氏体类型要控制,$r_{残}$ 也要控制。

(3) 未溶碳化物颗粒形态或带状碳化物:对于钢中马氏体含碳 0.5*w*% 的高碳钢(轴

承钢),研究其未溶碳化物颗粒形态与寿命关系表明,虽然马氏体基体中平均固溶碳0.5$w\%$,但在与未溶碳化物交界处的马氏体里含碳量高于平均含碳量。此外,该未溶碳化物与基体不共格很难一起塑变,因此,凡未溶碳化物颗粒越粗大,则就会使得马氏体基体里的含碳量有较大的浓度差,跟碳化物接壤的边界处最易成为接触疲劳微裂纹发源地。因此通过适当的热处理,使未溶碳化物颗粒趋于小、少、匀、圆为好。这种含细颗粒(0.5 ~ 1.0μm) 碳化物的钢的接触疲劳寿命要比含粗颗粒(2.5 ~ 3.5μm) 碳化物的钢,有显著增高。假若未溶碳化物呈带状分布的话,则在富碳的碳化物带内易生成脆性较大的针状马氏体,最易成为接触疲劳微裂纹的发源地,所以必须避免碳化物的带状分布。如果不是为了提高耐磨性,则应尽量不要有剩余碳化物,甚至也得控制未溶碳化物的数量要低于6%。未溶碳化物是有害的。

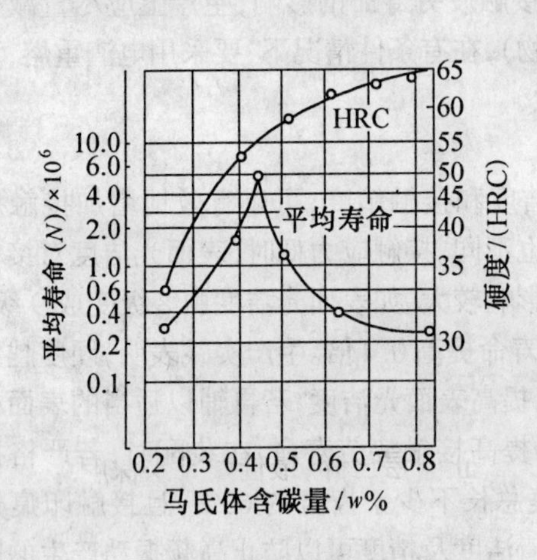

图 8-5-13　钢中马氏体含碳量与平均寿命的关系

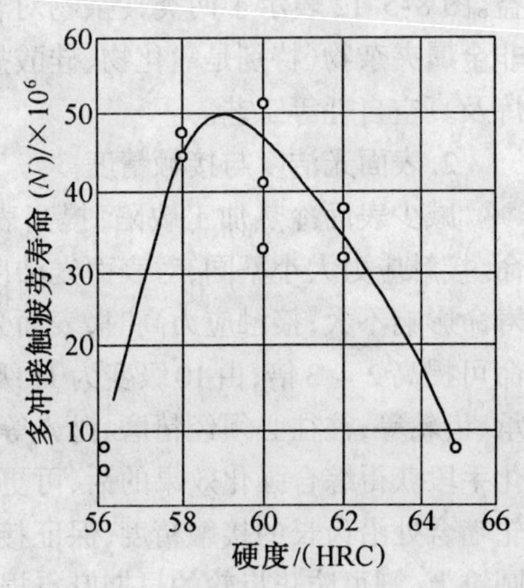

图 8-5-14　硬度与多冲接触疲劳寿命曲线

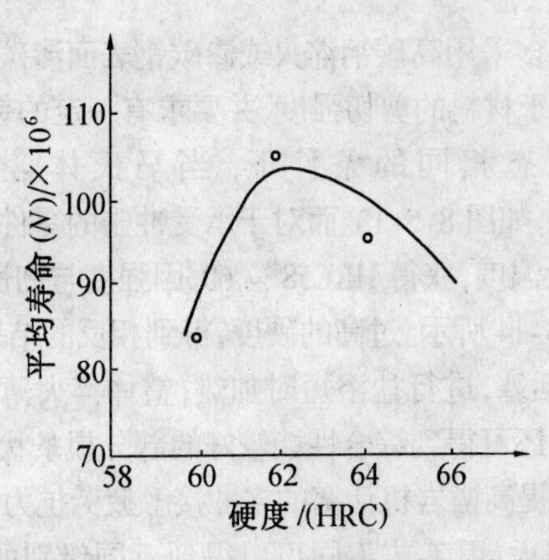

图 8-5-15　轴承的表面硬度与平均寿命的关系曲线

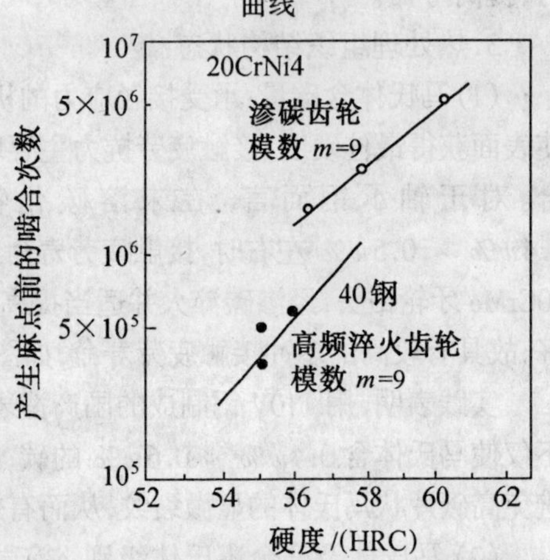

图 8-5-16　齿轮的表面硬度与啮合次数关系

(4) 表面硬度:由于压入硬度的高低,可部分反映材料塑变抗力和剪切强度的大小,因此,在一定的硬度范围内,接触疲劳抗力随硬度的升高而增大,但并不永远保持正比关系。过高的硬度会造成相反结果,对轴承钢的研究表明,当表面硬度为 HRC62 左右时,轴承的平均使用寿命最高,如图 8-5-15 所示。同样在齿轮的台架耐久试验也表明,随着表面硬度的增高,则在产生麻点前的啮合次数也越多,如图 8-5-16 所示。然而,对于承受多冲接触疲劳的零件,如凿岩机活塞(T10V 钢) 硬度为 HRC59 ~ 61,三牙轮钻头(20CrMo 钢),经渗碳、淬火、低温回火硬度为 HRC58 ~ 60 时,均有着最佳的多冲接触疲劳寿命,如图 8-5-14 所示。

总之,接触疲劳寿命的长短,是由裂纹的形成(取决于材料的剪切强度) 和扩展(取决于材料的韧性) 两阶段直接决定的,而表面硬度无法恰当反映过高硬度范围内正断抗力降低的隐患,过高硬度会造成损害,因此不能盲目追求高硬度。但一般来说,当表面硬度在 HRC58 ~ 62 范围内(承受冲击时取下限) 为最佳,以便在保证淬硬层基体以强度为主,在强度与塑性较好配合的条件下,有较高的接触疲劳抗力。

(5) 心部硬度(强度):承受接触应力的机件,必须有适当的心部硬度,若心部硬度太低,则表层的硬度梯度太陡,使得硬化层的过渡区常因"剪切应力 / 剪切强度" 达 0.55 值而产生表层压碎现象。实践表明,心部硬度在 HRC35 ~ 40 范围内较适宜。先整体处理,后表面处理。

(6) 硬化层深度:为防止表层的早期麻点剥落或压碎,则需要有一定的硬化层深度。就齿轮而言,最佳硬化层深度(t) 推荐值如下

$$t = m\left(\frac{15 \sim 20}{100}\right) \quad 或 \quad t \geqslant 3.15b$$

或

$$t \approx 0.2m - 0.1 \quad (当 20 \geqslant m \geqslant 3)$$

式中 m 为模数;b 为接触半宽。有人认为:为防止表层压碎,最佳硬化层深度可由表面测至 HRC50 处。或按下式计算

$$t = \frac{12 \times 10^{-6} \cdot P}{F \cdot \cos\alpha}$$

式中 P—— 齿作用力的切向载荷(磅);

F—— 齿宽;

α—— 压入角。

(7) 硬度匹配:两个接触滚动体的硬度匹配恰当与否,直接影响接触疲劳寿命。实践表明,将 ZQ - 400 型减速器大小齿轮分别进行调质 / 淬火,它比原来的正火 / 调质齿轮副在相同工作条件下寿命提高一倍以上。因为大齿轮系 ZG55(模数 M12) 调质成 HB241 ~ 262,小齿轮系 45 钢先调质成 HB241 ~ 262,齿部用感应加热淬火成 HRC40 ~ 46,使得小齿轮与大齿轮的硬度比保持 1.4 ~ 1.7 的匹配关系。对该变速箱齿轮,即较硬的小齿轮面对较软的大齿轮面有冷作硬化效果,改善啮合条件,提高接触精度,如此的硬度匹配能提高承载能力 30% ~ 50%,使小齿轮不易出现麻点,达到大小齿轮使用寿命长的效果。对于不同的配对齿轮,由于材料、表面硬化及润滑等情况的不同,只能通过试验才能找出最佳的硬度匹配,目前还无最佳硬度匹配的具体原则。

(8) 残余内应力:对于表面硬化钢(如渗碳齿轮) 而言,在淬火冷却时,由于表层的马氏体转变温度比心部低,因此,心部先产生体积膨胀的低碳马氏体,其膨胀可被外层塑性较好的过冷奥氏体所调节,随后当表面转变成体积膨胀的高碳马氏体时,必然会受到心部

的阻碍。因此,在渗碳层总深约 50% ~ 60% 处产生最大的表面残余压应力。再稍往里一点,就使压应力向拉应力转移,转变区存在危险,有可能造成如前所述的表层压碎现象。一般说来,当表层在一定深度范围内存在有利的残余压应力的话,不仅可提高弯曲、扭转疲劳抗力,并能提高接触疲劳抗力。

4. 使用情况

(1) 装配:若对齿轮的制造、安装能有严格要求,保证齿轮、传动轴和机构壳体加工尺寸准确,构架有足够的刚度和消振能力,装配精度高,尽量防止或减轻在齿面对角接触,避免产生局部高压应力,就有可能有效地避免早期麻点。

(2) 润滑:若润滑油的粘度高,则极性群的比数增多,接触部分趋于平均化,相对地降低了最大局部接触压应力,因此就能减轻麻点形成倾向。若在润滑脂里加入某些添加剂(如二硫化钼,三乙醇胺),或硫化润滑脂,则因在接触表层形成一坚固薄膜,从而减轻接触疲劳损伤过程。实践表明,若采用透平油润滑,则比用变压器油或机车油来减轻麻点的效果好。

由于实际影响因素错综复杂,应按具体情况解决主要矛盾,以便有效地提高接触疲劳寿命。

8.5.4 接触疲劳试验方法

接触疲劳试验方法参阅国标 GB 10600—89。接触疲劳试验是在接触疲劳试验机上进行的。试验机有纯滚动式和滚动带滑动式两类。前者结构简单些,但只适用于纯滚动条件的金属材料试验;后一种结构比较复杂,因为有滑差调节结构,可以实现不同要求下的滚动带滑动的试验条件,对于齿轮材料的试验比较合适。

图 8-5-17 (a) 是轴承研究所设计的 ZYS - 6 接触疲劳试验机,是纯滚动式的,主要用于轴承材料试验,其试样如图 8-5-17 (b) 所示。

但是,在一定条件下,这种试验机也可用于齿轮材料的试验,作分析比较用,其试样基本上同图 8-5-17 (b),只是工作部分不是球面而是柱面。

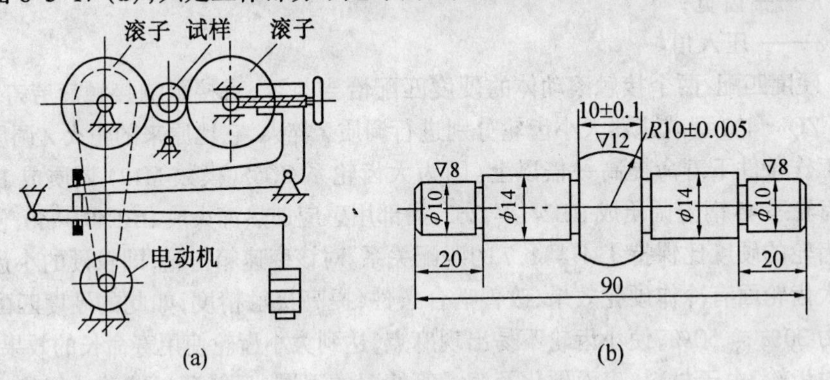

图 8-5-17　接触疲劳试验机原理及试件图

(a) 试验机　(b) 试件

根据试验时所加应力的不同,可以得出相应的接触疲劳循环次数(寿命),将这些数据画成 $\sigma - N$ 曲线,就很像一般的接触疲劳曲线。接触疲劳环境较复杂,不同于弯曲疲劳,试验数据比较散乱，有时破坏前的循环次数可相差几倍，所以试验时要采用较多的试样作试验，最后用概率分析处理，作出一定破坏概率下的接触疲劳曲线(图 8-5-18)。在曲线上可以求出一定循环基数下的疲劳极限；同时也反映出其过载情况下的承载能力和工作寿命。

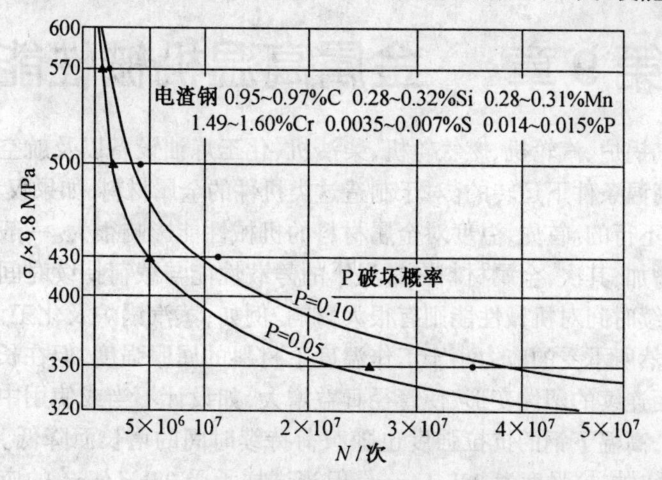

图 8-5-18　国产电渣重熔轴承钢接触疲劳曲线

实际上，为了节省时间，不做完整的疲劳曲线，而只求得在同一应力条件下的接触疲劳寿命 N_f，用以比较在相同条件下，材料和工艺的好坏。

习　题

1. 若单晶体两块金属块各自加工到晶面级光洁度，且取同一晶面，对合后转一定角度，使之晶向重全，能否把它们完好地"焊"在一块？用加压力吗？

2. 两块金属接触点温度如何测定？

3. 为什么有时把摩擦付做得一软一硬？

4. 从粗糙到光洁再到晶面级光洁度，相互摩擦构件磨损量如何变化？

5. 接触疲劳与一般疲劳有何相似之处？

6. 好汽车为什么开了多年仍噪声很小？

第9章　金属高温机械性能

在高压蒸汽锅炉、汽轮机、燃气轮机、柴油机、化工炼油设备以及航空发动机中，很多机件是长期在高温条件下运转的。对于制造这类机件的金属材料，如果仅考虑常温下的机械性能，显然是不行的。首先，温度对金属材料的机械性能影响很大。一般随温度升高，强度降低而塑性增加，其次，金属材料在常温下的静载性能与载荷持续时间关系不大，而在高温下，载荷持续时间对机械性能则有很大影响。例如，蒸汽锅炉及化工设备中的一些高温高压管道，虽然所承受的应力小于工作温度下材料的屈服强度，但在长期使用过程中，则会产生缓慢而连续的塑性变形，使管径日益增大，如设计不当或使用中疏忽，可能导致管道破裂。又如，高温下钢的抗拉强度也随载荷持续时间的增长而降低。试验表明，20钢在450℃时的瞬时抗拉强度为33kgf/mm^2，但当试样承受23kgf/mm^{2}的应力时，应力持续300h左右便断裂了；如将应力降至12kgf/mm^{2}左右，应力持续10 000h也能使试样断裂。在高温长时载荷作用下，金属材料的塑性显著降低，缺口敏感性增加，因而高温断裂往往呈脆性破坏现象。此外，温度和时间还影响金属材料的断裂形式。温度升高时晶粒强度和晶界强度都要降低，但由于晶界上原子排列不规则，扩散容易通过晶界进行，因此，晶界强度下降较快。晶粒与晶界两者强度相等时的温度称为"等强温度 T_E"，如图9-1-1 (a) 所示。当温度在 T_E 以上时，金属的断裂便由常见的穿晶断裂过渡到沿晶间断裂。金属材料的等强温度不是固定不变的，变形速度增加，晶界强度比晶内强度增加得快，交点向高温移动，因此等强温度随变形速度的增加而升高，如图9-1-1 (b) 所示。

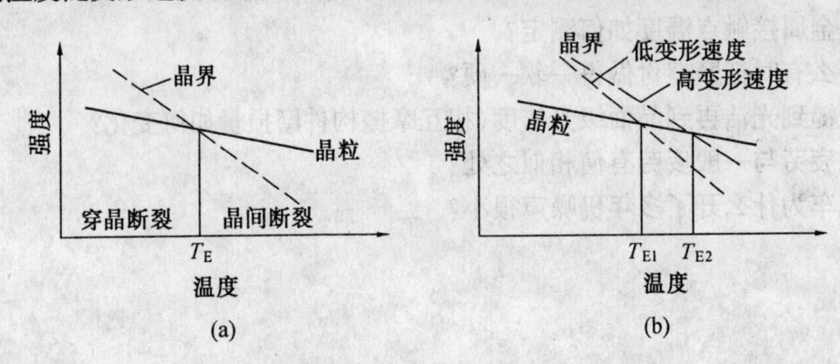

图9-1-1　等强温度示意图

(a) 等强温度 T_E　(b) 变形速度对 T_E 的影响

据上所述，材料的高温机械性能不仅受应力影响而且受时间影响。因此，研究金属材料高温机械性能指标还必须加入温度与时间两个因素，研究温度、应力、应变与时间的关系，建立评定材料高温机械性能的指标，探讨金属材料在高温长时载荷作用下变形和断裂的机理，以寻求提高高温机械性能的途径。

9.1　金属的蠕变与蠕变断裂

9.1.1　蠕变现象

金属在长时间的恒温、恒应力作用下，即使应力小于屈服强度，也会缓慢地产生塑性变形的现象称为蠕变。由于这种变形而最后导致材料的断裂称为蠕变断裂。蠕变在低温下也会产生只是变形量大小之别，但只有当温度高于 $0.3T_m$(以绝对温度表示的熔点) 时才较显著。如加热碳钢温度超过 300℃、合金钢温度超过 400℃ 时，就必须考虑蠕变的影响。本章主要讨论这种高温蠕变现象。

金属的蠕变过程可用蠕变曲线来描述。典型的蠕变曲线如图 9-1-2 所示。

图中 Oa 线段是试样加上载荷后所引起的瞬时应变 ε_0。如果施加的应力超过金属在该温度下的弹性极限，则 ε_0 包括弹性应变 Oa' 和塑性应变 $a'a$ 两部分。这一应变还不算蠕变，而是由外载荷引起的一般瞬间变形过程。从 a 点开始随时间增长而产生的应变属于蠕变，图中 $abcd$ 曲线即为蠕变曲线，由 a 到 f 是蠕变曲线的距离和蠕变的累积量。

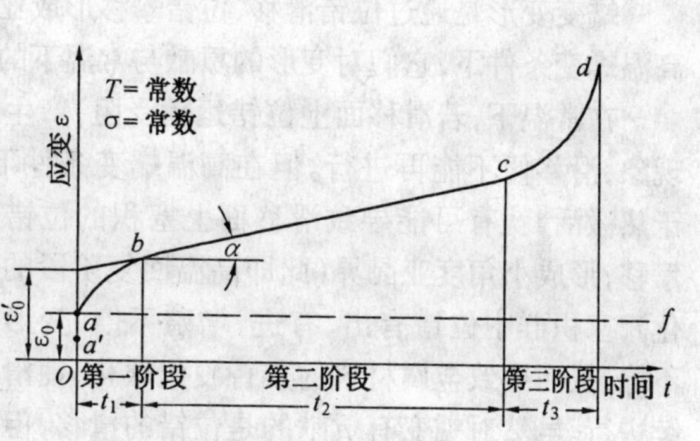

图 9-1-2　典型蠕变曲线

蠕变曲线上任一点的斜率，表示该点的蠕变速度$\left(\dot{\varepsilon}=\dfrac{d\varepsilon}{dt}\right)$。按照蠕变速度的变化情况，可将蠕变过程分成三个阶段。

第一阶段，ab 是减速蠕变阶段。这一阶段开始的蠕变速度很大，随着时间延长，蠕变速度逐渐减小，到 b 点蠕变速度达到最小值。

第二阶段，bc 是恒速蠕变阶段。这一阶段的特点是蠕变速度几乎保持不变，因而通常又称为稳态蠕变阶段，由于数值稳定，通常说的蠕变速度就是指的这一阶段的变形速度 $\dot{\varepsilon}$。

第三阶段，cd 是加速蠕变阶段。蠕变速度随时间逐渐增大，直至 d 点产生蠕变断裂。

不同材料在不同条件下的蠕变曲线是不相同的，同一种材料的蠕变曲线也随应力的大小和温度的高低而异。在恒定温度下改变应力，或在恒定应力下改变温度，都会导致蠕变曲线的改变。蠕变曲线的变化分别如图 9-1-3(a)、(b) 所示。由图可见，当应力较小或温度较低时，蠕变第二阶段持续时间较长，而变形累积量很小，甚至可能不产生第三阶段。相反，当应力较大或温度较高时，蠕变第二阶段便很短，甚至完全消失，试样将在很短时间内断裂。

9.1.2　蠕变过程中变形与断裂机理

1. 蠕变变形机理

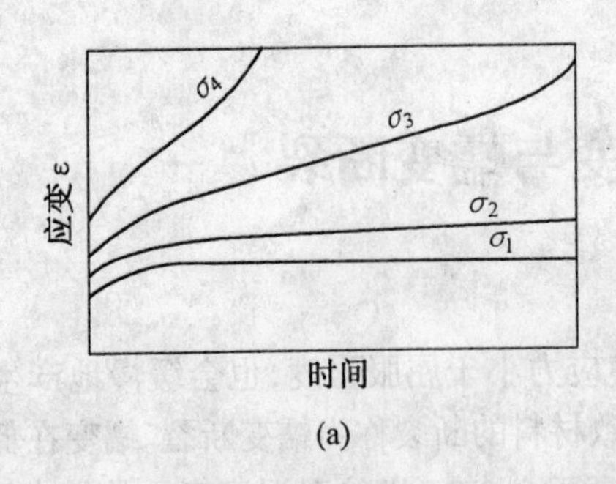

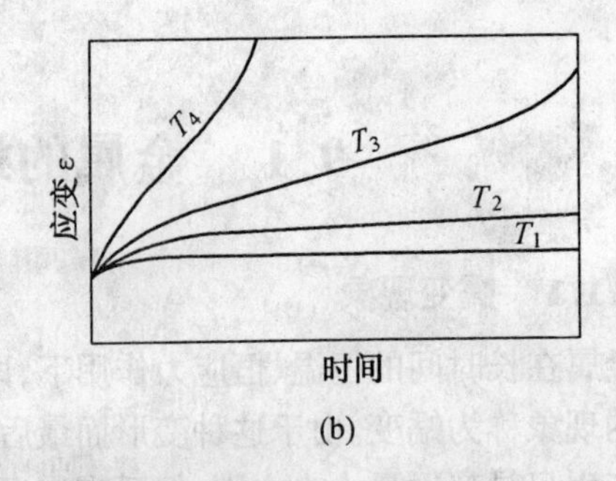

图 9-1-3　应力和温度对蠕变曲线的影响

(a) 恒定温度下改变应力($\sigma_4 > \sigma_3 > \sigma_2 > \sigma_1$)　(b) 恒定应力下改变温度($T_4 > T_3 > T_2 > T_1$)

蠕变变形是通过位错滑移、位错攀移形成亚晶及晶界的滑动和迁移等方式实现的。在高温蠕变条件下,它们对变形的贡献与常温下的有所不同。

在常温下,若滑移面上位错运动受阻,产生塞积现象,滑移便不能再进行。但在高温蠕变条件下,由于热激活,就有可能导致滑移面上塞积的位错进行攀移,形成小角度亚晶界(此即高温回复阶段的多边化),塞积群中位错有出、有进,增殖不停,变形也就不停。从而导致金属材料的交替硬化软化,使滑移继续进行。虽然对蠕变有贡献的是位错的滑移,但其进行的速度,则受攀移过程所控制。

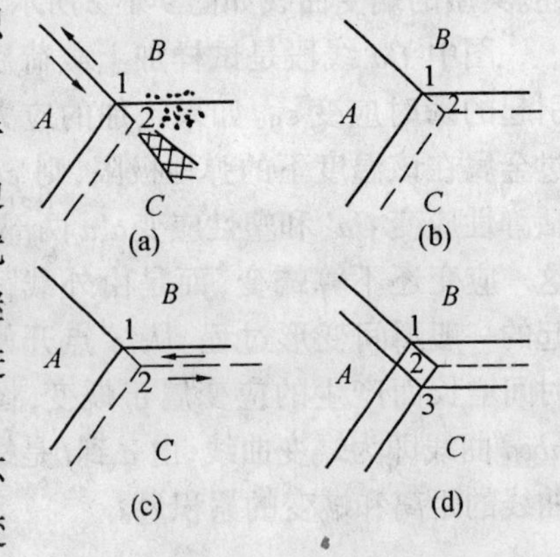

图 9-1-4　晶界滑动和迁移示意图

(a)A、B 晶界滑动　(b)B、C 晶界迁移

(c)A、C 晶界滑动　(d)A、B 晶界迁移

在常温下,晶界变形是极不明显的,可以忽略不计,但在高温蠕变条件下,由于晶界强度降低,其变形量就很大,有时甚至占总蠕变变形总量的一半,这是蠕变变形的特点之一。

晶界变形过程如图 9-1-4 所示。图中画出 A、B、C 三个晶粒。若 A、B 晶粒边界产生滑动,如图 (a),则在 C 晶粒内产生畸变区(图中影线区域),随后 B、C 晶粒边界便在垂直方向上向畸变能较高的 C 晶粒进行扩散迁移,如图 (b),从而使三晶粒的交会点由 1 点移到 2 点。这样即可使"×"阴影区压畸变和"·"阴影区拉畸变消失,也可使晶界能降低。同样道理 B、C 晶粒界产生滑移,如图 (c),可使新的三晶交会点 2 和到 3 点。这样就完成了三晶交会点由 1 点 → 2 点 → 3 点 … 的移动。由此可见,晶界变形是晶界的滑动和迁移交替进行的过程。晶界的滑动对变形产生直接的影响,晶界的迁移虽不提供变形量,但它能消除由于晶界滑动而在晶界附近产生的畸变区,为晶界进一步滑动创造了条件。

下面根据位错理论及蠕变变形方式对高温蠕变三个过程作简要说明。

蠕变第一阶段以晶内滑移和晶界滑动方式产生变形。位错刚开始运动时,障碍较少,蠕变速度较快。随后,位错逐渐塞积、位错密度逐渐增大,晶格畸变不断增加,造成形变强化。在高温下,位错虽可通过攀移形成亚晶而产生回复软化,但位错攀移的驱动力主要来自温度,温度一定,位错攀移速度一定。位错滑移增殖容易而攀移难,即强化容易而软化难。因此，这一阶段的形变强化效应超过回复软化效应，使蠕变速度不断降低。

蠕变第二阶段，晶内变形以位错滑移和攀移方式交替进行，晶界变形以滑动和迁移方式交替进行。晶内位错滑移和晶界滑动使金属强化，但位错攀移和晶界迁移则使金属软化。由于软化是扩散过程，受时间限制和主要由温度提供动力。二阶段受控于软化，即受控于热扩散。

蠕变发展到第三阶段，由于裂纹迅速扩展，为位错塞积群提供减少位错的新途径，位错除攀移外还可以从裂纹处放出自由表面，使塞积群得以松弛 —— 加快了软化过程，使变形加快，蠕变速度加快。当裂纹达到临界尺寸时，便产生蠕变断裂。

2. 蠕变断裂机理

蠕变断裂主要是沿晶断裂，在裂纹成核和扩展过程中，晶界滑动引起的应力集中与空位的扩散起着重要作用。由于应力和温度的不同，裂纹成核有两种类型。

(1) 裂纹成核于三晶粒交会处机制：在高应力和较低温度下，在晶粒交会处由于晶界滑动造成应力集中而产生裂纹。图 9-1-5 表示几种晶界滑动方式所对应的晶界交会处产生裂纹示意图。这种由晶界滑动所造成的应力集中，若能被晶内变形（例如，在滑动晶界相对的晶粒内引起形变带）或晶界迁移使畸变回复的方式所松弛，则裂纹不易形成，或产生后也不易扩展至断裂。

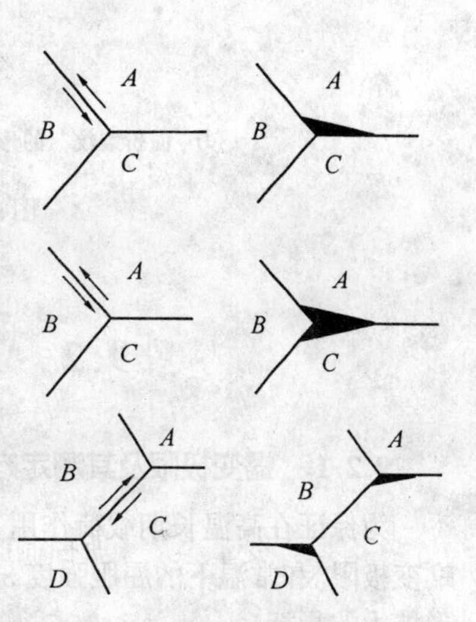

图 9-1-5　晶粒交会处因晶界滑动产生裂纹示意图

(2) 空洞汇集于晶界上：在较低应力和较高温度下，蠕变裂纹常分散在晶界各处，特别易产生在垂直于拉应力方向的晶界上。这种裂纹成核的过程为：首先由于晶界滑动在晶界的台阶（如第二相质点或滑移带的交截）处受阻而形成空洞。其次由于位错运动和交割产生的大量空位，为了减少其表面能都向拉伸应力作用的晶界上迁移，当晶界上有空洞时，空洞便吸收空位而长大，形成裂纹。

据上所述，蠕变断裂的裂纹形核与扩展过程可用图 9-1-6 来描述。

① 在蠕变初期，由于晶界滑动在三晶粒交会处形成空洞核心或在晶界台阶处形成空洞核心，如图 (a)。

② 已形成的核心达到一定尺寸后，在应力和空位流的同时作用下，优先在与拉应力垂直的晶界上分散长大，如图 (b)。

③ 蠕变第二阶段后期，楔形和洞形裂纹连接而形成终止于两个相邻的三晶粒交会处的“横向裂纹段”。此时，在其他与应力相垂直的晶界上，这种“横向裂纹段” 相继产生，如图 (c)。

④ 相邻的“横向裂纹段” 通过向倾斜晶界的扩展而形成“曲折裂纹”，裂纹尺寸迅速扩大，蠕变速度迅速增加。此时，蠕变过程进入到第三阶段，如图 (d)。

⑤ 蠕变第三阶段后期，“曲折裂纹” 进一步连接，当扩展至临界尺寸时，便产生蠕变断

裂，如图 (d)。

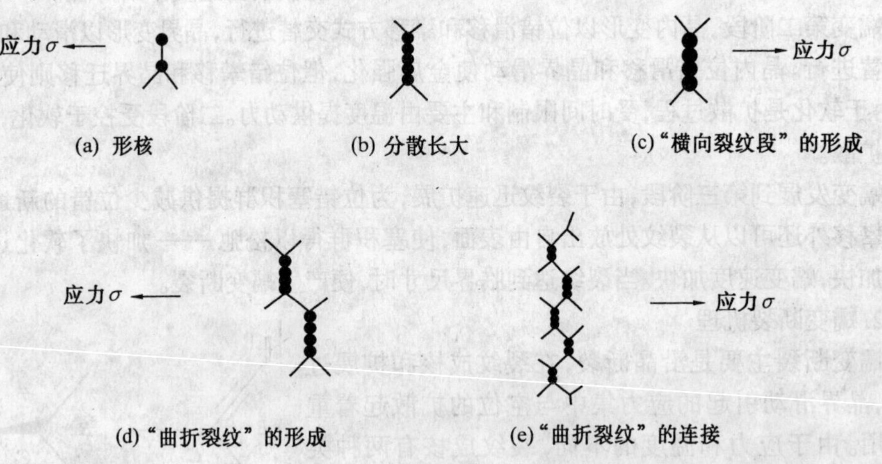

图 9-1-6　蠕变断裂过程示意图

9.2　蠕变极限与持久强度

9.2.1　蠕变极限及其测定方法

为保证在高温长期载荷作用下的机件不致产生过量变形，要求金属材料具有一定的蠕变极限。和常温下的屈服强度 $\sigma_{0,2}$ 相似，蠕变极限是高温长期载荷作用下材料对塑性变形抗力的指标。

蠕变极限一般有两种表示方法：一种是在给定温度 T 下，使试样产生规定蠕变速度的应力值，以符号 $\sigma_{\dot{\varepsilon}}^{T}$MPa 表示(其中 $\dot{\varepsilon}$ 为第二阶段蠕变速度，%/h)。在电站锅炉、汽轮机和燃气轮机制造中，规定的蠕变速度大多为 1×10^{-5}%/h 或 1×10^{-4}%/h。例如，$\sigma_{1\times10^{-5}}^{600}=58.8$ MPa，表示在温度为 600℃ 的条件下，蠕变速度为 1×10^{-5}%/h 的蠕变极限应力为 58.8 MPa。另一种是在给定温度(T)下和在规定的试验时间(t/h)内，使试样产生一定蠕变变形量(δ/%)的应力值，以符号 $\sigma_{\delta/t}^{T}$ 表示。例如，$\sigma_{1\times10^{-5}}^{500}=98$ MPa，就表示材料在 500℃ 温度下，10^5h 小时后变形量为 1% 的蠕变极限应力为 98 MPa。试验时间及蠕变变形量的具体数值是根据机件的工作条件来规定的。

以上两种蠕变极限都需要试验到蠕变第二阶段若干时间后才能确定。这两种蠕变极限在应变量之间有一定的关系。例如，以蠕变速度确定蠕变极限时，当恒定蠕变速度为 1×10^{-5}%/h 时，就相当于 10^5h 的应变量为 1%。这与以应变量确定蠕变极限时的 10^5h 的应变量为 1% 相比，仅相差 $\varepsilon'_0-\varepsilon_0$(见图 9-2-1)，但其差值甚小，可忽略不计。因此，就可认为两者所确定的应变量相等。同样，蠕变速度为 1×10^{-4}%/h，就相当于 10^4 h 的应变量为 1%。

测定金属材料蠕变极限所采用的试验装置，如图 9-2-1 所示。试样 7 装卡在夹头 8 上，然后置于电炉 6 内加热。试样温度用捆在试样上的热电偶 5 测定，炉温用铂电阻 2 测控。通过杠杆 3 及砝码 4 对试样加载,使之承受一定大小的应力。试样的蠕变伸长则用安装于炉外的测长仪器 1 测量。蠕变试验用试样的形状、尺寸及制备方法、试验程序和操作方法等,可按有关国家标准 GB 2039—80,GB 6395—86,GB 10120—88 的有关规定进行。

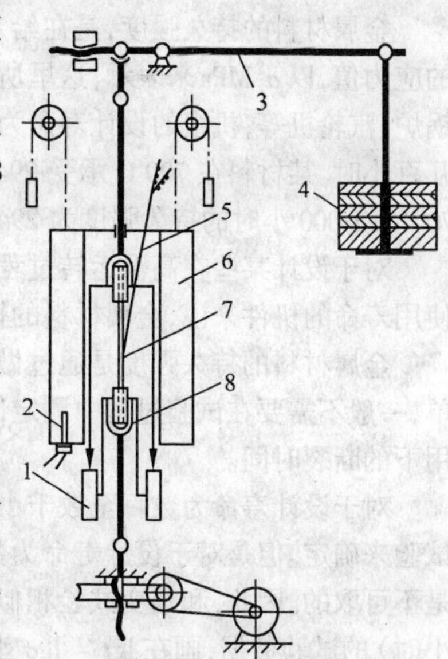

图 9-2-1　蠕变试验装置简图

1— 测长仪;2— 铂电阻;3— 杠杆;4— 砝码;5— 热电偶;6— 电炉;7— 试样;8— 夹头

现以第二阶段蠕变速度所定义的蠕变极限为例,说明其测定的方法。

(1) 在一定温度和不同应力条件下进行一组蠕变试验。每个试样的试验持续时间不少于 2000 ~ 3000 h。根据所测定的应变量与时间的关系,做出一组蠕变曲线,如图 9-1-3 (a) 所示。每一条蠕变曲线上直线部分的斜率,就是第二阶段恒定蠕变速度。

(2) 根据获得的不同应力 σ_1、σ_2、σ_3…… 和与之对应的恒定蠕变速度 $\dot{\varepsilon}_1$、$\dot{\varepsilon}_2$、$\dot{\varepsilon}_3$……,在应力与蠕变速度的对数坐标上做出 $\sigma - \dot{\varepsilon}$ 关系曲线。图 9-2-2 即为 12Cr1MoV 钢在 580℃ 时的应力 - 蠕变速度($\sigma - \dot{\varepsilon}$) 曲线。

(3) 由图 9-2-2,在同一温度下进行蠕变试验,其应力与蠕变速度的对数值($\lg\sigma - \lg\dot{\varepsilon}$) 之间成线性关系。

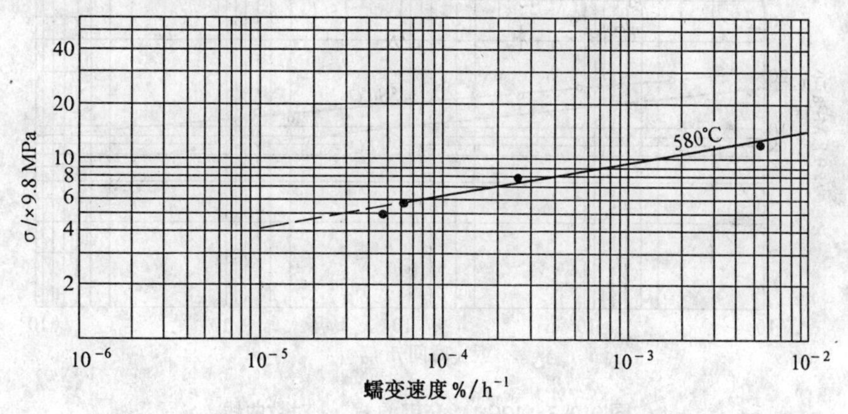

图 9-2-2　12Cr1MoV 钢的 $\sigma - \dot{\varepsilon}$ 对数曲线

因此,我们可采用较大的应力,则可以在较短的试验时间做出几条蠕变曲线,根据所测定的 $\sigma - \dot{\varepsilon}$ 对数曲线或用线性回归法给出规定蠕变速度的应力值,即得到蠕变极限。

9.2.2　持久强度及其测定方法

蠕变极限表征了金属材料在高温长期载荷作用下对塑性变形的抗力,但不能反映断裂时的强度及塑性。与常温下的情况一样,材料在高温下的变形抗力与断裂抗力是两种不同的性能指标。因此,对于高温材料还必须测定其在高温长期载荷作用下抵抗断裂的能力,即持久强度。

金属材料的持久强度，是在给定温度（T）下，恰好使材料经过规定时间（t）发生断裂的应力值，以 σ_t^TMPa来表示，这里所指的规定时间是以机组的设计寿命为依据。例如，对于锅炉、汽轮机等，机组的设计寿命为数万以至数十万小时，而航空喷气发动机则为一千或几百小时。某材料在700℃承受294 MPa的应力作用，经1 000h后断裂，则称这种材料在700℃、1 000小时的持久强度为294 MPa，写成 $\sigma_{1\cdot10^3}^{700} = 294$ MPa。

对于设计某些在高温运转过程中不考虑变形量的大小，而只考虑在承受给定应力下使用寿命的机件来说，金属材料的持久强度是极其重要的性能指标。

金属材料的持久强度是通过做持久试验测定的。持久试验与蠕变试验相似，但较为简单，一般不需要在试验过程中测定试样的伸长量，只要测定试样在给定温度和一定应力作用下的断裂时间。

对于设计寿命为数百至数千小时的机件，其材料的持久强度可以直接用同样时间的试验来确定。但是对于设计寿命为数万以至数十万小时的机件，要进行这么长时间的试验是不可取的。因此，和蠕变试验相似，一般做出一些应力较大、断裂时间较短（数百至数千小时）的试验数据，画在 $\lg t - \lg\sigma$ 坐标图上，找出 σ 与 t 之间的关系，用外推法求出数万以至数十万小时的持久强度。图9-2-3为12Cr1MoV钢在580℃及600℃时的持久强度曲线。由图可见，试验最长时间为几千小时（实线部分），但用外推法（虚线部分）可得到一万至十万小时的持久强度值。例如，12Cr1MoV钢在580℃，10 000 h的持久强度为 $\sigma_{1\cdot10^4}^{580} = 107.8$ MPa。

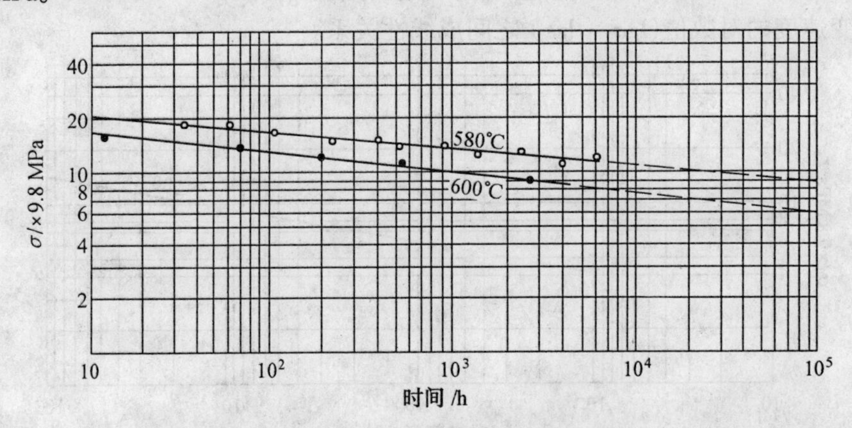

图9-2-3　12Cr1MoV钢的 $\sigma - t$ 对数曲线

高温长时试验表明，在双对数坐标中，各试验点并不真正符合线性关系，而常常有转折现象，如图9-2-4所示。其转折位置和形状随材料在高温下的组织稳定性和试验温度高低不等而不同。因此，直线外推法只是很粗略的方法。为了预防意外，一般限制外推时间不超过一个数量级。

通过持久强度试验，测量试样在断裂后的伸长率及断面收缩率，还能反映出材料在高温下的持久塑性。持久塑性是衡量材料蠕变脆性的一项重要指标，过低的持久塑性会使材料在使用中产生脆性断裂。实验表明，材料的持久塑性并不总是随载荷持续时间的延长而降低。因此，不能用外推法来确定持久塑性的数值。对于高温材料持久塑性的具体指标，还

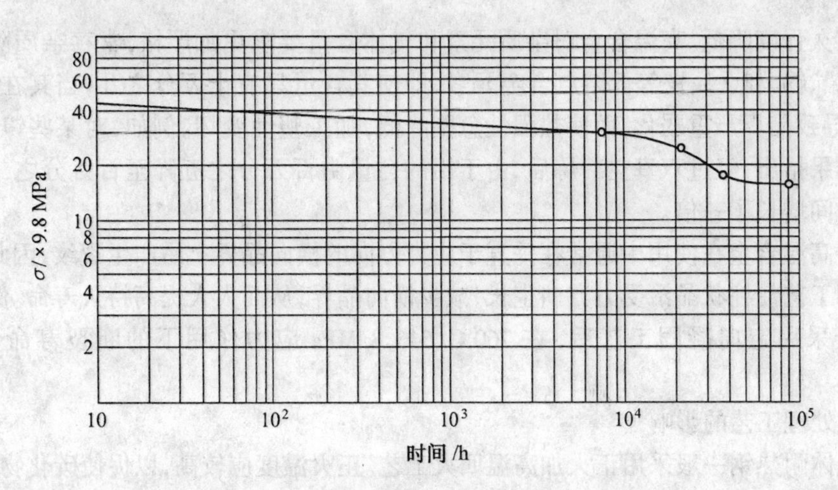

图 9-2-4　某种钢持久强度曲线的转折现象

没有统一规定。制造汽轮机、燃气轮机紧固件用的低合金铬钼钒钢，一般希望持久塑性（伸长率）不小于 3% ～ 5%，以防止脆断。

9.2.3　影响蠕变极限及持久强度的主要因素

由蠕变断裂机理可知，要降低蠕变速度提高蠕变极限，必须控制扩散和位错攀移的速度；要提高断裂抗力，即提高持久强度，必须抑制晶界的滑动和位错的运动，也就是说要控制晶内和晶界的扩散过程。这种扩散过程主要取决于合金的化学成分，但又同冶炼工艺、热处理工艺等因素密切相关。

1. 合金化学成分的影响

耐热钢及合金的基体材料一般选用熔点高，自扩散激活能大或层错能低的金属及合金。这是因为在一定温度下，熔点越高的金属自扩散越慢；如果熔点相同但结构不同，则自扩散激活能越高者，扩散越慢；堆垛层错能越低者越易产生扩展位错，使扩展位错宽度加宽，使位错难以产生割阶、交滑移及攀移。这些都有利于降低蠕变速度。大多数面心立方结构金属的高温强度比体心立方结构的高，这是一个重要原因。

在面心立方基体金属中加入铬、钼、钨、铌等合金元素形成单相固溶体，除产生固溶强化作用外，还因合金元素使层错能降低，易形成扩展位错，加大扩展位错的宽度，以及溶质原子与溶剂原子的结合力较强，增大了扩散激活能，从而提高蠕变极限。一般来说，固溶元素的熔点越高，其原子半径与溶剂的相差越大，对热强性提高越有利。

合金中如果含有弥散相，由于它能强烈阻碍位错的滑移与攀移，因而是提高高温强度更有效的方法。弥散相粒子硬度高（指与基体相不共格）、弥散度大、稳定性高，则强化作用越好。对时效强化合金，若在基体中加入相同摩尔分数的合金元素的情况下，多种元素要比单一元素的效果好。

在合金中添加能增加晶界扩散激活能的元素（如硼及稀土等），则既能阻碍晶界滑动，又增大晶界裂纹的表面能，因而对提高蠕变极限，特别是持久强度是很有效的。

2. 冶炼工艺的影响

各种耐热钢及其合金的冶炼工艺要求较高，因为钢中的夹杂物和某些冶金缺陷会使材料的持久强度降低。高温合金对杂质元素和气体含量要求更加严格，常存杂质除硫、磷外，还有铅、锡、钟、锑、铋等低熔点合金元素，即使其含量只有十万分之几，当其在晶界偏聚后，会导致晶界严重弱化，而使热强性急剧降低，加工塑性变坏。例如，对某些镍基合金的实验结果指出，经过双真空冶炼后，由于铅的含量由百万分之五降至百万分之二以下，其持久时间增长了一倍。

由于高温合金在使用中通常在垂直于应力方向的横向晶界上易产生裂纹，因此，采用定向凝固工艺使柱状晶沿受力方向生长，减少横向晶界，从而大大提高持久寿命。例如，某镍基合金采用定向凝固工艺后，在 760℃、646.8 MPa 应力作用下的断裂寿命可提高 4 ~ 5 倍。

3. 热处理工艺的影响

珠光体耐热钢一般采用正火加高温回火工艺。正火温度应较高，以促使碳化物较充分而均匀地溶于奥氏体中。回火温度应高于使用温度 100 ~ 150℃ 以上，以提高其在使用温度下的组织稳定性。

奥氏体耐热钢或合金一般进行固溶处理和时效，使之得到适当的晶粒度，并改善强化相的分布状态。有的合金在固溶处理后再进行一次中间处理(二次固溶处理或中间时效)，使碳化物沿晶界呈断续链状析出，则可使持久强度和持久塑性进一步提高。

采用形变热处理改变晶界形状(形成锯齿状)，并在晶内造成多边化的亚晶，使新生成位错攀移困难，则可使合金进一步强化。如 GH 38、GH 78 型铁基合金采用高温形变热处理后，在 550℃ 和 630℃ 的 100 h 持久强度分别提高 25% 和 20% 左右，而且还保持有较高的持久塑性。

4. 晶粒度的影响

晶粒大小对金属材料高温性能的影响很大。当使用温度低于等强温度时，细晶粒钢有较高的强度；当使用温度高于等强温度时，粗晶粒钢及合金有着较高的蠕变抗力与持久强度。但是，晶粒度太大会使持久塑性和冲击韧性降低。为此，在热处理时应考虑适当的加热温度，以满足适当晶粒度的要求。对于耐热钢及合金随合金成分及工作条件不同有一最佳晶粒度范围。例如，奥氏体耐热钢及镍基合金，一般以 2 ~ 4 级晶粒度较好。

在耐热钢及合金中晶粒度不均匀会显著降低其高温性能。这是由于在大小晶粒交界处出现不协调产生高应力集中，裂纹就易于在此产生而引起过早的断裂。

9.3 松弛稳定性

9.3.1 金属中的应力松弛现象

为了用螺栓压紧两个零件(如蒸汽管道接头)，需转动螺帽使螺杆产生一定的弹性变形，这样在螺杆中就产生了拉应力。在高温下会发现，经一段时间后，螺杆的拉应力却逐渐自行减小。但原来给的总变形量不变。这种在具有恒定总变形的零件中，随着时间的延长而自行减低应力的现象，称为应力松弛。

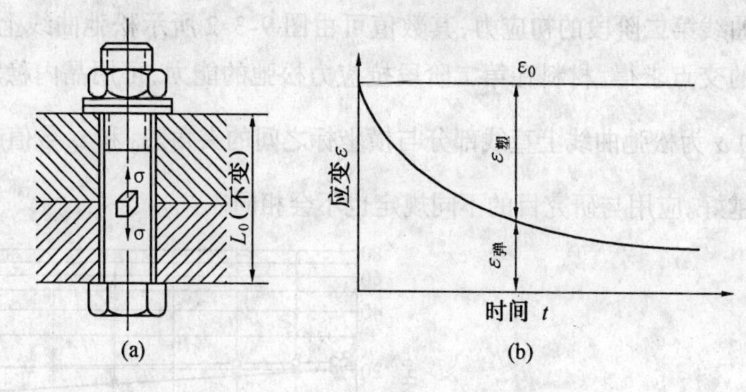

图 9-3-1　金属中的应力松弛现象

处于松弛条件下的零件如图 9-3-1 (a) 所示;在一定温度下随着时间的延长,弹性应变量 $\varepsilon_弹$ 与塑性应变量 $\varepsilon_塑$ 的变化,如图 9-3-1 (b) 所示,其总应变 ε_0 可用下式表示

$$\varepsilon_0 = \varepsilon_弹 + \varepsilon_塑 = 常数$$

最初,即 $t = 0$ 时,零件中的总应变为 $\varepsilon_0 = \Delta L_总 / L_0$,全为弹性变形,这时其中的应力为 $\sigma_0 = E \cdot \varepsilon_0$。随着时间的增长,塑性变形产生,弹性变形消失,弹性变形不断地转为为塑性变形,即弹性应变 $\varepsilon_弹$ 不断地减少,零件中的应力也就相应降低,即应力 $\sigma = E \cdot \varepsilon_弹$,而 $\varepsilon_弹$ 减小,σ 就减小。

钢在常温下,可以说不产生松弛现象,因松弛速度甚小,没有实际意义。但在高温时,松弛现象就较明显。因此,蒸汽管道接头螺栓在工作一定时间后必须拧紧一次,以免产生漏水、漏气现象。在高温下,除螺栓外,凡是相互连接而其中有应力相互作用的零件,如弹簧、压配合零件等,都会产生应力松弛现象。

前已述及,金属的蠕变是在应力不变的条件下,不断产生塑性变形的过程;而金属的松弛则是在总变形不变的条件下,弹性变形不断转变为塑性变形,从而使应力不断减小的过程。因此,可以将松弛现象视为应力不断减小条件下的一种蠕变过程。由此可知,金属的蠕变与应力松弛两者的本质是一致的,只是由于外界条件有点差异而有不同的表现而已。

9.3.2　松弛稳定性指标及其测定方法

金属中的应力松弛过程,可通过松弛试验测定的松弛曲线来描述。金属的松弛曲线是在给定温度 T 和总变形量不变条件下应力随时间而降低的曲线,如图 9-3-2 所示。经验证明,在单对数坐标($\lg\sigma - t$) 上,用各种方法所得到的应力松弛曲线,都具有明显的两个阶段。第一阶段持续时间较短,应力随时间急剧降低,第二阶段持续时间很长,应力下降逐渐缓慢,并趋于恒定。

第一阶段主要是蠕变中位错滑移和晶界滑移起主导作用,而第二阶段主要是扩散控制的位错攀移和畸变区扩散起主导作用的缘故,前者较快,而后者较慢。

材料抵抗应力松弛的性能称为松弛稳定性,可通过松弛曲线来评定。松弛曲线第一阶段的晶粒间界抗应力松弛的能力,用晶间稳定系数 s_0 表示。$s_0 = \sigma'_0/\sigma_0$,式中 σ_0 为初应力；σ'_0 为松弛曲线第二阶段的初应力，其数值可由图 9-3-2 所示松弛曲线上直线部分延长后与纵坐标的交点求得。材料在第二阶段抗应力松弛的能力，可用晶内稳定系数 $t_0 = \frac{1}{\tan\alpha}$ 表示，式中 α 为松弛曲线上直线部分与横坐标之间的夹角。s_0 和 t_0 数值越大，表明材料抗松弛性能越好。应用与研究目的不同规定也不会相同。

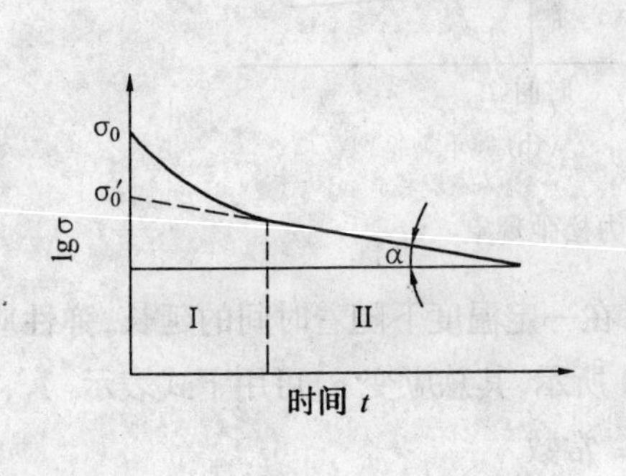

图 9-3-2　松弛曲线

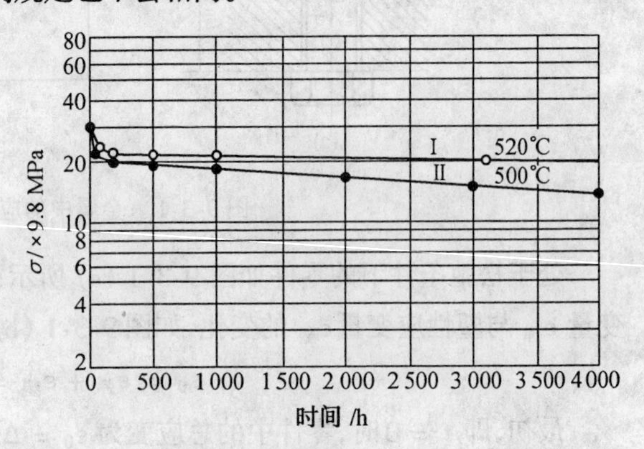

图 9-3-3　两种钢材松弛曲线的比较

Ⅰ－20Cr1Mo1VNbB　Ⅱ－25Cr2MoV

此外，还常用金属材料在一定温度 T 和一定初应力 σ_0 作用下，经规定时间 t 后的"残余应力" σ 的大小作为松弛稳定性的指标。对不同材料，在相同试验温度和初应力下，经时间 t 后，如残余应力值越高，说明该种材料越有较好的松弛稳定性。图 9-3-3 为制造汽轮机、燃气轮机紧固件用的两种钢材（20Cr1Mo1VNbB 及 25Cr2MoV）的松弛曲线。由图可见，20Cr1Mo1VNbB 钢的松弛稳定性比 25Cr2MoV 钢好。

应力松弛试验采用环状试样的试验方法。环状试样如图 9-3-4 所示。试环的厚度一定，其工作部分 BAB 由两个偏心圆 R_1 及 R_2 构成，使环的径向宽度 h 随角 φ 而变化，以保证在试环开口处 C 打入楔子时，在 BAB 半圆环的所有截面中具有相同的应力。试环的非工作部分 BCB 的截面较大，致其弹性变形可忽略不计。试验时，将一已知宽度 b_0 的几个不同尺寸的楔子依次打入开口处，使原开口的宽度 b 增大。根据材料力学公式，可计算出试环由于开口宽度增大在工作部分所承受的应力，即初应力 σ_0。试样加楔后，放在一定温度的炉中保温至预定时间，取出冷却，拔出楔子。这时，由于试环有一部分弹性变形转变为塑性变形，因而开口的宽度比原宽 b 有所增大，测出实际宽度，就可算出环内残余应力的大小。然后仍将楔子打入，第二次入炉，炉温不变，延长保温时间。这样依次进行，就可测出经不同

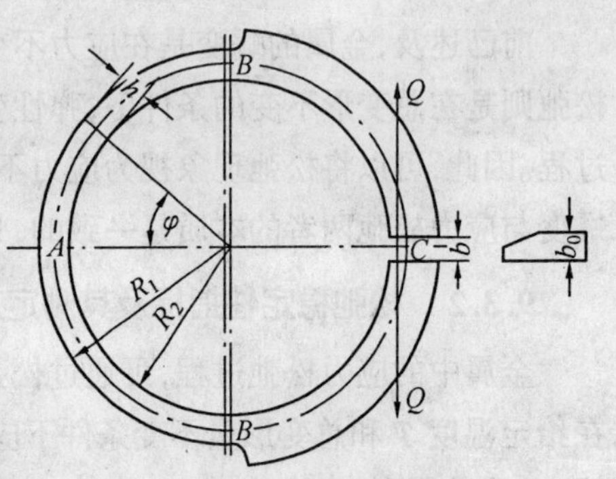

图 9-3-4　松弛试验用的环状试样（ϕ70 mm 型标准试环，R_1 = 28.6 mm，R_2 = 25.0 mm）

保温时间后环内的残余应力的数值，据此绘出松弛曲线。

9.4 其他高温机械性能

我们前几章讲的力学性能指标，有许多指标有时要求在高温下进行测试，如拉伸、硬度、断裂、疲劳、腐蚀开裂及氢脆、冲击等。

9.4.1 高温短时拉伸性能

评定材料热强性能时，虽然主要考虑其蠕变极限和持久强度，但在某些特殊情况下，如火箭上的零件，工作时间很短，蠕变现象不起决定作用；又如制定钢的热锻轧工艺，需要了解钢材的热塑性，这时高温瞬时拉伸的机械性能就有其重要的参考价值。

高温短时拉伸试验主要是测定金属材料在高于室温时的抗拉强度、屈服强度、伸长率及断面收缩率等性能指标。可在装有管式电炉及测量和控制温度等辅助设备的一般试验机上进行。试样按常温试验要求准备好后，装入管式炉中，两端用特制的连杆引出炉外，夹于试验机的夹头内。为了准确地测定试样温度，最好将热电偶的热接点用石棉绳绑在试样标距部分。试样加热到规定温度后，应根据其尺寸大小，保温 20 min 以上，然后进行拉伸试验。试样的伸长和断面收缩，可待试样冷却后在常温下测定。如需测定材料的屈服强度，则应采用特制的引伸计，使其能伸出炉外，以便观测；也可在管式炉上预留窥视孔，装试样时使其标点恰好对准此孔，在试验过程中用测试望远镜测定其伸长。

国家标准 GB/T 3438—1995 中对试件、拉伸炉、试验机、试验步骤、数据处理及试验温度、拉伸速度等都做了相关的规定。

9.4.2 高温硬度

金属材料的高温硬度，对于高温轴承及某些工具材料等是重要的质量指标。此外，目前正在研究高温下金属材料的硬度值随承载时间的延长而逐渐下降的规律，试图据此确定同温度下的持久强度，以减少或省去时间冗长的持久试验。因此，高温硬度试验的应用将日益广泛。

高温硬度试验在试验设备方面，涉及试样加热、保温、控温和防止氧化等一系列问题。目前，在试验温度不太高的情况下，仍用布氏、洛氏和维氏试验法。在试验机的工作台上须加装一只密闭的试样加热保温箱(包括加热及冷却系统、测温装置、通入保护气体系统、高真空系统及移动试样位置装置等)，并加长压头的压杆，使之伸入密闭的加热箱内。注意热对试验机的损害，要水冷、隔热等。如试验温度较高，要求较严格时，则多采用特制的高温硬度计。试验机的压头，在温度不超过 800℃ 时，可用金刚石锥(维氏和洛氏) 和硬质合金球(布氏和洛氏)，当试验温度更高时，则应换用人造蓝宝石或刚玉制的压头或其他陶瓷材料，高温下金刚石不稳定。

在操作方法上，考虑到在较高温度下试样硬度一般较低，所以载荷不宜过大，并需根据试验温度的高低改变载荷大小，以保证压痕的清晰和完整。此外，由于试样在高温下塑性较好和对蠕变的影响较显著，一般规定加载时间为 30 ~ 60 s。但有时特地为了显示蠕变的影响，加载时间可延续 1 ~ 5 h，所得结果叫做持久硬度。试样上压痕对角线（维氏）或直径（布氏）的测量，一般均待试样冷却后取出在常温下进行。

习　题

1. 高温变形与断裂的机理是什么？
2. 高温变形与断裂中位错及组态有何变化？
3. 高温瞬时拉伸应力 - 应变曲线与常温拉伸应力 - 应变曲线是否相同？为什么？

第10章 金属在高速加载下的力学行为

10.1 高速载荷的基本概念

10.1.1 应变速率

条件应变速率用 $\dot{\varepsilon}$ 表示，真实应变速率用 $\dot{e}$ 表示。

$$\dot{\varepsilon} = \frac{d\varepsilon}{dt} = \frac{d[(L - L_0)/L_0]}{dt} = \frac{1}{L_0} \cdot \frac{dL}{dt} = \frac{v}{L_0} \tag{10-1-1}$$

式中，L 为即时试件长度；L_0 为原始试件长度；v 为变形速度；t 为时间。

真实应变速率

$$\dot{e} = \frac{de}{dt} = \frac{d\left[\ln \dfrac{L}{L_0}\right]}{dt} = \frac{1}{L}\frac{dL}{dt} = \frac{v}{L} \tag{10-1-2}$$

式中，符号与上式意义相同。

真实应变若用试件直径表示，则有

$$\dot{e} = \frac{de}{dt} = \frac{d[\ln(D_0/D)^2]}{dt} = -\frac{2}{D}\frac{dD}{dt} = \frac{2v}{D} \tag{10-1-3}$$

式中，D_0 为原始试件直径；D 为试件即时直径；v 为直径变形速率。

$$\dot{e} = \frac{v}{L} = \frac{L_0}{L}\frac{d\varepsilon}{dt} = \frac{1}{1+\varepsilon}\frac{d\varepsilon}{dt} = \frac{\dot{\varepsilon}}{1+\varepsilon} \tag{10-1-4}$$

这个式子给出了真实应变速率与条件应变速率的关系。条件应变速率和试验机夹头的移动速率成正比关系。而真实应变速率与试验机夹头移动速率无正比关系，要得到均衡的真实加载速率必须随时调整试验机夹头的移动速率。

载荷速率为
$$\dot{F} = dF/dt$$
式中，F 为载荷；t 为时间。

对光滑试件受力及变形在很低速下实施时可以认为试件上各点应力和变形是均衡的，而对高速施力于试件时，对光滑件来说其上各点的应力和变形往往是不同的，具有波动特征。

10.2 光滑细长杆件上弹性波动特征

若一固体冲击到另一固体上，使被冲击体的整个体积内各部分处于非平衡状态时，则应力波或脉冲将在物体内传播。这是因为，这种局部的不平衡需要一定的时间才能使物体的其他部分感受到，由于局部失去平衡导致特定质点的移动并调整自己的位置以适应瞬时的应力分布，所以，其结果是这种调整的能力被传播着，并且是在一定的速度下传播着，这种传播速度就是波的传播速度。这里值得提醒的是，质点的运动速度与波的传播速度是两个截然不同的物理概念，不能混淆，这正像用一块石子丢进平面如镜的水池中，就会激起水波向四面八方传播开来，但水的质点却只是上下运动着，这时，波的传播方向与质点的运动方向相垂直。可见，质点的运动速度与波的传播速度二者是显然不同的。

为了使问题简化，首先我们研究一个波在“细长杆”上的传播问题，这里的所谓细长杆，是指其长度方向至少比直径方向的尺寸大一个数量级，这时可以忽略泊松效应，即杆上各点的位移、变形、运动仅仅是一维的。不受其横向变形的干扰，从而使问题得到简化。

一个弹性波在细长杆上传播，根据波的传播方向和质点的运动方向的关系，可以分为纵波与横波两大类。横波是指质点的运动方向与波的传播方向相垂直；而纵波是指波的传播方向与质点的运动方向相一致（纵向压缩波）或相反（纵向拉伸波）。例如在细长杆的一端加一扭转脉冲载荷，则得到横波。在细长杆的一端施加摆锤的纵向冲击，则得到纵向压缩波。

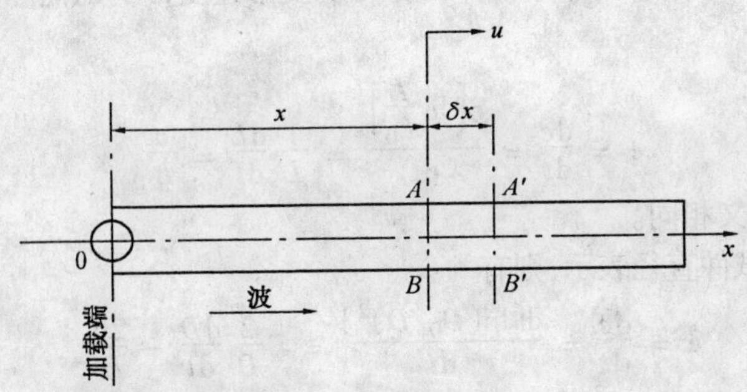

图 10-2-1　一端受冲击的细长杆

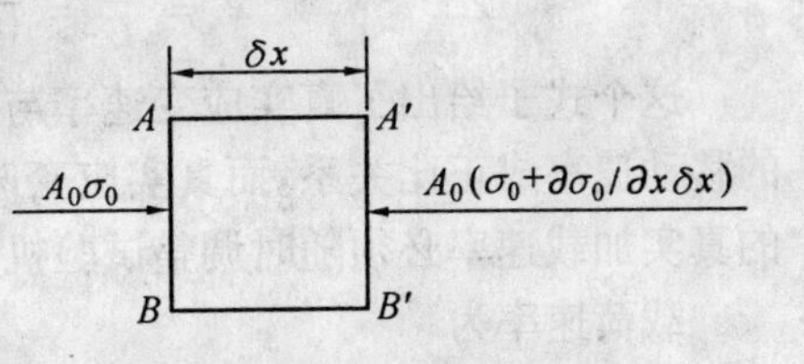

图 10-2-2　单元体受力分析

图 10-2-1 表示一个开始时是静止的均匀截面的细长杆上传播着一个纵向压缩波。坐标的原点为 0 点。当时间 $t=0$ 时，杆上未受载荷，杆的左端正好位于 0 点处。设想，此时突然有一高速运动的冲锤撞击在端平面（在 $x=0$ 处）上，它导致了一个扰动弹性地沿着杆向右边（x 的正方向）传播。在某一时刻 t 时，此扰动抵达 AB 截面。这时 AB 截面沿 x 轴的位移为 u。在距 AB 截面 δx 并与 AB 面相平行的截面 $A'B'$ 上，亦即距原点距离为 $x+\delta x$ 的截面上，其沿 x 轴的方向的位移必然为 $u+(\partial u/\partial x)\delta x$。这时，若我们忽略掉杆的横向变形，杆的重力和波的传播的阻尼损耗，取出这个单元 $ABB'A'$，见图 10-2-2。在其 AB 平面上作用的压力为 $A_0\sigma_0$。这里，A_0 为杆的原始横截面积，σ_0 为压应力。在 $A'B'$ 平面上作用的压力为 $A_0(\sigma_0+\partial\sigma_0/\partial x\cdot\delta x)$。这两个力的方向相反。作用在此单元体上的净合力为 $A_0(\sigma_0+\partial\sigma_0/\partial x\cdot\delta x)-A_0\sigma_0=A_0\cdot(\partial\sigma_0/\partial x\cdot\delta x)$，方向指向 x 轴的负方向。这个合力使单元体克服惯性获得加速度。由于此力所引起的加速度指向 x 轴的负方向，所以我们在其前面加一

负号,即合力为 $-A_0(\partial\sigma_0/\partial x)\delta x$。据牛顿定律,有

$$-\frac{\partial\sigma_0}{\partial x}\delta x A_0 = A_0\rho_0\delta x\frac{\partial^2 u}{\partial t^2} \tag{10-2-1}$$

式中,ρ_0 为材料未受力时的原始密度。由于固体的可压缩性很小,故可视为常数 $A_0\rho_0\delta x$ 为单元体质量 m,$\frac{\partial^2 u}{\partial t^2}$ 为单元体的加速度 a。

消去等式两边的共同项,则有

$$\frac{\partial\sigma_0}{\partial x} = -\rho_0\frac{\partial^2 u}{\partial t^2} \tag{10-2-2}$$

由于 $\partial u/\partial x$ 就是单元体在 x 轴方向上的应变,所以

$$-\frac{\sigma_0}{\partial u/\partial x} = E \tag{10-2-3}$$

式(10-2-3)左边项的前面有一负号,是因为 σ_0 为压力,是沿 AB 截面的法线的反方向,沿用弹性力学规则,σ_0 为负,移项,并对 x 微分,则

$$\frac{\partial\sigma_0}{\partial x} = -E\frac{\partial^2 u}{\partial x^2} \tag{10-2-4}$$

将式(10-2-4)代入(10-2-2),则

$$\rho_0\frac{\partial^2 u}{\partial t^2} = E\frac{\partial^2 u}{\partial x^2} \tag{10-2-5}$$

或写成

$$\frac{\partial^2 u}{\partial t^2} = \frac{E}{\rho_0}\frac{\partial^2 u}{\partial x^2} = c_L^2\frac{\partial^2 u}{\partial x^2} \tag{10-2-6}$$

这里,$c_L=\sqrt{\frac{E}{\rho_0}}$,其物理含意为纵波在物体中的传播速度,下标L表示纵波。要证明这一点,我们必须首先对波动方程 $\frac{\partial^2 u}{\partial t^2} = c^2\frac{\partial^2 u}{\partial x^2}$ 求解。

一维波动方程的标准式为 $\frac{\partial^2 u}{\partial t^2} = c^2\frac{\partial^2 u}{\partial x^2}$。我们可以用行波法来比较直观、形象地说明它的通解及物理含意。

令

$$u = f(x-ct) + F(x+ct) \tag{10-2-7}$$

这里,f、F 为相互独立的任意函数。将式(10-2-7)对 t 微分一次,则

$$\frac{\partial u}{\partial t} = -cf'(x-ct) + cF'(x+ct) \tag{10-2-8}$$

对 t 再微分一次,则

$$\frac{\partial^2 u}{\partial t^2} = c^2 f''(x-ct) + c^2 F''(x+ct) \tag{10-2-9}$$

类似,将式(10-2-7)对 x 微分,我们有

$$\frac{\partial u}{\partial x} = f'(x-ct) + F'(x+ct) \tag{10-2-10}$$

$$\frac{\partial^2 u}{\partial x^2} = f''(x-ct) + F''(x+ct) \tag{10-2-11}$$

比较式(10-2-9)和式(10-2-11),很明显有

$$\frac{\partial^2 u}{\partial t^2} = c^2 \frac{\partial^2 u}{\partial x^2}$$

这就证明,$u = f(x - ct) + F(x + ct)$ 是波动方程的通解。式中 f 和 F 是分别以$(x - ct)$和$(x + ct)$为变量的任意形式的函数,它们均可满足该波动方程,至于在特定的结构、尺寸和受载条件下,函数 f 和 F 的具体形式,则要由初始条件、边界条件决定。这方面的内容已超出本书范围,读者若有兴趣,可参考有关文献。

再来看看 $u = f(x - ct) + F(x + ct)$ 的物理意义。若令 $F(x + ct) \equiv 0$,则此时通解变为

$$u = f(x - ct) \tag{10-2-12}$$

由式(10-2-12)可见,任意点的位移 u 是其位置 x 和时间 t 的函数,参见图 10-2-3,设在 $x = x_1$ 点,$t = t_1$ 的瞬间,该 x_1 点的位移 $u = S = f(x_1 - ct_1)$,而在 $x = x_2$ 点,$t = t_2$ 的瞬间,该 x_2 点的位移为 $f(x_2 - ct_2)$。如果 x_1、x_2、t_1、t_2 之间满足 $x_2 - ct_2 = x_1 - ct_1$ 的关系,亦即 $x_2 - x_1 = c(t_2 - t_1)$ 的关系,则 x_2 点,在 t_2 时的位移 $u \equiv S = f(x_1 - ct_1)$。这就是说,当 $x_2 - ct_2 = x_1 - ct_1$ 得到满足时,x_1 点在 t_1 瞬间的位移等于 x_2 点在 t_2 瞬间的位移。这就相当于位移幅度 s 经过$(t_2 - t_1)$的时间,从 x_1 移至 x_2。$c = \frac{x_2 - x_1}{t_2 - t_1}$,其量纲为速度,它表示了波沿 x 轴方向的传播速度。因此,质点受外力干扰的传播过程,就相当于一个波以速度 c 沿 x 轴的方向传播。

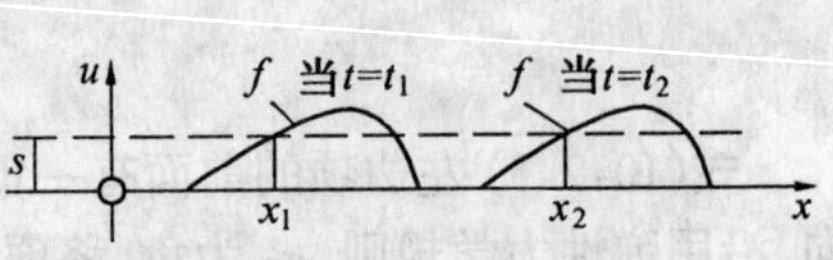

图 10-2-3 纵波传播示意图

由式(10-2-6)可知,$c = c_{\mathrm{L}} = \sqrt{\frac{E}{\rho_0}}$,即为弹性纵波的传播速度。

在式(10-2-7)中通解的另一项为 $u = F(x + ct)$,是波动方程的另一个解。这个解表示波沿着 x 轴的负方向传播。传播速度亦为 c。习惯上把 $f(x - ct)$ 称为顺波,因其传播方向为 x 轴的正方向。把 $F(x + ct)$ 称为逆波,因其传播方向为 x 轴的负方向。在上述的杆端受冲击的情况下,显然在杆内只有顺波而无逆波。但是,假如这种脉冲扰动是施加在杆的中央部位,则此时顺波与逆波都同时存在,且数值上相等,分别沿 x 轴正方向和负方向传播。

根据上述波动方程的解,我们求得 $c_{\mathrm{L}} = \sqrt{\frac{E}{\rho_0}}$,它表示纵向弹性压缩或拉伸波的传播速度。它仅仅与材料的弹性模量 E 和密度 ρ_0 有关。c_{L} 与局部质点的运动速度有关。质点的运动速度,即 $\partial u/\partial t$,则取决于扰动力,也就是与函数 f 和 F 有关。

表 10.2.1 给出了一些有代表性的材料在 0℃ 时的弹性波传播速度 c_{L}。请留意,c_{L} 随温度改变而改变。这是因为弹性模量 E 对温度还是敏感的。此外,在结晶材料中 c_{L} 尚与方向有关,这是因为结晶材料的各向异性所致。在水泥之类材料中,由于其拉伸与压缩时的 E 不相等,所以其纵向压缩波与纵向拉伸波的传播速度不同。

与纵波的表达方式相类似,扭转波(横波)的波速为

$$c_T = \sqrt{\frac{G}{\rho_0}} \tag{10-2-13}$$

式中，G 为剪切弹性模量；ρ_0 为材料密度；下标 T 表示横波。

表 10.2.1 弹性纵波与扭转波的传播速度 $\left(c_L = \sqrt{\frac{E}{\rho_0}}, c_T = \sqrt{\frac{G}{\rho_0}}\right)$

材 料	铸 铁	碳 钢	黄 铜	铜	铅	铝	玻 璃
$E/(\mathrm{MPa})$	113 825	203 508	93 126	113 825	17 246	68 984	55 181
$\rho_0/(\mathrm{g \cdot cm^{-3}})$	7.2	7.75	8.3	8.86	11.35	2.65	1.93
$c_L/(\mathrm{m \cdot s^{-1}})$	3 966	5 151	3 352	3 688	1 189	5 090	5 344
$c_T/(\mathrm{m \cdot s^{-1}})$	2 469	3 239	2 042	2 286	701	3 109	3 261

注：重力加速度 g 取 $9.75\mathrm{m/s^2}$

前已述及，弹性波的传播速度与质点运动的速度无关。但是，质点的运动速度却与质点的受力有密切的关系。这也就是说，在细长杆上各截面的运动速度与该截面上的应力有密切的关系。

由于 $u = f(x - c_L t)$ 是波动方程的一个解，可以分别对 x 和 t 求微分，则 $\partial u/\partial t = -c_L f'(x - c_L t)$，$\partial u/\partial x = f'(x - c_L t)$，从而有

$$\partial u/\partial x = -\frac{1}{c_L}\frac{\partial u}{\partial t} \tag{10-2-14}$$

据虎克定律，式(10-2-3) 及式(10-2-12)，就可求出应力

$$\sigma_0 = -E\frac{\partial u}{\partial x} = \frac{E}{c_L}\frac{\partial u}{\partial t} \tag{10-2-15}$$

由于 $\frac{\partial u}{\partial t}$ 表示质点的运动速度，可以用 v_0 表示，所以

$$\sigma_0 = Ev_0/c_L \tag{10-2-16}$$

又由于 $c_L = \sqrt{\frac{E}{\rho_0}}$，$c_L^2 = \frac{E}{\rho_0}$，$E = c_L^2\rho_0$，于是

$$\sigma_0 = \rho_0 c_L v_0 \tag{10-2-17}$$

或

$$v_0 = \sigma_0/\sqrt{E\rho_0} \tag{10-2-18}$$

式(10-2-17) 说明，在细长杆的任一截面上，其质点的运动速度 v_0 与该截面上所受的应力 σ_0 成比例关系，比例系数为 $\rho_0 c_L$。我们定义 $\rho_0 c_L$ 为波阻率，它表示产生单位运动速度所需要施加的应力。这个术语的物理概念是不难理解的，正像电学中的欧姆定律中的电阻率，传热学中的导热率，虎克定律中的弹性模量一样，是材料抵抗波动的一种能力的表征。

波阻率取决于材料的性质，仅与材料的密度和弹性模量有关。对于钢，其波阻率 $\rho_0 c_L = \frac{7.75(\mathrm{g/cm^3})}{9.75(\mathrm{m/s^2})} \cdot 5151(\mathrm{m/s}) = 4.09\left(\frac{\mathrm{kg \cdot s}}{\mathrm{mm^2 \cdot m}}\right)$，而对于铅，其波阻率 $\rho_0 c_L =$

$\frac{11.35(\mathrm{g/cm^3})}{9.75(\mathrm{m/s^2})}\cdot 1189(\mathrm{m/s}) = 1.38\left(\frac{\mathrm{kg\cdot s}}{\mathrm{mm^2\cdot m}}\right)$。这表明，若欲产生相同的质点运动速度，对钢要施加较大的应力才行。工程上采用$\left(\frac{\mathrm{kg\cdot s}}{\mathrm{mm^2\cdot m}}\right)$为波阻率的量纲，计算上较方便。

我们可以计算出在弹性变形范畴内质点的最大可能的运动速度，这时只要把材料的屈服强度 σ_s 代入式(10-2-18) 即可。对于软钢，若屈服强度为 243MPa，则 v_0 为 6.1m/s；对于纯铅，其屈服强度仅为 15.2MPa，这时 v_0 仅只有 1.22m/s。同样在屈服应力水平，二者质点运动速度相差是很大的。

若将式(10-2-17) 改为用载荷表示，则仅须在等式两边乘以截面积 A_0 即可，这时作用力为 p 表示

$$p = \rho_0 c_L A_0 v_0 = m v_0 \tag{10-2-19}$$

这时

$$m = \rho_0 c_L A_0 = \text{波阻率} \times \text{截面积} \tag{10-2-20}$$

我们定义 m 为波阻，它与电阻等概念相似，波阻表示在受载杆的截面上，每产生单位速度所需的力。显然，波阻 m 与截面积有关，而且是与截面积成简单的正比关系。对于用同一材料制成的变截面杆，在截面突变处，波阻也有一突变。对于大截面部分，若要保持与小截面处相同的质点运动速度，则须较大的载荷，这一点是容易理解的。一均匀截面杆件若是由不同密度和弹性模量的材料对接而成的，则在接合截面上，波阻也有突变。因为这时材料的波阻率有了改变。波阻这一概念十分重要。它对于分析波的传播、反射、透射等现象是必不可少的。在本章的后面几节中将进一步阐明其应用。

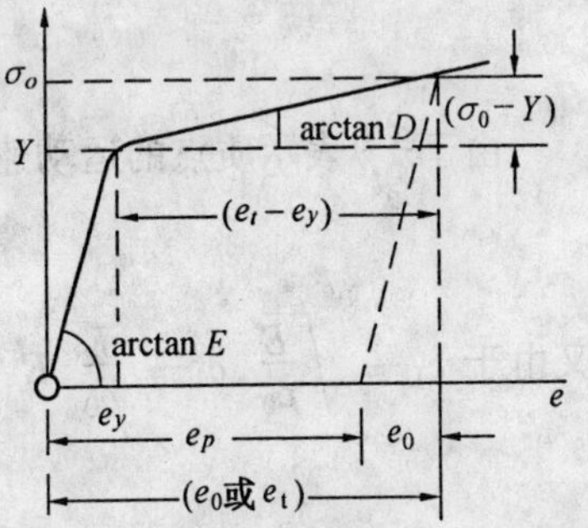

当外力超过材料的屈服强度时，材料就要塑性变形。图 10-2-4 表示了一个理想化了的材料，其名义应力－应变曲线由两段直线构成。这两段直线分别表示弹性部分和塑性部分，斜率分别为 E 和 D，其中 E 为正弹性模量，而 D 为塑性模量。Y 点为屈服点。倘若在杆的一端突然施加一个脉冲载荷，如若名义应力 $\sigma_0 \leqslant Y$，这时应力波将以速度 $c_L = \sqrt{E/\rho_0}$ 在杆内传播；如若名义应力 $\sigma_0 > Y$，那么名义应力的增量$(\sigma_0 - Y)$ 和应变增量$(e_0 - e_r)$ 之间仍然有比例关系，比例系数为 D。这样，这个应力增量$(\sigma_0 - Y)$ 将以速度$\sqrt{D/\rho_0}$ 在杆内传播，显然，$\sqrt{D/\rho_0}$ 要比$\sqrt{E/\rho_0}$ 小，ρ_0 为材料密度。

图 10-2-4　理想化了的材料应力－应变曲线

假如杆的自由端是在一个恒定的 $\sigma_0(\sigma_0 > Y)$ 下运动的，这时可以预计到应力波将分解成为弹性波和塑性波两个部分。它们在同一瞬间开始，但传播的速度却不同，分别为 $c_L = \sqrt{E/\rho_0}$ 和 $c_P = \sqrt{D/\rho_0}$。杆上的应力应变分布将如图 10-2-5所示。随着时间的增加，两个波的前沿间的距离将增大。

对于通常的工程材料，其名义应力－应变曲线并非如上述的那么理想化。它是一条以连续的曲线为过渡的两端为直线段的曲线所构成，如图 10-2-6 所示。

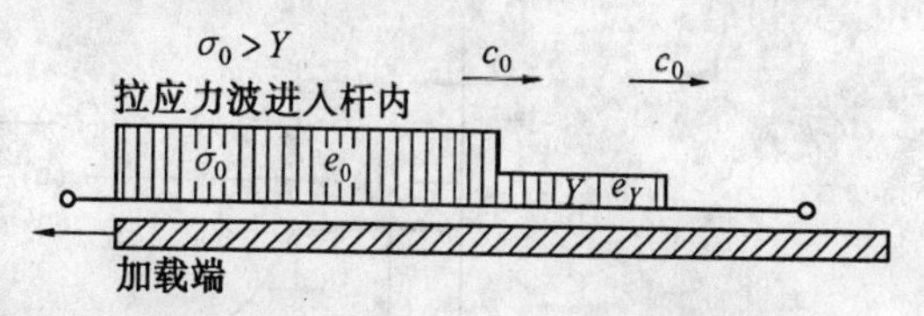

图 10-2-5　理想化了的材料的弹、塑性波的传播

图 10-2-7 为细杆上在塑性变形后的一长度为 dx 的单元截面的受力分析。由于在塑性变形时纵向变形较大，这时必须考虑到横向截面尺寸的改变。运用塑性力学中的体积不变原理，这时 $A_0\sigma_0 = A\sigma$。式中 A_0 为杆未受力时的原始截面积，σ_0 为工程名义应力，A、σ 分别为真实截面面积和真实应力。据牛顿惯性定律，就有

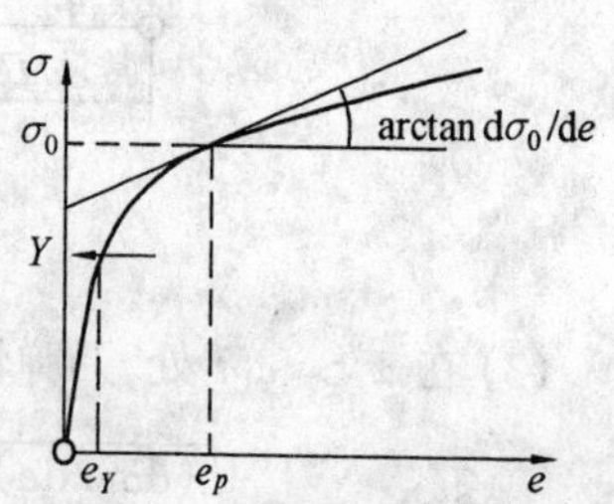

图 10-2-6　典型实际材料的应力－应变曲线

$$\mathrm{d}(A\sigma) = \rho_0 A_0 \mathrm{d}x \frac{\partial^2 u}{\partial t^2} \tag{10-2-21}$$

式中，$\mathrm{d}(A\sigma)$ 为作用在单元体上的纵向净合力；ρ_0 为未受力情况下材料的密度，由于固体可压缩性很小，ρ_0 可视为常数，所以 $\rho_0 A_0 \mathrm{d}x$ 为单元体质量；u 为距原点 x 处的位移，$\frac{\partial^2 u}{\partial t^2}$ 即为加速度。由于 $A\sigma = A_0\sigma_0$，式(10-2-21) 可改写成 $\mathrm{d}(A_0\sigma_0) = \rho_0 A_0 \mathrm{d}x \partial^2 u/\partial t^2$。由于 A_0 为常量，可消去，则

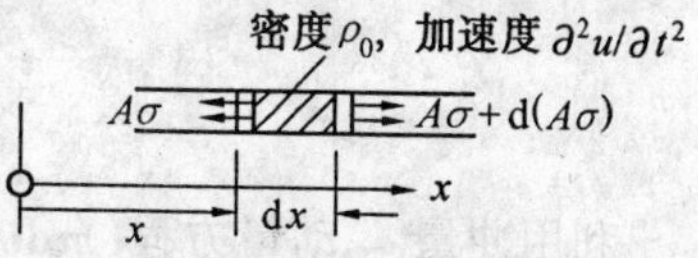

密度 ρ_0，加速度 $\partial^2 u/\partial t^2$

图 10-2-7　塑变时的单元体应力分析

$$\frac{\mathrm{d}\sigma_0}{\mathrm{d}e} = \rho_0 \frac{\mathrm{d}x}{\mathrm{d}e} \frac{\partial^2 u}{\partial t^2} \tag{10-2-22}$$

式中，$e = \frac{\partial u}{\partial x}$，为真实延伸率；$\frac{\mathrm{d}e}{\mathrm{d}x} = \frac{\partial^2 u}{\partial x^2}$，代入式(10-2-22)

$$\frac{\partial^2 u}{\partial t^2} = \frac{\mathrm{d}\sigma_0/\mathrm{d}e}{\rho_0} \frac{\partial^2 u}{\partial x^2} \tag{10-2-23}$$

这与弹性状态下的波动方程酷似，这时可令 c_P 为塑性波的传播速度，则

$$c_P = \sqrt{(\mathrm{d}\sigma_0/\mathrm{d}e)/\rho_0} \tag{10-2-24}$$

$\frac{\mathrm{d}\sigma_0}{\mathrm{d}e}$ 是指名义应力工程应变曲线上对应于应力 σ_0 的那一点的切线的斜率。在两直线之间过渡的曲线段上各点的切线的斜率不同，即 $\frac{\mathrm{d}\sigma_0}{\mathrm{d}e}$ 不同，因此 c_P 也不同。如果外加的冲击应力为 σ_0，且 $\sigma_0 > Y$，则在时间 t 后，沿 x 轴不同横截面上的应变可由图 10-2-8 表示。整个长度分为三个区域。

(1) 在 $x = 0$ 到 $x = c_P t$ 之间，应变为常数 c_P；

(2) 在 $x = c_P t$ 和 $x = c_L t$ 之间，应变随距离增大而减小，由 e_P 减小到 e_r；

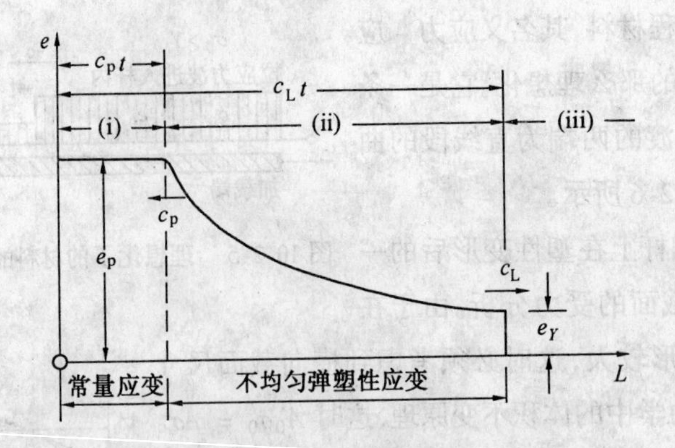

图 10-2-8　杆上应变分布

(3) 在 $x > c_L t$ 处,乃弹性波波前区域,此段杆上尚不受力。

上述的 $c_P = \sqrt{\dfrac{(d\sigma_0/de)}{\rho_0}}, c_L = \sqrt{\dfrac{E}{\rho_0}}$

与弹性状态下相似,在塑性状态下质点运动速度也与所加应力有关。为推导出这一关系,我们设想有一个单元体,若在其未受力状态时的长度为 dx,则在应力为 σ_0 下,一个载荷增量 $d(A_0\sigma_0)$ 的波通过它所须的时间 $dt = dx/c_P$,即

$$dt = \frac{dx}{\sqrt{(d\sigma_0/de)/\rho_0}} \tag{10-2-25}$$

利用冲量 - 动量方程($mdv = Fdt$),则有

$$(\rho_0 A_0 dx)dv = d(A_0\sigma_0)dt \tag{10-2-26}$$

式中,dv 为由于力的增量 $d(A_0\sigma_0)$[亦即 $d(A\sigma)$]所引起的单元体速度的增量,以 $dt = \dfrac{dx}{c_P}$ 代入式(10-2-26),消去 dt,则

$$dv = \frac{d\sigma_0}{\rho_0\sqrt{\dfrac{d\sigma_0/de}{\rho_0}}} = \sqrt{\frac{d\sigma_0/de}{\rho_0}}de \tag{10-2-27}$$

单元体应变由零增大到 e_P 所需的运动速度可由积分求得

$$v = \int_0^{e_P}\sqrt{\frac{d\sigma_0/de}{\rho_0}}de = \int_0^{e_P} c_L\sqrt{\frac{d\sigma_0/de}{E}}de \tag{10-2-28}$$

在工程应力 - 应变曲线的抗拉强度极限那一点上,$\dfrac{d\sigma_0}{de} = 0$,这意味着在该点处塑性波的传播速度 e_P 为零。冲击端点上在这时相应的质点运动速度

$$V_c = \int_0^{e_u}\sqrt{\frac{d\sigma_0/de}{\rho_0}}de \tag{10-2-29}$$

式中,e_u 为抗拉强度极限点所对应的真实应变,亦即真实最大均匀应变。

V_c 的物理意义是当冲击速度达到或超过 V_c 时,塑性波就不可能传播了。断裂将产生于冲击点附近,表现为脆断。

理论上讲,在运用上述计算公式时,应该采用动态的应力 - 应变曲线,但实际计算表明用静态的应力 - 应变曲线来计算的临界冲击速度与实验测定值还比较接近。表 10.2.2 列出材料的一些临界冲击速度。对大部分材料,临界冲击速度约在 15.2 ~ 152m/s 范围内。不锈钢的 V_c 数值很高。锰钢和 Hadfield 钢的理论临界冲击速度为 228m/s,是所有材料中最高的。

表 10.2.2　几种材料的临界冲击速度①

材　料		状　态	临界冲击速度 $V_c/(m \cdot s^{-1})$		材　料	状　态	临界冲击速度 $V_c/(m \cdot s^{-1})$	
			实验值	理论值②			实验值	理论值②
铝合金	2S	退火	> 61	53.6	铜	冷轧	15.2	12.8
	2S	1/2H	33.5	10.9	生铁	退火	30.5	1)
	24S	退火	> 61	53	钢 SAE 1022	退火	48.8	1)
	24S1	供货	> 61	88.4	SAE 1022	冷轧	30.5	29
镁合金	DowF	供货	> 61	70.7	SAE 1095	正火	> 61	70.7
	DowJ	供货	> 61	92.4	SAE 1095	退火(Hi)	49	70.7
铜		退火	> 61	70.4	不锈钢	供货	> 61	149

① 因有屈服平台,不能计算。

② 由静态工程应力 - 应变曲线计算。

10.3　高速率下金属力学性能指标变化

以上几节,主要是阐明冲击载荷的力学特点,引入了应力波的概念。但是,对于研究材料力学性能指标而言,用“冲击载荷”这一概念就有些欠妥。因为“冲击载荷”这一术语,没有严格的定义。譬如,多大速度的冲击才构成冲击载荷?这是无法回答的,因为这与被冲击体的形状、尺寸、自振周期有关。有人提议,只有在载荷作用时间甚小于被冲击体的自振周期时,才能表现出应力波的传播性,因而才能称为冲击载荷。对于材料工作者而言,我们关心的是材料的塑变、断裂的机制与抗力。而这些过程与性能与材料的应变率有密切关系。应变率是个可以测量的参数,同时也是对塑变和断裂有密切关系的控制变量。所以,用应变率比用冲击速度表示材料性能的变化关系就更为合理。不同材料可在以应变率为自变量的基础上进行比较。

一般说来,当应变率(应变率的定义是单位时间内的真实相对变形的数值。其单位为 1/s,以 $\dot{\varepsilon}$ 或 $\dot{\gamma}$ 表示)10^{-4}/s ~ 10^{-2}/s,金属的机械性能无明显变化,可按静载荷处理。在 $\dot{\varepsilon}$ 为

10^{-6}/s ~ 10^{-3}/s时，称为蠕变载荷；当$\dot{\varepsilon}$为10^{-2}/s ~ 10^{6}/s时，称高应变率载荷，有时亦称快速载荷。

高应变率下材料机械性能的测试技术比较复杂。因为，这时既要使试样在恒定的$\dot{\varepsilon}$条件下加载，又要避免由于塑性波传播导致试样上变形的不均匀性。在$\dot{\varepsilon} < 10^{2}$/s时，通常使用的是电液伺服试验机。在这种试验机中，液压驱动头的动作可由装夹于试样上的应变规控制，产生期望的载荷，保持试验过程中恒定的应变率。这种试验机可做拉、压以及它们与扭转的复合加载。其他的能获得高应变率的加载方式有：风力驱动的开环试验机，机械储能释放加载试验机以及落锤、飞轮试验机等，但是都必须保证试验机有足够的刚性和避免共振，因为在高应变率下($\dot{\varepsilon} > 10^{2}$/s)，上述试验机都很难避免受共振和试验机惯性效应的影响。此时，为了避免变形试样上的应力不均匀，试样就必须做得很小，附于试样上的测量附件也必须能够很快加速，其形状要保证波的传播效应能够控制或随后可以解释。比较好的而且应用较广的是Hopkinson带隙压力棒技术。它是用对夹在两个很长的弹性棒中间的很短的试样进行试验的。这样应力脉冲就在这个系统中传播，这种试验机可以用来进行压缩、扭转、剪切等试验，同时还能进行扭、压复合加载等。其他类型的高应变率加载方式，如高速切削、挤压、爆破平面弯曲、高速投射等，虽然可以得到高应变率，但由于应力状态很不均匀，不能用来连续测量应力和变形，所以不适用于材料性能的直接测量，但它们接近于实际工艺过程，可以观察到高应变率效应。

高应变率加载对材料的塑变、断裂抗力有显著的影响。这是因为在超过了屈服强度进入了塑变过程以后，高应变率带来了与静载荷不同的力学、热力学问题，导致了塑变与断裂机理方面的变化，在极高的加载速度下，例如在弹道速度下，惯性作用特别重要。塑变也从等温过程变为绝热过程。这时塑变流动的局部化和不稳定引起了很大的温度升高。属于这一类型的冲击在常规机械中少见，所以本书不讨论这一方面的问题。

从微观角度看，材料的屈服是由于位错的运动、增殖所致。位错运动阻力的大小，与试验温度和应变率有关。图10-3-1为用Ag－Mg单晶体作样品的研究结果。根据不同的温度和应变率的组合，可以明显地看到四个不同的机制：即扩散、热激活、非热激活和阻尼。绝大多数金属材料，在温度高于$0.45T_{熔}$和应力不高（应变率低）的情况下，塑变的控制机构是由扩散所控制的蠕变。这种

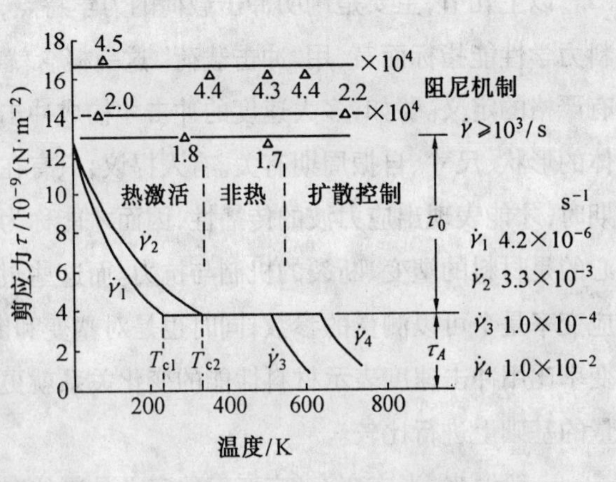

图10-3-1　四种不同塑变机制

机制的主要特征是在稳定阶段的变形速率下，随着温度的升高应力急剧地降低。这时，在晶界上、位错芯部或整个体积内，发生了空穴与原子的交换。在低温和低应变率时，塑变的控制机制是热激活。发生热激活机制的最高温度 T_c，随着激活能和应变率的增大而升高。在图 10-3-1 中，$\dot{\gamma}_2 > \dot{\gamma}_1$，$T_{c2} > T_{c1}$。随温度升高，屈服应力急剧降低。也即是说，屈服强度对于应变率很敏感。在绝对零度，即 $T = 0$ K时，相应的屈服强度为 τ_0。这个应力是使位错用机械方式而不借助于任何热激活的帮助越过所有障碍所需的应力。当 $T > 0$ K时，热的起伏可以帮助应力来使位错越过障碍。温度升高，热激活加剧，获得成功的热起伏几率增加，所以屈服强度下降。超过临界温度 T_c（它随 $\dot{\varepsilon}$ 升高而升高），这时的热起伏是如此的强烈，以至于任何高于 τ_A 的应力就可以立即驱使位错越过所有的短程障碍。这时，热激活机制不再起作用。这样，就构成了在中等温度区域 $T_c < T < 0.45T_m$ 时，塑性变形是非热机制。这时，温度增加，τ 的减小非常缓慢，类似于剪切模量 G 与温度 T 的关系。在这一温度区间，虽然温度足以使位错越过所有的短程障碍，但是又不足以引起蠕变。这时位错运动的阻力来自于长程障碍，如 Frand-Read 源、位错林，绕过单独的位错以及相互吸引结点的破坏等。

当外加应力超过 $\tau_0 + \tau_A$ 时，这时位错运动的机制是阻尼机制。这时的应力高到足以驱使位错能越过所有的障碍而不需任何热的帮助。由于位错的惯性很小，所以在外力作用下加速很快。位错运动速度 v 与驱动应力 τ_B（$\tau_B = \tau - (\tau_O + \tau_A)$，$\tau$ 为外加应力）成正比。这时，塑性应变率 $\dot{\varepsilon}_P = \alpha\rho_m \boldsymbol{b} v$，其中 α 为系数，近似地等于 1；ρ_m 为可动位错密度，与应变量有关；$\boldsymbol{b}$ 为布氏矢量；v 为位错运动速度，与应力 τ 有关。参与阻尼机制的因素有：热弹性、声子散射、电子散射、声子粘滞及电子粘滞等。

总结前人已做过的工作可知，材料的屈服强度 σ_s 和抗拉强度 σ_b 一般（不是全部）均随应变率 $\dot{\varepsilon}$ 的增大而增加，见图 10-3-2，σ_s 的增大比 σ_b 的增大更为显著。随应变率增高，材料的屈强比（屈服强度与抗拉强度的比值）增大并趋近于 1。也就是说，材料趋向于脆化。一般而言，低强度高塑性材料的 σ_s、σ_b 的增加幅度比高强度低塑性材料更为显著，也就是对于应变率的变化较敏感。材料的延伸率 δ 一般也随冲击速度的增加而增加，但当冲击速度超过该材料的临界冲击速度时，δ 则显著地下降。材料的断面收缩率 ψ 对应变率较不敏感，只要在临界冲击速度以下，基本上保持与静载荷相同。

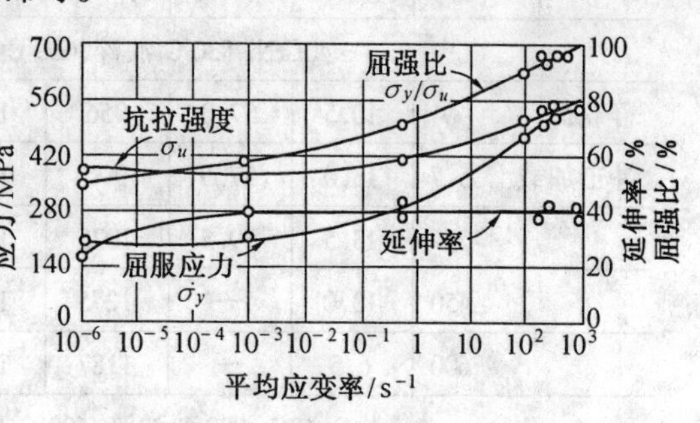

图 10-3-2　应变率对强度、塑性的影响

实验说明，在 61m/s 的冲击速度下，对于不同状态的纯铁、碳素钢、合金钢、不锈钢、

铜、铝、铝合金、镁合金及锌合金等,与静载荷相比,其 σ_b 的相对变化为 - 6% ~ + 55%,δ 的变化为 - 37% ~ + 260%。为了对冲击速度、应变率、负荷增长速度和最大负荷作用时间之间的关系及它们与材料强度、塑性关系有一点定量的印象,表 10.3.1 中列出了四种钢的试验数据,供参考。

表 10.3.1 几种材料的冲击加载性能

加载方式及冲击速度 /m·s^{-1}		延伸率 δ_0 /%	断面收缩率 ψ /%	屈服强度 σ_s /MPa	抗拉强度 σ_b /MPa	应变率 $\dot{\varepsilon}$ /s^{-1}	负荷增长速度 /(MN·s^{-1})	最大负荷作用时间 t_{pmax}/s
30Cr$_2$Ni$_2$MoA,910℃ 淬火,660℃ 高温回火,水冷,HRC26								
静载荷		11.5	66.0	800	903	—	—	—
冲击加载	5.7	13.5	62.0	1080	1148	5.77×10^3	42.7	1.14×10^{-3}
	25	14.0	63.5	1153	1261	18.2×10^3	78.7	0.69×10^{-3}
	450	13.0	—	1624	1653	31.7×10^3	268	0.26×10^{-3}
	600	13.0	—	1800	1835	46.9×10^3	339	0.22×10^{-3}
	750	12.0	—	1844	1844	58.1×10^3	932	0.08×10^{-3}
18CrNiWA,870℃ 空淬,190℃ 低温回火,空冷,HRC37								
静载荷		7.0	56.5	1221	1261	—	—	—
冲击加载	5.7	7.0	54.0	1148	1256	6.71×10^3	57.7	0.9×10^{-3}
	25	8.5	54.0	1270	1329	18.1×10^3	109.9	0.53×10^{-3}
	450	5.0	—	1388	1599	34.5×10^3	266.8	0.24×10^{-3}
	600	5.5	—	1717	1717	39.0×10^3	470.9	0.15×10^{-3}
40CrNi,830℃ 油淬,600℃ 高温回火,油冷,HRC31								
静载荷		10.5	57.0	956	1035	—	—	—
冲击加载	5.7	13.0	57.5	996	1030	6.20×10^3	47.4	0.9×10^{-3}
	25	13.5	59.5	1025	1025	15.9×10^3	59.1	0.77×10^{-3}
	450	13.0	—	1275	1570	27.7×10^3	241	0.25×10^{-3}
	600	6.5	—	1187	1187	48.2×10^3	463	0.12×10^{-3}
40Cr,830℃ 油淬,600℃ 高温回火,油冷,HRC29								
静载荷		11.5	61.0	633	917	—	—	—
冲击加载	5.7	13.0	62.0	976	981	6.9×10^3	32.7	1.05×10^{-3}
	25	14.0	61.5	947	1041	12.3×10^3	44.7	0.9×10^{-3}
	450	10.0	—	1643	1368	40.5×10^3	274.7	0.21×10^{-3}

由表 10.3.1 可见,外加冲击的冲击速度与受冲击的试样上的负荷增长速度和应变率

之间并没有比例关系。因为,冲击所造成的试样上的变形状态既与冲击体的能量、速度有关,同时也与被冲击体的形状、尺寸等因素有关。同时我们也能看到,对于光滑试样的冲击,只要在临界冲击速度以下(这个临界冲击速度是很高的,可参见表 10.2.2),一般并不造成材料的脆化,因为它们的塑性指标和强度指标均有程度不同的增加。光滑试样的一次摆锤冲击拉伸试验就可以证实这一点。所以,对于通常一次摆锤冲击试验中所谓由于冲击造成的脆性问题,应该有一个正确的估价。在常规机械中,当冲击速度不很大时,这时所谓冲击脆性并非是由于试样本身应变率增大所致,而主要是由于在冲击下缺口效应造成了能量(指单位体积能量)在缺口处高度集中,在缺口处出现应力集中、应变集中及三轴应力状态,同时因为缺口根部材料处于很高的应变率,这些因素都促使材料屈服强度增高,增大脆化趋势而造成脆化的。如果没有缺口而仅有冲击,脆化效应是不明显的。

冲击载荷下,材料的强度指标一般比静载荷下要高,这为机械设计带来方便,只要承受冲击机件危险截面上的应力估算是准确的,则按静加载取许用应力计算截面尺寸应该是偏于安全的。

高应变率下材料的塑性指标是很有价值的,特别是对工艺性能有很大的影响,例如在高能量成型工艺中,如高速锤、爆破成型等,对其材料的塑性行为很关切,这是不言而喻的。即使在常规成型工艺中,也必须考虑到材料的性能随应变率而改变的问题,有人推算,下述工艺的应变率大致如下:拉伸(板、棒、丝),$1/s \sim 10^3/s$;冷轧,$10^2/s \sim 10^3/s$;深拉,$1/s \sim 10^2/s$;冲切、下料,$10^{-4}/s \sim 10^4/s$;切削加工时,应变率 $\dot{\varepsilon} = 1.10V_s/d$,其中 V_s 为剪切速度,d 为切削深度。若按 $V_s = 5m/s$,$d = 0.05mm$ 计算,$\dot{\varepsilon}$ 就是 $10^5/s$ 数量级。这时应变率对材料性能的影响就不可忽视了。

试样破断所消耗的能量,取决于加载时的应力 - 应变曲线下面所包围的面积,即韧度。韧度既与延伸率又与应力有关。通常,在临界冲击速度以下,增加冲击速度,亦即增加应变率 $\dot{\varepsilon}$ 会使韧度数值增大,见图 10-3-3。但在临界冲击速度以上,由于延伸率的下降,则冲击韧度将急剧降低。

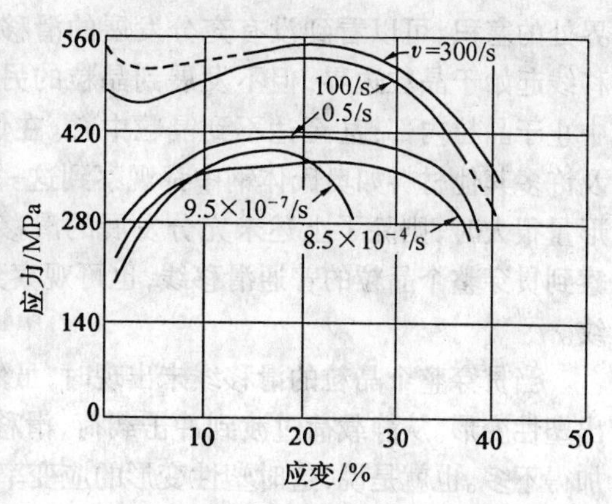

10-3-3　室温下软钢在不同应变率下的拉伸曲线

应变率对材料断裂韧性 K_{Ic} 有着较轻微的影响,见图 10-3-4。大约每增加加荷速率 10 倍,K_{Ic} 下降 10%。在很高的加载速率下,例如失稳扩张的裂纹前沿,由于塑性流动所产生的热量无法全部散去,造成局部温度显著升高。在这种绝热条件下,K_{Ic} 可以急剧增高。

材料塑变抗力随应变率增大而增加的现象,与所谓"迟屈服"有关。体心立方金属,如低碳钢等,在高加载速度之下使之处于高于屈服应力的某一应力下保持,则发现刚刚达到此应力数值的瞬间,屈服变形并不发生,而须在此应力作用下经过一定时间后才发生,见图 10-3-5。这个现象称为迟屈服现象。在某一应力下开始发生屈服变形所需要的时间,称为迟屈服时间。

由图 10-3-5 可知，迟屈服时间与所处的应力水平高低以及所处的温度有关。当应力一定时，温度越低，则迟屈服时间越长。当温度一定时，应力越低，则迟屈服时间越长。当应力小于一下限值(相当于材料的静屈服强度)，应力作用时间再长也不会产生屈服变形。同样，对于材料还存在一上限值应力。在此上限值应力下，迟屈服时间会减低到零。此时，大部分试样以脆断方式断裂。这个上限应力也与温度有关。所以，上、下限应力均是温度和材料的函数。

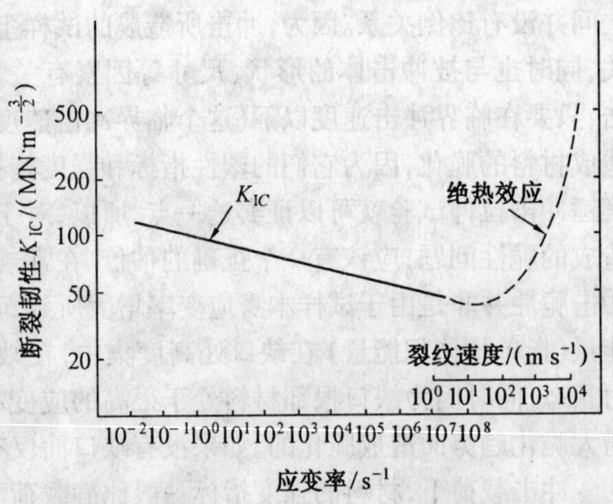

图 10-3-4 K_{Ic}与应变率关系

对于没有物理屈服点的材料，如 18 - 8 不锈钢、淬火回火合金钢、铝合金等，不存在明显的迟屈服现象，但是仍需要一定的时间才能使塑性变形达到应力 - 应变曲线上的平衡值。所以仍然显示出应变率增高屈服应力的增高。关于迟屈服现象的微观机制，至今还不甚清楚。

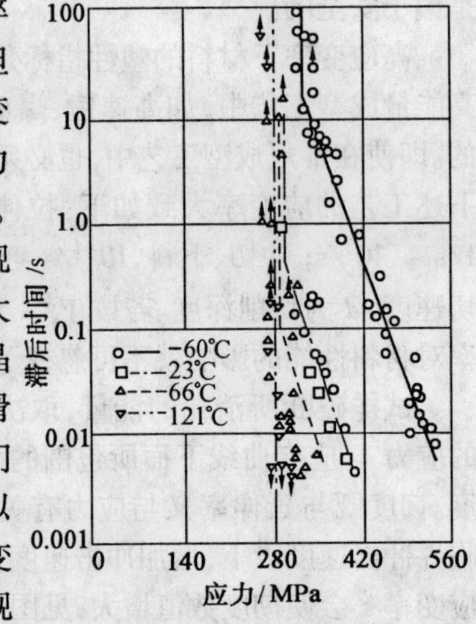

图 10-3-5 迟屈服

在冲击加载所引起的高应变率塑性变形中，在微观尺度上有着与缓慢的静载荷不同的特征。变形量不大时，常可在体心立方晶体的一些晶粒中观察到位错在晶界处的塞积。可以看到没有充分发展的滑移线。这些滑移线起始于晶粒边界，但不发展到晶粒的另一边。它们中止于晶粒内部，甚至达不到晶粒中心。在低碳钢中以及许多其他材料如奥氏体钢中都观察到这一现象。当变形量很大时，则除了上述未充分发展的滑移线外，还观察到贯穿整个晶粒的普通滑移线，也可观察到孪晶和裂纹。

当贯穿整个晶粒的滑移线未出现时，虽然金属内部已开始塑性变形，但宏观上显示不出塑性变形。从静载荷过渡到冲击载荷，滑移线扩展速度亦即塑性变形速度(应变率)增加得不多。也就是说，这时塑性变形的应变率远远落后于载荷的增长率。当滑移线从晶界的一边发展到对边之前，亦即宏观上塑性变形尚未表现出来之前，应力却一直在增长，表现出在高应变率情况下材料屈服强度的提高。当变形速度足够高时，可能在尚无明显宏观塑性变形前就发生脆性断裂。增加应变率的效果与降低温度的效果是相类似的，屈服强度增高的幅度大于脆断强度增高的幅度，在某一应变率下，材料的屈服强度达到其脆断强度，材料就在宏观上表现为脆性破坏。

在冲击加载的变形试样上，常常还可以看到孪晶。这是因为孪晶与滑移的机制不同，二者的激活能不同。图 10-3-6 示意地表明孪晶和滑移机制的临界切应力与应变率的关系，当应变率低时，$\tau_{滑移} < \tau_{孪晶}$，当应变率高时，$\tau_{孪晶} < \tau_{滑移}$。这样，在高应变率的冲击载

荷下,常常观察到孪晶。

滑移与孪晶二者的发展程度与晶粒度有关。在对 2.91% 硅铁和退火低碳钢中的电解腐蚀样品和透射电镜样品观察中发现,在高应变率时,对于原始位错密度很低的体心立方金属,孪晶是塑性变形的主要方式;但在细晶粒(晶粒尺寸 17μm)的软钢中,没有观察到孪晶。这时仅仅在适当取向的晶粒中看到位错密度的增加和运动。

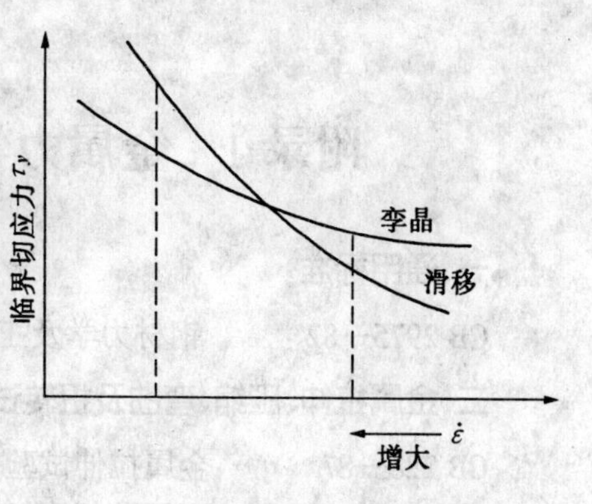

图 10-3-6 孪晶与滑移临界切应力与应变率关系示意图

习 题

1. 真实应变速率,条件应变速率及二者之间的关系是什么?

2. 金属件受高速载荷和低速载荷的过程有何不同?

3. 弹性波动方程是什么?其中各项指标的意义?

4. 波阻、波阻率是什么?

5. 塑性波动方程是什么?

6. 临界冲击速度是什么?

7. 冲击载荷下 σ_s、σ_b、ψ、δ_{10}、K_{Ic} 有何变化?

8. 为何有迟屈服现象?

9. 高速塑性变形金属组织有何变化?

附录1　金属力学性能现行国家标准目录

一、通用标准

GB 2975—82　钢材力学及工艺性能试验取样规定

二、金属拉伸、压缩、弯曲及扭转试验

GB 228—87　金属拉伸试验方法
GB 3076—82　金属薄板(带)拉伸试验方法
GB/T 4338—1995　金属材料高温拉伸试验
GB 5027—85　金属薄板塑性应变比(ν 值)试验方法
GB 5028—85　金属薄板拉伸应变硬化指数(n 值)试验方法
GB 6397—86　金属拉伸试验试样
GB 8358—87　钢丝绳破断拉伸试验方法
GB 8653—88　金属杨氏模量、弦线模量、切线模量和泊松比试验方法(静态法)
GB/T 13239—91　金属低温拉伸试验方法
GB 7314—87　金属压缩试验方法
GB/T 14452—93　金属弯曲力学性能试验方法
GB 10128—88　金属室温扭转试验方法

三、金属硬度试验

GB/T 230—91　金属洛氏硬度试验方法
GB 231—84　金属布氏硬度试验方法
GB/T 1818—94　金属表面洛氏硬度试验方法
GB 4340—84　金属维氏硬度试验方法
GB 4341—84　金属肖氏硬度试验方法
GB/T 4342—91　金属显微维氏硬度试验方法
GB 5030—85　金属小负荷维氏硬度试验方法

四、金属冲击试验

GB/T 229—1994　金属夏比缺口冲击试验方法
GB 4158—84　金属艾氏冲击试验方法
GB 5482—93　金属材料动态撕裂试验方法
GB 6803—86　铁素体钢的无塑性转变温度　落锤试验方法
GB 8363—87　铁素体钢落锤撕裂试验方法
GB/T 12778—91　金属夏比冲击断口测定方法

五、金属疲劳试验

GB 2107—80　金属高温旋转弯曲疲劳试验方法

GB 3075—82　金属轴向疲劳试验方法
GB 4337—84　金属旋转弯曲疲劳试验方法
GB 6398—2000　金属材料疲劳裂纹扩展速率试验方法
GB 7733—87　金属旋转弯曲腐蚀疲劳试验方法
GB 10622—89　金属材料滚动接触疲劳试验方法
GB 12347—90　直径 9.5mm 以下钢丝绳弯曲疲劳试验方法
GB 12443—90　金属扭应力疲劳试验方法
GB/T 15248—94　金属材料轴向等幅低循环疲劳试验方法

六、金属高温长时试验

GB 2039—80　金属拉伸蠕变试验方法
GB 6395—86　金属高温拉伸持久试验方法
GB 10120—88　金属应力松弛试验方法

七、金属断裂力学试验

GB 2038—91　金属材料延性断裂韧度 $J_{\mathrm{I}c}$试验方法
GB/T 2358—94　金属材料裂纹尖端张开位移试验方法
GB 4161—84　金属材料平面应变断裂韧度 $K_{\mathrm{I}c}$试验方法
GB 7732—87　金属板材表面裂纹断裂韧度 $K_{\mathrm{I}c}$试验方法

八、金属工艺性能试验

GB 232—88　金属弯曲试验方法
GB 233—88　金属顶锻试验方法
GB 235—88　金属反复弯曲试验方法(厚度等于或小于 3mm 薄板及带材)
GB 238—84　金属线材反复弯曲试验方法
GB 239—84　金属线材扭转试验方法
GB 241—90　金属管液压试验方法
GB 242—82　金属管扩口试验方法
GB 244—82　金属管弯曲试验方法
GB 245—82　金属管卷边试验方法
GB 246—82　金属管压扁试验方法
GB 2976—88　金属线材缠绕试验方法
GB 4156—84　金属杯突试验方法(厚度 0.2～2mm)

九、其他力学性能试验

GB/T 6396—1995　复合钢板力学及工艺性能试验方法
GB 6400—86　金属丝材和铆钉的高温剪切试验方法
GB/T 12444.1—90 金属磨损试验方法　MM 型磨损试验
GB/T 12444.2—90 金属磨损试验方法　环块型磨损试验

附录2 常用单位换算表

长度单位换算

米 (m)	毫 米 (mm)	英 寸 (in)
1	1 000	39.37
0.001	1	0.039 37
0.025 4	25.4	1

力单位换算

牛 顿 (N)	千克力 (kgf)	磅 力 (lbf)
1	0.102	0.224 8
9.80 67	1	2.204 6
4.448	0.453 6	1

应力单位换算

牛顿/米^2 (N/m^2)	千克力/毫米^2 (kgf/mm^2)	磅力/英寸^2 (lbf/in^2)
1	1.02×10^{-7}	14.5×10^{-5}
98.07×10^5	1	1 422
6 894.8	7.03×10^{-4}	1

功单位换算

牛顿·米 (N·m)	千克力·米 (kgf·m)	英尺·磅力 (ft·lbf)
1	0.102	0.737 6
9.807	1	7.233
1.356	0.138 3	1

冲击值单位换算

牛顿·米/米^2 (N·m/m^2)	千克力·米/厘米^2 (kgf·m/cm^2)	英尺·磅力/英寸^2 (ft·lbf/in^2)
1	0.102×10^{-4}	4.75×10^{-5}
98067	1	46.65
2102.9	0.021	1

应力场强度因子单位换算

兆牛顿/米$^{3/2}$ (MN/m$^{3/2}$)	千克力/毫米$^{3/2}$ (kgf/mm$^{3/2}$)	千磅力/英寸$^{3/2}$ (klbf/in^2)
1	3.23	0.910
0.310	1	0.282
1.10	3.544	1

能量释放率单位换算

牛顿/米 (N/m)	千克力/毫米 (kgf/mm)	磅力/英寸 (lbf/in)
1	0.102×10^{-3}	0.57×10^{-2}
9807	1	56.0
175.6	0.01786	1

温度换算公式

摄氏度℃	华氏度℉	开尔文K
C	$\frac{9}{5}C+32$	$C+273.15$
$\frac{5}{9}(F-32)$	F	$\frac{5}{9}(F+459.67)$
$K-273.15$	$\frac{9}{5}K-459.67$	K

在机械工程中一般可用近似计算1千克力=10牛顿。

附录 3　钢铁硬度与强度对照表

碳素钢、合金钢(不包括低碳钢)																	
硬度								抗拉强度 ×9.8MPa									
洛氏		表面洛氏			维氏	布氏		碳钢	铬钢	铬钒钢	铬镍钢	铬钼钢	铬镍钼钢	铬锰硅钢	超高强度钢	不锈钢	不分钢种
HRC	HRA	HR15N	HR30N	HR45N	HV	$HB30D^2$	d_{10}、$2d_5$、$4d_{2.5}$										
70.0	86.6				1037												
69.5	86.3				1017												
69.0	86.1				997												
68.5	85.8				978												
68.0	85.5				959												
67.5	85.2				941												
67.0	85.0				923												
66.5	84.7				906												
66.0	84.4				889												
65.5	84.1				872												
65.0	83.9	92.2	81.3	71.7	856												
64.5	83.6	92.1	81.0	71.2	840												
64.0	83.3	91.9	80.6	70.6	825												
63.5	83.1	91.8	80.2	70.1	810												
63.0	82.8	91.7	79.8	69.5	795												
62.5	82.5	91.5	79.4	69.0	780												
62.0	82.2	91.4	79.0	68.4	766												
61.5	82.0	91.2	78.6	67.9	752												
61.0	81.7	91.0	78.1	67.3	739												
60.5	81.4	90.8	77.7	66.8	726												

续 表

碳素钢、合金钢(不包括低碳钢)																	
硬度								抗拉强度 ×9.8MPa									
洛氏		表面洛氏			维氏	布氏		碳钢	铬钢	铬钒钢	铬镍钢	铬钼钢	铬镍钼钢	铬锰硅钢	超高强度钢	不锈钢	不分钢种
HRC	HRA	HR15N	HR30N	HR45N	HV	$HB30D^2$	d_{10}、$2d_5$、$4d_{2.5}$										
60.0	81.2	90.6	77.3	66.2	713										269.1		260.7
59.5	80.9	90.4	76.9	65.6	700										262.3		255.1
59.0	80.6	90.2	76.5	65.1	688										255.8		249.6
58.5	80.3	90.0	76.1	64.5	676										249.6		244.3
58.0	80.1	89.8	75.6	63.9	664										243.7		239.1
57.5	79.8	89.6	75.2	63.4	653										238.0		234.1
57.0	79.5	89.4	74.8	62.8	642										232.6		229.3
56.5	79.3	89.1	74.4	62.2	631										227.4		224.6
56.0	79.0	88.9	73.9	61.7	620										222.4		220.1
55.5	78.7	88.6	73.5	61.1	609										217.7		215.7
55.0	78.5	88.4	73.1	60.5	599					206.6	209.8			208.6	213.1		211.5
54.5	78.2	88.1	72.6	59.9	589					203.3	206.1			204.8	208.7		207.4
54.0	77.9	87.9	72.2	59.4	579					200.0	202.5			201.0	204.5		203.4
53.5	77.7	87.6	71.8	58.8	570					196.8	199.0			197.4	200.5		199.5
53.0	77.4	87.4	71.3	58.2	561					193.7	195.5	192.5	198.5	193.8	196.7		195.7
52.5	77.1	87.1	70.9	57.6	551					190.6	192.0	189.3	195.1	190.3	193.0		192.1
52.0	76.9	86.8	70.4	57.1	543				188.1	187.5	188.7	186.1	191.8	187.0	189.4		188.5
51.5	76.6	86.6	70.0	56.5	534				184.1	184.5	185.4	183.0	188.6	183.6	186.0		185.1
51.0	76.3	86.3	69.5	55.9	525	501	2.73		180.3	181.6	182.1	179.9	185.4	180.4	182.7		181.7
50.5	76.1	86.0	69.1	55.3	517	494	2.75		176.7	178.7	179.0	176.9	182.3	177.3	179.5		178.5
50.0	75.8	85.7	68.6	54.7	509	488	2.77	174.4	173.1	175.8	175.8	173.9	179.3	174.2	176.5	175.9	175.3
49.5	75.5	85.5	68.2	54.2	501	481	2.79	171.4	169.8	173.0	172.8	171.0	176.2	171.2	173.5	172.3	172.2
49.0	75.3	85.2	67.7	53.6	493	474	2.81	168.6	166.6	170.2	169.8	168.2	173.3	168.3	170.7	168.8	169.2
48.5	75.0	84.9	67.3	53.0	485	468	2.83	165.8	163.5	167.3	166.9	165.4	170.4	165.4	167.9	165.5	166.3
48.0	74.7	84.6	66.8	52.4	478	461	2.85	162.1	160.5	164.9	164.0	162.6	167.6	162.7	165.2	162.3	163.5

续 表

碳素钢、合金钢(不包括低碳钢)																	
硬				度				抗 拉 强 度 ×9.8MPa									
洛 氏		表 面 洛 氏			维 氏	布 氏		碳钢	铬钢	铬钒钢	铬镍钢	铬钼钢	铬镍钼钢	铬锰硅钢	超 高强度钢	不锈钢	不分钢种
HRC	HRA	HR15N	HR30N	HR45N	HV	$HB30D^2$	d_{10}、$2d_5$、$4d_{2.5}$										
47.5	74.5	84.3	66.4	51.8	470	455	2.87	160.6	157.6	162.3	161.2	159.9	164.8	160.0	162.5	159.2	160.8
47.0	74.2	84.0	65.9	51.2	463	449	2.89	158.1	154.9	159.7	158.4	157.3	162.0	157.3	160.0	156.3	158.1
46.5	73.9	83.7	65.5	50.7	456	442	2.91	155.6	152.2	157.7	155.7	154.7	159.3	154.7	157.5	153.5	155.5
46.5	73.7	83.5	65.0	50.1	449	436	2.93	153.3	149.7	154.7	153.1	152.2	156.7	152.2	155.0	150.8	152.9
45.5	73.4	83.2	64.6	49.5	443	430	2.95	151.0	147.2	152.2	150.5	149.7	154.1	149.8	152.6	148.2	150.4
45.0	73.2	82.9	64.1	48.9	436	424	2.97	148.8	144.8	149.8	148.0	147.2	151.6	147.4	150.2	145.7	148.0
44.5	72.9	82.6	63.6	48.3	429	418	2.99	146.6	142.6	147.5	145.5	144.8	149.1	145.0	147.8	143.3	145.7
44.0	72.6	82.3	63.2	47.7	423	413	3.01	144.5	140.3	145.2	143.1	142.5	146.7	142.7	145.5	141.0	143.4
43.5	72.4	82.0	62.7	47.1	417	407	3.03	142.5	138.2	142.9	140.8	140.2	144.3	140.5	143.2	138.7	141.1
43.0	72.1	81.7	62.3	46.5	411	401	3.05	140.5	136.1	140.7	138.5	137.9	142.0	138.4	140.9	136.6	138.9
42.5	71.8	81.4	61.8	45.9	405	396	3.07	138.6	134.1	138.5	136.2	135.7	139.7	136.2	138.5	134.5	136.8
42.0	71.6	81.1	61.3	45.4	399	391	3.09	136.7	132.2	136.4	134.0	133.6	137.5	134.2	136.2	132.5	134.7
41.5	71.3	80.8	60.9	44.8	393	385	3.11	134.8	130.3	134.3	131.9	131.5	135.3	132.2	133.9	130.5	132.7
41.0	71.1	80.5	60.4	44.2	388	380	3.13	131.3	128.4	130.2	129.8	129.4	133.1	130.2	131.5	128.6	130.7
40.5	70.8	80.2	60.0	43.6	382	375	3.15	131.3	126.7	130.2	127.7	127.4	131.0	128.3	129.1	126.8	128.7
40.0	70.5	79.9	59.5	43.0	377	370	3.17	129.6	124.9	128.2	125.7	125.4	129.0	126.4	126.7	125.0	126.8
39.5	70.3	79.6	59.0	42.4	372	365	3.19	127.9	123.2	126.2	123.8	123.5	127.0	124.6	124.3	123.3	125.0
39.0	70.0	79.3	58.6	41.8	367	360	3.21	126.3	112.6	124.3	121.9	121.6	125.0	122.8	121.8	121.6	123.2
38.5		79.0	58.1	41.2	362	355	3.24	124.6	119.9	122.5	120.0	119.7	123.1	121.1	119.3	120.0	121.4
38.0		78.7	57.6	40.6	357	350	3.26	123.1	118.4	120.6	118.2	117.9	121.2	119.4		118.4	119.7
37.5		78.4	57.2	40.0	352	345	3.28	121.5	116.8	118.8	116.5	116.2	119.4	117.7		116.8	118.0
37.0		78.1	56.7	39.4	347	341	3.30	120.0	115.3	117.1	114.8	114.4	117.6	116.1		115.3	116.3
36.5		77.8	56.2	38.8	342	336	3.32	118.5	113.8	115.3	113.1	112.8	115.8	114.6		113.8	114.7
36.0		77.5	55.8	38.2	338	332	3.34	117.0	112.4	113.6	111.5	111.1	114.1	113.0		112.3	113.1
35.5		77.2	55.3	37.6	333	327	3.37	115.6	110.9	112.0	109.9	109.5	112.5	111.5		110.9	111.5

续 表

碳素钢、合金钢(不包括低碳钢)																	
硬度								抗拉强度 ×9.8MPa									
洛氏		表面洛氏			维氏	布氏		碳钢	铬钢	铬钒钢	铬镍钢	铬钼钢	铬镍钼钢	铬锰硅钢	超高强度钢	不锈钢	不分钢种
HRC	HRA	HR15N	HR30N	HR45N	HV	$HB30D^2$	d_{10}、$2d_5$、$4d_{2.5}$										
35.0		77.0	54.8	37.0	329	323	3.39	114.1	109.5	110.4	108.4	107.9	110.8	110.1		109.5	110.0
34.5		76.7	54.4	36.5	324	318	3.41	112.7	108.2	108.8	106.9	106.4	109.2	108.6		108.1	108.5
34.0		76.4	53.9	35.9	320	314	3.43	111.3	106.8	107.2	105.4	104.9	107.7	107.3		106.7	107.0
33.5		76.1	53.4	35.3	316	310	3.46	110.0	105.5	105.7	104.0	103.5	106.2	105.9		105.4	105.6
33.0		75.8	53.0	34.7	312	306	3.48	108.6	104.2	104.2	102.7	102.0	104.7	104.6		104.1	104.2
32.5		75.5	52.5	34.1	308	302	3.50	107.3	102.9	102.7	101.3	100.7	103.2	103.3		102.8	102.8
32.0		75.2	52.0	33.5	304	298	3.52	106.0	101.6	101.3	100.1	99.3	101.8	102.0		101.5	101.5
31.5		74.9	51.6	32.9	300	294	3.54	104.7	100.4	99.9	98.8	98.0	100.5	100.8		100.3	100.1
31.0		74.7	51.1	32.3	296	291	3.56	103.4	99.1	98.5	97.6	96.7	99.1	99.6		99.0	98.9
30.5		74.4	50.6	31.7	292	287	3.59	102.1	97.9	97.2	96.4	95.5	97.8	98.5		97.8	97.6
30.0		74.1	50.2	31.1	289	283	3.61	100.9	96.7	95.9	95.3	94.3	96.6	97.3		96.6	96.4
29.5		73.8	49.7	30.5	285	280	3.63	99.7	95.5	94.6	94.2	93.1	95.3	96.2		95.4	95.1
29.0		73.5	49.2	29.9	281	276	3.65	98.4	94.3	93.3	93.2	91.9	94.1	95.1		94.2	94.0
28.5		73.3	48.7	29.3	278	273	3.67	97.2	93.2	92.1	92.2	90.8	93.0	94.1		93.1	92.8
28.0		73.0	48.3	28.7	274	269	3.70	96.1	92.0	90.9	91.2	89.7	91.8	93.0		91.9	91.7
27.5		72.7	47.8	28.1	271	266	3.72	94.9	90.9	89.7	90.2	88.7	90.7	92.0		90.8	90.6
27.0		72.4	47.3	27.5	268	263	3.74	93.7	89.8	88.6	89.3	87.7	89.7	91.0		89.7	89.5
26.5		72.2	46.9	26.9	264	260	3.76	92.6	88.7	87.5	88.4	86.7	88.6	90.1		88.5	88.4
26.0		71.9	46.4	26.3	261	257	3.78	91.4	87.6	86.4	87.6	85.7	87.6	89.2		87.5	87.4

续　表

碳素钢、合金钢(不包括低碳钢)

硬					度			抗拉强度 ×9.8MPa									
洛氏		表面洛氏			维氏	布氏		碳钢	铬钢	铬钒钢	铬镍钢	铬钼钢	铬镍钼钢	铬锰硅钢	超高强度钢	不锈钢	不分钢种
HRC	HRA	HR15N	HR30N	HR45N	HV	$HB30D^2$	d_{10}、$2d_5$、$4d_{2.5}$										
25.5		71.6	45.9	25.7	258	254	3.80	90.3	86.5	85.3	86.8	84.7	86.6	88.2		86.4	86.4
25.0		71.4	45.5	25.1	255	251	3.83	89.2	85.5	84.3	86.0	83.8		87.4		85.3	85.4
24.5		71.1	45.0	24.5	252	248	3.85	88.1	84.4	83.3	85.2	83.0		86.5		84.3	84.4
24.0		70.8	44.5	23.9	249	245	3.87	87.0	83.4	82.3	84.5	82.1		85.6		83.2	83.5
23.5		70.6	44.0	23.3	246	242	3.89	86.0	82.4	81.3	83.8	81.3		84.8		82.2	82.5
23.0		70.3	43.6	22.7	243	240	3.91	84.9	81.4	80.3	83.1	80.5		84.0		81.2	81.6
22.5		70.0	43.1	22.1	240	237	3.93	83.9	80.4	79.4	82.5	79.7		83.2		80.2	80.8
22.0		69.8	42.6	21.5	237	234	3.95	82.9	79.4	78.5	81.9	78.9		82.5		79.2	79.9
21.5		69.5	42.2	21.0	234	232	3.97	81.9	78.5	77.6	81.3	78.2		81.7		78.2	79.1
21.0		69.3	41.7	20.4	231	229	4.00	80.9	77.5	76.7	80.7	77.5		81.0		77.3	78.2
20.5		69.0	41.2	19.8	229	227	4.02	79.9	76.6	75.9	80.2	76.8		80.3		76.4	77.4
20.0		68.8	40.7	19.2	226	225	4.03	79.0	75.7	75.1	79.7	76.1		79.6		75.4	76.7
19.5		68.5	40.3	18.6	223	222	4.05	78.0	74.8	74.3	79.2	75.5		78.9		74.5	75.9
19.0		68.3	39.8	18.0	221	220	4.07	77.1	73.9	73.5	78.8	74.9		78.2		73.7	75.2
18.5		68.0	39.3	17.4	218	218	4.09	76.2	73.1	72.7	78.3	74.3		77.6		72.8	74.4
18.0		67.8	38.9	16.8	216	216	4.11	75.3	72.3	71.9	77.9	73.7		76.9		71.9	73.7
17.5		67.6	38.4	16.2	214	214	4.13	74.4	71.4	71.2	77.5	73.1		76.3		71.1	73.1
17.0		67.3	37.9	15.6	211	211	4.15	73.6	70.6	70.5	77.2	72.6		75.7		70.3	72.4

续 表

低碳钢															
硬度							抗接强度	硬度							抗接强度
洛氏	表面洛氏			维氏	布氏			洛氏	表面洛氏			维氏	布氏		
HRB	HR15T	HR30T	HR45T	HV	$HB10D^2$	d_{10}、$2d_5$、$4d_{2.5}$		HRB	HR15T	HR30T	HR45T	HV	$HB10D^2$	d_{10}、$2d_5$、$4d_{2.5}$	
100.0	91.5	81.7	71.7	233			80.3	80.0	85.9	68.9	51.0	146	133	3.06	50.8
99.5	91.3	81.4	71.2	230			79.3	79.5	85.8	68.6	50.5	145	132	3.07	50.3
99.0	91.2	81.0	70.7	227			78.3	79.0	85.7	68.2	50.0	143	130	3.09	49.8
98.5	91.1	80.7	70.2	225			77.3	78.5	85.5	67.9	49.5	142	129	3.10	49.4
98.0	90.9	80.4	69.6	222			76.3	78.0	85.4	67.6	49.0	140	128	3.11	48.9
97.5	90.8	80.1	69.1	219			75.4	77.5	85.2	67.3	48.5	139	127	3.13	48.5
97.0	90.6	79.8	68.6	216			74.4	77.0	85.1	67.0	47.9	138	126	3.14	48.0
96.5	90.5	79.4	68.1	214			73.5	76.5	85.0	66.6	47.4	136	125	3.15	47.6
96.0	90.4	79.1	67.6	211			72.6	76.0	84.8	66.3	46.9	135	124	3.16	47.2
95.5	90.2	78.8	67.1	208			71.7	75.5	84.7	66.0	46.4	134	123	3.18	46.8
95.0	90.1	78.5	66.5	206			70.8	75.0	84.5	65.7	45.9	132	122	3.19	46.4
94.5	89.9	78.2	66.0	203			70.0	74.5	84.4	65.4	45.4	131	121	3.20	46.0
94.0	89.8	77.8	65.5	201			69.1	74.0	84.3	65.1	44.8	130	120	3.21	45.6
93.5	89.7	77.5	65.0	199			68.3	73.5	84.1	64.7	44.3	129	119	3.23	45.2
93.0	89.5	77.2	64.5	196			75.5	73.0	84.0	64.4	43.8	128	118	3.24	44.9
92.5	89.4	76.9	64.0	194			66.7	72.5	83.9	64.1	43.3	126	117	3.25	44.5
92.0	89.3	76.6	63.4	191			65.9	72.0	83.7	63.8	42.8	125	116	3.27	44.2
91.5	89.1	76.2	62.9	189			65.1	71.5	83.6	63.5	42.3	124	115	3.28	43.9
91.0	89.0	75.9	62.4	187			64.4	71.0	83.4	63.1	41.7	123	115	3.29	43.5
90.5	88.8	75.6	61.9	185			63.6	70.5	83.3	62.8	41.2	122	114	3.30	43.2
90.0	88.7	75.3	61.4	183			62.9	70.0	83.2	62.5	40.7	121	113	3.31	42.9

续 表

低碳钢															
硬度							抗接强度	硬度							抗接强度
洛氏	表面洛氏			维氏	布氏			洛氏	表面洛氏			维氏	布氏		
HRB	HR15T	HR30T	HR45T	HV	$HB10D^2$	d_{10}、$2d_5$、$4d_{2.5}$		HRB	HR15T	HR30T	HR45T	HV	$HB10D^2$	d_{10}、$2d_5$、$4d_{2.5}$	
89.5	88.6	75.0	60.9	180			62.1	69.5	83.0	62.2	40.2	120	112	3.32	42.6
89.0	88.4	74.6	60.3	178			61.4	69.0	82.9	61.9	39.7	119	112	3.33	42.3
88.5	88.3	74.3	59.8	176			60.7	68.5	82.7	61.5	39.2	118	111	3.34	42.0
88.0	88.1	74.0	59.3	174			60.1	68.0	82.6	61.2	38.6	117	110	3.35	41.8
87.5	88.0	73.7	58.8	172			59.4	67.5	82.5	60.9	38.1	116	110	3.36	41.5
87.0	87.9	73.4	58.3	170			58.7	67.0	82.3	60.6	37.6	115	109	3.37	41.2
86.5	87.7	73.0	57.8	168			58.1	66.5	82.2	60.3	37.1	115	108	3.38	41.0
86.0	87.6	72.7	57.2	166			57.5	66.0	82.1	59.9	36.6	114	108	3.39	40.7
85.5	87.5	72.4	56.7	165			56.8	65.5	81.9	59.6	36.1	113	107	3.40	40.5
85.0	87.3	72.1	56.2	163			56.2	65.0	81.8	59.3	35.5	112	107	3.40	40.3
84.5	87.2	71.8	55.7	161			55.6	64.5	81.6	59.0	35.0	111	106	3.41	40.0
84.0	87.0	71.4	55.2	159			55.0	64.0	81.5	58.7	34.5	110	106	3.42	39.8
83.5	86.9	71.1	54.7	157			54.5	63.5	81.4	58.3	34.0	110	105	3.43	39.6
83.0	86.8	70.8	54.1	156			53.9	63.0	81.2	58.0	33.5	109	105	3.43	39.4
82.5	86.6	70.5	53.6	154	140	2.98	53.4	62.5	81.1	57.7	32.9	108	104	3.44	39.2
82.0	86.5	70.2	53.1	152	138	3.00	52.8	62.0	80.9	57.4	32.4	108	104	3.45	39.0
81.5	86.3	69.8	52.6	151	137	3.01	52.3	61.5	80.8	57.1	31.9	107	103	3.46	38.8
81.0	86.2	69.5	52.1	149	136	3.02	51.8	61.0	80.7	56.7	31.4	106	106	3.46	38.6
80.5	86.1	69.2	51.6	148	134	3.05	51.3	60.5	80.5	56.4	30.9	105	102	3.47	38.5

附录4　三点弯曲和紧凑拉伸的计算函数表

三点弯曲试样的$\frac{K_1 B\sqrt{W}}{P}$之值

$$\frac{S}{W}=4.0$$

$$K_1=\frac{PY}{B\sqrt{W}}$$

$$Y=[7.51+3.00(\frac{a}{W}-0.50)^2]\sec(\frac{\pi a}{2W})\sqrt{\tan\frac{\pi a}{2W}}$$

a/W	0.000	0.001	0.002	0.003	0.004	0.005	0.006	0.007	0.008	0.009	0.10
0.250	5.36	5.38	5.39	5.41	5.42	5.43	5.45	5.46	5.48	5.49	5.51
0.260	5.51	5.52	5.54	5.55	5.57	5.58	5.59	5.61	5.62	5.64	5.65
0.270	5.65	5.67	5.68	6.70	5.71	5.73	5.74	5.76	5.77	5.79	5.80
0.280	5.80	5.82	5.83	5.85	5.86	5.88	5.89	5.91	5.93	5.94	5.96
0.290	5.96	5.97	5.99	6.00	6.02	6.03	6.05	6.07	6.08	6.10	6.11
0.300	6.11	6.13	6.14	6.16	6.18	6.19	6.21	6.22	6.24	6.26	6.27
0.310	6.27	6.29	6.30	6.32	6.34	6.35	6.37	6.39	6.40	6.42	6.44
0.320	6.44	6.45	6.47	6.49	6.50	6.52	6.54	6.55	6.57	6.59	6.61
0.330	6.61	6.62	6.64	6.66	6.67	6.69	6.71	6.73	9.74	6.76	6.78
0.340	6.78	6.80	6.81	6.83	6.85	6.87	6.88	6.90	6.92	6.94	6.96
0.350	6.96	6.97	6.99	7.01	7.03	7.05	7.07	7.09	7.10	7.12	7.14
0.360	7.14	7.16	7.18	7.20	7.22	7.24	7.25	7.27	7.29	7.31	7.33
0.370	7.33	7.35	7.37	7.39	7.41	7.43	7.45	7.47	7.49	7.51	7.53
0.380	7.53	7.55	7.57	7.59	7.61	7.63	7.65	7.67	7.69	7.71	7.73
0.390	7.73	7.75	7.77	6.79	7.82	7.84	7.86	7.88	7.90	7.92	7.94
0.400	7.94	7.97	7.99	8.01	8.03	8.05	8.07	8.10	8.12	8.14	8.16
0.410	8.16	8.19	8.21	8.23	8.25	8.28	8.30	8.32	8.35	8.37	8.39
0.420	8.39	8.42	8.44	8.46	8.49	8.51	8.53	8.56	8.58	8.61	8.63
0.430	8.63	8.65	8.68	8.70	8.73	8.75	8.78	8.80	8.83	8.85	8.88
0.440	8.88	8.90	8.93	8.95	8.98	9.01	9.03	9.06	9.08	9.11	9.14
0.450	9.14	9.16	9.19	9.22	9.24	9.27	9.30	9.32	9.35	9.38	9.41
0.460	9.41	9.43	9.46	9.49	9.52	9.55	9.57	9.60	9.63	9.66	9.69
0.470	9.69	9.72	9.75	9.78	9.81	9.84	9.86	9.89	6.92	9.95	9.98
0.480	9.98	10.02	10.05	10.08	10.11	10.14	10.17	10.20	10.23	10.26	10.30
0.490	10.30	10.33	10.36	10.39	10.42	10.46	10.49	10.52	10.55	10.59	10.62
0.500	10.62	10.65	10.69	10.72	10.76	10.79	10.82	10.86	10.89	10.93	10.96
0.510	10.96	11.00	11.03	11.07	11.10	11.14	11.18	11.21	11.25	11.29	11.32
0.520	11.32	11.36	11.40	11.43	11.47	11.51	11.55	11.59	11.62	11.66	11.70
0.530	11.70	11.74	11.78	11.82	11.86	11.90	11.94	11.98	12.02	12.06	12.10

0.540	12.10	12.14	12.19	12.23	12.27	12.31	12.35	12.40	12.44	12.48	12.53
0.550	12.53	12.57	12.61	12.66	12.70	12.75	12.79	12.84	12.88	12.93	12.97
0.560	12.97	13.02	13.06	13.11	13.16	13.21	13.25	13.30	13.35	13.40	13.45
0.570	13.45	13.49	13.54	13.59	13.64	13.69	13.74	13.79	13.85	13.90	13.95
0.580	13.95	14.00	14.05	14.10	14.16	14.21	14.26	14.32	14.37	14.43	14.48
0.590	14.48	14.54	14.59	14.65	14.70	14.76	14.82	14.88	14.93	14.99	15.05
0.600	15.05	15.11	15.17	15.23	15.29	15.35	15.41	15.47	15.53	15.59	15.65
0.610	15.65	15.72	15.78	15.84	15.91	15.97	16.04	16.10	16.17	16.23	16.30
0.620	16.30	16.37	16.44	16.50	16.57	16.64	16.71	16.78	16.85	16.92	16.99
0.630	16.99	17.06	17.14	17.21	17.28	17.36	17.43	17.50	17.58	17.66	17.73
0.640	17.73	17.81	17.89	17.96	18.04	18.12	18.20	18.28	18.36	18.44	18.53
0.650	18.53	18.61	18.69	18.78	18.86	18.95	19.03	19.12	19.20	19.29	19.38
0.660	19.38	19.47	19.56	19.56	19.74	19.83	19.92	20.02	20.11	20.21	20.30
0.670	20.30	20.40	20.49	20.59	20.69	20.79	20.89	20.99	21.09	21.19	21.30
0.680	21.30	21.40	21.51	21.61	21.72	21.82	21.93	22.04	22.15	22.26	22.37
0.690	22.37	22.49	22.60	22.72	22.83	22.95	23.06	23.18	23.30	23.42	23.54
0.700	23.54	23.67	23.79	23.92	24.04	24.17	24.30	24.42	24.56	24.69	24.82
0.710	24.82	24.95	25.09	25.22	25.36	25.50	25.64	25.78	25.92	26.06	26.21
0.720	26.21	26.36	26.50	26.65	26.80	26.95	27.11	27.26	27.42	27.57	27.73
0.730	27.73	28.01	28.22	28.38	28.55	28.72	28.89	29.06	29.23	29.41	29.58
0.740	29.58	29.76	29.94	30.12	30.31	30.49	30.68	30.78	30.87	31.06	31.25

标准紧凑拉伸试样(E 399－72)的$\dfrac{K_1 B\sqrt{W}}{P}$

$$K_1=\frac{P}{B\sqrt{W}}F(\frac{a}{W})$$

$$F(\frac{a}{W})=29.6(\frac{a}{W})^{1/2}-185.5(\frac{a}{W})^{3/2}+655.7(\frac{a}{W})^{5/2}-1017(\frac{a}{W})^{7/2}+63.9(\frac{a}{W})^{9/2}$$

a/W	0.000	0.001	0.002	0.003	0.004	0.005	0.006	0.007	0.008	0.009	0.010
0.300	5.58	5.86	5.87	5.88	5.89	5.91	5.92	5.93	5.94	5.95	5.96
0.310	5.96	5.98	5.99	6.00	6.01	6.02	6.04	6.05	6.06	6.07	6.09
0.320	6.09	6.10	6.11	6.12	6.14	6.15	6.16	6.18	6.19	6.20	6.22
0.330	6.22	6.23	6.24	6.26	6.27	6.28	6.30	6.31	6.32	6.34	6.35
0.340	6.35	6.37	6.38	6.40	6.41	6.42	6.44	6.45	6.47	6.34	6.48
0.350	6.50	6.51	6.53	6.54	6.56	6.57	6.59	6.60	6.62	6.63	6.65
0.360	6.65	6.66	6.68	6.70	6.71	6.73	6.74	6.76	6.77	6.79	6.81
0.370	6.81	6.82	6.84	6.86	6.87	6.89	6.91	6.92	6.94	6.96	6.97
0.380	6.97	6.99	7.01	7.02	7.04	7.06	7.07	7.09	7.11	6.13	7.14
0.390	7.14	7.16	7.18	7.20	7.22	7.23	7.25	7.27	7.29	7.31	7.32
0.400	7.32	7.34	7.32	7.38	7.40	7.42	7.43	7.45	7.47	7.49	7.51
0.410	7.51	7.53	7.55	7.57	7.59	7.61	7.63	7.65	7.67	7.68	7.70
0.420	7.70	7.72	7.74	7.76	7.78	7.80	7.83	7.85	7.87	7.89	7.91

0.430	7.91	7.93	7.95	7.97	7.99	8.01	8.03	8.05	8.07	8.10	8.12
0.440	8.12	8.14	8.16	8.18	8.20	8.23	8.25	8.27	8.29	8.32	8.34
0.450	8.34	8.36	8.38	8.41	8.43	8.45	8.47	8.50	8.52	8.54	8.57
0.460	8.57	8.59	8.61	8.64	8.66	8.69	8.71	8.73	8.76	8.78	8.81
0.470	8.81	8.83	8.86	8.88	8.91	8.93	8.96	8.98	9.01	9.03	9.06
0.480	9.06	9.09	9.11	9.14	9.16	9.19	9.22	9.24	9.27	9.30	9.32
0.490	9.32	9.35	9.38	9.41	9.43	9.46	9.49	9.52	9.55	9.57	9.60
0.500	9.60	9.63	9.66	9.69	9.72	9.75	9.78	9.81	9.84	9.87	9.90
0.510	9.90	9.93	9.98	9.99	10.02	10.05	10.08	10.11	10.15	10.18	10.21
0.520	10.21	10.24	10.27	10.31	10.34	10.37	10.40	10.44	10.47	10.50	10.54
0.530	10.54	10.57	10.61	10.64	10.68	10.71	10.75	10.78	10.82	10.85	10.89
0.540	10.89	10.92	10.96	11.00	11.03	11.07	11.11	11.15	11.18	11.22	11.26
0.550	11.26	11.30	11.34	11.38	11.42	11.46	11.50	11.54	11.58	11.62	11.66
0.560	11.66	11.70	11.74	11.78	11.82	11.87	11.91	11.95	11.99	12.04	12.08
0.570	12.08	12.13	12.17	12.21	12.26	12.30	12.35	12.40	12.44	12.49	12.54
0.580	12.54	12.58	12.63	12.68	12.73	12.77	12.82	12.87	12.92	12.97	13.02
0.590	13.02	13.07	13.12	13.17	13.22	13.28	13.33	13.38	13.43	13.49	13.54
0.600	13.54	13.60	13.65	13.70	13.76	13.82	13.87	13.93	13.98	14.04	14.10
0.610	14.10	14.16	14.22	14.27	14.33	14.39	14.45	14.51	14.58	14.64	14.70
0.620	14.70	14.76	14.82	14.89	14.95	15.02	15.08	15.14	15.21	15.28	15.34
0.630	15.34	15.41	15.48	15.55	15.61	15.68	15.75	15.82	15.89	15.96	16.04
0.640	16.04	16.11	16.18	16.25	16.33	16.40	16.48	16.55	16.63	16.70	16.78
0.650	16.78	16.86	16.93	17.01	17.09	17.17	17.25	17.33	17.41	17.50	17.58
0.660	17.58	17.66	17.75	17.83	17.92	18.00	18.09	18.18	18.26	18.35	18.44
0.670	18.44	18.53	18.62	18.71	18.80	18.89	18.99	19.08	19.17	19.27	19.37
0.680	19.37	19.46	19.56	19.66	19.75	19.85	19.95	20.05	20.16	20.26	26.36
0.690	20.36	20.46	20.57	20.67	20.78	20.78	20.99	21.10	21.21	21.32	21.43

参考文献

1 束德林主编.金属力学性能.北京:机械工业出版社,1987
2 黄明志主编.金属力学性能.西安:西安交通大学出版社,1986
3 姚枚主编.金属力学性能.哈尔滨:哈尔滨工业大学校内教材,1979
4 杨德庄编著.位错与金属强化机制.哈尔滨:哈尔滨工业大学出版社,1991
5 Metals Handbook 8th ed. vol 10. ASM Metals Park,U.S.A,1975
6 George,E.Mechanical Metallurgy. 2nd ed. McGraw-Hill,Inc,1976
7 肖纪美编著.金属的韧性与韧化.上海:上海科学技术出版社,1982
8 Harwood J.J Strengthening Mechanisms in Solids.ASM Metals Park,Ohio,1962
9 周惠久,黄明志主编.金属材料强度学.北京:科学出版社,1989
10 Kelly A.Strong Solids. 2nd ed. Oxford: Oxford University Press,1973
11 张兴铃等编著.金属及合金的力学性质.北京:中国工人出版社,1961
12 Hertzberg R W.Deformation and Fracture Mechanics of Engineering Materials.New York: John Wiley & Sons ,1983
13 (苏)弗里德曼 Я.Б. 金属机械性能.孙希太等译.北京:机械工业出版社,1982
14 何肇基编.金属的力学性质.北京:冶金工业出版社,1982
15 魏文光编著.金属的力学性能测试.北京:科学出版社,1980
16 四川省五局编写组编.金属机械性能试验.北京:国防工业出版社,1983
17 哈宽富编.金属力学性质的微观理论.北京:科学出版社,1983
18 戴族杰主编.摩擦学基础.上海:上海科学技术出版社,1984
19 褚武杨等编.断裂力学基础.北京:科学出版社,1979
20 崔振源等编著.断裂韧性的测试原理和方法.上海:上海科学技术出版社,1981
21 左景伊编.应力腐蚀破裂.西安:西安交通大学出版社,1985
22 褚武杨.氢损伤与滞后断裂.北京:冶金工业出版社,1988
23 邵荷生,张清编.金属的磨料磨损与耐磨材料.北京:机械工业出版社,1988
24 (美)赫兹伯格 R W.工程材料的变形与断裂力学.王克仁译.北京:机械工业出版社,1982
25 王德尊.金属力学性能.哈尔滨:哈尔滨工业大学出版社,1993
26 梁新邦等.国家标准汇编.金属力学及工艺性能试验方法.北京:中国标准出版社,1996
27 石德珂,金志浩.材料力学性能.西安:西安交通大学出版社,1997